XUEHUA NIUROU CHANYEHUA SHENGCHAN JISHU

雪花牛肉产业化生产技术

朱　贵◎编著

黑龙江科学技术出版社
HEILONGJIANG SCIENCE AND TECHNOLOGY PRESS

图书在版编目（CIP）数据

雪花牛肉产业化生产技术 / 朱贵编著.-- 哈尔滨：
黑龙江科学技术出版社, 2022.10
  ISBN 978-7-5719-1661-9

  Ⅰ. ①雪… Ⅱ. ①朱… Ⅲ. ①肉牛－饲养管理 Ⅳ.
①S823.9

中国版本图书馆 CIP 数据核字(2022)第 193531 号

雪花牛肉产业化生产技术
XUEHUA NIUROU CHANYEHUA SHENGCHAN JISHU
编著　朱　贵

责任编辑	王凌霞　沈福威
封面设计	单　迪
出　　版	黑龙江科学技术出版社
	地址：哈尔滨市南岗区公安街 70-2 号　邮编：150001
	电话：（0451）53642106　传真：（0451）53642143
	网址：www.lkcbs.cn　www.lkpub.cn
发　　行	全国新华书店
印　　刷	哈尔滨午阳印刷有限公司
开　　本	889 mm×1194 mm　1/16
印　　张	18.5
字　　数	400 千字
版　　次	2022 年 10 月第 1 版
印　　次	2022 年 10 月第 1 次印刷
书　　号	ISBN 978-7-5719-1661-9
定　　价	98.00 元

雪花牛肉产业化生产技术

编委会

主　　编：朱　贵

副 主 编：朱志琼

编写人员：赵宪强　朱丽娟　陈传友　李青莹

佟桂芝　丁丽艳　韩永胜　张路培

李　伟

序

  我国的肉牛产业与西方发达国家相比起步较晚，早期主要以黄牛为主，分布各个地区。其中，以五大黄牛品种为主要品种。当时黄牛主要以耕田为主，是农业的重要生产资料，也是农民的宝贝，只有老弱病残牛屠宰食用，即常说的"菜牛"。新中国成立之后，国家出台了一批有关肉牛的保护与鼓励政策，使我国的黄牛规模逐步发展起来。随着农业机械化逐步应用与推广，黄牛作为耕田的农业生产工具逐渐退出而改为肉用，当时称谓"肉用牛"。但黄牛的生长速度、出肉率及胴体重都非常低，远远满足不了社会的需求。进入上世纪70年代后，国家陆续从英国、法国、德国等国家引入安格斯、海福特、利木赞、夏洛莱、西门塔尔等优良肉牛品种，对我国的本地黄牛进行杂交改良，特别是人工授精技术的推广与普及，极大地发挥了优质公牛的作用。通过级进杂交、导血、横交固定、专门化品种的培育等技术的应用，使我国的黄牛生长速度、胴体重、出肉率及肉质方面得到了很好的提升，也培育出了如草原红牛、夏南牛、辽育白牛等专门化的肉牛品种，目前西门塔尔杂交改良牛在我国分布最广。

  改革开放之后，我国经济建设、社会进步飞速发展，中国人民从站起来，到富起来，向强起来迈进。收入的提高带来了物质需求的提升，高档牛肉已不是少数人的食品，而是进入了中等收入群体的餐桌。所谓高档牛肉只是一个概念，世界各国对高档牛肉的评定标准也不完全一致。西方国家喜食肉嫩而精的牛肉，而东方国家喜食肥而不腻的牛肉。判断高档牛肉除理化指标外，还有色泽和口感等项指标来确定。感观上雪花肉与大理石花纹肉有明显区别。雪花牛肉是肌纤维束之间形成的脂肪呈点状分布；而大理石花纹牛肉则是肌纤维群之间的脂肪的沉积，呈纹理状。雪花肉以日本和牛肉为主要品种代表，而大理石花纹牛肉，则在普通肉牛品种中经长时间高能培育即可生产出来。然而，营养成分丰富程度还是有着本质上的差别。

  我国引入日本和牛是从引进冻精开始。1995年之后，全国各地陆续通过各种渠道引进了一些日本和牛冻精、胚胎，但由于规模、血统和持续性不足而没有形成产业。2012年龙江元盛食品有限公司分两批从新西兰和澳大利亚引进了1755头12个品系日本和牛进行集中饲养，生产冻精与本地奶牛和肉牛进行杂交利用，并相继组建了和牛种公牛站及和牛核心育种场。目前，在黑龙江省内外进行大面积的推广利用，采取公司+农户全产业链模式生产高端雪花牛肉销往全国各地，深受消费者喜爱。

  由于雪花肉牛从国外引进品种到改良加工及产业化生产进入我国市场比较晚,广大生产者和消费者对雪花牛肉的来源、品种要求、生产条件及加工和调制方法都不太了解，所以急需一部综合性、代表性的作品向生产者和消费者来介绍雪花牛肉。

  朱贵同志长期以来从事畜牧业的生产与管理工作，同时也长期参与畜牧科研工作。在畜牧品种培育、繁育技术、饲养管理技术等方面积累了丰富的经验。全程组织和参与了龙江和牛的引进、驯化、繁育、饲养、改良和产业化建设工作；围绕雪花牛肉的生产、加工和调制，开展了大量的研究和探索；在生产运行模式以及龙江和牛在全国的利用与推广方面做了大量工作；是"中国雪花牛肉行业"生产与研究的基层代表人士。《雪花牛肉产业化生产技术》一书的出版和发行，将是本行业生产者和消费者的重要参考资料，具有实用性、可读性，无疑将对中国雪花牛肉产业的快速发展起到积极的助力作用。愿中国的雪花牛肉产业日臻兴旺起来！

殷元虎

2022 年 6 月 13 日

前　言

肉类是人的生命必需物质。牛肉是人类肉食品的重要组成部分，具有高蛋白、低脂肪、低胆固醇、氨基酸配比合理、营养丰富、口感风味俱佳的特点，牛肉肉质柔软而不腻，契合现代人们对肉类食品营养、保健和健康的膳食理念。

牛肉营养成分主要由脂肪和蛋白质构成，其营养价值主要体现在蛋白质和脂肪上。蛋白质是生命的物质基础，是构成人体细胞组织的重要成分，缺乏蛋白质就不能维持其生命。蛋白质的主要成分是氨基酸，氨基酸是构成蛋白质的基本单位，决定蛋白质在体内发挥生理及营养功能作用，是机体的生命之源。初步探明，人体共有 20 种氨基酸，其中必需氨基酸有 9 种。赖氨酸和甲硫氨酸（又称蛋氨酸）是食物中主要的限制性氨基酸。氨基酸生理功能是供应能量、营养，影响蛋白质吸收、提高免疫能力、维持正常代谢。必需氨基酸还可改善抑郁症，是维持脑神经的重要物质。脂肪的主要成分是脂肪酸，脂肪酸分饱和脂肪酸和不饱和脂肪酸，不饱和脂肪酸多为人体必需的脂肪酸。必需脂肪酸对人体有重要的生理意义和保健作用，是人体生长和脑组织发育的必需物质，并可有效预防心脑血管疾病。雪花牛肉不饱和脂肪酸含量较高，脂肪相对较软，熔点低，凝固点高，容易消化吸收。

牛肉中脂肪酸和氨基酸成分与人体需要的营养成分非常接近，含量高且容易被人消化吸收，是最好的膳食来源。大量的科学实验证明，牛肉中各种氨基酸的含量和比例影响营养价值。牛肉中至少含有 17 种氨基酸，其中含有 8 种人体必需氨基酸，必需氨基酸占氨基酸总量（EAA／TAA）的 41.07%。牛肉蛋白质是最好的食物补充，它不仅可以调节动物体机能，还具有抗疲劳的作用。牛肉中所含的色氨酸能够形成血清素，异亮氨酸可以促进蛋白质合成，抑制其分解，增加肌肉量。因此，运动前后摄取牛肉可以增加肌肉量，不易肥胖。血清白蛋白是衡量高龄者营养状态的指标。研究结果显示，增加肉类食物的摄取量可以提高血清白蛋白含量，延长寿命。肉中氨基酸含量和组成是评价牛肉营养价值的重要指标，也是影响牛肉品质的重要因素。

所谓雪花牛肉、高档牛肉，都是商业上的用语，是人们对牛肉品质的概括性描述语言。高档牛肉，是高档肉牛品种生产的优质牛肉。高档牛肉中高品质牛肉，称为雪花牛肉。雪花牛肉主要指大理石花纹状牛肉，即脂肪沉积到肌肉纤维之间，形成明显的红、白相间、状似大理石花纹的牛肉，主要特点是肉嫩、口感佳、营养丰富、色泽美观。根据脂肪的含量和分布通常将雪花牛肉又分为"霜降牛肉"、"雪花牛肉"、"大理石花纹牛肉" 3 大类别，A3（A5～A1 与 A₅～A₁ 相同）以上级别的牛肉才能称为雪花牛肉，顶级雪花牛肉称为霜降牛肉。我们通常所称的雪花牛肉是这 3 种牛肉的统称，只是牛肉质量品质和等级不同而已。雪花牛肉已成为当前的消费时尚，在牛肉生产中所占比例是衡量一个国家肉牛生产水平的重要指标，生产雪花牛肉也是增加肉牛养殖效益的重要途径。据行业部门预测，中国牛肉进口数量明显大于出口数量，进口牛肉是市场货源的重要补充。国内高品质牛肉年需求量 10 万 t 以上，消费总规模至少在 400 亿元人民币以上，每年至少有 3.3 万 t 需要进口，发展雪花牛肉产业具有广阔的前景。

雪花牛肉文化起源于日本，其雪花牛肉产品质量和产业化水平居世界首位。日本的和牛肉以肌肉纹理细微、口感细嫩、风味独特，"入口即化"、"鲜嫩多汁"的特点而闻名遐迩。神户牛肉属雪花牛肉中的极品、最为有名，真正的神户牛肉产自日本兵库县。和牛肉作为牛肉顶级食材，生产从品种选择上就有特定的要求。和牛是世界公认的最优秀的肉牛品种之一，和牛除日本之外，在美国、澳大利亚等国家有不同数量的饲养量。目前，全球的和牛存栏量为 250 万头以上，国内的和牛存栏量暂时没有专门的统计报告。雪花牛肉与普通牛肉相比最主要的特征是大理石花纹明显、肌内脂肪沉积丰富、不饱和脂肪酸含量高。经权威检测机构测定，雪花牛肉主要营养成分中的不饱和脂肪酸含量为 18.6g/100g，是普通牛肉的 13.6 倍；必需氨基酸占氨基酸总量的比例高于普通牛肉的 2.24%以上。

发展肉牛产业，造福人类；品雪花牛肉，享受美好人生。雪花牛肉是中高档人群追求消费需求和向往的美食。在中国的大中型城市中，需求量呈逐年增长态势。发展雪花牛肉产业，向市场提供更多的高品质牛肉产品，满足人民日益增长的对美好物质生活的需求是农业和农村工作十分重大和紧迫的历史任务，也是农业科技人员需要深入研究和探讨的课题。2021 年，我国人均 GDP 已经达到 80976 元，增加全体国民经济收入，尤其要加快中等收入人员群体的增长，缩小贫富之间的差距，实现共同富裕，这是我国中国特色社会主义新时代所面临的经济形势。因此，中高端消费群体的增长是大势所趋，为国内高品质牛肉的消费刚需创造了条件。目前，我国的雪花牛肉的生产还远远满足不了市场的需要。利用纯种和牛生产雪花牛肉数量有限；多数利用和牛与地方优良品种杂交改良生产高档牛肉，品质多在 A3 ~ A1 等级。利用和牛与本地肉牛杂交改良，生产高品质雪花牛肉，是国内外实践经验证明了的成功技术路线。中国人口众多，土地幅员面积相对辽阔，雪花牛肉消费需求量大，产业发展空间也大，前景看好。

鉴于雪花牛肉的高品质，在消费市场上日益受到人们的欢迎，这已经是不争的事实。中国进入了中国特色社会主义新时代，社会发展实现了不可逆转的"质"的飞跃，人们生活水平普遍提高，雪花牛肉正在逐渐进入寻常百姓家。由于雪花牛肉产业在我国发展时间不长，和牛胚胎引进始于 1995 年，活体和牛引进并实施产业化生产始于 2012 年。有关雪花牛肉专门化肉牛品种和雪花牛肉产品的知识，对广大消费者来说还很陌生；有关雪花肉牛的养殖、育肥、加工、产品销售及产业化生产领域的常识迫切需要了解；鉴于该领域还没有一本专门地介绍雪花牛肉的书，因此，编者将多年来研究的实践经验和考察了解到的雪花牛肉产业化知识汇集成书，较为系统、全面地介绍雪花牛肉产业知识，为从事雪花牛肉生产的企业、养殖者、消费者以及广大畜牧兽医战线上的工作者，提供普及雪花牛肉科学知识的读物。

本书共 13 章，第一章 雪花牛肉：介绍雪花牛肉的概念、雪花牛肉的特点、雪花牛肉的加工技术、雪花牛肉的品牌与销售；第二章 雪花牛肉产业发展概况：介绍行业生产现状、产业存在问题、影响雪花牛肉产业发展的主要因素；第三章 发展中的黑龙江雪花牛肉产业：介绍雪花牛肉产业化项目，和牛落户情况，纯种和牛扩繁，雪花牛肉产业的实践；第四章 雪花肉牛的品种：介绍国内生产雪花牛肉的肉牛品种、引进国外肉牛品种及高档肉牛与普通肉牛的区别；第五章雪花牛肉产业化生产技术：根据黑龙江雪花牛肉产业实践，从科学角度概括介绍雪花牛肉产业涉及的有关实用性和技术性的知识；第六章雪花肉牛饲养技术：理论与实践相结合，介绍生产雪花牛肉的引进品种和杂交改良品种牛的饲养管理技术；第七章雪花牛肉产业体系：以黑龙江的雪花牛肉产业发展实践经验为依据，介绍雪花牛肉的生产体系、技术体系、产业发展模式、产业化建设重点和推进措施；第八章雪花牛肉产业效益预测：根据生产实践，从经济、社会、生态三个角度，分析预测发展雪花牛肉产业农牧民的效益情况；第九章雪花牛肉品质分析：介绍雪花牛肉产品特征、影响品质因素、评定品质指标和雪花牛肉营养成分分析；第十章雪花牛肉产品质量等级标准介绍：介绍日本、美国、澳大利亚、中国及欧洲、加拿大等国家的雪花牛肉生产的质量标准；第十一章龙江和牛牛肉产品概要：介绍龙江和牛牛肉产品品质、牛肉产品等级划分质量标准和雪花牛肉美食；第十二章国内雪花牛肉生产企业的介绍：介绍国内主要雪花牛肉生产企业、雪花牛肉杂交组合和黑龙江雪花牛肉产业优势分析；第十三章雪花牛肉产业展望：雪花牛肉产业发展趋势和前景分析、雪花牛肉科学研究进展、新品种培育和肉牛产业政策建议、雪花牛肉产业发展战略；附录：与雪花牛肉产业相关的内容。

该书的基础数据、事实主要来自 3 个方面：一是源于生产实践经验的总结；二是数据多来自大量的科学试验报告；三是来源于国内外经验考察报告。读者在阅读过程中请注意掌握 3 个要点：一是饲料配方数据仅供参考。原料来源地及种类、成分的变化，会导致饲料配方比例发生变化；二是实验数据来源时间不同、实验者不同、表述的方式不同和测算方法的不统一，可能存在一定的局限性和差异；三是由于编著者知识水平、技术、经验有限，书中观点不全面和不当之处在所难免。本书的编写重在普及，并起到抛砖引玉的作用。

编著者郑重声明，虽然书中用较多篇幅的内容介绍了日本和牛，但不是为了宣传和牛肉，而是为了让读者更多地了解、借鉴国外的经验和做法，以寄希望于振兴中国的雪花牛肉产业。在编撰过程中，吸收借鉴了很多专家、学者、产业界的有识之士的论文、文章和学习资料中的有益部分，在此不一一列举了。之前未与作者商榷，在此请您见谅。向一直关注和支持雪花牛肉产业发展的原黑龙江省畜牧兽医局的领导表示感谢！并向对此书做出贡献的龙江元盛集团和黑龙江省农业科学院畜牧兽医分院的"龙江和牛产业化项目组"的同志，表示衷心的感谢！

世界是相通的，文明是互鉴的，知识是没有国界的。让更多的人了解雪花牛肉，推进产业进步，改善和提高现代人的生活质量，为未来的美好生活和理想而奋斗。由此，研究和发展雪花牛肉产业，普及雪花牛肉知识，有着深刻的现实意义。如果本书对读者哪怕有一点点的帮助和启迪，编著者会感到非常欣慰。

编者

2021 年 10 月

目 录 contents

第 1 章　雪花牛肉 1

　1.1 雪花牛肉概念 1

　1.2 雪花牛肉产品的特点 2

　　1.2.1 雪花牛肉的特征 2

　　1.2.2 雪花牛肉形成的规律 2

　　1.2.3 不同等级间牛肉的 pH 变化规律 3

　　1.2.4 雪花牛肉脂肪酸的组成规律 3

　1.3 雪花牛肉的生产加工 3

　1.4 雪花牛肉产品的定位与品牌 3

　　1.4.1 雪花牛肉销售定位 3

　　1.4.2 雪花牛肉品牌 4

　　1.4.3 雪花牛肉的销售 5

第 2 章　雪花牛肉产业发展概况 7

　2.1 行业发展现状 7

　　2.1.1 世界肉牛生产概况 7

　　2.1.2 国内肉牛生产概况 9

　2.2 雪花牛肉产业发展存在的问题 12

　　2.2.1 没有形成雪花牛肉生产主导品种 12

　　2.2.2 雪花牛肉产业化生产体系不健全 12

　　2.2.3 高档肉牛饲养技术有待提高 12

　　2.2.4 雪花肉牛生产积极性不高 13

　　2.2.5 雪花牛肉市场发育不健全 13

　　2.2.6 雪花牛肉产业化龙头企业尚需要培育 13

　2.3 影响雪花牛肉产业发展的主要因素 13

　　2.3.1 品种因素 14

　　2.3.2 饲养管理因素 14

　　2.3.3 龙头企业带动因素 15

　　2.3.4 环境资源条件因素 16

　　2.3.5 基地建设因素 17

　　2.3.6 产业政策因素 17

第 3 章　发展中的黑龙江雪花牛肉产业 18

　3.1 启动雪花牛肉产业化项目 18

　　3.1.1 和牛产业化项目正式立项 18

　　3.1.2 组织产业化项目考察 18

　　　3.1.3 适时推进项目前期工作 21
　3.2 黑毛和牛落户黑龙江 23
　　　3.2.1 引进和牛种源实现零的突破 23
　　　3.2.2 全力推进雪花牛肉产业化建设 30
　3.3 纯种和牛扩繁 31
　　　3.3.1 组建专业技术团队 31
　　　3.3.2 创建和牛核心育种场 32
　　　3.3.3 创建和牛种公牛站 33
　　　3.3.4 纯种和牛育肥试验 34
　3.4 雪花牛肉产业的实践 35
　　　3.4.1 开展科学试验研究 35
　　　3.4.2 全面推广和牛改良 36
　　　3.4.3 不同品种杂交组合试验 38
　　　3.4.4 龙江和牛后裔生产性能测定研究 38
　　　3.4.5 国内和牛与日本黑毛和牛比较 70
第4章　雪花肉牛品种介绍 68
　4.1 国内主要肉牛品种 68
　　　4.1.1 大型肉牛品种 68
　　　4.1.2 我国自主培育的牛的品种 68
　　　4.1.3 地方良种肉牛 69
　　　4.1.4 雪花牛肉主要肉牛品种 70
　　　4.1.5 杂交种群 70
　4.2 和牛 70
　　　4.2.1 和牛品种 70
　　　4.2.2 美国和牛 73
　　　4.2.3 澳大利亚和牛 73
　　　4.2.4 和牛育种 74
　4.3 引进国外的肉牛品种 78
　　　4.3.1 引进日本和牛 78
　　　4.3.2 引进安格斯牛 79
　4.4 高档肉牛与普通肉牛 80
　　　4.4.1 雪花肉牛生产的特点 80
　　　4.4.2 高档肉牛与普通肉牛的特征区别 80
　　　4.4.3 高档牛肉与普通牛肉的概念区别 81
　4.5 雪花肉牛进口业务 82
　　　4.5.1 从国外引进雪花肉牛种牛应注意的事项 82
　　　4.5.2 进口雪花牛肉产品（和牛肉）需要具备的条件 82
　　　4.5.3 如何识别进口牛肉 83
　　　4.5.4 雪花牛肉产品说明书或标识（标签）规范 83
　　　4.5.5 进口种牛应当具备的合格文件 83
　　　4.5.6 中日两国和牛及牛肉产品贸易 83
第5章　雪花牛肉产业化生产技术 84
　5.1 雪花牛肉产业化生产重要阶段 84
　　　5.1.1 品种选择阶段 84
　　　5.1.2 犊牛生长发育阶段 84

5.1.3 规模改良阶段 84

5.1.4 育成牛饲养阶段 85

5.1.5 育肥牛饲养阶段 85

5.1.6 雪花肉牛核心饲料生产阶段 85

5.1.7 屠宰分割阶段 85

5.1.8 雪花牛肉产品深加工阶段 85

5.2 雪花牛肉产业化相关生产技术的研究 86

5.2.1 提高和牛冷冻精液质量和利用率的技术 86

5.2.2 牛舍内环境调控的技术 87

5.2.3 牛饲料自动配套供给系统技术 88

5.2.4 雪花牛肉肌内脂肪细胞发育机理实验技术 89

5.2.5 创建了牛胚胎移植综合配套应用技术 90

5.2.6 DNA 基因检测鉴定技术 95

5.2.7 杂交和牛牛肉基因检测技术 96

5.2.8 和牛全基因组的关联研究 96

5.2.9 国内外同行业相关技术比较 97

5.3 龙江和牛产业应用技术 98

5.3.1 龙江和牛改良综合配套技术 99

5.3.2 加速和牛种群扩繁的技术 99

5.3.3 创新应用 DNA 基因检测质量追溯技术 100

5.3.4 龙江和牛饲养管理技术 100

5.3.5 加快种公牛的选育及高效利用的技术 101

5.3.6 龙江和牛牛肉分割（标准）技术 101

5.3.7 龙江和牛牛肉产品深加工技术 102

5.3.8 龙江和牛全产业链集成技术 103

第 6 章 雪花肉牛饲养技术 105

6.1 雪花肉牛生长发育规律 105

6.1.1 饲养管理影响雪花牛肉的品质 105

6.1.2 肉牛机体组织生长发育的规律 105

6.1.3 胴体肉重与饲料营养的关系 106

6.1.4 雪花肉牛生长发育与月龄关系的规律 106

6.1.5 牛肉脂肪熔点的影响因素 107

6.1.6 雪花肉牛各阶段营养需要 107

6.2 犊牛的饲养管理 108

6.2.1 犊牛阶段饲养的重要性 108

6.2.2 犊牛早期哺乳 108

6.2.3 饲喂常乳 109

6.2.4 犊牛早期断乳 110

6.2.5 犊牛饲养技术要点 110

6.2.6 犊牛期的管理 112

6.2.7 改良犊牛的回收要点 114

6.2.8 犊牛饲养管理注意事项 114

6.3 母牛的饲养管理 115

6.3.1 母牛的饲养技术 115

6.3.2 待产母牛的护理 116

6.3.3 母牛的管理要点 116

6.3.4 母牛饲养管理注意事项 117

6.4 育成牛饲养管理 117

6.4.1 育成牛阶段的划分 117

6.4.2 育成牛的精饲料配制 117

6.4.3 育成牛的饲养 118

6.4.4 育成牛饲养注意事项 119

6.5 育肥牛饲养管理 119

6.5.1 育肥期的划分 119

6.5.2 育肥关键技术 120

6.5.3 育肥期的饲养调控 122

6.5.4 育肥牛饲养管理注意事项 123

6.6 维生素 A 的调控技术 124

6.6.1 维生素 A 的生理功能 124

6.6.2 维生素 A 在雪花牛肉生产中的调控机制 125

6.6.3 维生素 A 缺乏症状 126

6.6.4 饲养中如何利用维生素 A 调控雪花肉牛生产 127

6.6.5 怎样实施控制性维生素 A 育肥技术 128

6.6.6 调控维生素 A 应注意的事项 129

6.7 饲草饲料调控技术 130

6.7.1 雪花肉牛主要饲草饲料品种 130

6.7.2 精饲料加工 131

6.7.3 饲草饲料（部分）的主要功能作用 131

6.7.4 干物质的采食与利用的关系 133

6.7.5 饲料调控要点 133

6.8 牛舍建筑要求 134

6.8.1 总体要求 134

6.8.2 选址 134

6.8.3 牛舍建造 134

6.8.4 运动场 135

6.8.5 通风设施 135

6.8.6 注意要点 135

6.9 常见疫病防控 135

6.9.1 口蹄疫的预防 135

6.9.2 布病和结核病 135

6.9.3 牛运输热 136

6.9.4 牛胀肚 136

6.9.5 牛的前胃弛缓 136

6.9.6 驱虫 136

6.9.7 犊牛常见病预防 136

第 7 章 雪花牛肉产业体系 138

7.1 生产体系和技术体系 138

7.1.1 产业生产体系 138

7.1.2 产业技术体系 144

7.2 雪花牛肉产业发展模式 145

　　　7.2.1 理论依据 145

　　　　7.2.2 龙头企业+政府+基地+农户的推广模式 146

　　　　7.2.3 龙头企业+政府+专属牧场的推广模式 147

　　　　7.2.4 龙头企业+直属牧场+专属牧场的推广模式 147

　　　　7.2.5 全产业链的推广模式 148

　　　　7.2.6 产业扶贫模式 148

　　7.3 雪花牛肉产业化生产的重点 148

　　　　7.3.1 全产业链生产 148

　　　　7.3.2 规模化经营 148

　　　　7.3.3 基地建设 149

　　　　7.3.4 强化龙头企业建设 149

　　　　7.3.5 产业支持政策 149

　　7.4 雪花牛肉产业的推进措施 150

　　　　7.4.1 紧紧依靠各级政府的大力支持 150

　　　　7.4.2 健全组织实施机构 150

　　　　7.4.3 发挥龙头企业的带动作用 150

　　　　7.4.4 全产业链整体推进 151

　　　　7.4.5 坚持诚实守信的发展理念 151

　　　　7.4.6 健全质量管控追溯体系 151

第 8 章　雪花牛肉产业效益预测 152

　　8.1 计算依据 152

　　　　8.1.1 规模养殖场雪花肉牛饲养成本分析 152

　　　　8.1.2 农牧（场）户改良和牛效益 153

　　　　8.1.3 企业屠宰加工肉牛效益 154

　　8.2 经济效益 155

　　　　8.2.1 农民增收 155

　　　　8.2.2 企业经济效益 156

　　8.3 社会效益 157

　　　　8.3.1 龙江和牛产业项目实施前状况 158

　　　　8.3.2 龙江和牛产业化项目主要技术成果 158

　　　　8.3.3 龙江和牛产业社会成果巨大 159

　　　　8.3.4 龙江和牛产业影响力大 160

　　8.4 生态效益 162

第 9 章　雪花牛肉品质分析 163

　　9.1 雪花牛肉产品风味特征 163

　　　　9.1.1 雪花牛肉具有特殊的芳香风味 163

　　　　9.1.2 肉品主要化学成分及反应 164

　　9.2 雪花牛肉产品品质的影响因素 165

　　　　9.2.1 遗传因素 165

　　　　9.2.2 饲养管理因素 166

　　　　9.2.3 产品及加工因素 168

　　　　9.2.4 疫病控制的影响因素 169

　　9.3 评定雪花牛肉品质的主要指标 169

　　　　9.3.1 感官指标 169

　　　　9.3.2 内在指标 170

　　9.4 雪花牛肉营养成分分析 171

　　　　9.4.1 氨基酸成分 172

　　　　9.4.2 脂肪酸成分 173

第 10 章　雪花牛肉质量等级标准介绍 176

　　10.1 日本标准 176

　　　　10.1.1 和牛肉等级标准 176

　　　　10.1.2 日本肉牛胴体品质分级标准 177

　　　　10.1.3 日本新修订的肉牛胴体品质分级标准 179

　　10.2 美国标准 180

　　　　10.2.1 以肉牛的性别、年龄、体重为依据分级 180

　　　　10.2.2 以胴体质量为依据的分级标准（产量分级 5 级） 180

　　　　10.2.3 以生理成熟度为分级标准 181

　　　　10.2.4 以牛肉品质为依据的分级标准（质量分级 8 级） 181

　　10.3 澳大利亚标准 182

　　10.4 中国标准 182

　　10.5 欧洲标准 184

　　10.6 加拿大牛肉标准 184

第 11 章　龙江和牛牛肉产品概要 185

　　11.1 龙江和牛牛肉品质分析 185

　　　　11.1.1 龙江和牛牛肉营养成分分析 185

　　　　11.1.2 龙江和牛西冷儿童牛排营养成分分析 187

　　　　11.1.3 测定结果分析 188

　　11.2 牛肉分割规范 188

　　　　11.2.1 里脊肉分割要求 188

　　　　11.2.2 外脊肉分割要求 188

　　　　11.2.3 眼肉分割要求 188

　　　　11.2.4 带骨眼肉分割要求 188

　　　　11.2.5 上脑分割要求 189

　　　　11.2.6 胸肉分割要求 189

　　　　11.2.7 辣椒条分割要求 189

　　　　11.2.8 臀肉分割要求 189

　　　　11.2.9 米龙分割要求 189

　　　　11.2.10 牛霖分割要求 189

　　　　11.2.11 小黄瓜条分割要求 189

　　　　11.2.12 大黄瓜条分割要求 189

　　　　11.2.13 腹肉分割要求 189

　　　　11.2.14 腱子肉分割要求 189

　　11.3 龙江和牛牛肉质量分级标准（企标） 190

　　　　11.3.1 龙江和牛牛肉质量分级依据 190

　　　　11.3.2 雪花牛肉质量分级标准 192

　　　　11.3.3 育肥牛等级的划分标准 194

　　11.4 雪花牛肉美食 195

　　　　11.4.1 雪花牛肉主要美食的制作方法 195

　　　　11.4.2 几种常见的雪花牛肉部位肉及美食制法 197

　　　　11.4.3 雪花牛肉引领齐齐哈尔烧烤时尚 197

第 12 章　国内雪花牛肉生产企业介绍 201

　12.1 国内雪花牛肉产业化生产企业 201

　　12.1.1 龙江元盛食品有限公司 201

　　12.1.2 长春皓月清真肉业股份有限公司 201

　　12.1.3 吉林黑毛牛集团养殖有限公司 201

　　12.1.4 海南海垦和牛生物科技有限公司 201

　　12.1.5 内蒙古草原和牛投资有限公司（北京九州大地生物技术集团股份有限公司）...................... 201

　　12.1.6 大连雪龙产业集团有限公司 202

　　12.1.7 陕西秦宝牧业股份有限公司 202

　　12.1.8 山东大地食品有限公司 202

　　12.1.9 吉林镇莱和合牧业发展有限公司 202

　　12.1.10 铁岭市铁岭县永宏牧业有限公司 202

　　12.1.11 延边畜牧开发集团有限公司 202

　　12.1.12 河北天河肉牛养殖有限公司 203

　　12.1.13 宁夏夏华畜牧产业集团公司 203

　12.2 生产雪花牛肉最佳杂交组合 203

　　12.2.1 和牛与荷斯坦奶牛杂交组合 203

　　12.2.2 和牛与西门塔尔杂交牛组合（和西杂）.. 204

　　12.2.3 和牛与草原红牛杂交组合 204

　　12.2.4 和牛与辽育白牛杂交（和辽杂交牛）组合 204

　　12.2.5 和牛与安格斯杂交组合 205

　　12.2.6 和牛与蒙古黄牛杂交组合 205

　　12.2.7 和牛与本地黄牛杂交组合 205

　　12.2.8 和牛与鲁西黄牛杂交组合 205

　　12.2.9 和牛与秦川牛杂交组合 206

　　12.2.10 和牛与利复牛杂交组合 206

　12.3 黑龙江发展雪花牛肉产业优势分析 207

　　12.3.1 地理环境优势 207

　　12.3.2 饲草饲料品质相对优势 208

　　12.3.3 品种资源优势 212

　　12.3.4 综合成本优势 212

　　12.3.5 结论分析 213

第 13 章　雪花牛肉产业发展展望 214

　13.1 雪花牛肉产业发展趋势和前景分析 214

　　13.1.1 雪花牛肉市场需求量大 214

　　13.1.2 政府重视雪花肉牛产业 214

　　13.1.3 国家启动实施了"种业振兴"工程 214

　　13.1.4 雪花牛肉产业将成为一个新的投资热点 215

　　13.1.5 雪花牛肉产业发展前景广阔 215

　13.2 雪花牛肉科学研究进展 215

　　13.2.1 牛的基因组研究 215

　　13.2.2 分子遗传育种技术 216

　　13.2.3 真假雪花牛肉鉴别技术 217

　　13.2.4 人造牛肉技术 217

　13.3 日本肉牛产业政策 218

　　　13.3.1 肉牛产业鼓励政策 218

　　　13.3.2 肉牛产业宏观政策 219

　　　13.3.3 可资借鉴的经验和做法 220

　　13.4 加快培育我国雪花牛肉专门化肉牛新品种的建议 222

　　　13.4.1 培育新品种的意义 222

　　　13.4.2 明确育种思路 223

　　　13.4.3 育种的主要内容及技术指标 224

　　　13.4.4 育种方案及技术路线 225

　　　13.4.5 育种组织实施 227

　　　13.4.6 育种的保障措施 231

附录 238

　　1 英文概念缩略表 249

　　2 《龙江和牛牛肉等级标准》 241

　　3 日本胴体分级标准（译文） 247

　　4 有关和牛产业文件资料 253

　　5 雪花牛肉生产 130 问答题 255

　　6 龙江和牛产发发展掠影 266

参考文献 275

第①章　雪花牛肉

1.1 雪花牛肉概念

雪花牛肉（snowflake beef）：是指脂肪沉积到肌纤维之间，形成明显的红白相间、形似雪花状分布的大理石花纹的牛肉。雪花牛肉是特定的商业用语，是高品质牛肉的代名词，在社会生活中已经得到广泛的应用。牛肉还有一个使用频率较高的词是"高档牛肉"。高档牛肉是生产企业和经销商用来区别、针对普通牛肉而使用的商业用语，表明其产品质量要好于普通牛肉。雪花牛肉、高档牛肉不是一个概念，雪花牛肉是"高档牛肉"中的最顶级的牛肉产品。表明雪花牛肉是牛肉品类中在质量、营养、色泽、感官和口味上等方面最好的商品，含有大量人体所需的脂肪酸，营养价值比普通牛肉高，而且营养丰富。在现代人生活中和国际市场上，雪花牛肉通常泛指高级或高品质大理石花纹牛肉。

雪花牛肉最明显的标识性部位肉，是在牛胴体上通常指牛半胴体 6 ~ 7 肋骨横切面的眼肌（背最长肌）或眼肉和上脑的分界处的眼肌横切面肌纤维间脂肪分布，形状似雪花呈散点分布。根据这个部位肉的质量，作为评定牛胴体雪花牛肉的质量等级、生产能力和饲养水平的主要参考依据。日本是世界上最早以雪花牛肉定义高品质牛肉的国家，日本"wagyu（和牛）"所产的雪花牛肉最为著名，雪花牛肉最初是对以神户牛肉为代表的但马和牛肉的称谓。我国雪花牛肉的概念是 20 世纪七八十年代从日本传播过来的。

雪花牛肉的主要评定指标是大理石花纹丰富程度。大理石花纹牛肉是在牛的背最长肌中沉积了雪花状的白色脂肪，肌肉和脂肪红白相间，又很像大理石花纹（marbling），国内外学术界一致称为大理石状（花纹）牛肉。大理石花纹牛肉或牛肉的大理石状花纹的部位，比普通牛肉或其部位肉的品质要好。可以涮、烤，肉质肥嫩，香味浓郁，色、香、味俱全，老少皆宜，深受消费者喜爱，是"舌尖上的奢侈品"。 大理石花纹牛肉质量，主要依据肌肉中脂肪的含量和分布状态加以评判。脂肪分布量不同，大理石花纹牛肉的级别不同。脂肪分布量越多，大理石花纹级别越高，牛肉品质越好，其营养也相对越丰富。

一般将雪花牛肉（大理石牛肉）分为 3 大类别（层级）：最高级别的称为霜降牛肉、第 2 等级的称为雪花牛肉、第 3 等级的称为大理石花纹牛肉。牛肉产品各等级之间的划分依据主要是根据脂肪沉降程度、肉的色泽、嫩度等指标划分的。脂肪的沉降程度主要看脂肪含量的多少和分布的均匀状态，脂肪含量高而且又均匀的，品质高。牛肉的色泽主要看肌肉的颜色和脂肪的颜色。肌肉以鲜樱桃红色为最佳，脂肪以白色或淡乳白色为好。牛肉的嫩度，主要看剪切力的大小，剪切力越小，说明牛肉越嫩，质量越好。在行业内 A3 等级以上的牛肉划分为高品质雪花牛肉。

大理石状花纹牛肉是脂肪沉积的一种表现形式，雪花牛肉中脂肪沉积的过程，是渐进的过程，牛肉脂肪沉积总体上可以分为四个阶段：第一阶段首先沉积在腔肠、肾脏周围，形成网油和板油；第二阶段沉积在皮下的脂肪，形成背膘；第三阶段沉积在肌间脂肪，或肌肉与肌肉间的脂肪，形成红白相间的肉块；第四阶段沉积到肌肋或肌内纤维间脂肪，呈雪花状分布。脂肪进入肌纤维之间，形成雪花牛肉。肌肉中有脂肪，使肉质嫩度增加，营养成分丰富，香气浓郁，口感好。

雪花牛肉产品具有特殊的商品属性，在社会、市场商品经济交易活动中，人们普遍认同其产品所具有的 3 项代表性特征（属性），这些因素塑造了雪花牛肉产品的高品质。

（1）雪花牛肉产品安全性能好。雪花牛肉产品要求牛肉品质既安全，又要有可追溯体系。只有产品质量比较安全、可靠，才能让消费者满意、放心、称心。

（2）雪花牛肉产品营养价值丰富。雪花牛肉具有观赏价值、赏味价值、营养价值和功能食品价值，不仅好看、好吃，而且吃着有利于健康。脂肪的含量和构成成分不同，雪花牛肉中的肌内脂肪含量高，在脂肪酸构成成分中饱和脂肪酸含量低，不饱和脂肪酸含量高。普通牛肉中的脂肪含量相对少；而且，饱和脂肪酸含量高，不饱和脂肪酸含量低。然而，不饱和脂肪酸对人的身体健康作用最大，风味特征明显。因此，雪花牛肉营养丰富被普遍认可。

（3）雪花牛肉产品生产标准化程度高。雪花牛肉产业具有规模化、标准化、产业化、精细化、品牌化的特征。雪花牛肉的生产，是一种技术、一种文化，也是人们追求高质量生活的一种精神衬托。雪花牛肉生产要求全过程都要标准化，讲究产品的精细化。

1.2 雪花牛肉产品的特点

1.2.1 雪花牛肉的特征

雪花牛肉品质突出，富含高浓度"共轭亚油酸"以及钙、铁、钾、锌、多种维生素等人体所需的有益成分。具有高蛋白、高营养、低胆固醇等特点，富含B族维生素和无机盐，容易被人体吸收。

雪花牛肉与普通牛肉相比，主要特征（区别）体现在4个方面：

（1）大理石花纹明显。大理石花纹是牛肉分等分级的一个重要指标，大理石花纹越多越丰富，牛肉等级越高，营养、品质越好。雪花牛肉大理石花纹多呈雪花状分布，明显好于普通牛肉，外貌表象特征明显。

（2）肌内沉积脂肪。普通牛肉肌束间和肌内纤维很少有脂肪沉积。而雪花牛肉肌内有脂肪沉积；而且这种脂肪与其他部位的脂肪营养成分不同。雪花牛肉中脂肪不饱和脂肪酸（UFA）含量比例高，饱和脂肪酸含量比例低；普通牛肉中的脂肪饱和脂肪酸含量比例相对高。

（3）营养丰富。雪花牛肉营养上有两个显著特征：①不饱和脂肪酸含量高。雪花牛肉中饱和脂肪酸（SFA）显著低于普通肉牛，不饱和脂肪酸（UFA）显著高于普通肉牛。单不饱和脂肪酸（MUFA）与多不饱和脂肪酸（PUFA）均显著高于普通牛肉，功能性脂肪酸γ–亚麻酸、花生四烯酸和二十碳五烯酸（EPA）含量高。②必需氨基酸含量占总氨基酸的比例高。必需氨基酸占总氨基酸的比例比普通牛肉平均高2.24%以上。

（4）雪花牛肉口感好。雪花牛肉比普通牛肉的嫩度、香度好，咀嚼力小、入口即化、汁液多。普通牛肉这些指标差，吃着有明显的感觉。可以说，颠覆了人们对传统牛肉的认知。

1.2.2 雪花牛肉形成的规律

1.2.2.1 不同年龄和性别的育肥牛脂肪沉积的规律

育肥牛年龄越大，脂肪沉积越多；育肥时间越长，脂肪积累越丰富。阉牛较其他品种肉牛积累的脂肪速度快。具体规律是：

（1）犊牛首先在肌纤维和肌束之间沉积脂肪，皮下和腹腔的脂肪较少。

（2）成年牛主要在皮下沉积脂肪，而肌间沉积脂肪较少。

（3）公牛较阉牛和母牛具有较多瘦肉和较少脂肪。

（4）阉牛较公牛、经产母牛容易将脂肪沉积于肌间、肌内而形成大理石花纹。这也是生产中要求公牛必须去势的原因。

1.2.2.2 不同月龄牛肉大理石花纹形成的规律

雪花牛肉同肌肉、骨骼等组织的生长发育一样，脂肪沉积也有规律性，呈抛物线式生长。12月龄以前花纹较少，12~24 月龄之间，大理石花纹迅速增加，30 月龄以后花纹变化微小。脂肪沉积与饲料消耗不成正比，育肥后期饲料报酬低。因此，生产上为获得较高的经济效益的高档肉牛需在 24~30 月龄时出栏。

1.2.3 不同等级间牛肉的 pH 变化规律

（1）雪花牛肉 pH 略高于普通牛肉。

（2）育肥牛年龄越大，脂肪和体重显著增加，肉质等级上升。

（3）牛肉品质等级越高，肌内脂肪含量（IMF）显著增加。牛肉中水分含量与脂肪含量呈负相关，即牛肉脂肪含量高，牛肉中的所系水分相对少。

（4）肌间脂肪对改善肉质的作用大。脂肪含量显著影响肉的嫩度，嫩度与脂肪含量呈正相关。脂肪含量越多，剪切力越小，牛肉嫩度越嫩。

1.2.4 雪花牛肉脂肪酸的组成规律

牛肉中脂肪酸的含量及组成受品种、年龄、性别、营养水平和组织部位等因素的影响。雪花牛肉中的脂肪含量多，脂肪酸含量高，脂肪酸的成分中不饱和脂肪酸所占的比例高。不饱和脂肪酸对人的身体健康有益；单不饱和脂肪酸（MUFA）还是影响肉香味的主要因素。不饱和脂肪酸含量越高，牛肉的风味越好，香味越浓厚。

1.3 雪花牛肉的生产加工

目前，雪花牛肉牛屠宰分割技术，多采用两种肉牛胴体分割工艺，一是按照我国传统技术进行胴体分割；二是参照日式标准进行胴体分割。雪花牛肉生产多采取参照日式标准胴体分割法。这种分割法的主要特点是按牛的胴体的不同部位，进行不同的分割。雪花牛肉因追求产品的高品质而有其特殊的加工处理工艺。雪花牛肉品质要求高，其加工处理方式和方法与普通牛肉自然有很多不同之处。概括起来，雪花牛肉加工技术分 4 种：急速冷冻技术；牛肉精细原切加工技术；冰鲜牛肉加工处理技术和产品熟食加工技术。

雪花牛肉在牛的不同部位均有分布，其脂肪分布的密度、形状和肉质、色泽程度是不同的，这也是分等分级的依据之一。属于雪花牛肉部位的肉块主要为上脑前、上脑后、眼肉、西冷前、西冷后、菲力等品类，其级别必须达到 A1 级以上。雪花牛肉的眼肉、上脑、外脊是最为上乘的雪花牛肉，这种肉香、鲜、嫩，成为中西餐的高档牛肉。雪花牛肉的脂肪酸含量高，而且，随着牛肉脂肪含量的增高，胆固醇的含量反而下降，1kg 雪花牛肉胆固醇的含量仅仅等于一个鸡蛋的蛋黄含有的胆固醇量。我国对牛肉分级的缺失致使中国牛肉自主品牌在市场上缺乏竞争优势，雪花牛肉销售多以企业自营、自主销售为主。

雪花牛肉产业是肉牛产业中的高端肉牛产业，投入大、风险高、回报期长，利润高，产业带动效果好。实现雪花牛肉产业的良性发展，要求有良好的种质资源、良好的饲养管理和高效运转的产业链及辐射广阔的中高端的消费市场。只有这样，才能引导和促进雪花牛肉产业稳步发展。

1.4 雪花牛肉产品的定位与品牌

1.4.1 雪花牛肉销售定位

无论国内国外，雪花牛肉都属于高端肉食产品。销售的主体对象针对的是中高档酒店和大型餐饮集团；消费者的主要群体针对的是中高端收入人群。我国的雪花牛肉产品销售定位应为中高端食品、中高端消费人群、中高端酒店，兼顾小康生活家庭消费。

根据美国心理学家马斯洛人类需求五大层次理论：人类需求分别是生理需求、安全需求、社交需求、尊重需求和自我实现需求。雪花牛肉的销售应该多考虑对社交需求、尊重需求和自我实现需求 3 个层次追求意愿更加强烈的人群。

美国加利福尼亚的 SRI 国际公司的阿诺德·米歇尔（Arnaud Michelle）曾对 1600 户美国家庭进行调查，开发出一种观察理解人们生存状态的模型，通过人的态度、需求、欲望、信仰和人口统计学特征来观察并综合描述这一类人群的生活习惯。这种分类系统被称为 VALS 系统（VAlues and Lifestyle Survey），即价值观和生活方式系统。VALS 系统基本结合了马斯洛的需要层次理论。该理论将消费者分成若干种生活形态，处于每一种生活状态的人，都有特定的表现形态。如：①求生者。生活比较困难的人。②维持者。基本维持温饱、处境不佳者。③归属者。这类人愿意过着"顺应型"的生活，而不愿有所作为，缺乏开拓和锐意进取意识的人。④竞争者。这类人愿意参加竞争，有抱负、有理想、有上进心和追求社会地位的意识比较强烈的人。⑤成就者。意见领袖，思想活跃，享受优裕的生活的人。⑥我行我素者。年轻，自我关注，集体荣誉感差，富于幻想的人。⑦经验主义者。生活阅历多、经验比较丰富的人。⑧社会意识者。具有强烈的社会责任感、追求理想生活的人。⑨最高境界的综合者。心理成熟，目标远大，能够掌控自己的命运、社会成功的人。

借鉴这个理论，金融部门发行的信誉卡，有一种标识为 VALS 卡，是一种针对信誉度等级较高的人群发放的，被称为"金卡""银卡"。一般认为，持有 VALS 卡的人消费能力强。犹太人曾做过统计，世界上 22% 的富人占全球 78% 的财富。高品质雪花牛肉实行"厚利适销"策略，做有钱人的生意。雪花牛肉产品宣传和销售定位应主要关注社会信誉度高、中等收入以上的生活形态中的人群；地域选择城市人口最低 10 万人、县级以上的城市。这些人群可能对高品质雪花牛肉心理需求更强烈些，消费能力相对也要高些。

1.4.2 雪花牛肉品牌

1.4.2.1 雪花牛肉"品牌"的影响力大

品牌是一个企业的象征，是产品全部信息的浓缩符号，高端产品必须要有一个自己的品牌。雪花牛肉生产企业要创造一个靓丽的产品品牌。雪花牛肉本身就是一个很好的品牌，要利用和推介好这个品牌。

日本在雪花牛肉产业发展上，已经走在了世界的前列，其中最为成功的做法就是雪花牛肉的品牌设计，"神户牛肉"已成为世界级品牌，世界各国对神户牛肉都有所了解。很多去日本旅游的人，都有一种品尝一下"神户牛肉"的心理；如果不亲自品尝到极品级和牛肉，会感觉到留下遗憾，足以说明"神户牛肉"其品牌的影响力是巨大的。

在日本，神户牛肉有着较强的目标消费者定位。根据神户牛肉的高品质特征，将神户牛肉的消费目标定位在高消费群体，形成了标准化高品质管理和高端消费者之间的对应关系，据此来进行以高端人群为市场目标的品牌设计。

在美国社会中，有 19% 的人属于成功者类型，这类人是各行各业的精英分子，常常可以领导发展方向。他们过着富裕的生活，追求生活的高品质。很明显，神户牛肉在其品牌定位中瞄准的就是 VALS 系统中作为"成就者"的这一类人群。因此，无论是对其产品的生产过程，还是包装、店面设计等方面，神户牛肉都力图打造高品质的生活的印象，以迎合这部分人群的心理。在准确地定位了品牌之后，神户牛肉根据产品特质、消费者定位将其品牌符号化，用各种宣传手段让目标消费者感受到神户牛肉所能赋予的社会地位满足感。

1.4.2.2 雪花牛肉品牌备受青睐

当前，雪花牛肉的消费主要集中在大中型城市，以涮牛肉和烤牛排为主，少量里脊肉用于铁板烧和生食。随着社会经济的发展，膳食营养结构的改变，对肉类产品的质量和营养需求不断提高。"优质肉""高档肉"

"雪花肉"在消费者群体中的需求已成为一种趋势，品牌认知有了一定程度的普及和提高，奠定了雪花牛肉销售的市场基础。在所有牛肉产品中，雪花牛肉品牌最受欢迎。

国内的雪花牛肉无论从质量、口味、还是品牌上，与日本的神户牛肉相比还是有一定差距的。这也为我们今后育种和雪花牛肉产业发展方向提供了参考目标。由于生活水平提高，高端消费带动了国内雪花牛肉需求升温。雪花牛肉在国内的批发价格维持在 1500～2000 元/kg，终端消费在 2500～4800 元/kg。地方优良品种 A3 等级以上雪花牛肉的批发价格维持在 300～1000 元/kg，终端消费在 1500～3000 元/kg。中国与日本等发达国家的国情不同，经济发展水平也有一定差距。中国已进入世界第二大经济体列，人们收入水平在逐年增长，中等收入以上人群在增加，全国有 4 亿人口达到了中等收入以上的水平，占全国人口总数的 28.5% 以上。消费能力和消费水平在提高，向往追求美好生活质量的愿望在提升，雪花牛肉产品需求量大增，销售供不应求。现在研究和发展雪花牛肉产业，顺应了时代和形势发展的需要，也是创造雪花牛肉品牌的最佳时机。通过市场培育，树立起企业自己的"雪花牛肉"产品品牌，扩大销售，赢得未来。

1.4.3 雪花牛肉的销售

1.4.3.1 扩大品牌宣传

雪花牛肉的消费，属中高端人群消费美食。随着人民生活水平的提高，我国雪花牛肉消费不断升温，逐渐由大城市向中小城市居民拓展，A5 等级牛肉的消费代表了牛肉的最高消费水平。近些年来，国内掀起了高品质雪花牛肉生产探索的热潮，雪花牛肉市场需求与日俱增。从发达国家发展规律看，国民收入达到人均 1 000 美元时，牛肉消费日渐兴旺。我国很多城市人均收入已经突破了 4 000 美元，高档牛肉的消费更是火爆。这是扩大雪花牛肉品牌宣传的良好时机。

日本雪花牛肉品牌宣传的做法值得借鉴。神户牛肉在日本通过两种方式出售：一种是在餐厅中由顶级厨师制作成美味的日式料理出售；另一种是通过肉类专卖店出售新鲜的神户牛肉供家庭烹调使用。

在日本市场上，牛肉有四种肉牛品种来源：①日本和牛，以四大和牛品种为主，其中黑毛和牛占绝大多数；②荷斯坦牛，产奶与产肉兼顾的品种，以产奶为主；③荷斯坦牛与和牛杂交，生产中档牛肉，弥补市场高品质牛肉的不足，也是迎合大部分收入不高、还想品尝和牛肉风味、改善生活质量的人群；④从美国和澳大利亚进口的牛肉。牛肉的平均价格高低与其肉中大理石花纹的平均含量是一致的，肌间脂肪决定了牛肉的质量、等级和价格。和牛肉在市场中所处的价位是最高的。日本和牛中 90% 以上为特等牛，胴体约 8 000 美元/头。

在国内市场上，"想品尝和牛肉风味、改善生活质量的人群"有很多。中国人口基数大，5% 的人群相当于世界上一个中等国家人口的规模（7 000 万人），让这部分人了解雪花牛肉并认购雪花牛肉，这是一个庞大的潜在消费市场。因此，对发展雪花牛肉产业来说，加强品牌宣传、推介很重要。

1.4.3.2 雪花牛肉销售

我国目前牛肉销售的主要形式有 4 种：①生鲜肉，以农贸市场销售为主的方式；②冷冻牛肉，又分急速冷冻、冷冻 2 种，以批发、零售、商超形式销售；③冰鲜牛肉，正处于起步阶段，以大型商超和高级酒店为主要销售对象。④深加工熟食产品及休闲食品，销售方式多以商超和批发、零售为主。深加工产品从产品加工处理方式上，分为 3 种：调理产品、原切产品、修理产品；从生熟程度上，又分为 3 种：生牛肉、半熟牛肉、熟肉。雪花牛肉销售应以冰鲜牛肉、急速冷冻牛肉中的原切产品为主。

面对新的社会发展形态，交通、信息、收入、物流等时代的变化，雪花牛肉产品销售应顺应时代需求，产品销售模式将呈全方位立体销售业态。主要形式：①互联网+雪花牛肉；②餐饮直营店；③餐饮+直供加盟店连锁；④深加工产品或半成品商超销售；⑤与大型餐饮集团合作，面向终端消费者。

消费者购买雪花牛肉应选择 2 种方式：一是到产雪花牛肉的龙头企业直营店、加盟店或网店去购买；二是到正规代理专营店或较大城市的大型商超代理"销售专柜"去购买。没有品牌和正规进货渠道的"雪花牛肉"及产品标识的，尽量不要去购买，产品质量很难保证。

原切牛肉和调理牛肉的区别是：原切牛肉是牛胴体分割出来的优质肉块，稍加修理而成的产品；调理牛肉是经过加工的牛肉产品，主要成分是牛肉，其中还添加一些人工产品的成分，如调味剂、添加剂、调和剂等。原切牛肉要比调理牛肉产品质量好，产品档次也不同。雪花牛肉产品一般都有标识，加工处理方式应写明原切或加工、调理；其成分标注内容不同，原切雪花牛肉应标注"牛肉"、部位肉名称；调理牛肉应注明其他添加成分。

预测未来影响我国消费者购买牛肉行为的因素：一是要满足大众消费者对牛肉产品的数量需求。二是要满足消费者对牛肉产品的质量需求。三是要满足中高端消费者对高质量的精细化产品的个性化需求。四是在符合食品管理体系认证制度（HACCP）以及产品规范认证制度（GAP）的前提下，提供安全性的、不同等级和价格差异化的产品。

第❷章 雪花牛肉产业发展概况

2.1 行业发展现状

2.1.1 世界肉牛生产概况

牛肉是西方发达国家主要的肉食品种，价格远高于猪肉和鸡肉。据世界卫生组织统计，全世界共存栏肉牛12.8亿头，全球牛肉产量占肉类总产量的比例为21.8%，是世界上第三大消耗肉制品。发达国家人均年肉类消费量68.6kg/人，其中牛肉人均年消费量40kg/人，世界平均水平9.32kg。2017年世界牛肉总产量为7008.91万t，牛肉贸易量953.7万t，美国、荷兰、澳大利亚、爱尔兰、加拿大、法国、德国等发达国家是冷鲜牛肉的主要出口国，美国是世界上冷鲜牛肉出口量最多的国家；印度、巴西、巴拉圭和阿根廷是冷冻牛肉的主要出口国。2018年牛肉出口量占世界牛肉出口总量的比例：巴西19.74%、澳大利亚15.75%、印度14.7%、美国13.57%、新西兰6.0%；进口量占世界牛肉出口总量的比例：美国17.44%、中国16.71%、日本9.85%。通常肉牛生产体系包括：种牛生产体系、商品牛群生产体系、前期育肥牛生产体系（育成牛群生产体系）、育肥牛生产体系。

和牛（Wagyu）世界分布：日本、澳大利亚、美国、新西兰、中国等，设有和牛养殖协会、研究和牛产业的国家有日本、澳大利亚、美国、新西兰。牛肉消费水平高的国家依次是阿根廷、巴西、美国、新西兰、加拿大、澳大利亚、法国；在肉类消费中，牛肉消费水平高于禽肉、猪肉的国家是阿根廷、巴西、法国、日本。

2.1.1.1 美国肉牛生产概况

美国国土面积963.0万km²，人口3.20亿。美国设有和牛育种协会。美国农场家庭平均收入110 495美元，是普通美国家庭收入的1.32倍；饲养肉牛存栏量9 900万头，出栏量2 259万头，平均胴体重374.85kg/头，2016年牛肉平均零售价12.83美元/kg，折合人民币85.53元/kg；2018年牛肉平均零售价13.05美元/kg，折合人民币86.93元/kg。养殖成本1300～1400美元/头，折合人民币7 333.15～9 333.10元/头。牛肉产量1 221.98万t，占全球牛肉产量的19.5%，其中85%国内消费，15%出口，出口量183.3万t。美国即是牛肉生产大国，也是牛肉进口大国，2018年进口牛肉134.94万t。2017年，美国人均GDP5.67万美元，家庭收入8 6220美元/年。2018年美国人均牛肉消费26.04kg，占肉类消费的26.0%，绝大部分以冰鲜牛肉上市。美国的肉牛生产体系包括：种牛饲养体系、商品化带犊母牛饲养体系、育成牛（架子牛）生产体系、围栏育肥牛体系。主要肉牛品种：安格斯牛、海福特牛、西门塔尔牛、利木赞牛、夏洛莱牛、婆罗门牛。

2.1.1.2 阿根廷肉牛生产概况

阿根廷的国土面积278.04万km²，人口4 500万，牛存栏5 372万头，出栏1 470万头，牛肉产量305万t，出口量30万t，进口量很少。人均牛肉消费近60kg/人，牛肉消费量占肉类消费量的50%，超过了禽肉、猪肉消费量，是世界上牛肉消费水平最高的国家。主要肉牛品种：海福特牛、安格斯牛、短角牛。

2.1.1.3 巴西肉牛生产概况

巴西的国土面积854万km²，是世界国土面积第五大国家，人口2.09亿，属热带雨林气候和热带草原气候，其气候特点是湿热。2018年养牛存栏2.14亿头，出栏4400.3万头，牛肉产值占农业总产值的

31%，巴西牛肉产量 990 万 t，占全球牛肉产量的 15%；人均牛肉消费量 42.12kg，仅次于阿根廷；全国可耕地 3 亿多 hm²， 是中国的 3 倍；牛肉出口量 220 万 t，占牛肉产量的 20.12%，占世界牛肉供应量的 10% 以上；活牛出口价格 3.48 雷亚尔/kg，折合人民币 4.53 元/kg。主要肉牛品种：瘤牛、安格斯牛、海福特牛。

2.1.1.4 法国肉牛生产概况

法国的国土面积 63.4 万 km²，人口 6 700 万；牛存栏量 1 860 万头，其中奶牛 350 万头，肉牛 1 510 万头，2018 年屠宰 341.5 万头，牛肉产量 144.2 万 t，出口量 24.2 万 t，平均牛胴体重 367.5kg/头，畜牧业产值占农业总产值的 70%，肉牛业产值占农业总产值的 10.74%。进口量 33.4 万 t，法国人均牛肉消费 23.54kg/人，肉类消费牛肉、禽肉、猪肉各占 1/3。主要肉牛品种：夏洛莱、利木赞、金色阿奎丹牛。

2.1.1.5 加拿大肉牛生产概况

加拿大是一个资源丰富、地域辽阔、经济发达的现代化国家。国土面积 998.4 万 km²，人口 3 695 万；年降水量 350mm，无霜期 115d。畜牧业产值占农业总产值的 38%，肉牛产值占畜牧业产值的 50%，是世界上肉牛主要生产国和出口国。牛存栏 1 243.5 万头，其中肉牛存栏 382.9 万头，年出栏 291.19 万头，出口量 83.15 万头；牛肉产量 136.08 万 t，出口量 51.57 万 t，出口量占国内牛肉产量的 37.9%；牛肉消费量 102.32 万 t，人均牛肉消费量 27.58kg。肉牛生产主要以放牧育肥和围栏育肥两种生产体系为主。加拿大的肉牛养殖量、胴体分割技术、牛肉追溯体系、抗冷应激饲养技术、带犊母牛饲养技术、母牛繁殖技术（胚胎移植）等居世界前列。主要肉牛品种：利木赞牛、安格斯牛、夏洛莱牛、西门塔尔牛。

世界主要国家牛肉产量、消费量见表 2-1。

表 2-1　世界主要国家牛肉产量、消费量　　　　　单位：万 t、kg/人

项目	牛肉消费量	国内牛肉产量	年人均消费量	主要饲养肉牛品种
美国	1 218.38	1 221.98	37.12	安格斯牛、海福特牛、西门塔尔牛、利木赞牛、夏洛莱牛、婆罗门牛
巴西	881.16	990	42.12	瘤牛、安格斯牛、海福特牛
中国	850.30	644.06	6.08	中国西门塔尔牛、地方肉牛品种
阿根廷	238.11	305.0	53.42	海福特牛、安格斯牛、短角牛
日本	126.97	33.2	10.08	和牛、荷斯坦牛、娟姗牛、杂交牛。
澳大利亚	66.97	212.5	26.82	海福特牛、安格斯牛、婆罗门牛、西门塔尔牛、和牛
新西兰	12.0	56.0	28.0	安格斯牛、海福特牛及杂交牛
德国	109.46	113.2	13.17	荷斯坦牛、弗莱维赫牛、褐牛
法国	153.46	144.2	23.54	夏洛莱牛、利木赞牛、金色阿奎丹牛
英国	115.12	88.3	18.2	海福特牛、安格斯牛、夏洛莱牛、利木赞牛、南德文牛、西门塔尔牛
意大利	113.74	79.1	17.1	皮埃蒙特牛、曼契加那牛、玛瑞玛拉牛、短角肉牛
加拿大	102.32	136.08	27.58	安格斯牛、海福特牛、夏洛莱牛、西门塔尔牛、利木赞牛
俄罗斯	184.76	160.0	12.90	草原红牛、西门塔尔牛

说明：数据来源 2015 年、2018 年相关统计。

2.1.2 国内肉牛生产概况

2.1.2.1 肉牛生产概况

在国内，随着人们生活水平的提高，牛肉消费量在快速增长。2021 年我国国产牛肉产量为 698 万 t，比 2020 年增产 25.6 万 t，同比增长 3.8%，占全国肉类总产量的 7.85%，位居全球第 3 位。

2021 年进口牛肉量达 233.3 万 t，同比增长 10%，平均到岸价格 5 354 美元/t，折合人民币 34.0 元/kg，同比上涨 11%；进口牛肉占国产牛肉产量的 33.42%，牛肉消费总量为 931.3 万 t。2016 年中国进口美国冰鲜牛肉 4.01 万 t，价格 7.78 美元/kg，折合人民币 51.86 元/kg。与过去相比，牛肉的消费量、进口量在呈逐年增加的趋势。目前，牛肉消费量占肉类消费总量的比例约为 9%，人均消费仅为 6.2kg/人，同比增长 5.6%，没有达到世界平均水平，与世界发达国家相比，差距更大。2019 年日本牛肉出口量主要是和牛肉，其中牛肉进口量占世界进口份额的 5%、占国内牛肉需求量的 50% 左右。我国牛肉缺口量很大，澳大利亚、巴西、乌拉圭、新西兰和阿根廷是我国牛肉进口主要来源国。2021 年，从巴西进口 85.85 万 t，占比 37%；从阿根廷进口 46.52 万 t，占比 20%；从乌拉圭进口 35.52 万 t，占比 15%；从新西兰进口 20.18 万 t，占比 9%；从澳大利亚进口 16.28 万 t，占比 7%，其余从美国、加拿大及智利进口（数据来源于农业农村部畜牧兽医局、全国畜牧总站）。

我国既是一个牛肉消费大国，也是一个牛肉生产大国，但人均占有量低，需求量大于生产量。农业农村部印发的《"十四五"全国畜牧兽医行业发展规划》将全国肉牛生产划分为四大产区：东北区，包括吉林、黑龙江、辽宁及内蒙古东部地区，发挥粮食资源和可利用饲草资源丰富的优势，推进种养结合，加快主导品种选育和改良，发展适度规模舍饲养殖。中原区，包括河北、山东、河南、安徽、湖北、湖南等省份，积极推广标准化养殖，稳步扩大规模养殖，提升标准化、集约化、机械化水平。西北区，包括新疆、宁夏、青海、甘肃、陕西及内蒙古西部地区，重点保护地方特色肉牛肉羊品种，科学利用草原资源，建设人工饲草饲料基地，发展现代家庭牧场，提高出栏率，稳定牛羊肉生产。西南区，包括四川、重庆、云南、贵州、广西、西藏等省份，挖掘草山草坡资源利用潜力，扩大牛羊肉生产，因地制宜发展特色养殖。

畜牧业是农业经济的重要组成部分，肉牛产业是畜牧业的重点产业。尤其东北地区，发展肉牛产业是调整畜牧业结构、粮食过腹转化增值、农民增收和农牧业良性循环的有效途径之一。改革开放 40 多年来，我国的肉牛产业发生了历史性的变迁。由过去的役牛、菜牛，到现在成为提供高质量肉类的肉牛；人们生活水平也发生了历史性的变化，由过去的吃不饱、吃不好，到现在的要吃好、吃出营养、吃出品味、吃出健康。经济的快速发展改善了国民的生活质量，人们生活水平不断提高，膳食结构变化，消费升级，人们更加注重生活质量和产品质量，不仅要求营养健康，还要可口、美味、上档次，从而催生了高端牛肉消费。

2.1.2.2 肉牛企业生产现状

目前，国家肉牛核心育种场 46 家，国家种公牛站 36 家，肉牛种业生产企业主要集中在东北、华北及西北地区。全国肉牛核心育种场投资规模最大的企业是龙江元盛食品有限公司和牛牧场，总投资规模达到 4.23 亿元。全国存栏肉用、兼用采精种公牛共计 2 298 头，生产冻精 2 600 万剂左右（2021 年农业农村部肉牛评估中心统计）。

屠宰加工企业的加工牛源呈三三制结构状态，其中来自合同养殖户的占 37.47%；来自市场收购肉牛占 32.12%；来自企业自有牧场占 30.41%。在肉牛加工企业中，年屠宰肉牛 5 万头规模的企业占 4%；年屠宰肉牛 2 万～5 万头的企业占 17.7%；年屠宰肉牛 1 万～2 万头的企业占 31.3%。全国全产业链发展模式的产业化企业占屠宰加工企业的 2.4%。

在全国牛肉销售结构中，牛肉以冰鲜牛肉、热鲜牛肉、冷冻牛肉销售方式约各占三分之一；具体牛肉产品冷鲜肉占 37.44%，冷冻肉占 37.28%，熟制品占 11.70%，调理制品占 8.60%，热鲜肉占 4.98%。与发达国家相比，冷鲜肉和加工熟制品的比例偏低。

养牛成本方面，全国饲草饲料平均价格：小麦秸 300～600 元/t，玉米秸 200～400 元/t；干秸秆：玉米秸 800～1 000 元/t，小麦秸 500～1 100 元/t，羊草 800～1 100 元/t，稻草 600～750 元/t。肉牛养殖放牧加舍饲的成本每天每头牛为 12.6 元，育肥牛的成本每天每头牛为 20.15 元。全国肉牛平均每头牛出栏重 762kg，出生重 32.8kg，3～4 月龄断奶重 154.1kg；全国活牛销售价格 32～38 元/kg，母牛利润 3 000～5 000 元/头。

全国雪花牛肉生产总体上呈现出 3 个层次发展格局，一是有品牌，已经实现了一体化全产业链经营；二是有品牌，初步形成或正在形成产业化生产的格局；三是没有形成产业化，养殖、加工、销售环节实行分段经营状况（见图 2-1 产业分布示意图）。

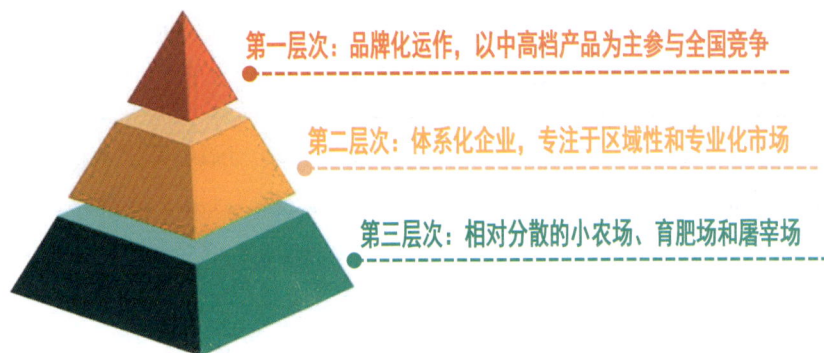

图 2-1 产业分布示意图

（1）第一层次生产状况

企业拥有万头左右的高档肉牛养殖规模，有近 5 万头的牛源基地，产业生产体系和技术体系初具规模，依靠其规模和品牌优势在全国有一定的影响力，并已经走出省域或正在向外省拓展业务，开始到邻省着手布局，以雪花牛肉中、高端产品生产为主，企业品牌是雪花牛肉。企业已发展成为国家级农业产业化重点龙头企业，实行一体化全产业链经营，全国数量不超过 8 家。

（2）第二层次生产状况

企业生产肉牛的规模不足万头，在其所在区域内有一定的影响力，自有牧场有牛 5 000 头左右，专注于区域性市场，以生产雪花牛肉中档产品为主，雪花牛肉品牌不是唯一品牌，兼顾高端产品和普通产品，初步形成了以"企业+基地+农户"的产业化生产经营格局，全国数量不足 20 家。

（3）第三层次生产状况

企业规模适中。生产能力、牧场育肥、屠宰加工数量比较小，多数呈分段经营状态。产业化带动能力弱，社会认知程度低，以合作模式或牧场+餐饮连锁的形式，参与局部雪花牛肉市场竞争。这些企业多数不是全产业链发展模式，对地方经济拉动力不强，只处于特色农业产业经营阶段，产业化各环节处于松散型合作状态。

在肉牛生产水平上，国产牛与进口牛雪花牛肉生产能力相比，屠宰率低、产肉率低、修割脂肪高、胸肉厚度不够；在新的商业模式下，企业持续的创新能力和品牌塑造能力不足。

2.1.2.3 雪花牛肉产业起步晚

由于受肉牛生产周期长、投资大等限制性因素影响，总体上，我国的雪花牛肉产业刚刚起步，发展速度还不快。与发达国家相比，雪花牛肉专业生产至少晚起步 30～50 年。从 1995 年起，中国开始有了和牛。2012 年起，国内出现了利用和牛杂交改良建设基地，实施产业化生产的企业，开启了国内雪花牛肉产业化的建设。

加上地方优良品种，国内雪花牛肉生产产品已经端上了迈入小康生活的老百姓的餐桌，但数量不多，大部分主流市场在大中城市。分析起步晚的主要原因有以下几方面：

（1）我国牛肉供求紧张，肉牛专业生产起步晚

我国人口多，人均占有资源量少，畜牧业生产能力相对低，肉类产品的供应始终处于供不应求的局面。1955—1979 年前，黄牛作为役用耕牛是受到严格保护的，禁止滥宰滥杀。随着农业机械的发展，耕地不完全依赖"畜力"。1979 年 2 月国务院印发了《关于保护耕牛和调整屠宰政策的通知》，老残耕牛、菜牛、杂种牛可以出售、屠宰。从此，黄牛作为肉牛开始逐渐放开。1984 年以深圳市率先在全国取消一切商品供应票证为标识，1992 年初步建立起社会主义市场经济，全国肉类市场供应有所缓解。农业生产领域的任务是生产更多的肉类产品，肉牛生产追求的是产肉量而不是"品质"。这时，肉牛生产才真正提上日程。2000 年以后，国内才出现雪花牛肉生产。

（2）一次性投资成本高，提高了企业和养殖农户的"准入"门槛条件

雪花牛肉生产需要专门化肉牛品种，进行高精料、高能量的特殊育肥。发展雪花牛肉产业，首先必须把生产雪花牛肉的肉牛种群发展起来。初步统计，高档肉牛育肥牛平均每头需要投资 5.0 万元/头左右，其构成：牛舍等基础设施建设投资 1.0 万元/头、饲草饲料 1.2 万元/头、购入特定的育成牛 2.5 万～2.8 万元/头。

（3）资金周转慢，影响了从业者的积极性

雪花肉牛养殖投资周期长，风险大，回报慢，需要的流动资金量大。养殖场从引种投资到规模生产至少需要 3 年以上的时间。一头肉牛从配种、出生到出栏平均需要 40 个月，仅饲养阶段平均一个养殖周期投入的成本约 3 万元/头。雪花肉牛的市场流通频率远远低于普通肉牛。企业投资从事雪花牛肉产业，从投资到见效果至少需要 5 年时间，其中建设规模化牧场 2 年，建设基地 4 年，即第 4 个年头可以回收加工改良育肥的犊牛，第 5 年开始规模化生产。雪花牛肉产业的特殊性，决定了目前全国尚没有待宰的可供大量收购的牛源生产基地。如果有实力的企业想从事雪花牛肉生产，只能从头做起，统筹谋划，市场、基地、自有牧场、加工等产业化链条齐头并进，这样才能行稳致远。

（4）雪花肉牛生产技术含量高，专业化生产特征明显

雪花肉牛要求有较高的技术条件和饲养管理环境。与普通肉牛相比，生产雪花肉牛的品种、饲养技术、饲养条件和环境要求较高，精饲料投放量大。这也是生产成本高的一个重要原因。我国现有的地方优良品种，生产雪花牛肉的产量和等级与日本和牛相比，还是有很大差距的。因此，雪花牛肉生产要求企业要有实力、有科研团队，实行专业化、标准化生产。

（5）产品品质要求高，专业加工能力必须现代化

雪花牛肉产品销售渠道有限，产品主要面向中高端人群。同时，高品质肉块比例小，仅占胴体重的 15%～20%左右，主要提供给高档宾馆、饭店。但其余的牛肉如臀肉、腰肉等优质肉块和副产品，虽然质量上乘，由于受市场发育程度不完善等多方面因素影响，与普通牛肉同质化竞争，消费制约、价格提升遇到瓶颈，没有实现优质优价。除优质肉块之外，其余牛肉产品（包括副产品）必须实现深加工，才能实现加工增值，最终实现利润最大化。所以，只有实现产业化经营，产业才能有发展潜力。

纵观我国的肉牛产业，规模化牛场建设、繁育体系建设、饲养管理以及疫病防控等正在逐步实行规模化、科学化、规范化管理。与 2010 年之前相比，规模化、机械化、信息化、智能化程度有了较大幅度的提高。同时，当前"互联网+肉牛养殖""公司+基地+农户"等各式各样具有时代特色的肉牛产业模式不断创新发展。现代细胞、分子生物学技术以及大数据将在肉牛育种领域得到广泛应用，雪花牛肉产业正在兴起。

2.2 雪花牛肉产业发展存在的问题

2.2.1 没有形成雪花牛肉生产主导品种

到目前为止，我国雪花牛肉产业发展还不强，规模化、标准化、产业化、体系化、科技化程度还有待进一步提高。肉牛的品种多而杂，没有形成稳定、大量、品质一致的牛肉供应体系。长期以来国内一直没有走出"引进—退化—再引进—再退化"的怪圈，缺乏优良的雪花牛肉专门化肉牛品种。所谓专门化肉牛品种，主要是指能产出国际上认可的 A3 等级以上雪花牛肉的肉牛品种。虽然能产出含有一定量的大理石花纹的牛肉，但肌内脂肪含量不够，这样的品种不能称为雪花牛肉专门化肉牛品种。同时，还有一个规模化养殖的问题。没有一个 3 万~5 万头以上的规模群体，想支撑一个产业可持续发展是很困难的。我国现有的地方优良品种，并没有在全国范围内推广。纯种雪花肉牛品种存栏量少，限制了产业规模的快速扩张。

2.2.2 雪花牛肉产业化生产体系不健全

国内缺乏统一的行业规范、标准。就牛肉等级的划分标准来说，目前国内标准多借鉴国外标准。我国仍未建立起一个统一的国家级雪花牛肉生产技术体系，即雪花牛肉等级标准。现有的屠宰分割标准不适用于雪花牛肉生产。高品质肉牛的饲养管理、质量安全追溯、牛肉的加工生产等方面也都缺乏一套行业标准，精深加工产品少，品牌产品不多，高附加值产品更少。在产品市场销售方面缺乏标准，鱼目混杂，虽然商家标注的是雪花牛肉，但根本达不到雪花牛肉的最低标准。加之受市场前端优质廉价进口牛肉与低成本的摊点屠宰牛肉挤压，使规范化、规模化的企业利润受到影响。

2.2.3 高档肉牛饲养技术有待提高

高档肉牛在我国发展的历史时间不长，饲喂管理技术落后，生产技术需要进一步完善提高。饲养高档肉牛，与饲养普通肉牛不同，具有较高的技术含量，特别是在育肥期，需要一定的精饲料配制和饲养方法。否则，雪花牛肉产品品质难以提升或形成特色。正因为如此，日本和牛的饲养技术和方法是高度的商业机密，是加以保护和严禁外泄的。雪花牛肉生产技术，突出的是牛肉的品质，兼顾牛肉的产量。由于我国肉牛生产起步晚，肉牛生产技术主要突出牛肉的产量，兼顾肉的质量。所以，在科学研究领域是两个不同的研究方向。今后的重点要在四个方面加大研究和推广的力度，尽快实现突破。

2.2.3.1 饲料配方问题

国内尚未开展雪花肉牛专用饲料配方的系统研究工作，日粮管理粗放，探索高效饲喂的方法、提高饲料利用率仍有提升的空间。发达国家已经发展到根据肉牛血液指标的变化，调整饲料营养配方水平。从外观表象上观察、判断，更注意微观细节，饲养管理更加精细化、精准化、靶向化。

2.2.3.2 改良犊牛管理问题

雪花肉牛生产从高档肉牛犊牛阶段饲养就已经开始调控牛肉品质了，有的甚至从产前 2 个月就开始调控了。相对而言，我国的农牧民生产水平比较落后，犊牛阶段饲养比较粗放、随意。必须加强肉牛各阶段包括犊牛的饲养管理，提高专用肉牛整体健康水平，解决好纯种犊牛出生体重低、体质弱、死亡率高的问题，有效控制犊牛死淘率。

2.2.3.3 提升杂交和牛的雪花牛肉生产水平

目前，杂交和牛雪花牛肉生产水平，仅能达到 A3 等级。国外经验证明，通过饲养技术调控和攻关，改良和牛的雪花牛肉生产水平完全可以达到 A4～A5 等级。同时，也可以相应提高等级雪花牛肉的生产能力。通过努力，将雪花牛肉的产出率（占净肉重的比例）再提高 10% 左右，牛肉品质提升 2 个等级。

2.2.3.4 利用高科技手段提升产业发展水平

在肉牛品种选择和雪花肉牛专门化品种培育上，要推广应用全基因组选择技术，实现良种良法有机统一。在饲养技术上，要研究一套雪花肉牛饲养技术操作规程。让好牛产好肉，其他优良地方肉牛品种也能生产出高品质的牛肉。

2.2.4 雪花肉牛生产积极性不高

与传统农业生产项目相比，高档肉牛养殖投资周期长，风险大，回报慢。随着国内生产资料及人工费用的上升，以及严格的环保标准和要求，普通的肉牛产品的生产相对于进口牛肉的低价格，不具备优势，最终难以盈利。目前，中国的放牧条件与牛肉进口国澳大利亚、新西兰等国相比，饲养成本高，市场竞争力弱。所以，无论是农户还是企业，虽然都知道牛肉市场巨大，但是长周期、投资大，让人望而怯步。长期以来生产者、加工者、销售者，相对还处于独立分割状态，实现规模化、产业化、标准化还需要一个过程，养殖端利润不高是农牧业产业化发展的核心问题。受自然资源环境条件限制，我国的肉牛产业饲养方式主流正在由放牧方式向半舍饲、舍饲方式转变，生产成本与过去相比，提高了 50% 以上。

因此，如何让农牧民获得更高的收益，调动养殖者的积极性，一直是党和政府十分关注的问题。只有大的环境条件宽松了，才能调动起农牧民养殖雪花肉牛的积极性。

2.2.5 雪花牛肉市场发育不健全

由于国内生产不足，货源紧张，市场存在走私问题。在一些大中城市消费市场上，雪花牛肉以假乱真、以次充好现象时有发生。走私不仅造成产品良莠不齐、国家经济损失，也让正规的雪花牛肉生产企业产品失去定价权，影响产品研发的积极性。雪花牛肉市场发育不健全，致使国产的雪花肉牛没有实现优质优价，让国内养殖企业蒙受损失，高品质雪花牛肉产品销售受到冲击。

2.2.6 雪花牛肉产业化龙头企业尚需要培育

目前，国内牛源、养殖、加工、销售各环节衔接不紧密，"利益共享、风险共担"的利益连接机制不健全。在全国没有形成有影响力的产业化龙头企业集团，产品品牌的知名度不高，对产业带动性不强。企业品牌处于地区品牌程度，没有上升到国内知名品牌（驰名商标）或国际品牌的层面。雪花牛肉产业需要有大企业集团的加入，需要强有力的龙头企业拉动。因此，需要培育一批雪花牛肉产业化龙头企业，发挥引领市场和头雁带动效应。

2.3 影响雪花牛肉产业发展的主要因素

影响雪花牛肉产业发展的因素很多，其中主要的因素有 6 个：即肉牛品种、饲养管理、龙头企业带动、环境资源条件、基地建设和产业政策 6 个方面。按权重分析，品种因素占 30%，饲养管理因素占 35%，龙头企业因素占 15%，资源环境条件因素占 10%，基地建设因素占 6%，产业政策因素占 4%。

2.3.1 品种因素

品种是决定雪花牛肉产业发展的决定性因素，不是所有的肉牛品种都能生产出雪花牛肉的。没有好的品种，是不可能生产出雪花牛肉并发展成为一个产业的。目前，世界上公认的品种是和牛、韩牛、安格斯牛。虽然我国的地方黄牛品种也能产出雪花牛肉，但不得不承认，牛肉的品质与日本的和牛肉相比还是有很大差距的。国内外的高品质雪花牛肉都与和牛品种的遗传因素有着"千丝万缕"的联系。这足以说明品种遗传因素的重要性。

品种的个体因素包括肉牛的性别、年龄等，不仅影响生长发育指标，更重要的对牛肉品质也有影响。品种之间肌纤维质地、粗细及结缔组织质量、数量和大理石花纹等指标上有着明显差异。幼龄牛脂肪积累少，肉嫩而不香；老龄牛脂肪沉积多，肉香而嫩度降低。

纯种和牛数量有限，杂交和牛是一个产业发展的重要方向。日本利用和牛杂交牛生产雪花牛肉取得了很好的成功。因此，一方面，应利用引进的和牛种源基因，培育雪花肉牛新品种。另一方面，要做强做大改良和牛产业，形成高档肉牛产业集群效应，向社会提供更多的高品质雪花牛肉产品，满足人民日益增长的对美好生活的需要和向往。

2.3.2 饲养管理因素

饲养管理是肉牛产业发展的核心要素。品种确定之后，饲养管理是牧场和产业工作的主要内容。雪花肉牛，是以生产高品质雪花牛肉为主要目标的。雪花肉牛生产，有着自己独特的生长发育规律，必须遵循和利用好这一生长发育规律，从犊牛出生直至育肥屠宰，严加把控。这些环节都与饲养管理的技术和水平息息相关的。科学证明，肉骨比，从犊牛出生前 18 天开始，饲养因素就影响着最终的肉骨比指标了。犊牛发育期是肉牛的生长非常重要的时期，如果犊牛阶段生长发育受阻，会直接影响后期的育肥指标。如骨骼的发育、胃的发育、颈部的发育都是在犊牛时期起着决定性作用的。有的生长发育指标通过后期的补偿性饲养可以弥补回来；而有的生长发育指标，通过后期的努力也是弥补不回来的。饲养管理因素主要体现 2 个方面：

（1）饲养技术。饲养技术属综合配套技术，核心内容是饲草饲料和饲养方式。精料的品种、营养成分、比例、加工处理方法，都将影响肉牛的品质，其因素占权重的 24.5%。饲养方式对牛肉的嫩度和肌内脂肪沉积有重要影响。研究表明，高档肉牛散栏饲养比栓系舍饲效果好；有运动场自由采食比全舍饲牛肉品质要好。只有缩短出栏时间，改善牛肉品质，才能提高经济效益；增加饲喂次数，延长采食时间，可增加牛肉皮下脂肪沉积，提高牛肉嫩度。集中育肥高营养谷物喂饲，有利于大理石花纹、眼肌面积的生成。因此，高品质雪花牛肉需要延长育肥时间、提高能量饲料比例。这样育肥出来的肉牛拥有红白相间的脂肪花纹和漂亮的樱桃红色，增加食用时口感与滑嫩程度。

（2）饲养管理技术。从饮水、牛舍、防疫、优选优配、按摩、垫床，到通风、防湿、运动等方面，都影响雪花牛肉的生产质量，其因素占权重的 10.5%。要给肉牛提供一个安全、安静、舒适的饲养环境。减少或防止发生应激反应。雪花肉牛应激反应，直接影响肉牛的生长发育和牛肉的品质。肉牛受惊吓，易导致分泌生理激素，产生 PSE 肉和 DFD 肉，影响肌内脂肪的沉积效果。

雪花肉牛与普通肉牛饲养管理方面相比，体现更多的是精心、精准、细致，一个很小的失误，都可能影响到产品质量。定时、定量、定人员，提高动物福利，注重饲养环境改善，都对雪花牛肉品质有影响。饲养管理从 3 ~ 4 月龄断奶开始，进行持续育肥是生产雪花牛肉的最为关键的措施；青年牛和架子牛的持续育肥（修饰育肥）不及犊牛期开始的育肥效果好。在其他条件确定的情况下，重点抓好以下饲养管理环节，促进雪花牛肉品质的提高：①保温防寒、降温防暑；②防止跌打损伤和防滑，减少应激反应；③勤刷拭和适当运动，注意观察和保健；④做好防疫，及时诊治疾病；依照动物防疫卫生准则、兽药使用准则、饲料及饲料添加剂使用准则，确保雪花牛肉达到高品质产品标准；⑤根据育肥程度和体重实时出栏，降低生产成本；⑥改善牛的饲养环境。"住星级牛舍、吃熟食、听音乐、睡软床、喝啤酒、做按摩"，享受各种美味饲料，舒适健康生长。

2.3.3 龙头企业带动因素

生产高品质牛肉，终端消费者是以中高端收入人群为主要对象。其生产有特殊性，不适合"无计划的自由市场"生产销售，必须实行产业化生产。龙头企业建设是一个重要因素，产业化生产发展如何，很大程度取决于龙头企业拉动能力的强弱。

2.3.3.1 龙头企业的拉动作用

（1）龙头企业实力决定产业规模。实力小，产业规模做不大。对基地反哺能力和补偿式发展动力不足。

（2）龙头企业的品牌影响力助推产业发展。世界品牌、著名商标，对产业的发展起着重要的助力作用。

（3）产品深加工生产能力是产业整体效益的保障。雪花牛肉产品畅销，其他部位产品深加工很重要，它决定一个企业的兴衰。只有企业综合生产能力提高了，才能提升企业综合竞争力，在市场经济大潮中乘风破浪，稳健前行。

（4）全产业链发展企业有活力。基地建设、合作牧场、补偿式反哺养殖端，这些都是产业发展的重要内容和组成部分。必须高度重视各环节的工作，只有整体一体化推进，产业发展才能实现规模效益。

2.3.3.2 加强企业科学管理

向管理要效率，向科技要效益。一个企业，就是一个小社会。需要面对开放的市场及人才流动（竞争）的社会形势和矛盾问题。因此，龙头企业要注重制度建设、企业文化建设和专业队伍建设。国内很多大型企业失败的教训告诉我们，应注意做好和防止发生以下几方面的工作事项：

（1）堵塞漏洞，防止原材料（饲草、饲料）采购、品牌商品销售环节发生腐败。量少质差，坑企肥私，采购及销售人员从中作祟，最终会蛀空企业。

（2）防止活牛采购（回收）环节发生问题。畜牧产业是食品工业、良心工程，利润率很低，但长远。如采购环节出现了问题，即使后期再努力，也会导致企业亏损、失败的命运。因为，在起跑线（活牛采购）上已经输掉了。

（3）防止基本建设项目出现问题。规划、设计、施工应科学、合理、合法、合规。如果将企业选址不慎选在湿地上，导致违法建筑被迫拆除，损失会很惨痛。基本建设一旦完成，后期需要改造是很困难的。对待牧场基本建设要像对待城市建筑一样，不能有短期化行为。

（4）重大投资项目需要论证。项目建设应严格执行设计及公司集体决策的原则。要克服"乱管"和"无人管"两个极端现象的发生。应将"绩效考核""岗位责任制""部门经理负责制"等现代企业制度建全完善起来，执行到位。

（5）管理层要有企业家精神、工匠精神。爱岗敬业、忠诚守信。一个高管对企业不忠诚，对企业的破坏力是很大的。时刻警醒：一个高管的流失，将增加一个市场有力的竞争者。

（6）技术主管人员要保持相对稳定。入职时要开展职业操守道德教育，提倡对企业的忠诚度。要爱护人才，珍惜人才，充分发挥企业科技人员的主观能动性。保持专业技术人员的相对稳定，不能随意更换。同时，企业也不能因人员的变化而影响企业正常运转，应做好梯队人才储备接续工作。

（7）重视知识产权开发和保护工作。龙头企业应有知识产权管理责任人，不能只抓生产不抓知识产权工作。要建立知识产权奖励激励机制，凡属名公司的文章、论文、专著、发明专利、科技奖项都应予以奖励。这对提升企业软实力是非常重要的。

（8）注重产品商标保护工作。根据《中华人民共和国商标法》及《商标注册用商品和服务国际分类》目录表的规定，商标共45类，其中商品34类、服务11类。涉及牛肉产业的商标主要有3类，第29类：代码2901，肉类、肉汁；代码2903，牛肉罐头食品。第31类：代码3108动物饲料；代码3102，未加工的农产品；代码3104活畜（活生物）。第43类：代码4301餐饮服务。未注册的，应全部将3类商标的文字、图形、标识等商标注册；已注册的，要做好保护工作。暂时未开展、以后可能会涉及的经营业务、待开发的产品、待开拓的市场，防止让其他人窃取，坐收渔利。

2.3.4 环境资源条件因素

地理环境因素是影响动物生长发育的重要因素，各地环境因素不同是造成动物品种生产性能差异的诱导因素。环境影响动物的个体发育、舒适度、采食量（食欲）、生长速度，进而影响饲草饲料的采食率、消化率、转化率（饲料报酬）。

2.3.4.1 地理位置是产业发展的首选因素

肉牛产业发展的经验证明，一个地区的土地和秸秆资源、牧草资源，直接决定未来产业发展的方向和潜力。粮食主产区，是畜牧业的发展基础，也是肉牛发展的优势产区。

2.3.4.2 环境温度是影响肉牛品质质量的一个重要因素

（1）达尔文的生物进化论证明，寒冷地区的动物体形相对要大，相对体表面积小，以减少能量损失。

（2）温湿度适中减少肉牛应激反应。肉牛怕热、怕潮湿、不怕冷。通风、适中的湿度是肉牛饲养环境的一个重要因素。表2-2说明肉牛发生暑热应激反应时的温度与湿度之间的关系。

表 2-2 环境温湿度与肉牛应激反应的关系

气温/℃	湿度/%				
	20	40	60	80	100
19	62.5	63.4	64.2	65.1	66.0
20	63.8	64.7	65.8	66.9	68.0
21	64.7	66.0	67.4	68.7	70.0
22	65.8	67.4	68.9	70.5	72.0
23	67.0	68.7	70.5	72.2	74.0
24	68.1	70.1	72.0	74.0	76.0
25	69.2	71.4	73.6	75.0	78.0
26	70.3	72.7	75.2	77.6	80.0

科学试验表明，牛的环境最佳适宜温度为15～25℃。犊牛在-4℃时，维持生理需要量比适温期增加32%的营养需要量。上限临界温度为26～30℃；下限临界温度5℃左右。不舒服指数在69以上时，肉牛易发生暑热应激反应，低于指数69的，对雪花肉牛的生产极为有利。通常环境（含牛舍）温度20～25℃时肉牛感觉舒服，临界温度为25℃。

（3）饲草饲料资源是影响产业发展的关键性因素。饲草饲料的组成、搭配比例、营养成分都将影响牛肉品质。本地饲草饲料资源丰富，将会降低肉牛生产成本，比较效益提高。饲草资源，一方面影响到肉牛生长发育；另一方面，不同的饲草饲料品种，直接影响到雪花牛肉的品质。

2.3.5 基地建设因素

基地建设是产业化的重要内容。产业化离不开基地建设，龙头企业单靠自有牧场产业规模有限、投资量大、资金周转效率降低。基地建设决定产业的规模、产业原材料供给、产业的发展质量和产业化建设水平。

2.3.5.1 要努力扩大改良规模

基地建设的重要任务是增加雪花肉牛数量，提升肉牛品质，改善牛群品种结构，满足牛源需要，讲求产业规模和整体效益。

2.3.5.2 严格执行协议

在基地建设过程中，要讲诚信、重合同、守信誉，不能害企坑农，有损产业发展。要互利互惠，优势互补，寻求双方利益平衡点，实现产业的长远发展。

2.3.5.3 利益共享机制

龙头企业要实行利益反哺养殖基地，形成利益的共同体。真正实现"风险共担、利益均沾"，这是农业产业化建设的一个鲜明特点。

2.3.5.4 推行全产业链发展模式

要研究建立适合当地特点的产业发展模式，有一套严密的产业运行机制。没有基地的农业产业化龙头企业，是没有社会责任感的企业；基地建设的缺失，必然是一个不完整的产业化，这样的企业很难做强做大。

2.3.6 产业政策因素

产业政策是加快产业发展的助推器，是产业发展的重要因素。日本和牛产业的发展，很大因素是得益于国家高度重视、坚持不懈支持的结果。从犊牛生产、交易、育肥牛的补贴及品种培育、改良等，都有相应的产业扶持政策。我国在畜牧业发展上总体原则是采取扶持的政策。但是，扶持的力度、精准度还不够。尤其是针对雪花牛肉产业没有专项扶持政策，如在新品种培育、土地、环保、雪花牛肉产业补助、产业联合攻关以及政府服务、技术指导上，迫切需要产业政策的支持。

第 ③ 章　发展中的黑龙江雪花牛肉产业

目前，我国没有雪花牛肉专门化自主肉牛品种，现有的地方优良肉牛品种，与日本和牛相比，其雪花牛肉生产能力还有很大差距。国内外的经验证明，引进和牛种源，实施杂交改良，是发展我国雪花牛肉产业的重要渠道。黑龙江通过2011—2021年11年的努力，在和牛种源引进和产业化建设上进行了有益的探索，取得了肉牛生产和产业化建设历史性的重大突破。

3.1 启动雪花牛肉产业化项目

3.1.1 和牛产业化项目正式立项

和牛是全世界公认的最优秀的世界级优良肉用牛品种。2012年前，国内没有开展和牛活体引种工作。以其他方式进口的和牛胚胎、冻精，有的企业也不能说明其来源的"合法性""真实性"，犹抱琵琶半遮面。受国内国际多方面因素制约，和牛引进中国困难重重，人们在国内吃不到高品质的和牛肉。

2010年黑龙江省委、省政府提出，要加快发展畜牧业，把产粮大省建设成为畜牧业大省，实现粮食与畜牧业的主辅换位，大力实施"两牛一猪"产业发展战略，让"北大荒"变成大粮仓+肉库+奶罐。针对当时黑龙江雪花牛肉生产落后的局面以及产业化生产亟待解决的"品种缺乏、标准缺乏、特色精细加工不够"等问题，省委、省政府根据前期调查、考察、论证的意见，决定"实施高端肉牛产业发展战略"：高起点定位、全要素谋划、产业化一体推进雪花牛肉产业发展；引进和牛种源，实施全省肉牛品种改良；在发展肉牛产业、提高牛肉产量的同时，改善、提升肉牛品质，实现牛肉品质"质的飞跃"。

龙江元盛食品有限公司的和牛产业化项目在这种情况之下孕育而生。"龙江和牛产业化项目"于2011年被省政府正式列入绿色食品重点产业化项目（黑发改产业[2012]1254号），项目实施期2011—2012年，总投资4.2 283亿元，主要建设内容：厂房建设、牧场建设、和牛引进、设备购置。根据黑龙江省发展和改革委员会黑发改产业[2012]1254号文件精神，2013年龙江和牛产业化项目被省政府列入"黑龙江省两大平原农业综合配套改革试验区畜牧重点项目（黑财指农[2013]444号）"，建设内容：引进纯种和牛3 000头，建设标准化牛舍40栋，每栋养殖和牛80头、草料棚、设备购置等，扶持资金5 000万元，其中无偿补助资金2 500万元，有偿投资（入股）2 500万元。项目责任主体齐齐哈尔市人民政府，具体承担单位由黑龙江省畜牧兽医局、龙江县人民政府、元盛食品有限公司负责组织实施。

3.1.2 组织产业化项目考察

3.1.2.1 考察确定引种目标

引种前要对国内外的种源生产情况有一个清晰的了解，防止盲目引种上项目。这是取得成功的重环节。引进和牛，考察目的国应选择赴日本、澳大利亚、新西兰。引种前必须对下列情况加以调查了解：

（1）种牛生产企业。考察的对象重点是对拟供种的企业，要对企业进行全面考察，是否具备种牛生产能力、生产条件及种牛出口资质，企业现存栏种牛的质量和数量。

（2）可供遴选种牛的数量。品种资源的保护和利用是引种工作的重中之重。首选应为黑毛全血和牛种牛，全血和牛含和牛基因100%；其次是黑毛和牛纯种和牛，含和牛基因93.75%以上。应考虑配套系问题，引种时就要考虑防止发生近亲繁殖，导致品种退化问题。公母牛的数量、比例应根据企业的实力确定。引种前就要考虑和防止"引种—退化—再引种—再退化—消亡"的怪圈现象发生。

（3）对外贸易"引种"限制性因素（条件）的考察。引进种牛，涉及双边国际贸易规定。引种前应调查了解清楚。主要内容是价格、协议条款、付款方式、争议解决、贸易规定、限制条件、关税、相关法律规定等。必要时，应以官方文件记载为准。

（4）签订引种协议（合同）。协议应明确种牛数量、耳标号、系谱、照片、单价、总价、检疫等。由引种企业与外商签订或由代理商与外商签订。如由代理商签订的，引种企业要与代理商签订代理协议，协议条款包括有关代理事项、代理权限、代理期限、责任条款，协议中还应该明确上述相关内容。

（5）运输方式和进港口岸选择。动物运输方式分空运和海运两种方式。空运时间短，动物应激反应小，运输死亡率低，相对运费较高。离境（场）、进境到岸需要1~2天时间，747运输飞机一架次可运输300头青年牛。海运时间长，运费低，牛应激反应大，损失率比空运高。一般从启运到岸需要15~18天时间，一般每船经济数量3 000头以上，体重♂280~350kg，♀270~340kg，出口企业提供活畜出口业务服务和帮助。

口岸要求与隔离场距离50km以内。因此，在选择口岸的同时，附近必须有隔离场，位置距离应符合国家规定。并对隔离的条件、要求、费用进行谈判、确认；口岸选择也决定了运输的距离。这些因素事先都要调查清楚，考虑周全。对项目资金预算要列出具体明细，以便全面掌控。有的项目还需要公证、保险，确保引种成功、顺利。

3.1.2.2 实地考察和牛项目

为推进和牛产业化项目建设，2011年11月，由黑龙江省政府农业副省长带队，带领省畜牧兽医局、发改委、农开办、财政厅等相关部门负责人到新西兰考察和牛产业项目。最终决定实施和牛产业化项目。与此同时，在全省范围内，招商引资，承接和牛产业化建设项目。最终确定由元盛食品有限公司引种建设，地点选择在龙江县，由龙江县人民政府配合实施项目建设。

2012年3月，由龙江县人民政府、黑龙江省畜牧兽医局、龙江元盛食品有限公司联合组成专业考察团，先后到日本、新西兰和澳大利亚的和牛养殖牧场实地进行了"引进和牛项目"专题考察，正式启动了"和牛产业化建设项目"。

（1）日本肉牛生产概况。日本国土面积37.79万km²，东西宽300 km，南北长3 500 km。人口1.27亿。主要由本州、九州、四国、北海道四个大岛和6800多个小岛组成，分别占国土面积的95%和5%。海域面积31万km²。日本以山地多、温泉多、桥梁多、火山多而著称。气候四季分明，温和湿润，年平均气温12℃以上。2016年养牛总数386.0万头，其中肉牛248.9万头。主要肉牛品种：和牛占166.1万头（黑毛和牛占90%以上），荷斯坦牛82.8万头，杂交和牛48.2万头。2015年屠宰肉牛109.1万头，胴体重407.0kg，牛肉产量33.2万t，其中和牛肉15.1万t，占国产牛肉总量的45.48%；乳用牛产肉10.2万t，杂交和牛7.5万t。畜牧业占农业总产值的35.4%，肉牛产业产值占畜牧业产值的22.09%，占农业总产值的7.8%。养牛户54.75万户，肉牛存栏总体呈下降态势。和牛肉的品质优于杂交牛，杂交牛肉的品质优于荷斯坦牛。和牛肉的销售价格高于同级别的杂交和牛肉价格。和牛一生能产犊15~16胎，一般产到6~8胎即停止生产，转入育肥。用和牛胚胎，移入到体形较大的荷斯坦牛体内，以获得优质的黑毛和牛。和牛肉的特点：肉质纤维细嫩、脂肪沉积丰富、肉具有独特的奶香味。著名的和牛品牌有：神户牛、松板牛、近江牛、米泽牛。日本人喜食生鲜鱼类，消费支出占肉类消费总额的近70%。牛肉消费以家庭消费为主转变为餐饮业为主；牛肉消费支出占肉类消费总额的14.9%，高于猪肉、禽肉，日本牛肉自给率不足40%。日本进口牛肉量50万t左右，占牛肉消费量的50%以上；日本牛肉出口量约2 000t，主要是和牛肉产品。2000年以后，日本活牛出口基本维持"0"的水平。

日本肉牛养殖企业多以育肥牛企业为主，主要集中在北海道、九州；育肥用的犊牛主要来源于拍卖市场。出栏育肥牛规模：101~500 头的占育肥牛总数的 44%；100 头以下的占 36%；500 头以上的占 20%，全国 290 家左右，其中 200 家实行企业化经营。

2012 年考察团重点考察了兵库县姬路市阪南和牛牧场，牧场由小谷先生创办。小谷先生有 3 个规模化和牛养殖场。考察的阪南牧场养育肥和牛 260 头，由 3 个工作人员饲养。牛舍高大、通风好，每小栏 4m × 8m=32m²，可以饲养 24 月龄育肥牛 5 头、15 月龄育肥牛 6 头。饲草饲料组成：干草梯牧草（猫尾草）+精料，梯牧草从加拿大进口。精料成分：压扁玉米粉、咖啡豆皮、稻糠、稻米粉、啤酒糟 10%~20% 等。育肥母牛、育肥阉牛日增重 0.75~0.96kg，育肥期 30 月龄以上。品种属黑毛和牛中的但马和牛。"神户和牛"不是和牛品种，而是和牛肉的品牌。考察团专程到日本超市考察和牛肉市场销售情况。在日本，和牛肉销售比较普遍，一般超市都设有和牛肉销售专柜，明码标价。规格有 100 g、150 g、200 g、300 g 不等，标明牛的品种、产地、生产者、部位、重量、价格，主要以冰鲜肉销售为主。2012 年超市 A5 级和牛肉销售价格为人民币 615 元/500g，餐饮店销售价格为人民币 2 650~3 800 元/500g，终端消费价格是和牛肉销售价格的 4.3~6.1 倍。日本人养和牛比较精细，做事认真勤奋，科技意识强，研究的和牛生产领域比较深入，设有和牛协会、和牛主题馆。阪南公司欢迎考察并愿意在和牛养殖技术方面开展咨询合作。

日本肉牛生产疫病防控的重点是痢疾、伤风病，注重犊牛阶段饲养，防止犊牛误食带犊母牛的饲料，犊牛与母牛的饲料、饮水要分开设置。粪污处理主要以干燥发酵生产堆肥、还田。

（2）新西兰肉牛生产概况。新西兰是世界上最重要的畜牧业国家之一，也是发达国家中唯一以农牧业生产为主的国家。地理坐标在南纬 34°~47°，东经 166°~178° 之间，属温带海洋性气候，由南北两个大岛组成。北岛降水量 1 000~1 500 mm，南岛降水量 600~1000 mm，北岛牧草生长期可达 11 个月。新西兰国土面积 26.7 万 km²，草原面积占国土面积的 70%，天然牧场占国土面积的 51.8%，全部为人工草地。总人口 459.57 万，欧洲移民后裔占 67.6%。新西兰绿色覆盖全境，养殖存栏奶牛 647 万头，肉牛 361 万头，绵羊 2 737 万只。肉牛品种以安格斯牛为主。畜牧业占农业总产值的 80%，从事畜牧业的人口占农业人口的 80%。农牧业出口产品中，肉类产品占贸易额的 31.5%。2018 年产肉类 123 万 t，出口 74.5 万 t。其中牛肉占肉类总产量的 45.5%，牛肉出口量 35 万 t，占牛肉产量的 62.5%；出口牛肉离岸（港）价 5 273 美元/t，折合人民币 35.15 元/kg，肉牛饲养成本低，平均 42.87 新元/牲畜单位（1 头肉牛相当于 5.5 个牲畜单位），折合人民币 1 108.18 元/头。2011 年，新西兰屠宰肉牛 227.6 万头，大部分为放牧草地育肥，很少谷饲育肥。年人均肉类消费量 126.9 kg，其中牛肉 28.0 kg。新西兰安格斯牛出生重 28.0 kg，配种时体重 250 kg，配种期在 49 天内，基本为本交，公母比例 1：30。主要肉牛品种：安格斯牛、海福特牛及杂交牛。

2012 年考察团重点考察了豪斯贝市的代威（DAVID）公司的和牛育肥场、种公牛、后备种公牛、后备种母牛群。该公司占地 15 万亩，饲养和牛及改良和牛 7 000 头，从事和牛品种改良和品种选育 20 年，现有纯种和牛种公牛 60 头，改良和牛含全血 87.5% 以上，饲养方式放牧+谷饲补饲。公司长期与日本和牛企业合作，将和牛养到育成牛以后，通过海运输送到日本，再集中育肥并屠宰上市销售。DAVID 公司详细介绍了企业和牛产业的发展历程和主要饲养技术、产品，同意向中国出口和牛，并愿意为引种事项提供种源系谱等相应咨询、服务与合作。

新西兰肉牛生产疫病防控主要是以预防为主，贯彻"防重于治，生物安全第一"的原则，主要防治软肾病、黑胫病（气肿疽 black leg）、面部湿疹、恶性水肿病、蹒跚病、寄生虫病、木舌病等。粪污处理，严格执行《资源管理法案》，粪肥以还田还草为主。

新西兰每个畜禽品种都有自己的品种协会，主要负责本品种的选育工作。如：新西兰和牛协会（New Zealand Wagyu Association）、新西兰安格斯牛协会、新西兰动物生产协会（NewZealand Society for Animal Production）、新西兰育种企业（新西兰牛羊肉有限公司）（Beef+Lamb NewZealand Ltd.）。

（3）澳大利亚肉牛生产概况。澳大利亚处在印度洋与太平洋之间，国土地面积 769.2 万 km²，人口 2 230

万（2011 年末人口统计），地理位置：位于南纬 10° 41′ ~ 43° 39′，东经 113° ~ 153°，属热带大陆气候，降水量 470mm。由 6 个州 2 个领地组成。畜牧业在品种改良、新品种培育、草原建设等方面，处于世界领先位置。澳大利亚畜牧业比较发达，自然资源丰富，有"骑在羊背上的国家"和"坐在矿车上的国家"之称，绵羊、奶牛、肉牛数量和质量位居世界前列。2015 年存栏牛 2 760 万头，出栏 970 万头，活牛出口 120 万头。饲养肉牛品种主要有：海福特牛、安格斯牛、婆罗门牛、西门塔尔牛、和牛。牛肉产量 225 万 t，出口牛肉 125.1 万 t，牛肉产量占肉类产量的 70%，出口量占肉类的总产量的 35%。人均国民收入 6.47 万美元，人均肉类消费 90.21kg，消费比例顺序是禽肉、猪肉、牛肉，其中牛肉 25.4kg/人。畜牧业产值占农业总产值的 80%，养牛从业人员 20 万人以上。活牛价格 486.3 澳分/kg，折合人民币 24.33 元/kg，牛肉零售价 1732.2 澳分/kg，折合人民币 86.61 元/kg。商品牛平均出口价格 902.54 美元/头，折合人民币 6 016.8 元/头。澳洲 2020 年牛肉产量 212.5 万 t，出口量 103.9 万 t（2018 年为 185.4 万 t），占牛肉产量的 48.90%；活牛出口 104.6 万头。2019 年，中国成为从澳洲进口牛肉数量第一的国家，达 22.1 万 t，占出口量的 21.12%，占全国进口牛肉总量的 9.4%。2020 年中国从澳大利亚进口"种牛"12.4 万头，平均活牛价格 2 229.9 澳分/kg，折合人民币 104.37 元/kg；种牛出口价 1.1 万澳元/头，折合人民币 5.18 万元/头。

昆士兰州、新南威尔士州、维多利亚州是澳大利亚最重要的 3 个肉牛养殖区，养殖规模占全国总量的 80%，安格斯牛饲养量最多，达到 600 万头。昆士兰州肉牛养殖规模占全国的三分之一，南部地区由于水草丰美，气候舒适，以饲养高品质的肉牛品种为主，如安格斯牛、和牛、杂交和牛。这两个品种牛经育肥后，出口日本、美国、韩国等中高端牛肉市场。澳大利亚是世界上最重要的活牛出口国之一，活牛出口量占世界的 25%。澳洲谷饲育肥牛 300 d 以上，主要生产大理石纹极丰富的牛肉。在澳州影响养殖生产力的因素：品种因素占 20%，饲草饲料占 40% ~ 50%，环境因素占 20% ~ 30%。

2012 年考察团主要考察了澳大利亚和牛育种信安国际有限公司在新南威尔士州的和牛牧场，养殖全血和牛和改良和牛，存栏 8 000 头以上，改良和牛多以安格斯为母本杂交而成。澳大利亚是除日本以外饲养和牛最多的国家，出口和牛及雪花牛肉是澳洲出口高端产品的主要商品之一。黑金和牛是澳大利亚品耐德食品公司新培育的一个杂交品系，通过基因探测技术主要对和牛的重要生长性状指标进行筛选，包括大理石花纹、生长速度、近交系数和隐性遗传疾病等。黑金和牛主要特点是增重快，日增重 1.01kg，24 月龄体重 774kg，眼肌面积 106cm^2，牛肉品质更优良。经考察公司有出口和牛、和牛冻精、澳洲和牛肉产品的业务，公司饲养肉牛的方式为母牛放牧，育肥牛谷饲育肥。公司同意出口全血和牛到中国，并提供全血和牛系谱及相关咨询、服务与合作事项。

澳大利亚与畜牧业生产相关的行业协会很多。如澳大利亚肉类及畜牧业协会（MLA）、澳大利亚肉牛生产者协会（CCA）、澳大利亚肉牛育肥行业协会（ALFA）、澳大利亚肉类屠宰加工者协会（AMIC）、澳大利亚肉类有限公司（AUS-MEAT）。据了解，全国有屠宰加工牛肉外销资质的企业 20 家。从 1983 年起，澳大利亚联合牧业有限公司从日本引进纯种和牛繁殖，是澳大利亚重要的和牛及和牛肉的生产商和出口商；玛格丽特河雪花牛肉出口有限公司（Margaret River Premium Meat Exports Pty Ltd，MRPME）是西澳最大的和牛生产商和出口商，养殖纯种和牛规模 1.0 万多头。高档肉牛育肥以安格斯牛、和牛及和牛杂交牛为主，育肥时体重 450kg，育肥期 300 ~ 400d，主要市场销往日本和中国的台湾地区。和牛与荷斯坦牛杂交，经育肥活重可达700 ~ 800kg/头，屠宰率 65%，净肉率 54%，超过 60% 的育肥牛可获得优级大理石花纹牛肉。

澳大利亚肉牛生产疫病防控主要防治牛蜱、病毒性腹泻、膨胀病、梭菌感染、白痢、红眼病、牛副结核、黑胫病菌、钩端螺旋体病等。粪污处理主要是储存池堆肥发酵、还田。

3.1.3 适时推进项目前期工作

3.1.3.1 现代化种牛场的筹建

在筹建、考察的同时，必须做好以下几方面的前期性工作：

（1）牧场选址。选择地势较高、平坦、向阳的位置。要符合《中华人民共和国土地管理法》《中华人民共和国动物防疫法》和农业农村部关于防疫及《动物防疫条件审核管理办法》规定。引进的种牛，要比一般的规模化养殖场的防疫条件标准要求高。

（2）规划设计及可行性研究报告。引种工作是一件大事，涉及种业、生产、饲养及利用和生物安全问题。应当有一个完整系统的规划设计和可行性研究报告，以便更好地组织实施，减少失误。

（3）农业设施用地预审。在乡村及县国土资源管理部门审查同意基础上，通过村民委员会代表讨论通过，办理农业（畜牧业）设施用地备案审批手续，或国有土地牧场建设用地审批手续。农业设施用地不能占用基本农田、基本草原、林地、湿地，如不能跨越、涉及的零星"保护性土地"部分，必须办理用地征占用手续。

（4）注册用地企业主体。取得工商证照资质，注册内容要全面，防止漏项。凡牧场建设涉及的主体均要以新注册的公司名义进行。防止以后更改，确保手续的一致性。

（5）通过环境评价。符合环境评价要求，获取环境评估审查报告或批复。

（6）项目立项。通过畜牧部门，在属地发改委或上级发改部门申请立项。立项有三类，一是养殖或加工项目立项；二是争取项目资金扶持性立项；三是项目比较重要、投资额较大需要许可立项方能建设。

（7）精心组织施工。按规划项目内容组织现代化牧场建设，牧场建设和种牛场建设还存在着实质上的差别。在引种之前，要按照《种牛场建设标准和要求》及《肉牛核心育种场建设标准》组织建设。涉及种公牛站建设的，要按照种公牛站建设标准建设。种牛场不同于一般的规模化养殖场，要突出种牛生产、育种和保种的功能。

龙江和牛现代化牧场建设于 2012 年 1 月，2012 年末高质量建成。建设地点在龙江县哈拉海乡东兴村，总占地面积 60.6 万 m²，新建现代化高标准牛舍 15 栋、47 622m²；单栋牛舍 22m × 148m=3 256m²，每栋饲养种牛 300 头，牛舍檐高 4.0m，舍高 7.0m。青贮窖、草料棚、机械设备配套，现代化牧场规模可养殖纯种和牛 1 万 ~ 1.5 万头。

3.1.3.2 办理引种行政审批事项

（1）企业和属地畜牧行政主管部门联合向省级畜牧行政主管部门申请种牛进口指标；由省级畜牧行政主管部门向国家农业农村部报批，获得《中华人民共和国农业农村部动植物苗种进（出）口审批表》。一般一年申请一次；国家农业农村部每半年审批一次，审批指标有效期限为 6 个月，从审批之日起算。即 6 个月内进口种牛不能离岸或到岸的，审批文件作废，特殊情况要做出说明。具体由农业农村部畜牧业司（畜牧兽医局）负责受理审批种牛进口指标。

（2）审批文件主要用于办理动物进口商品免税证明。国家规定种牛进口免税，商品牛不免税。按照国家规定，办理进口种牛审批手续，必须由国外被引种企业（供种单位）提供不少于 70% ~ 100% 的官方认可的种牛系谱档案、进口种牛资金银行证明，经审查合格后发放许可证明。不能提供种牛证明手续的或提供不全的，不予审批。

（3）企业（或代理公司）向属地海关或出入境检验检疫机关申请进口种牛审批手续，由属地出入境检验检疫机关向国家出入境检验检疫机关（或海关）报请审批手续。国家出入境检验检疫机关根据世界动物卫生组织动物防疫规定和出入境双边国家检验检疫协定及我国进口动物检验检疫有关规定，办理审批文件，获得《中华人民共和国进境动植物检疫许可证》，审批文件有效期限 6 个月，从审批之日起算。出入境检验检疫指标审批后，即可以启动引进种牛工作。国家出入境检验检疫机关将指定外省检疫人员 2 名，在进口企业或代理商的陪同下，一起赴国外供种企业查验待进口的种牛。

3.1.3.3 进口业务代理

（1）选择进口商代理公司。选择有商品进口资质和业务的进口公司代理种牛引种业务。签订好代理协议，可以全权（部）委托，也可以授权（部分）委托；委托协议一定要写清楚、考虑周全、细致，并事先拟订可能出现问题的处理方案。要固定人员负责与代理商、检验检疫机关及海关、行业主管部门联系业务，防止人员变化影响业务顺畅办理。

（2）审查种牛系谱和种牛检疫证明。对国外种牛生产单位或种牛协会提供的种牛系谱，提供数量不得低于引种数量的 70%~100%（具体数量以官方规定为准）；种牛检疫证明，由种牛输出国家官方检疫机构出具。负责进口业务的代理公司应对种牛系谱和检疫证明进行审核、确认，由引种代理商（或企业）提交，或由双方共同联合提交至农业农村部畜牧业司和海关总署动植物检疫司。

3.1.3.4 隔离检验检疫的设定

（1）国外隔离。根据国际动物卫生组织规定和引种输出国、输入国的规定，要履行国外动物检疫规定。从种牛饲养场运抵到国外隔离场后，一般需要隔离 45 天，经检疫确定无规定动物疫病后，由官方出具动物检疫证明，方可启运。国外检疫费用和伤亡损失，由种牛出口单位负责。

（2）国内隔离。隔离检疫观察期按《中华人民共和国动物防疫法》和动物隔离检疫检验规定执行。一般国内隔离检疫 45 天。国内检疫费用由引种企业负责；发生病死亡的，属疫病原因造成的，原则上由出口企业负责承担赔偿。

3.1.3.5 种牛接管工作

隔离结束后，由引种企业正式接收管理，运回种牛养殖场转入正常饲养。在接管饲养过程中，要注意以下几点：

（1）健全档案。要将所有引种的信息资料进行整理、归类、存档。信息不全的，要搜集齐全，重点是种牛档案、系谱、血亲缘关系，由专业部门管理，必要时开展全基因组检测；查清各品种间的亲缘远近关系。以便选种选配、种牛培育。

（2）合理分群。要严格按照种牛生产的目的进行分群，生产种牛的核心群和生产群要分别进行管理，包括牛舍、防疫条件措施、饲养标准、人员配备。建议成立育种（种牛）生产工作专业机构，专司指导种牛生产业务，坚决防止因重视不够导致引种目标实现不理想。同时，要保持专业人员的相对稳定，人员不稳定直接影响企业业务的长期可持续性开展。总的原则是：不论人员如何调整变化，种牛培育生产业务不能间断，资料不能丢（遗）失，系谱档案不能混乱。

（3）落实饲养管理制度。靠制度管人、靠制度运行、靠制度提高企业效率。坚决防止打"乱仗"和运转不规范、有章不循的问题。

（4）执行四定原则。定岗位、定职责、定人员、定机制（如定时、定量、定配方等）。

（5）引种后续产业化建设工作着手推进。核心是加速种群扩繁和种源利用最大化的问题。

引进种牛，时间进度快的需要一年，慢的需要两年。开展引种业务，要有充分的心理预期。

3.2 黑毛和牛落户黑龙江

3.2.1 引进和牛种源实现零的突破

3.2.1.1 从新西兰引进和牛种牛

2012 年 09 月 14 日，经中华人民共和国农业部畜牧业司批准，审批号：2012 年农牧畜种进（出）审字第 316 号核准，同意进口新西兰和牛 2 000 头，品种为但马和牛品系。经中华人民共和国黑龙江出入境检验检疫局批准，许可进口新西兰和牛 2 000 头（见图 3-1）。许可证号：AA001213266，有效期 2012 年 11 月 25 日至 2013 年 05 月 25 日。出口商新西兰 BROWNRIGG AGRICULTURE（布朗尼格农业集团）公司。2012 年 12 月

16—20日，由新加坡航空公司的4架次波音747运输机从新西兰空运至哈尔滨太平国际机场，引进纯种和牛913头（见图3-3、3-4），新西兰牧场派人护送到哈尔滨太平国际机场。据哈尔滨太平国际机场负责人介绍，这批和牛是机场成立以来第一次接收大型747运输机空运种牛，每架次都是21：30~2：30抵达。哈尔滨12月下旬的夜间温度-22℃~-28℃。从哈尔滨太平国际机场口岸到龙江和牛牧场隔离场距离380km，沿途一路高速公路抵达，从不接触其他牲畜。运输种牛时，警车引导，每架次由14台运输车队运输，途中用棉被覆盖御寒，一路高速；公路两侧、高速公路进出（入）口500m范围内偶蹄动物一律清场，不得出现、靠近；中途不得无故停车。到口岸后立即装卸运到新建的有暖气的隔离牛舍，顺利解决了应激反应问题。为做好第一批和牛接运工作，省政府成立了和牛接收工作临时指挥部，由省畜牧兽医局、龙江县人民政府、哈尔滨海关、出入境检验检疫局、省公安交警总队组成，由龙江县人民政府总协调，顺利完成了第一批和牛接收、转运、进场隔离工作。

2013年2月5日，从新西兰引进的第一批种牛中的第一头"纯种和牛"犊牛顺利在黑龙江省龙江县诞生，犊牛体况健康，标志着黑毛和牛正式落户黑龙江，开启了龙江和牛产业化建设的新纪元。

3.2.1.2 从澳大利亚引进和牛种牛

2013年07月04日，经中华人民共和国农业部畜牧业司批准，审批号：2013年农牧畜种进（出）审字第210号核准，同意进口澳大利亚和牛1 200头，（见图3-2）品种为但马和牛品系。经中华人民共和国黑龙江出入境检验检疫局批准，许可进口澳大利亚和牛1 200头。许可证号：AA001312636，有效期2013年08月18日至2014年02月18日。出口商澳大利亚和牛育种信安国际有限公司（PRINCIPLE INTERNATIONAL PTY Ltd.）。2013年9月23—27日，由澳洲航空公司的4架次波音747运输机从澳大利亚空运至哈尔滨太平国际机场，引进全血和牛842头（见图3-5、3-6）。每架次抵达时间为8：30~18：20，每架次由12台运输车队运输，警车前导。澳洲牧场2名专业人员随机护送，直到隔离场交接完毕。两批共引进纯种和牛1755头，其中，纯种公牛38头12个家系。两批和牛母牛70%以上为带犊妊娠青年母牛。

2014年年末，龙江元盛食品有限公司的纯种和牛存栏达到了3 000头，引种目标顺利完成，项目总投资规模4.23亿元。

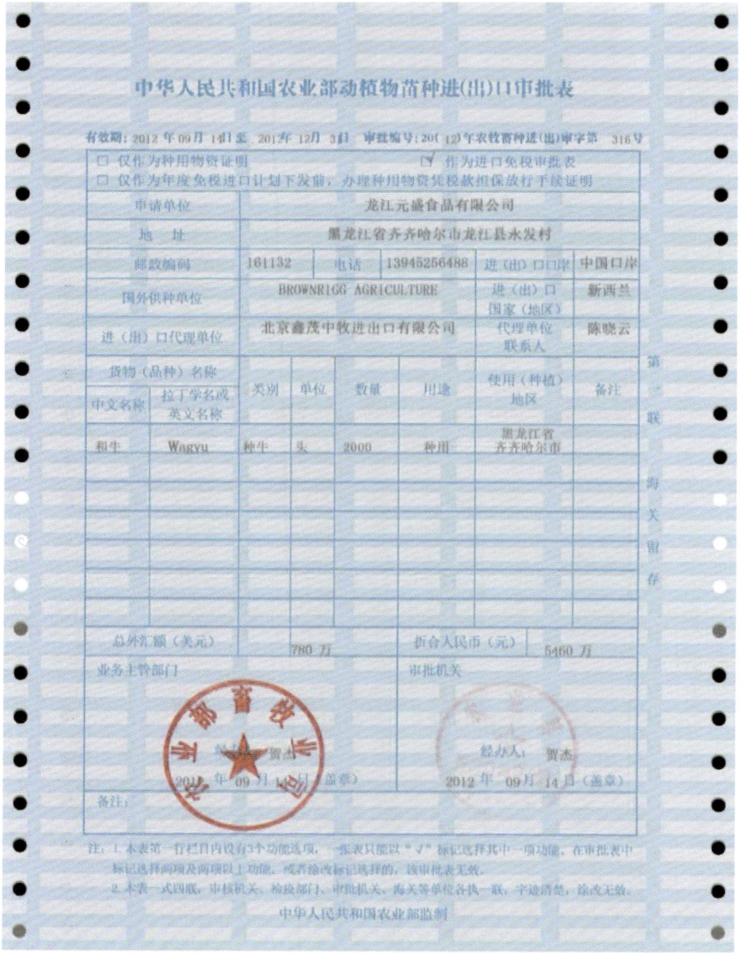

中华人民共和国农业部动植物苗种进(出)口审批表

有效期：2012 年 09 月 14 日至 2012 年 12 月 31 日　审批编号：20(12)年农牧畜种进(出)审字第 316 号

□ 仅作为种用物资证明　☑ 作为进口免税审批表
□ 仅作为年度免税进口计划下发前，办理种用物资凭税款担保放行手续证明

申请单位	龙江元盛食品有限公司				
地　址	黑龙江省齐齐哈尔市龙江县永发村				
邮政编码	161132	电话	13945256488	进（出）口口岸	中国口岸
国外供种单位	BROWNRIGG AGRICULTURE			进（出）口国家（地区）	新西兰
进（出）口代理单位	北京鑫茂中牧进出口有限公司			代理单位联系人	陈晓云

货物（品种）名称：中文名称	拉丁学名或英文名称	类别	单位	数量	用途	使用（种植）地区	备注
和牛	Wagyu	种牛	头	2000	种用	黑龙江省齐齐哈尔市	

总外汇额（美元）	780 万	折合人民币（元）	5460 万
业务主管部门	经办人：贺杰　2012 年 09 月 14 日（盖章）	审批机关	经办人：贺杰　2012 年 09 月 14 日（盖章）
备注：			

第一联　海关留存

注：1. 本表第一行栏目内设有3个功能选项，一张表只能以"√"标记选择其中一项功能。在审批表中标记选择两项及两项以上功能，或者涂改标记选择的，该审批表无效。
2. 本表一式四联，审核机关、检疫部门、审批机关、海关等单位各执一联，字迹清楚，涂改无效。

中华人民共和国农业部监制

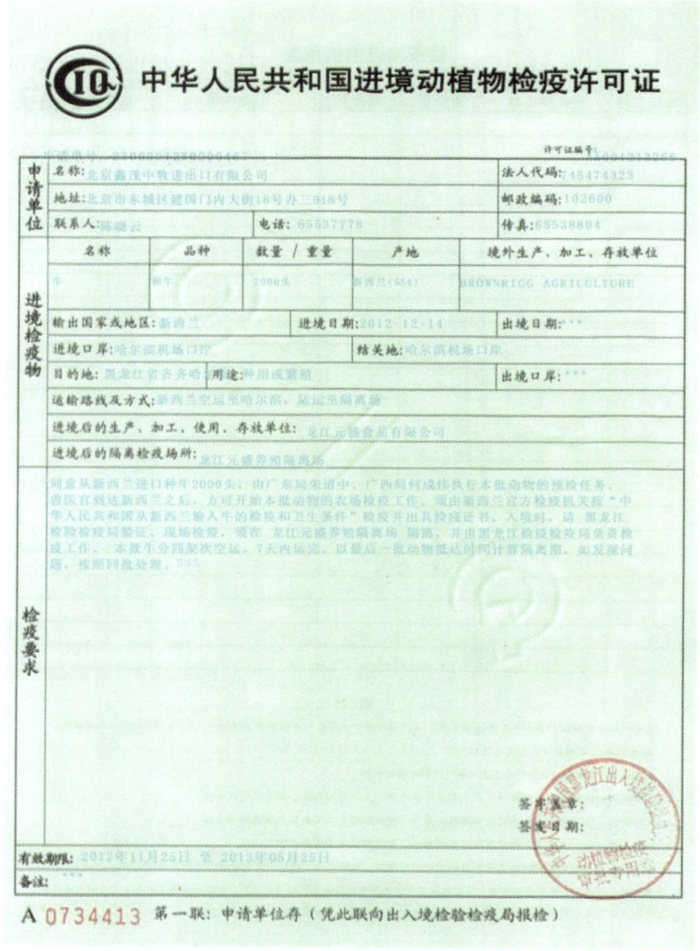

中华人民共和国进境动植物检疫许可证

许可证编号：

申请单位	名称：北京鑫茂中牧进出口有限公司			法人代码：745474323	
	地址：北京市东城区建国门内大街18号办三918号			邮政编码：102600	
	联系人：陈晓云	电话：65537778		传真：65538804	
进境检疫物	名称	品种	数量 / 重量	产地	境外生产、加工、存放单位
	牛	和牛	2000头	新西兰(554)	BROWNRIGG AGRICULTURE
	输出国家或地区：新西兰	进境日期：2012-12-14		出境日期：***	
	进境口岸：哈尔滨机场口岸		结关地：哈尔滨机场口岸		
	目的地：黑龙江省齐齐哈尔	用途：种用或繁殖		出境口岸：***	
	运输路线及方式：新西兰空运至哈尔滨，陆运至隔离场				
	进境后的生产、加工、使用、存放单位：龙江元盛食品有限公司				
	进境后的隔离检疫场所：龙江元盛养殖隔离场				
检疫要求	同意从新西兰进口种牛2000头，由广东局梁道中、广西局何成伟执行本批动物的预检任务。兽医官到达新西兰之后，方可开始本批动物的农场检疫工作。须由新西兰官方检疫机关按"中华人民共和国从新西兰输入牛的检疫和卫生条件"检疫并出具检疫证书。入境时，请黑龙江检验检疫局验证、现场检疫，须在龙江元盛养殖隔离场隔离，并由黑龙江检疫检疫局负责检疫工作。本批牛分四架次空运，7天内运完，以最后一批动物抵达时间计算隔离期。如发现问题，按照因批处理。SSS				

签发人：
签发日期：

有效期限：2012年11月25日 至 2013年05月25日

备注：***

A 0734413　第一联：申请单位存（凭此联向出入境检验检疫局报检）

图 3－1　进口新西兰纯种和牛审批件

注：1.实施年度 2012 年；
2.农业部和质检总局审批件各一份
3.审批指标 2000 头，实际引种 913 头。

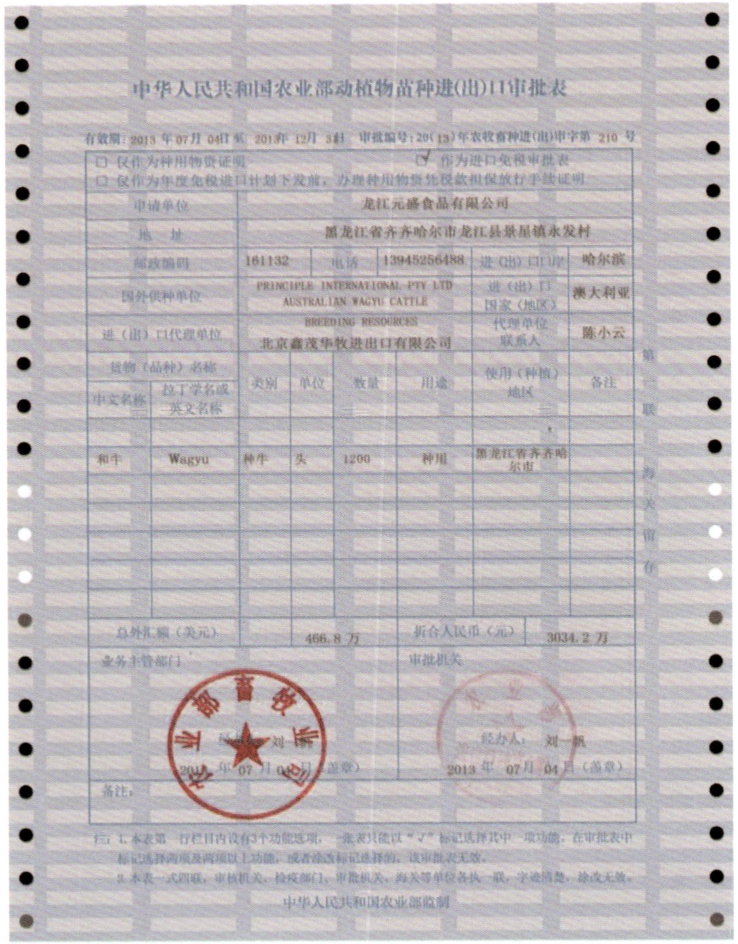

中华人民共和国农业部动植物苗种进(出)口审批表

有效期：2013 年 07月 04日至 2013年 12月 31日　审批编号：20(13)年农牧畜种进(出)审字第 210 号

申请单位	龙江元盛食品有限公司						
地址	黑龙江省齐齐哈尔市龙江县景星镇永发村						
邮政编码	161132	电话	13945256488	进（出）口口岸	哈尔滨		
国外供种单位	PRINCIPLE INTERNATIONAL PTY LTD AUSTRALIAN WAGYU CATTLE BREEDING RESOURCES			进（出）口国家（地区）	澳大利亚		
进（出）口代理单位	北京鑫茂华牧进出口有限公司			代理单位联系人	陈小云		
中文名称	拉丁学名或英文名称	类别	单位	数量	用途	使用（种植）地区	备注
和牛	Wagyu	种牛	头	1200	种用	黑龙江省齐齐哈尔市	
总外汇额（美元）	466.8 万		折合人民币（元）	3034.2 万			
业务主管部门			审批机关				

中华人民共和国农业部监制

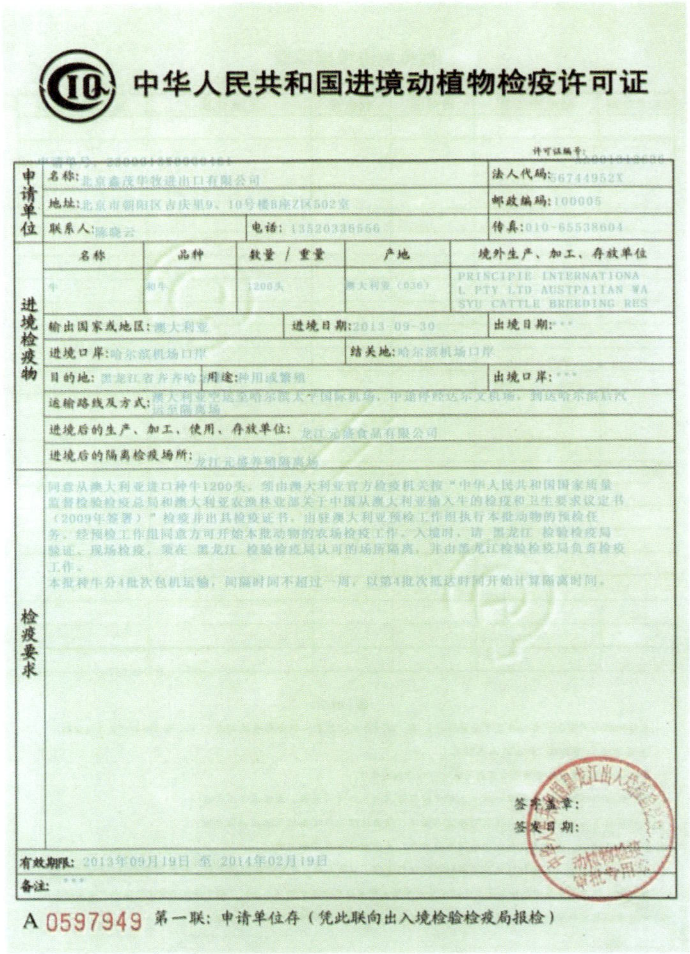

中华人民共和国进境动植物检疫许可证

申请单位	名称：北京鑫茂华牧进出口有限公司			法人代码：6744952X	
	地址：北京市朝阳区吉庆里9、10号楼B座Z区502室			邮政编码：100005	
	联系人：陈晓云	电话：13520338666		传真：010-65538604	
进境检疫物	名称	品种	数量／重量	产地	境外生产、加工、存放单位
	牛	和牛	1200头	澳大利亚（036）	PRINCIPLE INTERNATIONAL PTY LTD AUSTRALIAN WAGYU CATTLE BREEDING RES
	输出国家或地区：澳大利亚	进境日期：2013-09-30		出境日期：***	
	进境口岸：哈尔滨机场口岸	结关地：哈尔滨机场口岸			
	目的地：黑龙江省齐齐哈尔	用途：种用或繁殖		出境口岸：***	
	运输路线及方式：				
	进境后的生产、加工、使用、存放单位：龙江元盛食品有限公司				
	进境后的隔离检疫场所：龙江元盛养殖隔离场				
检疫要求					
有效期限：2013年09月19日 至 2014年02月19日					
备注：***					

签发签章：

签发日期：

A 0597949 第一联：申请单位存（凭此联向出入境检验检疫局报检）

图 3－2　进口澳大利亚全血和牛审批件

注：1.实施年度 2013 年；

2.农业部和质检总局审批件各一份；

3.审批指标 1200 头，实际引种 842 头。

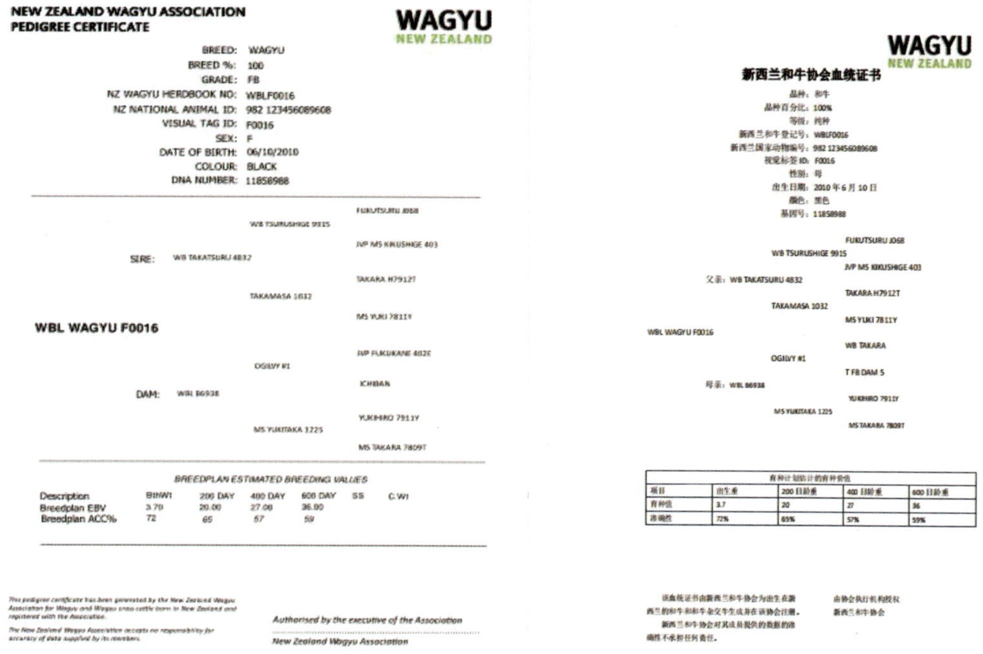

图 3-3　新西兰全血和牛（WAGYU）♀系谱

注：1.左侧英文版为引进的新西兰种母牛系谱原件；
　　2.右侧中文版为引进的新西兰种母牛系谱翻译件。

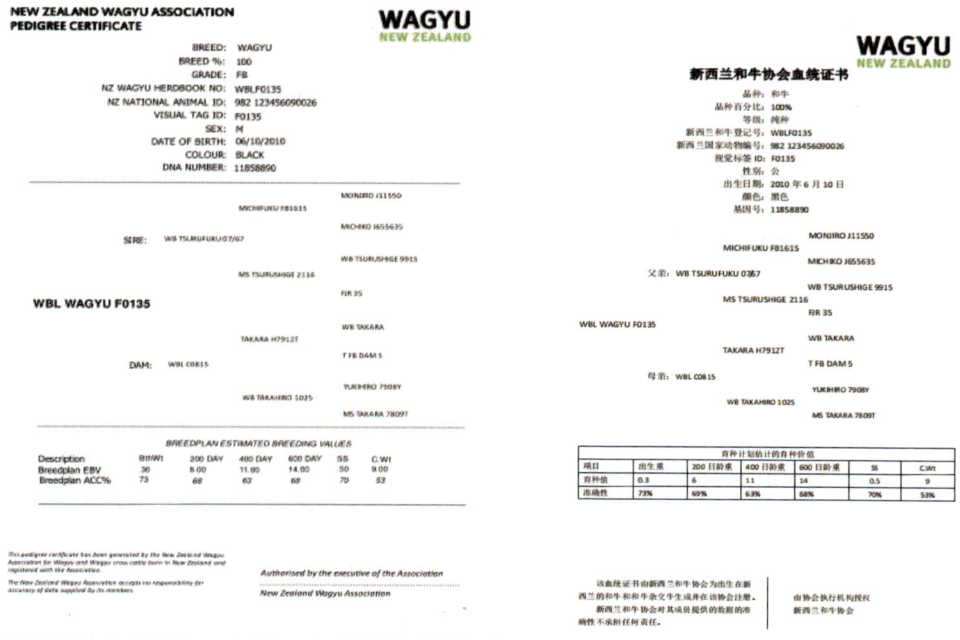

图 3-4　新西兰全血和牛（WAGYU）♂系谱

注：1.左侧英文版为引进的新西兰种公牛系谱原件；
　　2.右侧中文版为引进的新西兰种公牛系谱翻译件。

AUS TRALIAN WAGYU CATTLE BREEDI NG RESOURCES **PEDIGREE CERTI FICATE**

UNIQUE EXPORT T AG ID: PI003		DATE OF BIRT H: 8/6/2012	SEX: FEMALE
AUST RALIAN NATIONAL ANIMAL ID: NI022089XBH00427		RFID: 982 12348435 3727	
COLOUR : BLACK		GRADE: PUREBRED WAGYU	

```
                                        DAI 7 IT OZAKURA J65 - KURO
                          IKU DAI 7 IT OZAKURA J65 - KURO IKU
                                        HIROT A - 1 J803296
                IT OSHIGEFUJI (IMP USA)
                                        IT OMICHI J1158
                          DAI 30 NOBORU J920752
                                        DAI 10 NOBORU 3
      Sire: LONGFORD F D12769 (AI) (ET)
                                        KIKUT ERU DOI J10787 - KURO IKU
                          T ERUT ANI J2494 T F40 (IMP JAP)
                                        T ANIFUKU 2 J601115
                HIMIKO HIKOHIME 2/2 (AI) (ET )
                                        KIKUYASU 400 (IMP JAP)
                          HIMIKO HIKOHIME (AI) (ET )
                                        T F HIKOHIME 32/1 (IMP USA) (ET )
                                        IT OFUJI J483 - KURO IKU
                IT OSHIGEFUJI (IMP USA)
                                        DAI 30 NOBORU J920752
                LONGFORD B1193 (AI) (ET )
                                        MICHIFUKU (IMP USA)
                          LONGFORD IKEDA (AI) (ET )
                                        KANADAGENE 102D (IMP USA) (IMP USA) (AI) (ET )
      Dam:LONGFORD B1193 1312
                                        T WA HIKANA (AI) (ET )
                          LONGFORD 486 (ET )
                                        LONGFORD KUCHI (AI) (ET )
                LONGFORD 486 2712
                                        T WA 518 (AI) (ET )
                          LONGFORD TWA 518 10192
                                        LONGFORD B 180
```

LONGFORD D12769 PI003

Estimated Breeding Values

T rait	Birth Weight	200 Day Weight	400 Day Weight	600 Day Weight
Value	1.0	10	17	21
Acc%	PE	PE	PE	PE

This pedigree certificate has been generated using information supplied from by Australian Wagyu cattle breeders. Australian Wagyu Cattle Breeding Resources and its Agents accept no responsibility for the accuracy of data supplied. Australian Wagyu Estimated Breeding Values (EBV) are calculated by using Best Linear Unbiased Predictor (BLUP) methods using measures of individuals and their relatives. EBV Accuracies (Acc %) are reported that have enough bench marked data or relatives with data. Animals without reportable EBVs or enough ancestors with EBVs will have empty fields on the certificate. For animals that do not have their own EBVs but with ancestors with EBVs, a Pedigree Estimate will reported an the accuracy reported as 'PE,' providing a value based on the animal's breeding in order for the customer to benchmark the animals breeding worth.

澳大利亚和牛养殖资源谱系证书

唯一出口标签 ID：PI003	出生日期：2012 年 8 月 6 日	性别：母
澳大利亚国家动物编号：NI022089XBH00427	射频识别号：982123484353727	
颜色：黑色	等级：纯种和牛	

```
                                        DAI 7 IT OZAKURA J65 - KURO
                          IKU DAI 7 IT OZAKURA J65 - KURO IKU
                                        HIROT A - 1 J803296
                IT OSHIGEFUJI (IMP USA)
                                        IT OMICHI J1158
                          DAI 30 NOBORU J920752
                                        DAI 10 NOBORU 3
      父亲：LONGFORD F D12769 (AI) (ET)
                                        KIKUT ERU DOI J10787 - KURO IKU
                          T ERUT ANI J2494 T F40 (IMP JAP)
                                        T ANIFUKU 2 J601115
                HIMIKO HIKOHIME 2/2 (AI) (ET )
                                        KIKUYASU 400 (IMP JAP)
                          HIMIKO HIKOHIME (AI) (ET )
                                        T F HIKOHIME 32/1 (IMP USA) (ET )
                                        IT OFUJI J483 - KURO IKU
                IT OSHIGEFUJI (IMP USA)
                                        DAI 30 NOBORU J920752
                LONGFORD B1193 (AI) (ET )
                                        MICHIFUKU (IMP USA)
                          LONGFORD IKEDA (AI) (ET )
                                        KANADAGENE 102D (IMP USA) (IMP USA) (AI) (ET )
      母亲：LONGFORD B1193 1312
                                        T WA HIKANA (AI) (ET )
                          LONGFORD 486 (ET )
                                        LONGFORD KUCHI (AI) (ET )
                LONGFORD 486 2712
                                        T WA 518 (AI) (ET )
                          LONGFORD TWA 518 10192
                                        LONGFORD B 180
```

LONGFORD D12769 PI003

估计育种价值

特征	出生重	200 日龄重	400 日龄重	600 日龄重
值	1.0	10	17	21
准确性	PE	PE	PE	PE

这个家系证书是使用澳大利亚和牛育种者提供的信息生成的。澳大利亚和牛育种资源及其代理对所提供数据的准确性不承担任何责任。澳大利亚和牛估计育种值(EBV)是通过使用最佳线性无偏预测额(BLUP)方法计算的。使用对个体及其美属的测量。EBV 的准确性(Acc%)报告有足够的基准标记数据或有数据的亲属。没有报告 ebv 或足够祖先的动物 ebv 在证书上将有空字段。对于那些没有自己的 ebv 但带有 ebv 祖先的动物，家系估计将报告 "PE" 的准确性，提供一个基于动物育种的价值，以便客户作为动物育种价值的基准。

图 3-5 澳大利亚全血和牛（WAGYU）♀系谱

注：1.上部分英文版为引进的澳洲和牛种母牛系谱原件；

2.下部分中文版为引进的澳洲和牛种母牛系谱翻译件。

AUSTRALIAN WAGYU CATTLE BREEDING RESOURCES PEDIGREE CERTIFICATE

UNIQUE EXPORT TAG ID:PI299
AUSTRALIAN NATIONAL ANIMAL ID: NI022089XBH01889
COLOUR : BLACK

DATE OF BIRTH: 9/32012　　SEX: MALE
RFID: 982 123483944616
GRADE: FULLBLOOD WAGYU

LONGFORD TAKAZAKURA P1299

Estimated Breeding Values

Trait	Birth Weight	200 Day Weight	400 Day Weight	600 Day Weight
Value	0.4	9	16	22
Acc%	53%	54%	54%	52%

Sire: TAKAZAKURA

TAKAEI I412
　YASUFUKU J930
　　YASUTANI DOI J472 - KURO IKU
　　CHIZURU 85545
　TAKAEI 180863
　　SHIGEFUJI I0486
　　GOJYOU 10486
DAI 2 SAKURA 7
　NAKATAKE 10833
　　NAKAYA I
　　GOJYOU FB251
　DAI 2 SAKURA 13407
　　DAI 7 TOYOKUWA J8805
　　GOJYOU FB251

Dam: LONGFORD R8353 (AI)

ITOKITATSURU J1081 - KURO IKU
　DAI 7 ITOZAKURA J65 - KURO IKU
　NISHIZURU J101266 - KURO KOH
ITOZURUDOI TF151 (IMP USA)
　YASUMI DOI J10328 - KURO IKU
YASUHIME J433313
　FUJIHIME J311983
KALANGA KANADAKURA (AI) (ET)
　KANADAGENE 100(IMP CAN) (AI) (ET)
　　MICHIFUKU (IMP USA)
　　SUZUTANI 976
　LONGBOW SAINT ANNE (AI) (ET)
　　MITSUHIKOKURA (IMP USA)
　　TWA SAKURA (AI) (ET)

This pedigree certificate has been generated using information supplied from by Australian Wagyu cattle breeders. Australian Wagyu Cattle Breeding Resources and its Agents accept no responsibility for the accuracy of data supplied. Australian Wagyu Estimated Breeding Values (EBV) are calculated by using Best Linear Unbiased Predictor (BLUP) methods using measures on individuals and their relatives. EBV Accuracies (Acc %) are reported that have enough bench mark data or relatives with data. Animals without reportable EBVs or enough ancestors with EBVs will have empty fields on the certificate. For animals that do not have their own EBVs but with ancestors with EBVs a Pedigree Estimate will reported an the accuracy reported as 'PE,' providing a value based on the animal's breeding in order for the customer to benchmark the animals breeding worth.

澳大利亚和牛养殖资源谱系证书

唯一出口标签 ID：PI003
澳大利亚国家动物编号： NI022089XBHO1889
颜色：黑色

出生日期：2012年9月3日　　性别：公
射频识别号：982 123483944616
等级：全血和牛

LONG FORD TAKAZAKURA PI299

估计育种价值

项目	出生重	200日龄重	400日龄重	600日龄重
值	0.4	9	16	22
准确性	53%	54%	54%	52%

父亲：TAKAZAKURA

T AKAEI 1412
　YASUFUKU J930
　　YASUTANI DOI J472 - KURO IKU
　　CHIZURU 85545
　TAKAEI 180863
　　SHIGEFUJI 10486
　　GOJYOU 10486
DAI 2 SA.KURA 7
　AKATAKE 10833
　　NAKAYA I
　　GOJYOU FB251
　DAI 2 SAKURA 13407
　　DAI 7 TOYOKUWA J8805
　　GOJYOU FB251

母亲：LONGFO RD R8353(AI)

ITOKITATSURU JI 081 - KURO IKU
　DAI 7 ITOZAKURA J65 - KURO IKU
　NISHIZURU JI01266 - KURO KOH
ITOZURUDOI TF151 (IMP USA)
　YASUMI DOI JI 0328 - KURO IKU
YASUHIME J433313
　FUJIHIME B 11983
K ALANGA KANADAKURA (AI) (ET)
　KANADAGENE 100(IMP CAN) (AI) (ET)
　　MICHIFUKU (IMP USA)
　　SUZUTANI 976
　LONGBOW SAINT ANNE (AI) (ET)
　　MITS KOKURA (IMP USA)
　　TWA SA.KURA (AI) (ET)

这个家系证书是使用澳大利亚和牛育种者提供的信息生成的。澳大利亚和牛育种资源及其代理对所提供数据的准确性不承担任何责任。澳大利亚和牛估计育种值(EBV)是通过使用最佳线性无偏预测器(BLUP)方法计算的，使用对个体及其亲属的测量。EBV的准确性(Acc%)报告有足够的基准标记数据或数据的亲属。没有报告ebv或足够祖先的动物ebv在证书上将有空字段。对于那些没有自己的ebv但带有ebv祖先的动物，家系估计将报告 "PE" 的准确性，提供一个基于动物育种的价值，以便客户作为动物育种价值的基准。

图 3-6　澳大利亚全血和牛（WAGYU）♂ 系谱

注：1.上部分英文版为引进的澳洲和牛种公牛系谱原件；
　　2.下部分中文版为引进的澳洲和牛种公牛系谱翻译件。

3.2.1.3 填补国家畜禽品种遗传资源牛引入品种——和牛的空白

黑龙江省的和牛产业化项目，使国内和牛品种资源实现了零的突破。当年投资、当年建成、当年引种。创造了全国四项第一记录：

（1）规模引进纯种和牛活体品种、数量全国第一，添补了国家畜禽品种遗传资源和牛品种的空白。

（2）在温度相差 50℃以上的恶劣环境条件下，引种成功创造全国第一。引种当时，澳大利亚、新西兰的温度为 26℃~28℃，与 12 月下旬的哈尔滨夜间温度相差 50℃以上。

（3）超远距离设隔离场全国第一。从哈尔滨太平国际机场口岸到龙江县新建的隔离场的距离 380km。龙江和牛新建牧场具有特殊性，具备新建动物隔离场的防疫检疫要求。经质检总局批准，可以作为专属高值和牛引种隔离场。主要理由：一是位置独特。新建牧场在绥满高速公路齐齐哈尔共和高速路口 6.5km 处，附近没有规模养殖场。二是牧场新建没有投入使用，符合隔离场建设标准。三是没有动物疫病感染风险，全程封闭，有利检疫检验工作的独立开展；四是路径理想。距离虽远，从机场口岸到隔离场沿途一路高速公路抵达，直接进入隔离场。

（4）规模引进超千头和牛无一头死亡、零损失创造全国第一。

2013 年 3 月 19 日，黑龙江电视台新闻节目向全国播报：国内首批新西兰和牛成功落户龙江，在全国引起轰动。之后，央视 CCTV2、CCTV4、CCTV7、人民网曾相继专题报道黑龙江的和牛产业化项目。目前，这批种牛完全适应了黑龙江的饲养环境条件。

3.2.2 全力推进雪花牛肉产业化建设

2012 年 1 月 12 日，黑龙江省政府专题召开和牛项目专题汇报会，推动龙江和牛产业化项目建设。要求，"省有关部门，要站在发展全省畜牧产业和产业结构调整的高度，积极支持和牛产业化项目建设"。

2012 年 11 月 30 日，省政府就"迎接第一批新西兰和牛将于近日抵达哈尔滨机场口岸又专题召开项目协调会议，要求海关、出入境检验检疫、交通、公安、畜牧等有关单位应做好具体种牛接机相关事宜，提出工作意见"，推进落实和牛产业化项目建设中相关事项。

2012—2013 年，时任黑龙江省政府吕副省长曾先后 4 次做出重要批示。2012 年 2 月 17 日的批示："龙江和牛产业化项目对增加财政税收和农民收入有效果；这个项目的实施，对改进我省肉牛品质有重要意义，省畜牧局要抓好项目跟踪落实"。

2013 年 6 月 13 日，龙江县人民政府率先制定了《龙江县高档肉牛（和牛）产业发展战略规划》（龙政发[2013]25 号）和《龙江县高档肉牛改良工作实施方案》（龙办发[2013]12 号），利用元盛食品有限公司生产的优质和牛冻精，对和牛改良本地黄肉牛开展改良试点。县政府成立了和牛改良推广工作领导小组，下设办公室，办公室设在县畜牧兽医局，配合元盛公司推广和牛产业化项目工作。当年完成和牛改良 5 000 头，取得了和牛改良的工作经验，然后，逐渐向全市、全省推广。

2014 年 11 月 5 日，齐齐哈尔市政府印发了《龙江雪牛扩繁改良实施方案》（齐政办发[2014]70 号）文件，并召开全市和牛改良推广动员会议，开启全市推广和牛改良工作。

2015 年 8 月 30 日，黑龙江省政府印发《黑龙江省人民政府关于加快现代畜牧产业发展的意见》（黑政发[2015]25 号）文件，号召全省适宜的肉牛生产地区推广和牛改良。

2016 年 6 月 1 日，杜尔伯特蒙古族自治县人民政府印发了《全县和牛改良工作实施方案》（杜政办发[2016]20 号），举全县之力，大力推广和牛产业化项目，并与元盛公司签署和牛产业化战略合作协议，创办万头和牛规模养殖场，2018 年投入运营。

2018 年 8 月 15 日，黑龙江省畜牧兽医局将"和牛及和牛改良综合配套技术"列入黑龙江省 2018 年畜牧业主导品种及主推技术。

2015 年，由龙江元盛食品有限公司注册了"龙江和牛"商标和"龙江和牛" LOGO 标识商标；因"和牛"落户黑龙江（简称"龙江"）省，所以，将新引进的"和牛"又称为"龙江和牛"。在生产实践中，"龙江和牛"泛指"纯种和牛及改良和牛种群"的统称。

至此，黑龙江省以和牛改良为突破口，开启了实施雪花牛肉产业化建设的序幕。截至 2021 年年末，已累计推广到 7 个地市 19 个县（市、区）；内蒙古、吉林、甘肃、新疆 4 省区有 9 个县市引进和牛冻精，并试验推广和牛改良技术。

引进和牛，宗旨是实施规模改良黑龙江肉牛品质、建立生产雪花牛肉的杂交种群，实现高档肉牛产业化全链条式生产；形成符合中国国情及中国特色的雪花牛肉生产体系和技术体系，向社会提供更多的高品质雪花牛肉。引领黑龙江省乃至全国高档牛肉消费市场，打造中国高端雪花牛肉生产基地，创造中国雪花牛肉生产质量第一品牌。在全国现代农业发展史上具有划时代的意义。黑龙江和牛的引进，将打破雪花牛肉国外产品一统天下的局面，黑龙江省有了自己的雪花牛肉品牌——"龙江和牛"。

龙江和牛产业化项目的实施，改善了黑龙江的肉牛品质，提升了黑龙江省肉牛在全国的产业地位，龙江和牛以"血统纯正、环境优越、精细管理、品质优良、体系完善"等特质成为全国雪花牛肉最为靓丽的名片。雪花牛肉属高端牛肉，和牛肉为顶级的雪花牛肉。事实证明，黑龙江的和牛产业化项目取得了巨大成功。

3.3 纯种和牛扩繁

3.3.1 组建专业技术团队

和牛项目实施前，国内没有正式引进过活体和牛。国内雪花牛肉产业处于封闭、小规模、产业链短试验阶段。和牛饲养及产业化建设工作，没有现成的经验和技术成果可以借鉴，只能在实践中去探索创新。

3.3.1.1 企业成立技术团队

招聘畜牧兽医专业毕业生，成立了 20 人的专业队伍。从饲养、繁殖、兽医、冻精生产、育种、育肥、试验及内业管理，到品种改良、基地建设、深加工生产线建造，全面实现规范化管理，和牛饲养技术做到了完全自主掌控。

3.3.1.2 聘请专家技术顾问

县政府从支持企业发展的高度，派出一名正高级兽医师驻场协助动物防疫工作；派出一名畜牧专家，负责协助种牛生产，协调具体业务工作。黑龙江省农业科学院畜牧兽医分院、齐齐哈尔市畜牧总站各派一名研究人员科技援企，与企业科技人员一道，形成"政、企、研"联合科技攻关团队，共同研究解决雪花牛肉产业发展中遇到的技术难题。

3.3.1.3 广泛开展国际技术交流

在项目实施过程中，广泛开展了国际、国内的技术交流活动，助推产业的健康发展。

（1）与澳大利亚 PRINCIPLE INTERNATIONAL PTY LTD AUSTRALIAN WAGYUC ATTLE BREEDING RESOURCES（澳大利亚和牛育种信安国际有限公司）合作，开展引种技术合作。

（2）与新西兰 BROWNRIGG AGRICULTURE（布朗尼格农业集团）公司合作，开展引种技术合作。

（3）与美国 UNSRI GHT 公司合作，开展肉品加工技术交流与合作。

（4）与日本丸红株式会社、MARVBENI CORPORATION 公司合作，针对和牛专用精料及饲养技术、管理，双方互派技术人员现场开展技术交流与合作。丸红株式会社先后 4 次派专家到企业就和牛犊牛、母牛、育肥牛、维生素 A 控制、营养调配等技术开展业务培训服务。使企业迅速组建起和牛产业化生产技术团队。

3.3.2 创建和牛核心育种场

3.3.2.1 快速高效扩繁和牛种群

纯种和牛是种源，为产业发展源源不断地提供种牛支持，这是产业发展的"根脉"，必须千方百计研究扩群发展问题。通过优选、优配、人工授精技术（定时输精、B超早期妊娠诊断等）和胚胎移植技术及分子育种技术、后裔测定等技术，切实提高纯种母牛的繁殖率，力争在短期内将纯种和牛核心群发展起来。通过高效的牛胚胎移植集成技术体系，快速扩繁。严格控制纯种和牛的淘汰率，凡有利用价值的，都要利用起来。

对回收的改良母牛犊待生长到13月龄时（架子牛饲养阶段），开始选择分群，符合胚胎移植要求的育成母牛作为受体牛，先开展一次纯种和牛胚胎移植，待产犊结束、新生犊牛断奶后，将这批母牛调整到育肥群，育肥后屠宰上市。2012—2021年，纯种和牛共扩繁到21 250头（见图3-9），其中，累计育肥屠宰12 750头，全血和牛保有存栏量8 500头。

3.3.2.2 创建和牛核心育种场

为了更好地育种、保种，公司配合地方政府，积极创建和牛核心育种场。按照《肉牛核心育种场的建设标准和要求》规范管理。龙江元盛食品有限公司雪牛分公司的肉牛核心育种场在原现代化牧场基础上组建。标准化种牛舍发展到22栋8.0万m²（见图3-8），实验室及办公室2000m²。2017年10月通过农业部专家组验收，批准龙江元盛食品有限公司雪牛分公司国家级和牛核心育种场资质，具备了提供和牛种公牛、和牛种母牛的生产能力。截至2021年年末，核心育种场纯种和牛存栏8 500头，核心群种母牛4 000头。龙江和牛核心育种场是世界单体存栏规模最大的纯种和牛养殖场，也是全国唯一一家和牛核心育种场。在46家国家级肉牛核心育种场中，投资规模、种牛存栏数量全国第一（全国畜牧总站2021年数据）。建成和牛核心育种场，这对发展雪花牛肉产业具有重要意义（纯种和牛生产流程见图3-7）。

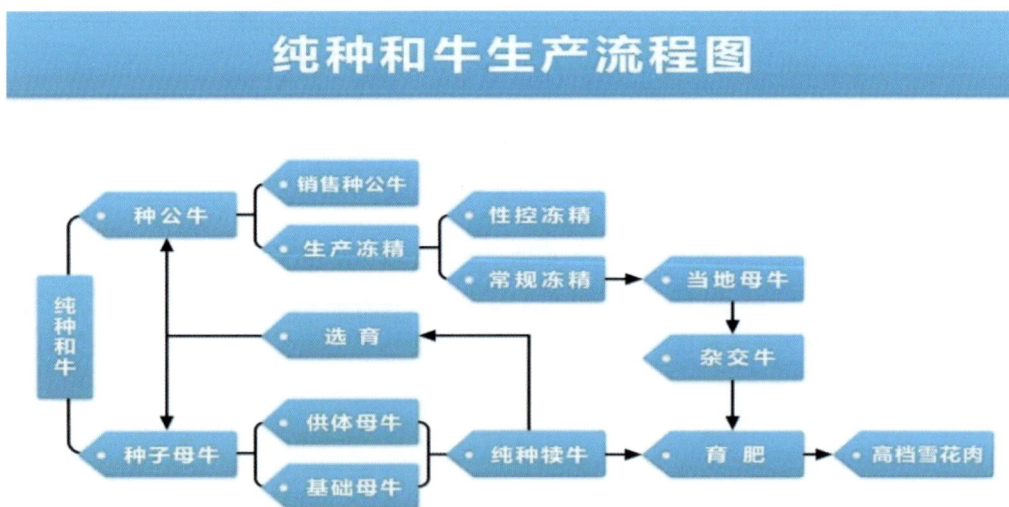

图3-7 纯种和牛生产流程图

注：1.引进的种公牛和生产的公牛，经选育做为种公牛，生产冻精和性控冻精；
2.引进的种母牛和纯繁母牛，经选育做为核心育种场的种母牛，用于生产种牛（公牛选育为种公牛，母牛用于扩繁）。

图 3-8　和牛核心育种场种母牛舍

注：和牛种母牛舍 22m×148m×7m，可养母牛 300 头。

图 3-9　纯种和牛新生的犊牛

注：和牛核心育种场纯繁的犊牛。

3.3.3 创建和牛种公牛站

加强和牛种公牛的选育及高效利用，是引种发展产业的重要任务。必须将引进的种公牛及后期培育的种公牛充分利用起来，组建和牛种公牛站，发挥和牛冻精最大利用效率。主要工作内容有 3 个方面，①利用好引进的 38 头全血种公牛，大量生产和牛冻精，实施和牛本品种选育；②选择优秀的公牛作为后备种公牛，确保品系完整、可持续发展；③组建和牛种公牛站，按照《种公牛站建设标准和要求》进行规范化管理。尽最大限度采集和牛冻精，保留和牛种源，实施改良，扩大雪花肉牛生产种群。龙江和牛种公牛站占地 3.75 万 m²，种牛舍 3 栋 7 356m²，化验室、储藏室等 3 644m²。种公牛数量达到 132 头，采精 82 头，12 个家系，年产冻精 30 万剂以上。2014 年 8 月，经农业部专家评估验收，批准龙江和牛生物科技有限公司为国家级和牛种公牛站，具备向全国所有用户提供优质和牛冻精的生产能力。这是全国 36 家种公牛站中唯一一家和牛单品种种公牛站（见图 3-11），储备和牛冻精 100 万剂以上（全国畜牧总站 2021 年数据）。

以和牛种公牛站及和牛核心育种场为种源核心，快速扩繁，解决种牛引进后纯种和牛的保种、更新、利用、育种和创新再发展的问题（种公牛选育流程见图 3-10），做到既要保持提高原种生产性能，又要最大限度地发挥种源的作用。和牛种源，是国家宝贵的生产雪花牛肉的品种基因，对培育肉牛新品种具有重要的意义。

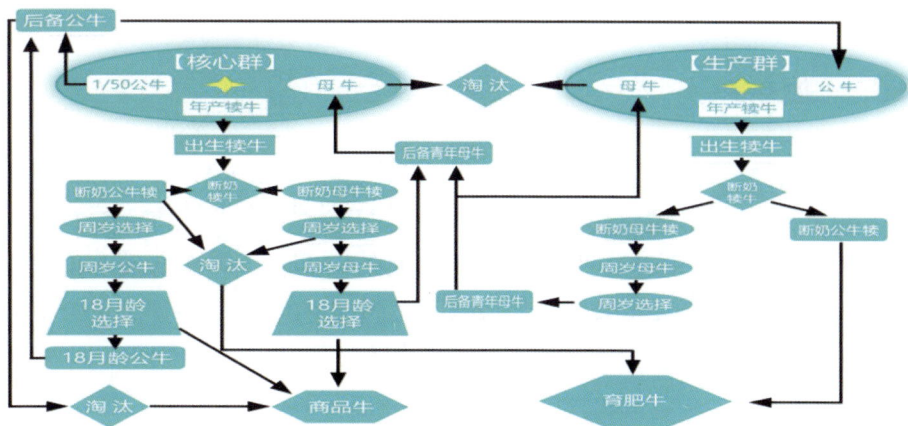

图 3-10　种公牛选育流程图

图 3-11 "龙江和牛"种公牛图谱及系谱

3.3.4 纯种和牛育肥试验

2013 年 1 月初,元盛食品有限公司选择育成牛 50 头进行育肥试验,2013 年 12 月 20 日,元盛公司试宰"龙江和牛" 50 头。经检测,和牛肉具有香、甜、软、嫩、滑,风味独特的特点,口感有一种其他普通牛肉所没有的芳香味。从口感、色泽、质地、脂肪沉积分布上评判,完全可以与日本、澳大利亚和牛 A5～A3 级雪花牛肉相媲美。中国人不用出国在自己家门口就可以品尝到高品质雪花牛肉了。改写了黑龙江省不能产雪花牛肉和没有高档肉牛全产业链的历史。此后,2016 年第一批杂交改良和牛育肥牛开始屠宰,雪花牛肉产业化进入了批量生产阶段。

3.4 雪花牛肉产业的实践

3.4.1 开展科学试验研究

按照高起点站位、全要素谋划、全产业链一体化推进的工作思路，推进项目建设。重点围绕着纯种和牛培育（包括新品种培育）→种公牛利用→规模改良→科学饲养→育肥屠宰→分割加工→产业化经营的技术路线进行全面研究。重点围绕 4 个研究方面 20 个子课题开展工作。

3.4.1.1 实现和牛本品种选育和种牛扩繁高效利用

主旨是快速扩繁，创建和牛核心育种场、和牛种公牛站。一要保障源源不断地生产种公牛；二要让纯种和牛种群数量扩大。同时，采用先进技术，提高精液质量，实现和牛种源有效保种和规模改良高效利用，最大程度发挥和牛种源的作用。

①和牛适应黑龙江高寒地区环境条件的研究——解决冬季牛舍御寒通风问题；②龙江和牛种公牛冷冻精液制作及保存技术的研究——解决"种公牛"的高效利用问题；③纯种和牛相关基因分析和全基因组评估的研究——研究遗传基因和育种的问题；④和牛骨骼肌内脂肪细胞发育的研究——探索和牛雪花牛肉脂肪细胞生长发育机理问题；⑤快速提高和牛犊牛繁殖率技术的研究——解决提高纯种和牛繁殖成活率的问题；⑥和牛高效繁殖配套技术的研究——解决种群快速扩繁技术的问题。

3.4.1.2 开展和牛饲养管理技术的创新应用研究

和牛从出生到屠宰，平均月龄 26～30 个月，加上怀孕期，至少需要 40 个月。涉及饲养、管理、饲草饲料、牛舍环境等多个环节、程序，投资大，周期长，风险高。必须研究出一套适用的技术操作规程，才能养好牛、出好肉、推得开、有发展，实现高投入，高产出，高效益，良性循环。

①龙江和牛饲养管理技术规程的研究——解决饲养技术标准和规范化饲养的问题；②牧场喂食自动拌料供给系统及方法的研究——解决和牛规模化、科学化、机械化饲养问题；③和牛饲草饲料原料营养成分的研究——解决牧草资源综合利用和饲料配比的问题；④龙江和牛育肥指标体系的研究——解决育肥指标标准的问题。

3.4.1.3 推广和牛规模化改良综合配套技术

以改良为核心，集成组装配套实用技术，即和牛改良综合配套技术，大力应用推广。在龙头企业的带动下，选择最佳杂交组合品种，扩大生产雪花牛肉的肉牛种群，扩大产业规模，形成产业效益和局部肉牛产业特色。探索创制规模改良产业生产体系和技术体系，推广到全省、全国，促进畜牧产业品种结构调整，提高肉牛产品质量，实现广大农牧民增产增收。

①改良和牛优质母本选择的研究——选择最佳改良母本制定改良技术路线的问题；②和牛与不同杂交组合肉牛育肥的研究——通过生产性能测定优选改良组合的问题；③规模改良产业技术的研究——解决基地建设和规模改良的问题；④DNA 基因检测技术的创新应用研究——解决改良和牛鉴定技术难的问题。

3.4.1.4 实现和牛全产业化发展

要使和牛种源、科技成果、改良基地转化成为现实生产力，必须走产业化、特色化之路，实现全产业链发展。主要内容：第一，要解决产加销脱节的弊端，健全完善全产业化链条；第二，要创制符合黑龙江实际情况的产业发展模式，实现规模化、标准化生产；第三，推动黑龙江省高端肉牛产业提档升级，实现高质量良性循环发展；第四，发挥种牛种源作用，以黑龙江为核心，辐射全国，为全国雪花牛肉产业发展起到试验、示范、引领的作用。

①龙江和牛加工工艺的研究——解决产品深加工及技术流程的问题；②龙江和牛牛肉等级标准的研究——解决高品质雪花牛肉等（级）标准划分的问题；③龙江和牛牛肉品质的研究——研究雪花牛肉与其它牛肉差异化因素的问题；④龙江和牛全产业链发展模式创立的研究——解决雪花牛肉产业化发展的问题；⑤龙江和牛肉产品品牌的研究——解决品牌定位与产品销售的问题；⑥利用和牛基因培育雪花牛肉生产专门化肉牛品种的研究——实施新品种培育和长期发展战略的问题。

2011—2021 年，在龙江和牛产业化项目实施过程中，先后开展了和牛种源的适应性、扩繁利用、冻精生产、全基因组评估、规模改良、不同品种肉牛杂交组合试验、生产性能测定、产业发展模式以及雪花牛肉的加工、分级、质量评定、肉品检测分析等专项研究工作。经过 11 年的联合攻关努力，80%以上的产业发展技术问题得到了解决。雪花牛肉基因和肉品品质研究内容已经破题，取得了重大进展；新品培育工作正在着手进行，必将在不远的将来，培育出能生产雪花牛肉的新的肉牛品系。

3.4.2 全面推广和牛改良

利用和牛冻精改良本地肉牛生产雪花牛肉，"利用杂交种替代纯种和牛数量不足"是世界上很多国家实践证明了的行之有效的办法。日本利用和牛冻精，杂交荷斯坦牛，生产高品质雪花牛肉已得到广泛应用。黑毛和牛的黑毛基因为显性基因，改良和牛主毛色为黑色，尾尖、蹄角、腹部有白斑。改良和牛肉的产量比纯种和牛产量有所提高；肉质比普通肉牛和荷斯坦牛肉有明显改善，有的部位肉品质接近纯种和牛的雪花牛肉品质。黑龙江省和牛改良及产业化建设工作，实质上是引进和牛种源，进行消化、吸收、再创新、再发展的过程。坚持研究、试验、应用"三同时"的原则，全面推广和牛改良产业技术，实现和牛规模改良目标，实施产业化生产。初步统计，到 2021 年年末，改良和牛累计产犊成活 20.3 万头，现存栏 10 万头，是国内最大规模的生产雪花牛肉的种群。

3.4.2.1 改良技术路线.

（1）和牛♂×荷斯坦♀。改良和牛 6 月龄犊牛全部回收（购），母犊优选一部分作为胚胎移植受体；一部分开展级进杂交；其余母犊和公牛犊全部育肥，生产高品质雪花牛肉。和牛♂×和荷 F1♀→F2；和牛♂×F2♀→F3；F3♀×F3♂（横交）→肉牛新品系，品种名暂定为"华牛"（在改良的同时，推进新品系培育工作）见图 3-12。

（2）和牛♂×本地肉牛♀。改良犊牛 6 月龄之后由企业开始回收，母犊优选，一部分开展纯种和牛胚胎移植做受体，生产扩繁纯种和牛种群，另一部分进行育肥，公犊全部进行育肥。

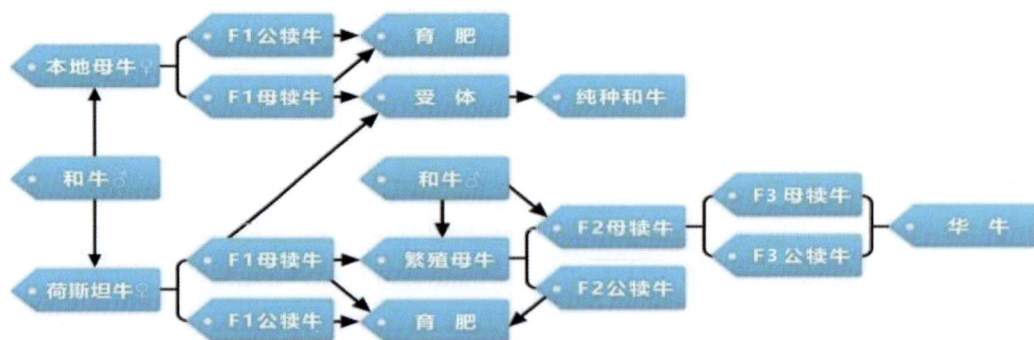

图 3-12　和牛改良技术路线图

注：1.利用和牛种公牛与本地黄肉牛母牛和荷斯坦母牛杂交改良，用于规模化生产雪花牛肉；

2.通过和牛与荷斯坦牛级进杂交，培育雪花肉牛新品品系，暂定商品名"华牛"。

3.4.2.2 改良生产流程

农户改良→交售 6 月龄改良犊牛→公司回收→筛选放养→育成牛（架子牛）养殖场（7～18 月龄）→一年后公司再次回收→集中或分散育肥（18～30 月龄）→公司回收屠宰→产品上市→创品牌（见图 3－13）。

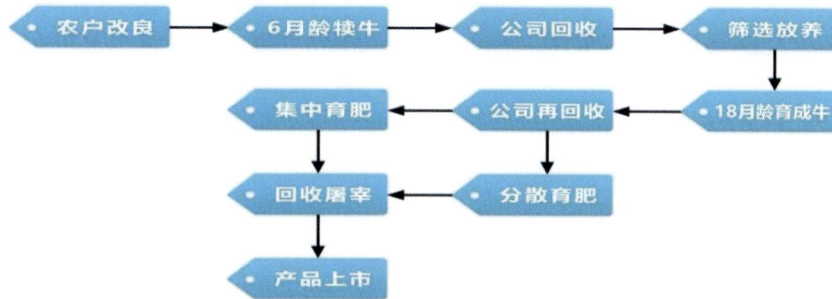

图 3－13　改良犊牛回收和育肥生产流程图

3.4.2.3 和牛冻配改良的技术要点

（1）改良员的确定。要选择有一定文化程度、技术高、信誉好、责任心强的技术人员作为和牛改良工作的改良员。

（2）改良母本。以农户现有的品种为主，品种：荷斯坦牛（单产 5.0t 以下）、蒙古黄牛，以荷斯坦牛为主。原则上，农户母牛存栏规模 3 头以上；家庭牧场开展和牛规模改良，母牛存栏规模应在 10 头以上。

（3）签订改良协议书。凡自愿参加和牛改良繁殖的高档肉牛生产的养殖场（户）与企业签订《龙江和牛改良协议书》。在协议书中要明确参加改良的繁殖母牛数量，并标明繁殖母牛的耳标号码，协议书内容应填写完整。

（4）冻精采购。参照国家肉牛良种补贴政策，由政府采购龙江和牛生物科技有限公司生产的和牛冻精，免费提供给农户使用。

（5）建立和牛改良卡片。建立和牛改良卡片（冻精细管附在卡片上），卡片一式两份，畜主、改良员各执一份。并对大母牛、犊牛照相和打耳标（可用防疫耳标）。

（6）建立芯片信息追溯体系。犊牛从出生就植入 RFID 芯片，一直到屠宰环节，终身携带，确保犊牛血统质量、可溯源。

（7）技术服务。以县、乡、村三级畜牧部门的繁改技术队伍负责为主，企业技术服务为辅，定期培训、定期指导。

（8）改良犊牛回收。企业按改良协议回收改良和牛。犊牛出生 180 天（6 月龄）回收，价格高于市场价格的 20%。企业回收标准：公犊牛（180～200）kg±10%，母犊牛（160～180）kg±10%。

（9）育成牛（或育肥牛）代养模式。公司选择合适的合作牧场作为"代养"专属牧场，将回购的犊牛"出售"给专属牧场，集中饲养、育肥，饲养周期为 12～24 个月，公司提供养殖技术和科学配方饲料，对农户和"代养"牧场实行养殖监督管理。到 18 月龄或出栏屠宰时，公司对育肥的和牛再次进行回购。

（10）改良效益。交售改良犊牛，每头牛的利润 5 000 元以上。第二阶段，代养牧场（户）每头牛可获利6 000～7 000 元/年。

（11）签订代养协议书。凡开展第 2 阶段饲养改良和牛业务的场（户），需另行签订《改良和牛"代养"育肥协议书》。

3.4.2.4 饲养技术要点

严格执行企业标准《龙江和牛饲养管理技术规程》（Q/LJHN01-2020）。

3.4.2.5 建立高档肉牛产品质量追溯体系

高档肉牛生产，全程实行产品质量监控追溯。实现规模化、标准化、信息化。从改良、收购、饲养、育肥，到屠宰、加工、销售，实行全程质量追溯控制。打造质量信息管控平台，建立健全产业链质量追溯管理体系。对产业链中各环节的参与人员，进行分阶段、分层次职业教育培训，提高诚信度，提高产品档次，提升信用等级。强化畜产品安全，坚持高标准，宁缺毋滥，走高端产品质量有保障的品牌营销策略。产品质量追溯体系由4部分构成：

（1）改良犊牛植入芯片，实行全程质量溯源。

（2）DNA 基因检测技术应用，确保改良顺利进行。

（3）雪花牛肉产品电子二维码标识，产品生产和加工环节信息共享，一体化追溯。

（4）加强疫病防控净化和肉产品品质检验检疫，产品标识、检验标识、检疫标识"三证"齐全。

3.4.2.6 组织好改良培训

第一层次，改良户培训。让改良户了解改良的意义、方法、目标、政策；饲养技术要点和注意事项，配合信息采集，做好动态信息反馈。第二层次，改良员技术培训，让改良员熟悉和牛改良的全过程，成为既是解读政策的宣传员，又是实施改良的操作员，还是资料制作反馈的信息员。第三层次，改良基地的县、乡、村相关职能部门工作人员和畜牧兽医技术推广人员，讲解产业发展规划、方案、程序、要求、进度安排、技术服务、组织与实施等。第四层次，企业员工培训，主要是养殖部门、技术服务部门、质量管理部门和产品加工部门的员工培训。

3.4.3 不同品种杂交组合试验

3.4.3.1 实施优质肉牛繁育技术研究

试验的目的：研究确定和牛改良最佳母本。试验牛：西门塔尔杂交牛 100 头，中低产奶牛 50 头，计 150 头作为和牛改良肉牛的母牛。试验地点：元茂养殖场。获得杂交犊牛 147 头。其中，和牛（和）+西门塔尔杂交牛（西杂）98 头（T2），和+荷杂 49 头（T3），纯种和牛（T1）50 头。通过对杂交后代生长性能测定，筛选出最优杂交组合。3 个试验组犊牛 7 日、30 日、90 日、180 日龄体高、体斜长、胸围、管围测定数据见表 3–1。

如表 3-1 所示：0 日龄为基础值，不参与比较。同一日龄中，同列小写字母（a、b、c）表示不同者差异显著（P<0.05），大写字母（A、B、C）表示差异极显著（P<0.01），若无字母或字母相同表示差异不显著（P>0.05）。以下相同。

表 3-1　0-6 月龄犊牛体尺指标的变化

日龄	处理	体高/cm	体斜长/cm	胸围/cm	管围/cm
	T1	84.4 ± 4.5	85 ± 5.63	93.3 ± 6.18	11.2 ± 0.63
0	T2	81.9 ± 5.17	77.3 ± 9.22	86.3 ± 8.75	11 ± 0.66
	T3	76.1 ± 1.79	75.6 ± 2.27	76.2 ± 1.32	11.2 ± 0.42
	T1	84.6 ± 4.52a	85.3 ± 5.73a	93.6 ± 6.07A	11.2 ± 0.63
7	T2	82.3 ± 5.35aB	77.8 ± 9.11b	86.7 ± 8.24B	11 ± 0.65
	T3	76.6 ± 1.64C	76.4 ± 2.17B	77.7 ± 1.56C	11.2 ± 0.42

续表

日龄	处理	体高/cm	体斜长/cm	胸围/cm	管围/cm
30	T1	87.9 ± 3.51a	89.1 ± 3.41a	97 ± 6.03	11.2 ± 0.63
	T2	75.4 ± 5.00ab	74 ± 8.33b	82 ± 8.39	11 ± 0.66
	T3	79.5 ± 1.58c	82.7 ± 2.66b	91.8 ± 8.76	11.4 ± 0.51
90	T1	96.8 ± 3.85	90.4 ± 3.23a	100.5 ± 5.35A	12.2 ± 0.42
	T2	84.7 ± 4.49	84.3 ± 8.40b	93.4 ± 9.81B	12 ± 0.66
	T3	93.8 ± 1.47	99.4 ± 1.83a	113.3 ± A	13.2 ± 0.42
180	T1	95.6 ± 4.21	126.5 ± 6.85ab	143.2 ± 22.82	13.5 ± 0.56
	T2	92.5 ± 4.59	121.3 ± 10.09b	127.8 ± 18.06	14.5 ± 0.84
	T3	104.1 ± 3.87	143.7 ± 3.89a	144.3 ± 5.01	14.5 ± 0.52

从表 3-1 可看出，各组间管围变化较小，差异均不显著（P>0.05）。180 日龄时 T3 组体斜长显著大于 T2 组（P<0.01），体高和胸围各组间差异不显著（P>0.05）。随着日龄的增长，三组犊牛体尺指标均达到了犊牛培育的要求，详见表 3 – 2。从增重效果来看，30 日龄、90 日龄、180 日龄时，T1 与 T3 组之间有显著性差异。

表 3-2　0~6 月龄犊牛体增重的变化

日龄	组别	体重（kg）	平均日增重（kg/d）
0	T1	34.4 ± 2.79	—
	T2	34.6 ± 5.31	—
	T3	37.3 ± 2.11	—
7	T1	36.8 ± 3.15	0.34
	T2	37 ± 5.75	0.34
	T3	39.1 ± 2.33	0.26
30	T1	58.2 ± 11.47a	0.79
	T2	61.1 ± 5.48ab	0.88
	T3	67 ± 2.49 b	0.99
90	T1	108.5 ± 9.76a	0.82
	T2	110.9 ± 7.57ab	0.85
	T3	112.6 ± 5.25b	0.84
180	T1	208.2 ± 19.52	0.99
	T2	204.5 ± 14.78	0.94
	T3	206.6 ± 6.87	0.94

从增重效果来看（如表 3-1、表 3-2 所示），30 日龄、90 日龄、180 日龄时，T1 与 T3 组之间有显著性差异。试验结果显示：

①荷斯坦杂交组（T3）在体高、体重、生长速度等指标上均高于西门塔尔杂交组（T2）。②和♂×荷♀

F1 犊牛毛色为黑色；和♂×西杂♀F1 犊牛毛色为褐色或斑花色。和♂×荷♀F1 明显优于和♂×西杂♀F1。③增重指数：和♂×荷♀F1 与和♂×西杂♀F1 增重无明显变化。

试验结论：荷斯坦奶牛是比较理想的和牛改良母本。将优秀的和荷 F1、F2 继续留作母本，级进杂交，为今后培育肉牛新品种——"华牛"准备了充足的育种材料。

3.4.3.2 实施和牛与不同杂交组合肉牛生长育肥效果的研究

选择纯种和牛、和♂×荷♀F1、和♂×西杂♀F1 实验 3 组，生长育肥效果试验。实验场：元茂养殖场。按照年龄、体重、体况接近的原则进行分组，即 T1 组（纯种和牛 30 头）、T2 组（西杂 30 头）、T3 组（荷杂 30 头），测定和牛与不同杂交组合肉牛生长指标变化（见表 3 - 3、表 3 - 4）。

表 3-3　12～24 月龄肉牛体尺指标

月龄	处理	体高（cm）	体斜长（cm）	胸围（cm）	管围（cm）
12	T1	103.2 ± 1.63	131 ± 5.82	152.6 ± 7.87[b]	17.0 ± 0[a]
	T2	103.6 ± 3.37	125.1 ± 9.41	150.8 ± 7.58[b]	16.5 ± 0.71[b]
	T3	117.1 ± 2.51	145.1 ± 7.18	176.6 ± 4.40[a]	16.7 ± 0.48[ab]
18	T1	116.05 ± 3.06[b]	125.07 ± 7.42	170.72 ± 7.22[b]	17.16 ± 1.07[a]
	T2	118.47 ± 6.14[ab]	129.69 ± 11.18	182.96 ± 12.44[ab]	20.11 ± 1.29[a]
	T3	134.89 ± 3.57[a]	143.17 ± 7.18	197.16 ± 6.45[a]	19.69 ± 0.57[a]
24	T1	136.80 ± 1.25[a]	148.80 ± 1.75[a]	238.30 ± 1.43[c]	20.60 ± 0.37[a]
	T2	137.00 ± 0.58[a]	154.70 ± 0.90[b]	219.00 ± 3.78[a]	21.5 ± 0.40[a]
	T3	140.20 ± 0.80[b]	154.00 ± 1.52[b]	218.70 ± 2.75[a]	21.50 ± 0.30[a]

从表 3-3 可以看出，随着月龄的增长，肉牛体尺指标均达到肉牛培育的要求。24 月龄时，在体高方面，T3 组显著高于 T1 组($P<0.05$)，而 T2 和 T3 组在体斜长和胸围方面显著高于 T1 组($P<0.05$)，三组之间管围差异不显著（$P>0.05$）。综合来看，T3 组肉牛的生长效果较好。

表 3-4　12～24 月龄肉牛体重

月龄	组别	体重/kg	平均日增重/（kg/d）
12	T1	343.4 ± 13.33	0.85
	T2	335.3 ± 17.64	0.83
	T3	344.1 ± 15.54	0.85
18	T1	478.94 ± 55.09	0.79
	T2	518.64 ± 63.92	0.86
	T3	507.11 ± 32.20	0.84
24	T1	623.30 ± 3.37	0.802
	T2	641.10 ± 7.07	0.680
	T3	627.30 ± 3.53	0.667

从增重效果来看（如表3-4所示），12 月龄和18 月龄时3 组肉牛体重差异均不显著（P>0.05），3 组肉牛在12月龄平均日增重都达到了0.82kg以上。24 月龄时，3 组间肉牛体重和平均日增重无显著性差异(P>0.05)。

综合分析：根据肉牛体尺和体重的测定，3 组间体重差异不显著，但体尺指标上 T3 组要好于其他两组。综合来看，荷斯坦肉牛杂交 F1 代 T3 组饲喂效果较好。主要表现：

①F1 代（和♂×荷♀、和♂×西杂♀）嫩度好于普通牛肉。

②高度：和♂×荷♀F1 代身高、体尺优势明显。

③屠宰率：和♂×荷♀F1 屠宰率57.7%以上，有比较优势。

④肉质方面：和♂×荷♀较好。

结论：从体重和体尺指标看，荷斯坦与和牛杂交牛效果比较好，在科学饲养条件下，可以生产高档雪花牛肉，并适用规模化生产。

3.4.4 龙江和牛后裔生产性能测定研究

3.4.4.1 纯种和牛生产性能测定

①生产性能测定。性能测定：是指对肉牛个体经济性状的表型值进行评定的过程，从而得出该经济性状的数值，性能测定分生产性能测定和屠宰生产性能测定。②开展后裔测定的意义：A.验证种公牛遗传力的稳定性。B.促进正确优选种牛。后裔表现不好的，已经被选定为种公牛的，也必须淘汰；C.为产业发展提供科学数据支撑。根据生产性能测定的结果，指导改进养殖环节工作；D.确定生产群的生产性能。根据牧场生产预判，精准规划设计屠宰加工及销售计划工作；E.有利于开展新品种培育。根据种牛和后裔生产性能测定数据指导育种工作。

3.4.4.2 和牛生产发育性能测定

对引进的和牛生产发育性能指标进行测定。数量：100头；地点：龙江元盛食品有限公司雪牛分公司牧场和元盛食品加工厂。测试内容：出生重、断奶重、6 月龄体重、18 月龄重、由雪牛分公司测定；出栏时体重、胴体重、屠宰率、净肉率、产雪花肉等级（肉品质）由食品加工厂测定。测定时间：2017 年 5 月至 2019 年 10 月；品种来源：从生产群中随机调拨 100 头，结果见表 3 – 5、表 3 – 6、图 3 – 14；纯种和牛屠宰性能见表 3 – 7；雪花牛肉产品见图 3 – 15、图 3 – 16。

表 3-5　纯种和牛不同阶段生产性能测定汇总

阶段	数量/头	体重/kg	平均日增重/（kg）
初生	100	27.04 ± 1.69	——
断奶(90 日龄)	100	109.55 ± 12.32	0.92
6 月龄	100	191.81 ± 17.04	0.91
8 月龄	100	231.77 ± 23.30	0.67
18 月龄	100	519.90 ± 51.25	0.96
24 月龄	100	678.00 ± 45.76	0.88
27 月龄	100	702.00 ± 68.26	0.27

注：100 头纯种和牛阉牛从出生到屠宰阶段饲养试验数据汇总。

表 3-6　纯种和牛犊牛(0～6月龄)体重生长测定汇总表（2018 年）　单位：kg

序号	牛号	性别	出生重	断奶重（90d）	6月龄体重
1	22261	♂	30	114	196
2	22353	♂	27	114	190
3	22465	♂	28	115	207
4	22467	♂	27	113	202
5	22469	♂	27	98	179
6	22473	♂	30	151	254
7	22485	♂	27	128	207
8	22493	♂	28	99	195
9	22499	♂	30	112	198
10	22503	♂	27	120	205
11	22577	♂	27	98	190
12	22587	♂	26	106	192
13	22589	♂	26	101	170
14	22593	♂	28	112	190
15	22597	♂	29	99	183
16	22519	♂	28	123	200
17	22515	♂	31	120	204
18	22517	♂	26	96	190
19	22527	♂	27	127	209
20	22529	♂	28	92	177
21	22535	♂	30	94	178
22	22539	♂	29	110	202
23	22541	♂	30	98	194
24	22547	♂	26	98	177
25	22555	♂	29	111	200
26	22557	♂	27	90	180
27	22559	♂	29	115	220
28	22569	♂	26	91	175
29	22573	♂	30	116	208

续表

序号	牛号	性别	出生重	断奶重（90d）	6月龄体重
30	22601	♂	28	110	207
31	22613	♂	27	104	179
32	22623	♂	32	107	190
33	22625	♂	29	109	177
34	22631	♂	29	131	205
35	22633	♂	26	110	186
36	22671	♂	27	113	198
37	22677	♂	31	145	230
38	22681	♂	28	105	182
39	22443	♂	31	112	210
40	22449	♂	30	103	184
41	22451	♂	27	93	178
42	22453	♂	28	139	241
43	22457	♂	27	123	220
44	22387	♂	32	109	199
45	22413	♂	30	120	192
46	22425	♂	31	125	199
47	22433	♂	28	106	207
48	22437	♂	26	108	181
49	22461	♂	29	120	217
50	22441	♂	30	123	223
51	22566	♀	30	103	188
52	22600	♀	27	121	205
53	22484	♀	29	95	186
54	22510	♀	27	103	176
55	22518	♀	30	97	180
56	22522	♀	29	111	178
57	22628	♀	27	105	175
58	22576	♀	28	95	179

续表

序号	牛号	性别	出生重	断奶重（90d）	6月龄体重
59	22208	♀	27	123	206
60	22230	♀	27	110	171
61	22384	♀	26	100	171
62	22262	♀	26	101	172
63	22316	♀	27	120	179
64	22396	♀	27	90	181
65	22436	♀	28	112	193
66	22440	♀	28	105	183
67	22442	♀	27	118	192
68	22460	♀	28	120	202
69	22574	♀	26	105	176
70	22836	♀	28	113	182
71	22882	♀	32	118	190
72	22894	♀	27	93	185
73	22900	♀	29	94	177
74	22914	♀	26	122	209
75	22924	♀	26	94	182
76	22932	♀	30	140	223
77	22934	♀	28.8	105	173
78	22980	♀	29	113	197
79	22994	♀	27	97	170
80	22996	♀	26	109	174
81	23026	♀	28	126	200
82	23030	♀	31	97	212
83	23038	♀	29	109	210
84	23048	♀	26	107	174
85	23076	♀	26	110	189
86	23078	♀	26	96	176

续表

序号	牛号	性别	出生重	断奶重（90d）	6月龄体重
87	23108	♀	26	115	176
88	23118	♀	29	108	207
89	23128	♀	27	109	216
90	23132	♀	28	102	181
91	23142	♀	29	92	171
92	23144	♀	29	103	173
93	23150	♀	26	100	197
94	23164	♀	29	115	216
95	23382	♀	26	96	172
96	23590	♀	29	130	191
97	23678	♀	32	112	176
98	23718	♀	27	116	171
99	23728	♀	29	107	170
100	23730	♀	31	97	171
平均	50	♂	28.38 ± 1.70	111.52 ± 13.30	197.54 ± 17.22
平均	50	♀	27.91 ± 1.63	107.38 ± 10.77	186.08 ± 14.58
总平均	100	♂♀	28.14 ± 1.68	109.55 ± 12.26	191.81 ± 16.95

注：1.犊牛出生平均重 28.14kg ± 1.68；

2.3 月龄断奶时体重 109.55kg；

3.6 月龄体重 191.81kg；

4.平均公牛犊比母牛犊出生至少重 0.47kg，随着日龄的增长，公母犊体重差不断增加；犊牛平均日增重 0.92kg。

5.不同试验群体，测定数据略有差异。

6.来源：2018 年龙江元盛食品有限公司雪牛分公司牧场对生产群中 100 头（公母各 50 头）和牛犊随机测定出生重、3 月龄重、6 月龄体重记录汇总。

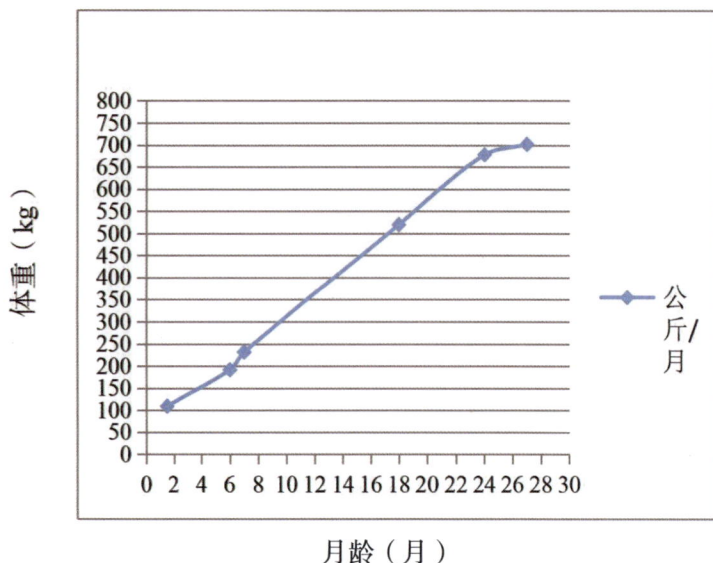

图 3-14　龙江纯种和牛生长曲线

注：1.平均 8 月龄体重 231.77kg，13 月龄体重 373.14kg，15.33 月龄体重 438.99kg，18 月龄体重 519.9kg。24 月龄育肥体重 678.0kg，27 月龄育肥体重 702.0kg。

2.生长阶段划分：0～6 月龄为犊牛；7～18 月龄为青年牛，24～27 月龄为育肥牛。

3.生长发育速度：8～12 月龄日增重 0.87kg；12～15 月龄日增重 0.92kg；15～18 月龄日增重 1.0kg；18～24 月龄日增重 0.87kg；24～27 月龄日增重 0.4kg。

4.曲线特征：①12～18 月龄生长发育速度最快；②育肥后期 24 月龄以后生长速度放缓，符合品种生长发育特征。

性能测定分析如表 3-7 所示：纯种和牛产雪花牛肉的等级牛比例：A5（图 3-15）占 15%；A4（图 3-16）占 25%；A3 占 55%；A1～A2 占 5%。肉质：产雪花牛肉占净肉重比例 15.7%，其中 A5 8.71kg，占 3.3%；A4 14.78kg，占 5.6%；A3 16.96kg，占 6.4%；A2 1.0kg，占 0.4%。

表 3-7　纯种和牛屠宰生产性能测定汇总表　　　　　　单位：kg、%

测定种类	种类	数量	屠宰加工				等级肉										不定级肉品比例
			活重	胴体重	屠宰率	净肉率	A1		A2		A3		A4		A5		
							比例	重量	比例	重量	比例	重量	比例	重量	比例	重量	
纯种和牛	育肥牛	100	702 ± 52.63	419.1 ± 32.47	59.7 ± 0.02	63 ± 0.03			0.4 ± 0.01	1.0 ± 3.99	6.4 ± 0.05	16.96 ± 17.68	5.6 ± 0.04	14.78 ± 6.73	3.3 ± 0.06	8.71 ± 14.38	84.3 ± 0.01

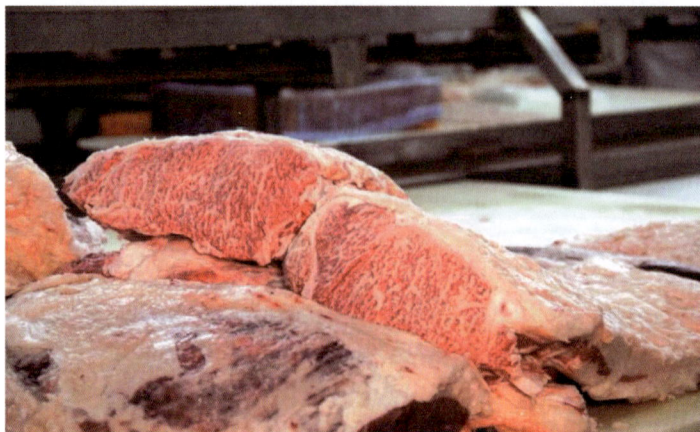

图 3-15　纯种和牛 A5 等级雪花牛肉实物图

图 3-16 纯种和牛 A4 等级雪花牛肉产品实物图

3.4.4.3 和牛核心群生产发育性能测定

和牛核心育种场的种牛由两部分构成，一是用于生产种牛的核心群；二是用于扩繁的生产群。核心育种场的母牛核心群是经过鉴定组建起来的。对核心群新生犊牛进行测定，体重、体高数据见表 3 – 8、表 3 – 9。

表 3-8　2021 年龙江和牛核心群生产性能测定（0 月龄）　　　　单位：kg、cm

序号	牛号	性别	体重	体高	测定月份	牛号	性别	体重	体高	测定月份
1	210367	♂	32	73	出生重	210350	♀	29	70	出生重
2	210365	♂	31	72	出生重	210358	♀	30	71	出生重
3	210369	♂	36	77	出生重	210368	♀	41	79	出生重
4	210373	♂	29	70	出生重	210360	♀	25	66	出生重
5	210375	♂	32	73	出生重	210362	♀	26	67	出生重
6	210359	♂	34	73	出生重	210352	♀	27	68	出生重
7	210371	♂	32	72	出生重	210374	♀	27	68	出生重
8	210357	♂	32	72	出生重	210378	♀	26	67	出生重
9	210379	♂	33	72	出生重	210372	♀	31	71	出生重
10	210361	♂	30	71	出生重	210380	♀	31	71	出生重
11	210399	♂	34	75	出生重	210376	♀	29	70	出生重
12	210389	♂	29	70	出生重	210382	♀	28	68	出生重
13	210383	♂	26	67	出生重	210381	♀	31	72	出生重
14	210377	♂	31	72	出生重	210370	♀	27	68	出生重
15	210387	♂	29	70	出生重	210388	♀	27	67	出生重
16	210385	♂	34	73	出生重	210386	♀	27	68	出生重
17	210397	♂	33	74	出生重	210174	♀	27	67	出生重

续表

序号	牛号	性别	体重	体高	测定月份	牛号	性别	体重	体高	测定月份
18	210395	♂	31	72	出生重	210384	♀	24	67	出生重
19	25983	♂	28	69	出生重	210398	♀	30	71	出生重
20	25985	♂	28	69	出生重	210364	♀	29	70	出生重
21	25993	♂	29	70	出生重	210396	♀	28	69	出生重
22	25999	♂	32	73	出生重	25994	♀	28	69	出生重
23	25989	♂	30	71	出生重	25942	♀	28	69	出生重
24	25995	♂	31	72	出生重	25976	♀	30	71	出生重
25	26013	♂	30	71	出生重	25980	♀	29	70	出生重
26	26015	♂	29	70	出生重	25988	♀	31	72	出生重
27	26005	♂	30	71	出生重	25990	♀	25	66	出生重
28	25997	♂	31	72	出生重	25998	♀	27	68	出生重
29	25991	♂	30	71	出生重	25992	♀	30	71	出生重
30	26001	♂	30	71	出生重	25986	♀	30	71	出生重
31	26009	♂	30	72	出生重	25996	♀	27	68	出生重
32	26023	♂	33	72	出生重	25982	♀	26	67	出生重
33	26017	♂	28	69	出生重	25974	♀	27	68	出生重
34	26007	♂	38	73	出生重	25984	♀	27	68	出生重
35	26003	♂	28	69	出生重	26242	♀	26	67	出生重
36	26019	♂	26	67	出生重	25954	♀	27	69	出生重
37	26027	♂	28	70	出生重	26000	♀	26	68	出生重
38	26011	♂	29	70	出生重	26008	♀	27	68	出生重
39	26021	♂	27	68	出生重	26010	♀	27	69	出生重
40	26025	♂	31	72	出生重	26006	♀	30	71	出生重
41	26031	♂	29	70	出生重	26016	♀	26	67	出生重
42	26029	♂	30	70	出生重	26012	♀	28	69	出生重
43	26035	♂	28	69	出生重	26018	♀	28	69	出生重
44	26037	♂	27	68	出生重	26028	♀	29	69	出生重
45	26033	♂	30	71	出生重	26014	♀	30	70	出生重
46	26039	♂	30	70	出生重	26024	♀	27	68	出生重

续表

序号	牛号	性别	体重	体高	测定月份	牛号	性别	体重	体高	测定月份
47	26055	♂	29	70	出生重	26002	♀	27	68	出生重
48	26045	♂	29	70	出生重	26022	♀	32	72	出生重
49	26065	♂	26	67	出生重	26066	♀	29	70	出生重
50	26057	♂	25	66	出生重	26032	♀	25	66	出生重
51	26069	♂	29	70	出生重	26050	♀	34	74	出生重
52	26077	♂	31	72	出生重	26060	♀	26	67	出生重
53	26063	♂	30	71	出生重	26044	♀	25	66	出生重
54	26071	♂	27	68	出生重	26068	♀	28	69	出生重
55	26081	♂	31	72	出生重	26040	♀	26	67	出生重
56	26051	♂	27	68	出生重	26030	♀	30	72	出生重
57	26097	♂	27	68	出生重	26020	♀	29	70	出生重
58	26095	♂	31	72	出生重	26072	♀	25	66	出生重
59	26099	♂	31	72	出生重	26084	♀	29	70	出生重
60	26061	♂	30	71	出生重	26086	♀	26	68	出生重
61	26085	♂	28	69	出生重	26082	♀	30	71	出生重
62	26083	♂	29	70	出生重	26048	♀	27	68	出生重
63	26087	♂	34	73	出生重	26036	♀	24	66	出生重
64	26089	♂	29	70	出生重	26080	♀	29	70	出生重
65	26093	♂	27	68	出生重	26004	♀	28	69	出生重
66	26091	♂	26	67	出生重	26098	♀	28	70	出生重
67	26109	♂	27	68	出生重	26092	♀	25	66	出生重
68	26105	♂	29	70	出生重	26090	♀	27	68	出生重
69	26107	♂	26	67	出生重	26096	♀	28	69	出生重
70	26111	♂	29	70	出生重	26088	♀	28	69	出生重
71	26101	♂	27	68	出生重	26100	♀	26	67	出生重
72	26103	♂	27	68	出生重	26058	♀	25	67	出生重
73	26133	♂	30	71	出生重	26094	♀	29	70	出生重
74	26121	♂	31	73	出生重	26102	♀	26	67	出生重
75	26129	♂	26	67	出生重	26104	♀	26	67	出生重

续表

序号	牛号	性别	体重	体高	测定月份	牛号	性别	体重	体高	测定月份
76	26119	♂	32	73	出生重	26112	♀	25	66	出生重
77	26131	♂	28	70	出生重	26108	♀	28	69	出生重
78	26117	♂	29	70	出生重	26116	♀	25	66	出生重
79	26125	♂	30	72	出生重	26106	♀	27	68	出生重
80	26123	♂	27	68	出生重	26114	♀	25	66	出生重
81	26145	♂	31	72	出生重	26124	♀	28	69	出生重
82	26155	♂	32	73	出生重	26122	♀	31	72	出生重
83	26149	♂	30	71	出生重	26120	♀	29	70	出生重
84	26135	♂	31	72	出生重	26118	♀	27	68	出生重
85	26147	♂	34	74	出生重	26110	♀	28	69	出生重
86	26141	♂	25	66	出生重	26136	♀	28	68	出生重
87	26127	♂	27	68	出生重	26126	♀	25	67	出生重
88	26137	♂	29	70	出生重	26128	♀	26	68	出生重
89	26139	♂	27	68	出生重	26130	♀	28	70	出生重
90	26151	♂	25	68	出生重	26134	♀	35	75	出生重
91	26157	♂	26	69	出生重	26142	♀	26	67	出生重
92	26165	♂	30	71	出生重	26140	♀	25	66	出生重
93	26152	♂	27	68	出生重	26150	♀	28	69	出生重
94	26156	♂	30	72	出生重	26144	♀	30	71	出生重
95	26170	♂	26	69	出生重	26138	♀	27	68	出生重
96	26162	♂	30	71	出生重	26146	♀	27	68	出生重
97	26164	♂	26	68	出生重	26132	♀	29	69	出生重
98	26168	♂	29	70	出生重	26148	♀	25	66	出生重
99	26166	♂	30	72	出生重	26154	♀	27	68	出生重
100	26166	♂	30	71	出生重	26158	♀	26	67	出生重
平均		♂	29.47 ± 2.46	70.4 ± 2.07	出生重	平均	♀	27.78 ± 2.44	68.76 ± 2.13	出生重
总平均						♂♀		28.62 ± 2.60	69.58 ± 2.25	出生重

注：1.公牛犊出生体重29.47±2.46kg，身高70.4±2.07cm；

2.母犊牛出生体重27.78±2.44kg，身高68.76±2.13cm；

3.♂♀平均出生体重28.62±2.60kg，身高69.58±2.25cm。

2021 年龙江和牛（6、12、18 月龄）核心群（母牛）生产性能测定如表 3-9 所示。

表 3-9　2021 年龙江和牛核心群（母牛）生产性能测定（6、12、18 月龄）　　单位：kg、cm

序号	牛号	性别	体重	体高	月龄	序号	牛号	性别	体重	体高	月龄
1	25084	♀	184	96	6.1	29	25588	♀	204	99	6.0
2	25106	♀	184	98	6.1	30	25536	♀	168	103	6.2
3	25158	♀	150	94	5.9	31	25590	♀	187	105	6.0
4	25250	♀	156	97	5.8	32	25572	♀	173	106	6.1
5	25178	♀	172	95	6.0	33	25538	♀	201	105	6.2
6	25174	♀	169	97	5.8	34	25548	♀	205	103	6.1
7	25202	♀	155	97	5.9	35	25546	♀	211	100	6.1
8	25220	♀	158	100	5.8	36	25572	♀	173	102	6.1
9	25226	♀	157	97	5.8	37	25586	♀	180	106	6.0
10	25194	♀	163	99	5.8	38	25612	♀	210	103	5.9
11	25190	♀	163	95	5.9	39	25614	♀	163	99	5.8
12	25206	♀	157	101	5.9	40	25871	♀	108	88	6.0
13	25254	♀	152	94	5.8	41	25878	♀	190	106	6.1
14	25200	♀	156	97	5.9	42	25838	♀	189	104	6.1
15	25162	♀	170	94	6.0	43	26102	♀	174	101	6.0
16	25448	♀	153	102	6.1	44	26136	♀	178	111	5.9
17	25438	♀	199	105	6.1	45	26120	♀	190	113	5.9
18	25422	♀	180	107	6.2	46	26096	♀	190	109	6.1
19	25400	♀	173	100	6.2	47	26080	♀	196	107	6.1
20	25464	♀	159	98	6.0	48	26108	♀	183	106	6.0
21	25452	♀	183	102	6.1	49	26088	♀	173	102	6.1
22	25456	♀	187	105	6.0	50	26020	♀	186	113	6.2
23	25435	♀	160	101	6.0	51	26098	♀	191	106	6.1
24	25493	♀	95	85	6.1	52	26058	♀	174	97	6.0
25	25685	♀	81	85	5.8	53	26092	♀	180	103	6.1
26	26006	♀	81	85	5.8	54	26068	♀	181	100	6.2
27	25566	♀	207	101	6.0	55	26122	♀	179	100	5.9
28	25576	♀	184	104	6.1	56	26094	♀	115	92	6.2

续表

序号	牛号	性别	体重	体高	月龄	序号	牛号	性别	体重	体高	月龄
57	26210	♀	104	90	5.9	86	26878	♀	187	106	6.0
58	26318	♀	158	100	6.1	87	26888	♀	169	102	6.0
59	26294	♀	170	104	6.1	88	26780	♀	191	105	6.1
60	26302	♀	189	104	6.1	89	26822	♀	194	101	6.0
61	26312	♀	184	103	6.1	90	26758	♀	183	104	6.2
62	26322	♀	212	111	6.0	91	26828	♀	203	105	6.0
63	26306	♀	176	105	6.1	92	26834	♀	217	112	6.0
64	26300	♀	187	106	6.1	93	26850	♀	171	100	6.0
65	26248	♀	160	102	6.1	94	26794	♀	195	107	6.0
66	26276	♀	227	112	6.2	95	26778	♀	181	102	6.1
67	26282	♀	185	105	6.1	96	26768	♀	174	104	6.2
68	26310	♀	202	108	6.1	97	27058	♀	173	104	6.2
69	26530	♀	173	105	6.1	98	27052	♀	193	107	6.2
70	26584	♀	210	104	6.0	99	22868	♀	255	116	12.5
71	26524	♀	190	106	6.2	100	22824	♀	295	109	12.2
72	26382	♀	204	104	6.1	101	22048	♀	298	114	12.1
73	26562	♀	180	104	6.0	102	22068	♀	300	115	12.0
74	26554	♀	183	101	6.0	103	22860	♀	302	102	12.3
75	26532	♀	209	102	6.2	104	22050	♀	306	110	12.2
76	26640	♀	178	106	5.8	105	22044	♀	308	114	12.1
77	26528	♀	185	104	6.1	106	22852	♀	311	107	12.4
78	26656	♀	216	111	5.8	107	22062	♀	330	104	12.2
79	26556	♀	190	104	6.2	108	22828	♀	335	112	12.5
80	26538	♀	175	102	6.1	109	22870	♀	340	114	12.3
81	26552	♀	201	107	6.0	110	22810	♀	350	111	12.3
82	26664	♀	169	102	5.8	111	22070	♀	262	108	11.8
83	26526	♀	173	102	6.2	112	22920	♀	289	116	11.8
84	26578	♀	191	107	6.0	113	20974	♀	293	113	12.1
85	26838	♀	197	103	6.0	114	23106	♀	296	117	12.4

续表

序号	牛号	性别	体重	体高	月龄	序号	牛号	性别	体重	体高	月龄
115	23116	♀	290	116		144	25344	♀	270	110	11.9
116	23036	♀	268	116	12.3	145	25324	♀	310	116	12.0
117	23112	♀	296	117	12.4	146	25326	♀	291	114	12.0
118	23122	♀	270	110	12.3	147	25178	♀	288	116	12.4
119	23102	♀	314	119	12.4	148	25372	♀	278	114	11.8
120	23032	♀	276	113	12.4	149	25374	♀	341	118	11.9
121	23372	♀	241	106	12.2	150	25220	♀	288	118	12.2
122	23402	♀	313	112	12.0	151	25384	♀	307	115	11.8
123	23354	♀	334	111	12.3	152	25376	♀	319	116	11.9
124	23352	♀	297	112	12.4	153	25358	♀	245	112	11.9
125	23802	♀	248	105	12.1	154	25226	♀	272	115	12.2
126	23746	♀	274	112	12.4	155	25176	♀	309	111	12.4
127	23706	♀	266	110	12.5	156	25354	♀	241	110	11.9
128	23786	♀	287	118	12.3	157	25382	♀	282	118	11.8
129	23760	♀	256	110	12.3	158	25364	♀	327	119	11.9
130	23754	♀	247	110	12.3	159	25386	♀	282	113	11.8
131	23762	♀	266	113	12.0	160	25532	♀	264	112	12.0
132	25268	♀	278	118	12.1	161	25494	♀	290	112	12.2
133	25190	♀	307	110	12.3	162	25506	♀	312	115	12.1
134	25162	♀	286	115	12.4	163	25516	♀	298	113	12.1
135	25174	♀	306	118	12.2	164	25530	♀	259	110	12.0
136	25200	♀	329	118	12.3	165	25518	♀	291	112	12.1
137	25194	♀	313	116	12.2	166	25512	♀	277	112	12.1
138	25212	♀	308	114	12.3	167	25548	♀	298	113	11.9
139	25218	♀	286	112	12.3	168	25576	♀	275	116	11.8
140	25250	♀	283	115	12.2	169	25490	♀	272	121	12.2
141	25286	♀	324	115	12.1	170	25538	♀	284	113	11.9
142	25260	♀	412	121	12.1	171	25546	♀	312	117	11.9
143	25248	♀	274	111	12.2	172	25866	♀	285	113	12.1

续表

序号	牛号	性别	体重	体高	月龄	序号	牛号	性别	体重	体高	月龄
173	25884	♀	261	113	12.1	196	23116	♀	382	118	18.4
174	25928	♀	314	117	11.8	197	23456	♀	423	124	18.5
175	25900	♀	323	120	12.2	198	23504	♀	389	125	18.2
176	25926	♀	297	115	12.2	199	23506	♀	412	121	18.2
177	25914	♀	320	120	11.9	200	23530	♀	422	127	18.0
178	25860	♀	295	118	12.3	201	23536	♀	374	124	18.0
179	25916	♀	322	121	11.9	202	23548	♀	409	125	17.9
180	25858	♀	300	121	12.3	203	23572	♀	399	120	17.8
181	25872	♀	349	121	12.3	204	23560	♀	372	122	18.0
182	25892	♀	314	120	12.2	205	23582	♀	340	116	17.8
183	25930	♀	281	116	11.8	206	23540	♀	378	119	18.0
184	25908	♀	312	125	12.2	207	23496	♀	387	117	18.3
185	25890	♀	313	116	12.2	208	23538	♀	382	120	18.0
186	23542	♀	381	119	18.0	209	23470	♀	376	121	18.5
187	23570	♀	435	124	17.9	210	23760	♀	347	122	18.5
188	23844	♀	422	125	18.0	211	23754	♀	335	120	18.4
189	23750	♀	336	124	18.4	212	23786	♀	374	125	18.4
190	23752	♀	328	116	18.4	213	23828	♀	367	119	18.1
191	23746	♀	351	120	18.5	214	23784	♀	409	122	17.8
192	23792	♀	388	122	18.1	215	23762	♀	371	121	18.1
193	23876	♀	398	124	17.5	216	23770	♀	460	127	18.4
194	23812	♀	360	124	18.0	217	23802	♀	358	117	18.2
195	23122	♀	329	116	18.5						
平均值	1～98（98）		177.03±26.27	102.07±5.60	6.0	平均值	99～185（87）		295.25±27.86	114.16±4.10	12.1
平均值	186～217（32）		381.06±31.84	121.44±3.16	18.2							

3.4.4.4 改良和牛生产性能测定

数量：100头；地点：龙江元茂公司和元盛食品加工厂。测定内容：出生重、断奶重、6月龄体重、18月龄重由龙江元茂公司测定；出栏时体重、胴体重、屠宰率、净肉率、产雪花牛肉等级（肉品质）由食品加工厂测定。测定时间：2017年8月至2019年12月。试验品种：和牛+荷斯坦牛杂交F1。

改良牛不同阶段生产性能测定汇总，如表 3-10 所示。

表 3-10　改良牛不同阶段生产性能测定汇总表

阶段	数量/头	体重/kg	平均日增重/kg
初生	100	35.26 ± 2.84	——
断奶(90 日龄)	100	113.34 ± 3.26	0.87
6 月龄	100	208.78 ± 34.08	1.06
8 月龄	100	258.80 ± 45.26	0.83
18 月龄	100	554.40 ± 47.53	0.99
24 月龄	100	715.90 ± 52.69	0.90
27 月龄	100	755.40 ± 57.46	0.66

注：1.改良和牛犊牛出生重平均比纯种牛重 7.0kg 左右，改良和牛有优势；

　　2.改良牛比纯种牛生长增重快，生长有杂交优势。

改良和牛犊牛生长测定汇总，如表 3-11 所示。

表 3-11　改良和牛犊牛生长体重测定汇总表

性别	数量/头	平均初生重/kg	断奶重（90 日龄）/kg	6 月龄体重/kg
公（♂）	88	35.88 ± 4.67	118.65 ± 12.23	221.03 ± 16.65
母（♀）	112	34.81 ± 3.58	111.35 ± 9.30	212.86 ± 13.50
体重差（kg）		1.07 ± 0.45	7.3 ± 2.25	8.16 ± 4.24

注：1.改良基地测定数据汇；

　　2.6 月龄时改良和牛比纯种和牛体重增重 16.97kg；

　　3.改良和牛生长速度好于普通肉牛。

改良和牛屠宰生产性能测定汇总，如表 3-12 所示。

表 3-12　改良和牛屠宰生产性能测定汇总表　　　　　　　　　　单位：kg、%

测定种类	种类	数量	屠宰加工				等级肉											不定级肉品比例
			活重	胴体重	屠宰率	净肉率	A1		A2		A3		A4		A5			
							比例	重量	比例	重量	比例	重量	比例	重量	比例	重量		
改良和牛	育肥牛	100	755.4 ± 16.36	435.86 ± 16.51	57.7 ± 0.02	63 ± 0.01	3.0 ± 0.05	8.2 ± 1.08	6.0 ± 0.04	16.4 ± 5.53	5.5 ± 0.04	15.25 ± 5.20	1.4 ± 0.02	3.8 ± 0.50	0	0	84.1 ± 0.01

注：1.产雪花牛肉的改良牛等级牛比例：A3 等级占 25%；A2 等级占 45%；A1 等级占 30%；

　　2.改良牛产雪花牛肉比例：雪花牛肉占净肉重的 15.9%，A4 3.8kg，占 1.40%；A3 15.25kg，占 5.5%；A2 16.4kg，占 6.0%；A1 8.2 kg，占 3.0%。

改良和牛产雪花牛肉品质见图 3-17、图 3-18。

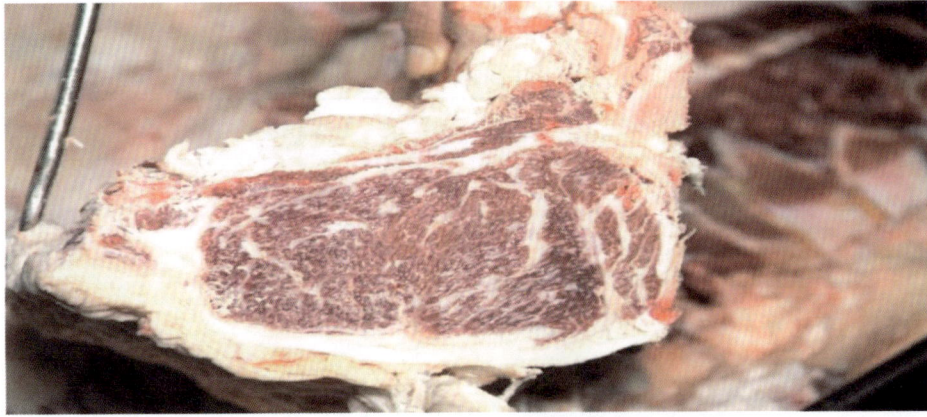

图 3-17　改良和牛 A2 等级雪花牛肉实物图

图 3-18　改良和牛 A2 等级肉产品

通过基地县对改良和牛开展生产性能测定，具体由基地县改良办公室及改良员和改良回收牧场执行。详见表 3 – 13、3 – 14。

表 3-13　农牧民交售 6 月龄改良和牛体重测定统计表（2016 年）　　　　单位：头，kg

序号	收购日期	畜主	公母	耳标	数量	收购体重	备注
1	2019/5/15	赵××	♂	45774	1	259	
2	2019/5/15	刘××	♂	45763	1	275	
3	2019/5/15	史××	♂	45764	1	227	
4	2019/5/15	赵××	♂	45771	1	249	
5	2019/5/15	周××	♂	45778	1	187	
6	2019/5/15	张××	♂	45780	1	208	
7	2019/5/15	吴××	♂	45782	1	231	
8	2019/5/15	杨××	♂	45789	1	205	

续表

序号	收购日期	畜主	公母	耳标	数量	收购体重	备注
9	2019/5/15	丁××	♂	45791	1	226	
10	2019/5/15	曾××	♂	45792	1	271	
11	2019/5/15	曲××	♂	45793	1	244	
12	2019/5/15	阚××	♂	45794	1	206	
13	2019/5/15	程××	♂	45799	1	226	
14	2019/5/15	程××	♂	45501	1	212	
15	2019/5/15	刘××	♂	45504	1	268	
16	2019/5/15	刘××	♂	45506	1	267	
17	2019/5/15	刘××	♂	45512	1	253	
18	2019/5/15	侯××	♂	45513	1	204	
19	2019/5/15	刘××	♂	45510	1	233	
20	2019/5/15	张××	♂	45521	1	199	
21	2019/5/15	张××	♂	45523	1	235	
22	2019/5/15	张××	♂	45524	1	222	
23	2019/5/15	张××	♂	45527	1	244	
24	2019/5/15	高××	♂	45530	1	277	
25	2019/5/15	刘××	♂	45533	1	292	
26	2019/5/15	凌××	♂	45541	1	219	
27	2019/5/15	王××	♂	45545	1	239	
28	2019/5/15	孙××	♂	45548	1	274	
29	2019/5/15	赵××	♂	45549	1	236	
30	2019/5/15	李××	♂	45550	1	246	
31	2019/5/15	林××	♂	45551	1	206	
32	2019/5/15	王××	♂	45552	1	237	
33	2019/5/15	李××	♂	45558	1	237	
34	2019/5/15	王××	♂	45561	1	219	
35	2019/5/15	华××	♂	45565	1	160	
36	2019/5/15	曹××	♂	45566	1	226	
37	2019/5/15	李××	♂	45567	1	174	

续表

序号	收购日期	畜主	公母	耳标	数量	收购体重	备注
38	2019/5/15	侯××	♂	45571	1	202	
39	2019/5/15	王××	♂	45581	1	205	
40	2019/5/15	拥××	♂	45582	1	234	
41	2019/5/15	尹××	♂	45578	1	226	
42	2019/5/15	尹××	♂	45579	1	222	
43	2019/5/15	侯××	♂	45573	1	164	
44	2019/10/15	张××	♂	40589	1	217	
45	2019/10/15	王××	♂	40590	1	231	
46	2019/5/15	马××	♂	45593	1	191	
47	2019/5/15	张××	♂	45586	1	185	
48	2019/5/15	王××	♂	45589	1	251	
49	2019/5/15	闫××	♂	45400	1	181	
50	2019/10/15	孙××	♂	40591	1	189	
51	2019/10/15	王××	♂	40592	1	199	
52	2019/10/15	崔××	♂	40708	1	259	
53	2019/10/15	付××	♂	40709	1	229	
54	2019/10/15	李××	♂	40706	1	230	
55	2019/10/15	黄××	♂	40595	1	233	
56	2019/10/15	才××	♂	40705	1	191	
57	2019/10/15	刘××	♂	40597	1	186	
58	2019/10/15	刘××	♂	40598	1	198	
59	2019/10/15	徐××	♂	40703	1	278	
60	2019/10/15	王××	♂	40724	1	186	
61	2019/10/15	王××	♂	40725	1	214	
62	2019/10/15	韩××	♂	40726	1	223	
63	2019/10/15	高××	♂	40727	1	275	
64	2019/10/15	赵××	♂	40728	1	238	
65	2019/10/15	曹××	♂	40729	1	189	
66	2019/10/15	王××	♂	40718	1	244	

续表

序号	收购日期	畜主	公母	耳标	数量	收购体重	备注
67	2019/10/15	柴××	♂	40733	1	266	
68	2019/10/15	刘××	♂	40737	1	191	
69	2019/10/15	刘××	♂	40738	1	192	
70	2019/10/15	崔××	♂	40739	1	231	
71	2019/10/15	周××	♂	40740	1	186	
72	2019/10/15	胡××	♂	40742	1	216	
73	2019/10/15	李××	♂	40743	1	216	
74	2019/10/15	李××	♂	40744	1	203	
75	2019/10/15	李××	♂	40745	1	269	
76	2019/5/15	刘××	♀	45786	1	264	
77	2019/5/15	才××	♀	45787	1	237	
78	2019/5/15	才××	♀	45788	1	216	
79	2019/5/15	齐××	♀	45790	1	211	
80	2019/5/15	程××	♀	45797	1	204	
81	2019/5/15	程××	♀	45798	1	261	
82	2019/5/15	韩××	♀	45502	1	227	
83	2019/5/15	刘××	♀	45505	1	271	
84	2019/5/15	刘××	♀	45507	1	252	
85	2019/5/15	张××	♀	45570	1	245	
86	2019/5/15	吴××	♀	45538	1	163	
87	2019/5/15	李××	♀	45539	1	208	
88	2019/5/15	冯××	♀	45540	1	215	
89	2019/5/15	刘××	♀	45536	1	284	
90	2019/5/15	吴××	♀	45543	1	171	
91	2019/5/15	陈××	♀	45544	1	208	
92	2019/5/15	王××	♀	45546	1	227	
93	2019/5/15	孙××	♀	45547	1	217	
94	2019/5/15	高××	♀	45562	1	203	
95	2019/5/15	高××	♀	45563	1	194	

续表

序号	收购日期	畜主	公母	耳标	数量	收购体重	备注
96	2019/5/15	郭××	♀	45564	1	197	
97	2019/5/15	李××	♀	45553	1	184	
98	2019/5/15	岳××	♀	45554	1	188	
99	2019/5/15	李××	♀	45555	1	148	
100	2019/5/15	魏××	♀	45556	1	205	
101	2019/5/15	孙××	♀	45557	1	223	
102	2019/5/15	王××	♀	45559	1	175	
103	2019/5/15	王××	♀	45560	1	160	
104	2019/5/15	邹××	♀	45568	1	184	
105	2019/5/15	卢××	♀	45569	1	227	
106	2019/5/15	沈××	♀	45572	1	194	
107	2019/5/15	白××	♀	45580	1	195	
108	2019/5/15	侯××	♀	45574	1	177	
109	2019/5/15	侯××	♀	45575	1	187	
110	2019/5/15	侯××	♀	45576	1	171	
111	2019/5/15	尹××	♀	45577	1	221	
112	2019/5/15	拥××	♀	45583	1	236	
113	2019/5/15	拥××	♀	45584	1	214	
114	2019/5/15	袁××	♀	45597	1	219	
115	2019/5/15	张××	♀	45598	1	209	
116	2019/5/15	任××	♀	45599	1	214	
117	2019/5/15	齐××	♀	45587	1	220	
118	2019/5/15	李××	♀	45588	1	213	
119	2019/5/15	张××	♀	45585	1	210	
120	2019/5/15	刘××	♀	45508	1	311	
121	2019/5/15	刘××	♀	45509	1	258	
122	2019/5/15	屈××	♀	45514	1	180	
123	2019/5/15	沈××	♀	45515	1	230	
124	2019/5/15	韩××	♀	45516	1	228	

续表

序号	收购日期	畜主	公母	耳标	数量	收购体重	备注
125	2019/5/15	张××	♀	45517	1	201	
126	2019/5/15	刘××	♀	45518	1	186	
127	2019/5/15	屈××	♀	45519	1	189	
128	2019/5/15	张××	♀	45520	1	205	
129	2019/5/15	刘××	♀	45511	1	231	
130	2019/5/15	张××	♀	45522	1	209	
131	2019/5/15	孙××	♀	45529	1	232	
132	2019/5/15	刘××	♀	45531	1	237	
133	2019/5/15	马××	♀	45594	1	218	
134	2019/5/15	许××	♀	45590	1	257	
135	2019/5/15	王××	♀	45591	1	198	
136	2019/10/15	刘××	♀	40596	1	291	
137	2019/10/15	郭××	♀	40593	1	207	
138	2019/10/15	程××	♀	40700	1	252	
139	2019/10/15	黄××	♀	40594	1	223	
140	2019/5/15	张××	♀	0058	1	145	
141	2019/5/15	闫××	♀	45401	1	167	
142	2019/5/15	刘××	♀	45532	1	244	
143	2019/5/15	杨××	♀	45535	1	172	
144	2019/5/15	申××	♀	45762	1	206	
145	2019/5/15	许××	♀	45765	1	181	
146	2019/5/15	靳××	♀	45766	1	172	
147	2019/5/15	王××	♀	45767	1	177	
148	2019/5/15	王××	♀	45768	1	229	
149	2019/5/15	宗××	♀	45769	1	193	
150	2019/5/15	梁××	♀	45770	1	224	
151	2019/5/15	吕××	♀	45772	1	237	
152	2019/5/15	赵××	♀	45773	1	224	
153	2019/5/15	薛××	♀	45775	1	193	

续表

序号	收购日期	畜主	公母	耳标	数量	收购体重	备注
154	2019/5/15	夏××	♀	45776	1	198	
155	2019/5/15	夏××	♀	45777	1	169	
156	2019/5/15	齐××	♀	45779	1	204	
157	2019/5/15	冯××	♀	45781	1	179	
158	2019/5/15	田××	♀	45526	1	260	
159	2019/5/15	张××	♀	45528	1	215	
160	2019/5/15	辛××	♀	45534	1	167	
161	2019/5/15	程××	♀	45783	1	204	
162	2019/5/15	王××	♀	45784	1	187	
163	2019/5/15	才××	♀	45785	1	216	
164	2019/10/15	朱××	♀	40734	1	208	
165	2019/10/15	杨××	♀	40735	1	179	
166	2019/10/15	刘××	♀	40736	1	193	
167	2019/10/15	赵××	♀	40732	1	214	
168	2019/10/15	程××	♀	40702	1	233	
169	2019/10/15	姜××	♀	40749	1	230	
170	2019/10/15	吕××	♀	40746	1	151	
171	2019/10/15	郭××	♀	40747	1	242	
172	2019/10/15	才××	♀	40704	1	179	
173	2019/10/15	高××	♀	40730	1	238	
174	2019/10/15	安××	♀	40710	1	248	
175	2019/10/15	刘××	♀	40711	1	212	
176	2019/10/15	王××	♀	40712	1	207	
177	2019/10/15	李××	♀	40713	1	170	
178	2019/10/15	朱××	♀	40714	1	204	
179	2019/10/15	张××	♀	40707	1	215	
180	2019/10/15	李××	♀	40716	1	220	
181	2019/10/15	郭××	♀	40717	1	217	
182	2019/10/15	周××	♀	40741	1	206	

续表

序号	收购日期	畜主	公母	耳标	数量	收购体重	备注
183	2019/10/15	翟××	♀	40719	1	184	
184	2019/10/15	翟××	♀	40720	1	205	
185	2019/10/15	王××	♀	40721	1	186	
186	2019/10/15	廉××	♀	40722	1	192	
187	2019/10/15	王××	♀	40723	1	211	
188	2019/10/15	程××	阉	40701	1	241	
189	2019/10/15	赵××	阉	40731	1	200	
190	2019/10/15	韩××	阉	40715	1	243	
191	2019/5/15	宋××	阉	45409	1	229	
192	2019/5/15	刘××	阉	45503	1	281	
193	2019/5/15	孙××	阉	45525	1	221	
194	2019/5/15	吴××	阉	45537	1	182	
195	2019/5/15	吴××	阉	45542	1	202	
196	2019/5/15	李××	阉	45592	1	216	
197	2019/5/15	袁××	阉	45595	1	279	
198	2019/5/15	袁××	阉	45596	1	231	
199	2019/10/15	程××	阉	40599	1	267	
200	2019/10/15	王××	阉	40748	1	168	
平均			♂		75	224.44 ± 29.90	
平均			♀		112	209.81 ± 30.02	
平均			阉		13	227.69 ± 33.63	
总平均					200	216.46 ± 31.15	

注:1.回收 6 月龄改良犊牛实测数据,♂体重 224.44kg、♀体重 209.81kg,阉牛体重 227.69kg。平均 6 月龄犊牛体重 216.46kg;

2.改良农牧户实际饲养犊牛时间要超过 180 天;

3.回收犊牛体重比试验测定的数值 208.78kg 略大,可能与饲养时间不确定有关。

表 3-14 2017—2018 年农牧民改良和牛 0～6 月龄体重测定汇总表　　　　单位：kg

序号	牛号	初生重	断奶 4 月重	6 月龄重	序号	牛号	初生重	断奶 4 月重	6 月龄重
1	03143	40	120	271	4	03154	37	109	261
2	03144	38	108	291	5	03155	36	113	243
3	03145	40	110	280	6	03157	38	116	242

续表

序号	牛号	初生重	断奶4月重	6月龄重	序号	牛号	初生重	断奶4月重	6月龄重
7	03158	40	110	308	37	03171	33	109	192
8	03159	37	118	186	38	03401	34	118	210
9	03208	33	112	251	39	03402	38	116	200
10	03209	36	115	157	40	03403	32	118	203
11	03390	37	112	230	41	03613	31	120	246
12	03391	36	113	261	42	03693	36	114	242
13	03392	38	116	217	43	03694	34	116	218
14	03396	37	118	227	44	03735	37	112	210
15	03400	39	115	202	45	03736	39	120	245
16	03484	35	120	195	46	03049	33	114	255
17	03492	32	116	200	47	03070	31	110	234
18	03493	33	114	223	48	03071	32	115	258
19	03500	36	118	213	49	03210	35	113	267
20	03505	38	110	231	50	03212	37	112	165
21	03581	30	112	191	51	03115	32	112	184
22	03596	39	114	208	52	03131	33	120	259
23	03597	31	120	199	53	03286	33	115	173
24	03598	35	114	213	54	03294	35	112	194
25	03599	37	118	230	55	03295	34	114	230
26	03616	38	108	196	56	03297	37	116	202
27	03674	32	112	171	57	03474	33	120	275
28	03675	31	116	203	58	03478	36	108	177
29	03676	30	118	187	59	03479	39	110	189
30	03684	32	120	187	60	03482	38	112	144
31	03685	36	110	289	61	03485	34	114	230
32	03686	37	114	175	62	03486	33	112	317
33	03742	33	116	183	63	03487	33	110	238
34	03048	36	118	193	64	03495	32	108	186
35	03146	39	115	180	65	03514	34	116	188
36	03147	30	113	237	66	03529	36	114	208

续表

序号	牛号	初生重	断奶4月重	6月龄重	序号	牛号	初生重	断奶4月重	6月龄重
67	03580	37	112	211	84	03056	35	112	278
68	03576	31	114	209	85	03057	37	114	226
69	03635	33	118	223	86	03058	40	113	212
70	03724	34	110	202	87	03059	38	115	175
71	03725	38	120	203	88	03060	40	112	173
72	03729	33	114	258	89	03061	37	114	208
73	03730	38	112	230	90	03062	36	114	220
74	03731	37	115	179	91	03064	38	110	196
75	03687	39	110	218	92	03065	40	116	170
76	03090	35	114	226	93	03066	37	112	191
77	03122	32	113	237	94	03067	33	114	209
78	03123	33	116	257	95	03068	36	112	182
79	03124	36	114	194	96	03069	37	110	186
80	03125	38	112	209	97	03091	36	114	187
81	03683	30	116	191	98	03092	32	116	214
82	03054	39	110	193	99	03095	30	110	214
83	03055	31	108	194	100	03134	35	118	170
平均		35.28 ± 2.95	114.56 ± 3.44	221.52 ± 34.75	平均		35.26 ± 2.70	113.34 ± 2.92	208.78 ± 31.79
总平均							35.27 ± 2.83	113.95 ± 3.25	215.15 ± 33.91

来源：由基地县改良员实际测定数据而得。农牧民犊牛断奶时间 3~4 月龄止，公母（♂、♀）未作分别统计。平均出生体重 35.27kg，断乳时体重 113.95kg，6 月龄时体重 215.15kg。

3.4.4.5 测定数据综合分析

通过对纯种和牛、改良和牛的生产后裔测定工作，取得了科学数据，对雪花牛肉生产、育种和新品种培育工作意义重大。

"龙江和牛"生长发育数据库：

①纯种和牛数据。♂出生重 29.47kg，身高 70.4cm；♀出生重 27.78kg，身高 68.76cm；♂断奶重 111.52kg，♀断奶重 107.38kg；6 月龄体重♂197.54kg，♀177.03kg、平均身高 102.0cm；12 月龄体重♀：295.2kg，身高 114.2cm；18 月龄体重♀：381.1kg，身高 121.4cm。

②改良和牛数据。出生重♂35.88kg，♀34.81kg；断奶重♂118.65kg，♀111.35kg；犊牛成活率 90%；6 月龄体重♂224.44kg，♀209.81kg，阉牛体重 227.69kg；18 月龄改良牛体重 550kg；26~30 月龄育肥牛体重 700~800kg。

③肉牛等级数据。肉牛等级的划分是评定雪花肉牛饲养水平的一个标志，等级越高，说明肉牛育肥质量越好。肉牛等级划分为 A1、A2、A3、A4、A5 五个等级（或 1~5 个等级），A5 等级最高。以产出雪花牛肉产

品（最高等级）的等级为主要依据，对育肥牛的评定与该头肉牛所产雪花牛肉的最高等级肉的等级相对应。如一头牛既产 A5 等级肉，又产 A1、A2 等级肉，则这头牛应评定为 A5 级等级牛。

通过测定，纯种和牛 A3~A5 等级牛占 95%，其中，A5 等级牛占 15%，A4 等级牛占 25%，A3 等级牛占 55%，A1~A2 等级牛占 5%；改良和牛没有 A5 等级牛，A3 等级牛占 25%，A2 等级牛占 45%；A1 等级牛占 30%。说明纯种牛的质量等级比改良牛高。

④ "龙江和牛"屠宰数据。纯种和牛：27 月龄育肥牛体重 702.0kg 屠宰率 59.7%，胴体净肉率 63.0%，产高品质雪花牛肉能力 41.39kg/头，其中 A3 级以上雪花牛肉 40.45kg/头。

改良和牛：27 月龄育肥牛体重 755.4kg，屠宰率 57.7%，胴体净肉率 63.0%，产高品质雪花牛肉能力 43kg/头，其中 A3 级以上雪花牛肉 18kg/头。

⑤雪花牛肉等级数据。纯种和牛能产出 A3~A5 等级产品，改良和牛产出 A3 等级产品，A4 产品比例少。A1~A2 产品比例较高。在非等级牛肉产品中也有部分牛肉含脂肪沉积的雪花牛肉，经分割加工后也可以产出雪花牛肉产品。在销售中，不定产品级别。

通过肉质测定，纯种和牛比改良和牛产雪花牛肉的能力强。纯种和牛一头牛可产雪花牛肉 40.45kg，产雪花牛肉占净肉重量的 15.7%，其中，A5 8.71kg，占 3.3%；A4 14.78kg，占 5.6%；A3 16.96kg，占 6.4%；A2 1.0kg，占 0.4%。

改良和牛产雪花牛肉占净肉重的 15.9%，A4 3.8kg，占 1.40%；A3 15.25kg，占 5.5%；A2 16.4kg，占 6.0%；A1 8.2kg，占 3.0%。纯种和牛雪花牛肉 A5~A3 等级占净肉重的 15.3%；改良和牛 A3 等级以上的雪花牛肉占净肉重比例为 6.9%。

⑥纯种牛与改良牛比较。

出生重方面：改良牛出生重（大）；改良牛日增重量快；改良牛的体尺、体高有优势。

肉质方面：纯种和牛优质雪花牛肉等级高；优质雪花牛肉产量多。

产净肉量：纯种和牛屠宰率高、肉质量好；改良牛比纯种牛产肉量多、胴体重。

肉牛等级方面：纯种和牛产雪花牛肉的等级牛 A5~A3 比例高；改良和牛等级牛 A3 比例低，A4 比例更低。

3.4.5 国内和牛与日本黑毛和牛比较

（1）日本和牛饲养周期（育肥）长，达 30 个月，国内 27 个月左右；日本和牛屠宰率和净肉率比国内和牛略高、胴体体重略大。日本 A3（含 A4 等级牛）等级雪花牛肉脂肪含量 21.4%，A5 等级和牛肉脂肪含量高达 56.3%；国内雪花牛肉很少标注脂肪含量，所谓的 A5 等级雪花牛肉也没有达到 56% 脂肪含量。国内和牛与日本和牛育肥日增重基本相同。

（2）日本黑毛和牛平均出生重比引进的澳大利亚黑毛和牛出生重略大。总体上各项生长发育指标基本相同。

（3）国内改良和牛和荷 F1 与日本改良和牛和荷 F1 相比：总体上，日本杂交牛屠宰率高、胴体重，产雪花牛肉等级略高，其他指标相同。（详见表 3-15、表 3-16）

通过上述分析，日本原产地的和牛胴体重、屠宰率、雪花牛肉等级（肌内脂肪含量）3 个主要指标看，雪花牛肉生产水平、技术水平比国内高。但育肥期比国内长，生产成本比国内高。

表 3-15 国内和牛、改良和牛与日本和牛及改良牛育肥性能对比

品种	日本和牛及改良牛		国内和牛及改良牛	
对照项目	改良和牛	黑毛和牛	改良和牛	黑毛和牛
育肥起始月龄/月	7.5	9.4	8.4	6.4
育肥起始体重/kg	270	285	258.8	191.81
育肥终止体重/kg	760	725	755.4	702.0
胴体肉重/kg	480	470	435.86	419.10
屠宰率/%	63.15	64.82	57.7	59.7
胴体净肉率（%）	64.0	65.0	63.0	63.0
平均日增重/kg	0.84	0.72	0.87	0.81
育肥期/d	584	610	570	630
出栏月龄/月	26.7	29.2	27	27

表 3-16 国内引进和牛与日本和牛生长发育指标对比

品种	引进澳州和牛			日本和牛		
对照项目	平均	♀	♂	平均	♀	♂
出生体重/kg	28.14	27.9	28.4	34.45	29.9	39.0
3 月龄体重/kg	109.55	107.58	111.52	95.8	87.9	103.7
6 月龄体重/kg	191.81	186.08	197.54	183.55	168.5	198.6
8 月龄体重/kg	231.77	240	253	246.8	223.7	269.9
12 月龄体重/kg	347.04	318	343	361.8	316.4	407.2
15.3 月龄体重/kg	438.99	414	446	434.95	369.2	500.7
18 月龄体重/kg	519.9	483.6	526	478.55	398.0	559.0

第④章 雪花肉牛品种介绍

生产雪花牛肉的肉牛品种，应为专门化肉牛品种，并不是所有的肉牛品种的大理石花纹都能达到雪花牛肉的标准级别。雪花牛肉的形成与品种、育肥技术和屠宰分割技术密切相关。安格斯牛（红安格斯牛、黑安格斯牛）、日本和牛是公认的雪花牛肉生产品种。其中黑毛和牛、黑安格斯牛的雪花牛肉特征比较明显。近年来，黑毛和牛在我国的应用范围逐渐扩大，主要用于与我国地方优良肉牛品种杂交生产雪花牛肉，并获得了成功。

4.1 国内主要肉牛品种

4.1.1 大型肉牛品种

我国引进的大型肉牛品种有 15 种，推广应用范围比较广的主要有夏洛莱牛、利木赞牛、德国黄牛、南德温牛、西门塔尔牛等。这些大型肉牛品种的共同特点是生长发育快，胴体重（大），屠宰率和净肉率高，眼肌面积大，但眼肌大理石花纹级别低，很难达到雪花牛肉标准，大理石花纹级别徘徊在初级水平（1 ～ 3 级左右）。

世界著名肉牛品种见图 4-1。

和牛	比利时蓝牛	德国黄牛	海福特牛
婆罗门牛	皮埃蒙特牛	安格斯牛	西门塔尔牛
夏洛莱牛	契安尼娜牛	内塔尔牛	利木赞牛

图 4-1　世界著名肉牛品种

4.1.2 我国自主培育的牛的品种

中国自主培育的肉牛品种有 11 个，分别是：①中国荷斯坦牛，主产地中国北方省区；②中国西门塔尔牛，主产地内蒙古、山东；③三河牛，主产地呼伦贝尔；④新疆褐牛，主产地新疆；⑤中国草原红牛，主产地吉林省；⑥夏南牛，主产地河南泌阳；⑦延黄牛，主产地吉林延边；⑧辽育白牛，主产地辽宁抚顺；⑨蜀宣花牛，主产地四川宣汉县；⑩云岭牛，主产地云南；⑪华西牛，主产地内蒙古乌拉盖管理区。

分布广、数量多、适应性强的肉牛品种是中国西门塔尔牛。

4.1.3 地方良种肉牛

列入 2021 年版《国家畜禽遗传资源品种名录》的牛品种 132 个，地方肉牛品种有 55 种，其中包括秦川牛、鲁西牛、南阳牛、晋南牛、延边牛、渤海黑牛、云岭牛、郏县红牛、务川黑牛、蒙古牛等优良品种，被行业内称为五大地方优良肉牛品种的是南阳牛、秦川牛、鲁西黄牛、延边牛、晋南牛。优良地方品种饲养条件达到一定标准时，也可以生产大理石花纹和风味独特的牛肉，具有生产高品质牛肉的潜质，是发展高档肉牛产业的宝贵资源。但地方品种开发较晚，规模没有西门塔尔牛规模大、普及程度高。目前暂没有以地方优良品种为主要牛源的产业化大型龙头企业。现介绍几种地方优良肉牛品种：

（1）云岭牛：产地云南。云南省草地动物科学研究院对云岭牛（BMY 牛）育肥牛的背最长肌（上脑肉）营养成分及氨基酸含量进行了测定分析，结果表明：云岭牛上脑鲜肉样中含水分 62.06%，粗脂肪 15.87%，粗蛋白 16.17%，灰分 0.82%；鲜肉样中 17 种氨基酸的总量为 17.58%，必需氨基酸含量为 7.02%，必需氨基酸的构成比例符合联合国粮农组织和世界卫生组织（FAO/WHO）规定的标准；功能性氨基酸中，鲜味和甜味氨基酸的含量占总氨基酸的比例高达 48.67%。在功能性风味氨基酸中，鲜味氨基酸含量占 5.10%，甜味氨基酸含量为 3.45%，苦味氨基酸含量 8.95%。

（2）延黄牛：产地吉林延边州。是延边牛与利木赞牛杂交选育出来的品种，主要分布在吉林延边朝鲜族自治州。延边畜牧开发有限公司组建起了延黄牛的核心育种场，延黄牛生产性能优良，具备生产雪花牛肉的潜质。

（3）渤海黑牛：原产地山东省滨州市渤海沿岸的无棣、沾化一带，东营、德州和河北沧州地区渤海沿岸亦有分布。被毛呈黑色或黑褐色，中型牛，肉质比较好，但品种规模比较小。初生重 24.7kg，日增重 1.0kg，屠宰率 53%，胴体产肉率 82.8%，雪花状明显，种群存栏数量 2 万头左右，主产区山东滨州市设有山东省渤海黑牛原种场。

（4）秦川牛：原产地陕西省关中地区。被毛多为红棕色，体高大丰满，产肉率高，肉质细嫩。是陕西省地方优良品种，在陕西各地均有分布，是西北地区饲养的主要肉牛品种，生产雪花牛肉主要作为母本。

（5）晋南牛：原产山西省西南地区，属役肉兼用型品种，体格大，骨骼结实，产肉率较高，属地方优良品种。饲养地主要在山西地区，生产雪花牛肉主要作为母本。

（6）南阳黄牛：原产河南省南阳地区，属役肉兼用型品种，是我国五大地方优良品种之一，具有生产雪花牛肉潜质，南阳黄牛存栏数量呈下降趋势。

（7）鲁西黄牛：原产山东地区，被毛呈棕黄色，性情比较温顺，肉质鲜嫩，具有生产雪花肉的潜质。属中小型牛，是山东省地方优良品种。适宜地区应在山东及以南省份，在东北地区适应性差。

（8）蒙古牛：中国黄牛中分布最广、数量最多的品种。以耐粗饲、耐寒、抗病力强、适应恶劣环境条件为主要特征。原产地蒙古高原地区，分布于内蒙古、东北、华北和西北各地。成年牛体重 376kg，屠宰率 53%，骨肉质量比为 1：5.2。生产雪花牛肉适宜作为母本。

图 4-2 为国内肉牛主要品种。

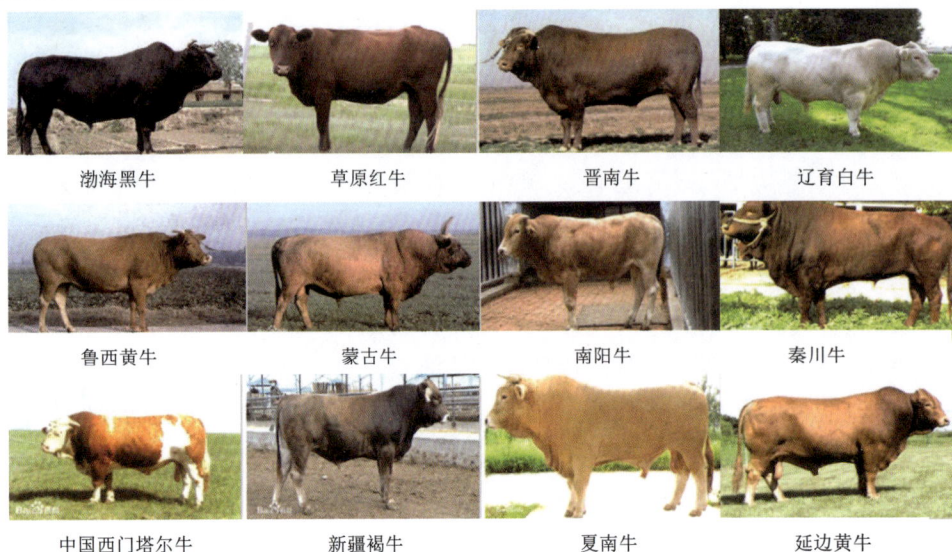

图 4-2　国内肉牛主要品种

4.1.4 雪花牛肉主要肉牛品种

经过多种途径引入国内的日本和牛（Wagyu）、澳大利亚的安格斯（Aberdeen Angus）牛是目前国内生产雪花牛肉的主要肉牛品种。所谓国内的日本和牛，大部分都是从澳大利亚引入的和牛。行业上普遍认为，日本和牛、韩国的韩牛的大理石花纹最为丰富，脂肪沉降均匀、含量高，其次是安格斯牛。纯种和牛、安格斯牛数量有限，相对安格斯牛引进数量较多，全国规模至少在 10 万头以上。

4.1.5 杂交种群

杂交种群是指利用国外肉牛品种与我国地方良种肉牛品种杂交，形成的生产雪花牛肉的品系或类群。其共同特点是肌间脂肪和肋间脂肪沉积好，比本地肉牛品种生产的雪花牛肉品质高，具备雪花牛肉形成的基本条件。但还没有形成一个品种，后代遗传性能不稳定。杂交组合类群较多，包括二元杂交、三元杂交和回交产生的肉牛种群，如安格斯牛（红安格斯牛、黑安格斯牛）、日本和牛（黑毛和牛）与我国地方良种肉牛品种杂交生产雪花牛肉，并获得了成功。这种同质杂交将我国地方优良肉牛品种肉质细腻、大理石花纹多的特点与和牛肉质细嫩、大理石花纹丰富的优势得到叠加表现，显著促进了我国高档肉牛产业的发展。标准育肥和屠宰生产性能测定表明，其产品的大理石花纹级别，一般能达到 A 3～A4 级别的质量标准。

4.2 和牛

4.2.1 和牛品种

4.2.1.1 **日本和牛品种**

日本肉牛分和牛、国产牛、进口牛三大类别。

（1）日本和牛：主要分黑毛和牛、棕（褐）毛和牛、无角和牛和短角和牛四种，其中黑毛和牛约占 90%

以上。原产地包括鸟取、但马、岛根等地，最著名的神户牛即属于黑毛和牛。名声极响的神户牛并不是一个种类，而是一个品牌。神户牛与其他的两种牛"松阪牛、近江牛"都属于在兵库县出产的但马牛。90% 的但马牛属于黑毛和牛，而黑毛和牛是和牛的一种。黑毛和牛现已成为一个专门化肉用型国际品种牛。在日本设有"和牛协会"；推行"和牛注册制度"；举办"和牛展览"，日本每五年举办一次全国性和牛展。

（2）国产牛：除和牛之外，无论是何时何地出生、带有何种血统的牛，只要在日本饲养的时间最久（3 个月以上），就可以称为日本国产牛。

（3）进口牛：主要是指在国内养育期低于 3 个月的进口牛种。

（4）和牛品种特性：和牛属肉牛品种中体形偏小、小型牛，生长快、成熟早、肉质好。第七、八肋间眼肌面积达 52 cm²。以黑色为主毛色，毛尖部带有褐色，皮肤暗灰色，角端黑色，角根水青色，在乳房和腹壁有白斑。四肢内侧色淡，蹄、舌、鼻腔均为黑色，有角。体躯紧凑，前中躯充实，后躯及后腿部稍欠发达，最大特点是肉质好。日本和牛的肉质好，归因于不饱和脂肪酸含量高，即牛肉中油酸的含量多，牛肉的风味独特。同时，降低了机体内胆固醇的含量。

黑毛和牛公牛（♂）发育指标：出生重 25.70 ~ 37.20 kg，体高 69.6 ~ 75.5 cm；6 月龄体重 197.50 ~ 273.10 kg，体高 101.4 ~ 110.0 cm；周岁体重 340.70 ~ 469.30 kg，体高 119.0 ~ 129.0 cm；3 周岁体重 671.40 ~ 894.30 kg，成年牛体重 850.00 ~ 950.00 kg，成年公牛体高 139 ~ 146 cm。

黑毛和牛母牛（♀）发育指标：出生重 26.40 ~ 31.70 kg，体高 63.7 ~ 69.8 cm；6 月龄体重 160.00 ~ 229.80 kg，体高 96.5 ~ 105.8 cm；周岁体重 284.70 ~ 414.00 kg，体高 111.3 ~ 122.1 cm；3 周岁体重 419.30 ~ 611.20 kg，成年牛体重 510.0 ~ 610.0 kg，成年母牛体高 125 ~ 131 cm，初配年龄 14 ~ 16 月龄、体重 300 kg 以上、体高 120 cm、妊娠期 285 天。

黑毛和牛育肥指标：育成牛是牛的一生生长速度最旺盛的时期（9 ~ 18 月龄）；24 ~ 26 月龄胴体重量 460 kg；杂交牛育肥期 23 ~ 26 月龄胴体重可达 480 kg。和牛饲料报酬为 4.7∶1，育肥阶段日增重可达 0.86 ~ 1.04 kg，屠宰率为 64%，脂肪交杂评分为（大理石状）2.7 分。（如图 4-3 所示的四种和牛图谱）

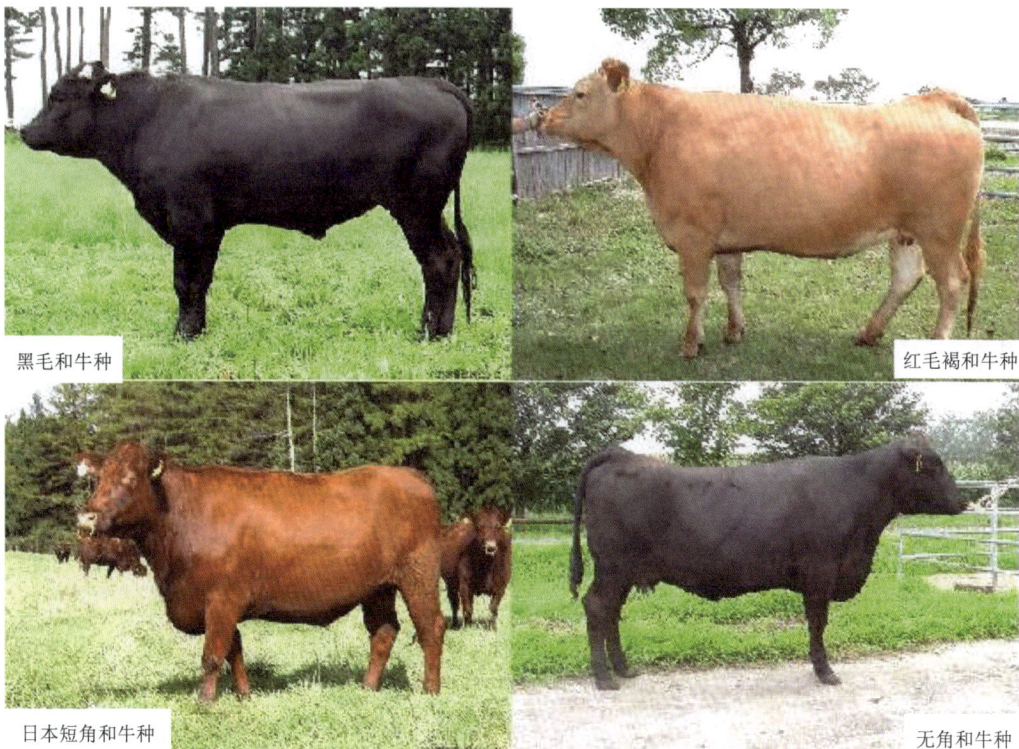

黑毛和牛种　　　　红毛褐和牛种

日本短角和牛种　　　　无角和牛种

图 4-3　和牛图谱

4.2.1.2 和牛的饲养

日本和牛与国内和牛及杂交和牛饲养管理相比，饲养阶段划分不同，日本和牛育肥期划分得比较细，育肥期长，饲养管理比较周到，牧场主和技术人员专注程度高。

日本和牛一生能产 15～16 胎。应让繁殖母牛尽早初产，能使母牛的骨盆扩张，以后发生难产的机会就相对少一些。妊娠 5 个月以上的母牛原则上必须单头饲养。

和牛的生长阶段划分为 3 个时期，即犊牛期、育成期、育肥期。

（1）犊牛阶段。尽早让仔牛喝初乳，从而增强对疾病的抵抗力。90～100 日龄时接种牛五联苗，8 月龄时复种。对未吃初乳的仔牛，在购回后及时接种五联苗，5 个月后复种。人工代用乳饲养，由于母乳的温度是 38℃左右，因此，人工调制的奶也要保证 38 ℃左右。将哺乳用的铁桶一一编号，与仔牛的编号一一对应，绝不混用。食槽也要每天清洗、消毒，每天给喂的干草和饲料要新鲜，饲喂前，要将前一天剩下的干草和饲料除净，并将饲槽清洗、消毒后抹干。

（2）育成期的饲养管理。育成期又分为育成前期、育成中期、育成后期。肉牛的经济效益好坏，与育成期的饲养管理有很大的关系。而且每天都在相同的时间给予饲喂，这对牛的采食和正常消化是很重要的。对圈养的和牛，其圈舍的垫料常用稻草、谷壳、木屑、麦秸、干草，每栋牛圈的两端入口，要放置消毒槽，人进入时，穿工作靴经消毒后再进入。圈舍内的牛移走后，要及时除粪、清扫，并用生石灰消毒，对每栋牛舍，要有计划地进行 1 年 1 次彻底清洗、消毒，包括屋顶。经常保持饮水的卫生很重要。充分利用电风扇排风。预防肺炎要注意通气，还要考虑保温，特别是寒冷的冬天，不仅要考虑通风，更要注意保温、疾病预防和治疗。

（3）肥育期的饲养管理。肥育期分为前期、中期、后期、出肥期。①前期（9～13 月）。移入前，必须将肥育舍的牛舍、水槽和饲槽进行彻底清扫、清洗、消毒，一般清扫、清洗、消毒后还要 15～30 天才能将牛移入，移入之前，须向牛舍撒布一层生石灰，然后才铺上新的垫料。牛被移走后，牛舍也要进行清扫、清洗、消毒等处理。②中期（14～20 月）。肥育中期增重快，胃的功能比较发达，肌肉骨骼发育生长迅速。因此，这一时期必须给予含有丰富蛋白质、钙、维生素的饲料。这一时期的日增重一般在 0.8～1.2kg。③后期（21～26 月）。肥育后期是以改善牛肉的品质为主要目标，增加肌肉中的脂肪含量。因此，这一时期主要选择脂肪含量高的饲料。④出栏期（ 27～30 月）。这一时期，牛的食欲降低，采食量减少，生长减慢，体重达 650～750kg，适时出栏。

从以上可以看出，日本和牛育肥可细分为 8 个时期，即犊牛期、育成前期、育成中期、育成后期、肥育前期、肥育中期、肥育后期、出肥期。国内普通肉牛生长阶段划分 4 个周期：1～6 月龄为犊牛期；7～18 月为育成期；19～30 月为育肥期，24～30 月龄为出栏期。

4.2.1.3 和牛肉售价

日本和牛肉在日本的零售市场（商超）上，设有专柜销售，明码标价，分品种、分等级，属冰鲜牛肉，比较普遍。和牛分割肉售价可达每磅（453.59g）100 美元，折合人民币 705.5 元/500g。在美国，同等级的分割肉最高售价只达每磅 40 美元，折合人民币 282.2 元/500g。日本 A5 级和牛肉平均价格在 25 000 日元/500g 以上，折合人民币 1375 元/500g。日本人均收入约为 16 000 元/月（人民币），即便这样的收入，和牛肉也是奢侈品。据资料记载，日本政府已经对和牛品种、产地、饲喂方法进行了严格定义。过去"和牛"主要是指品种，日本以外的国家或地区从日本引进养殖后也可叫作"和牛"。但 2007 年 3 月 26 日，日本农林水产省发表的指南中明确指出，和牛必须是在日本本土生长的才能叫作"和牛"。2000 年以后，日本开始尝试用荷斯坦奶牛与黑毛和牛杂交，生产品质优良、出肉率高、成本适中的 F1 代（杂交种）中高端肉牛，取得了良好的实验效果。

日本牛肉市场高端牛肉以和牛肉为主，中端牛肉以杂交种为主，普通牛肉以进口牛肉为主，保证不同的消费人群均有能力消费品质上乘的牛肉产品。同等级别牛肉，和牛肉售价高于杂交牛肉，杂交牛肉售价高于荷斯坦牛肉。

4.2.2 美国和牛

美国消费者喜欢肉块大、有风味及香味的牛肉，介乎于欧洲与中国（亚洲）牛肉需求之间。欧美人讲求实用主义，奢侈品没有亚洲人炒得那么高。美国 1976 年引进日本和牛。由科罗拉多州大学引进黑色和红色和牛公牛各 2 头，这 4 头种公牛秘密输往美国，进行试验，观察其杂交后裔的性能表现。试验取得了很大成功，证明和牛的遗传基因可靠性，他们的后代被得克萨斯州保留下来。之后，1994 年美国再次从日本引进 2 头黑毛和牛、4 头青年母牛及和牛胚胎。2001 年发展到全血和牛 150 多头 这些牛均具备非常好的日本和牛血统。每头青年和牛母牛价格在 10 000 美元左右，和牛得以在美国繁殖扩群。华盛顿州现在已有 35 个和牛生产地，每个生产规模为 50～3 000 头。截至 2006 年，杂交和牛存栏量已经达到了 24 000 头。20 世纪 9 0 年代美国成立了"和牛协会"，研究发展雪花牛肉产业。

为深入研究和牛基因，华盛顿大学成立了一个多学科的研究队伍，研究和牛的育肥、生产、管理、胴体评价、口味测试以及和牛肉在美国市场和日本市场的营销等等。这支队伍包括肉品专家、动物专家、农村社会学家和农业经济专家等。他们首先对纯种和牛与杂交和牛进行比较。最初，和牛、杂交牛都在华盛顿大学校内舍饲，做为研究对象。随着畜群数量的增加，越来越多的牧场参与到研究和测试中来。其主要的研究内容有以下几方面：公牛的后裔测定、育肥性能、脂肪、口味测试、胚胎移植、超声波探测器的使用。华盛顿大学的科学家们在美国生产出了可与日本生产的特等和牛肉相媲美的和牛肉。改良和牛可多获得 20% 的回报。经过 300 天的育肥期后，胴体比一般牛胴体可多获得 35% 的回报。美国在和牛市场的开发与研究方面，获得了成功。

4.2.3 澳大利亚和牛

澳大利亚是牛肉生产和出口大国之一，肉牛业产值约占农业产值的 17% 左右。澳大利亚牛肉三分之一用于国内消费，三分之二出口到国外。最初，澳大利亚的和牛种质资源是从美国引入的和牛胚胎和冻精；1988 年，澳大利亚从日本引进和牛种源，1993 年从日本再次引进了全血和牛。世界上很多国家的和牛种质资源，是通过澳大利亚出口引进的。澳大利亚是除日本以外和牛存栏数量最多的国家。澳大利亚不仅生产全血和牛，还利用和牛遗传资源与安格斯牛杂交，培育肉牛新品种，提高雪花牛肉生产能力。黑金和牛是和牛与安格斯牛杂交品系。

澳大利亚的和牛（图 4-4）主要饲养在昆士兰州，日常饲养的方式是放牧加谷物补饲。育肥的和牛圈养、高精料饲喂。养殖成本要比日本、中国低很多，牛舍大都是简易牛舍。

现在，澳大利亚出口全血和牛、纯种和牛、杂交和牛及雪花牛肉（图 4-5），是雪花牛肉产业化发展成功的国家之一，也成为世界各地除了日本以外可以引进和牛种源的国家。截至 2012 年登记在案的和牛数量达到了 10.0 万头，其中 1.5 万头出口海外，有 6.5 万头进行屠宰加工上市销售，现存栏至少 2.0 万头以上。

图 4-4 澳大利亚和牛　　图 4-5 澳大利亚雪花牛肉

4.2.4 和牛育种

日本和牛育种是从 1900 年开始的，利用日本本地牛与瑞士西门塔尔牛、瑞士褐牛、英国爱尔夏牛、英国德文牛和荷斯坦奶牛等品种多元杂交、改良形成的一个品种——和牛。在育种过程中始终关注肉的品质、肌肉内脂肪沉积，优质胴体产量、等级和背最长肌眼肌面积等遗传性状的改进。在肉牛育种科技进步方面产生了广泛影响。在和牛育种过程中，品族繁育和公牛"双测检验"的做法就很有创造性。黑毛和牛品种进入"国际品种"范畴和国际畜牧（牛）科技前沿研究（RFI）领域，这是国际畜牧学中营养学和遗传育种学一体化研究的前沿领域，对和牛的 RFI 研究，已取得肯定成果。

日本于 1962 年制定"和牛体形审查标准"。1960 年前后，组成"繁育种牛协会"，承担全群牛的注册、种牛选留评定、配种计划、冻精分配等职责。提出"公牛生长性能测定"和"公牛后裔测验"，又称"双测检验"。坚持对牛只的生长、繁殖、育肥"双测"检测记载；目标是"品种牛"体格中等、外貌一致、骨骼细致、肌肉脂肪含量高、低胆固醇、肌肉脂肪大理石纹细腻的日本特色"肉用型品种"——基本达到"理想型"。按预期育种值（PBV）选种，平均 PBV 已达 + 0.4（40%）；对高值公母牛给以特别利用和保护。应用育种估计（BLUP）法估测公、母牛育种值，采用动物模型（LUP）法，估算全部种用公、母牛的育种值，进一步提高选种精确性。

和牛育种历程分析：实行"系统选育"，终于将地方类群培育成具有高遗传素质、高科技含量的"国际品种"。与欧美专用肉牛品种相比，黑毛和牛在遗传稳定性方面的特征表现，如：体格中等、骨骼细致、肉脂细腻等，肉用指数（BPI）亦较高，其培育经验值得借鉴。和牛培育回归到"系统选育"的技术路线。理解科学（专业）概念，重视概念的实践指导作用。

日本养牛业科技方面，对于其中的基本概念，如：系统选育、品种、品系、后裔测验等，深入全面理解，并付诸实践。例如，对于"系统选育"的理解，这是关于实行有目标、有计划、有组织、有实施方案、有技术制度和有相关保障措施（概括为"六有"）的持续选择实践序列。其中关键包括封闭繁育、系统测定、全群注册、后裔验证等行动程序。对于"品种"概念，实践中重在封闭繁育及全群世代的系统测定→记载→注册制度的坚持执行，以求种下的某群体内的"一致性"的增强。在和牛选育中，数十年一贯坚持执行不辍。日本很早就与西方的"品种特有概念"接轨，注册选种；作为一个"品种"，应有自己的"理想类型"作为育种目标，并根据地方特点与时俱进，从实践中加以验证调整。

实践、提高、再实践、再提高，体现一种求真务实的精神。例如，关于"体形审查标准"。把养牛科技知识传教给肉牛养殖户；"政、企（产）、学"各方尽职尽责，促成和牛培育的成功：

"政"——政府系统，职责限于：①为选育技术制度、和牛展览、测定注册、协会组织行动等提供经费保证；②为养牛户提供补贴。这些都能不因为各级领导人的更换而改变；③从行政上尊重并保证技术组织的行动。

"企"——养牛户（企业），职责在于：①遵照技术组织要求管好养好注册牛只；②如实向技术组织提供相关记载记录数据；③遵照"协会"指导执行选配计划。

"学"——即大学专业科研人员，其职责在于：①拟定"和牛"选种目标、标准、测定注册要求；②负责"注册协会"全盘工作；③组织国家级及都道府县"和牛展览"事项，评比选出优秀的个体品种；④培训农民养牛选牛技术；⑤拟定"公牛双测检验"实施方案、冻精分配及地区选配计划的执行。总之，体现了技术主导、官方保证、养牛户得利的和牛选育格局。

和牛选育历程，体现出日本养牛科技人员及时吸收西方选种的先进技术方法和选种制度，结合日本养牛实际情况，开展育种工作。没有对先进技术方法的吸收兴趣、专业责任感、学术道德操守和学术鉴别力，没有认真的扎实行动，"和牛"是不能培育成功的。

黑毛和牛育种启示：①在牛的育种方面，日本已经跨入强国之列。我国的雪花肉牛新品种培育工作应纳入国家战略；同时，要有持之以恒的精神；不要寄希望于在十几年就能出成绩、培育出一个新品种。②日本和牛育种的"政、企、学"各方尽职尽责，密切合作的机制值得借鉴。国家要形成一种育种制度，几代人接续共同努力；要讲联合协作攻关，政府官员、科技人员要讲奉献精神，只要方向正确，就应该执行下去；企业主导，更要强调政府"统"的功能、支持的责任和推进的措施；坚决克服短期化、面子工程行为，树立正确的政绩观和实事求是的科学精神。③养牛科技中的实践精神极为珍贵。我国科技与生产"两张皮"分离现象大量持久存在，应引起重视。正确的实践要由正确的理论去指导，正确的理论要在实践中来检验，这样才能推进科技进步。畜牧业的育种和生产，重在实践。④日本肉牛培育两大创造性实践：一是品族繁育与合并。民众性的选留优良母牛，且用适当近交方式考察后代表现；多地多点实行品族繁育，逐步合并成大群，为进一步选育打下了具有遗传稳定性的基础群体。二是公牛"双测检验"。对公牛生长性能测定和后裔测定，是值得借鉴的。在欧美（多为规模牛场）国家育种是一体化的。未经后裔测定的种公牛冻精，不应该推向市场。

黑毛和牛培育成功，对世界牛肉生产和育种科学都有重要贡献。欧美等不少国家的杂交试验，证明了和牛具有其独有遗传特性。

日本国家和协会组织的种公牛后裔生产性能测定记录表样，详见表 4~1、表 4-2、表 4-3。

表 4-1 为日本黑毛和牛育肥牛生产性能测定数据。

表 4-1 日本肉牛产肉能力检定成绩——现场后代检定成绩（品种：黑毛和牛）

年度		2010	2011	2012	2013	2014	2015	2016
检定种公牛的头数		2	8	21	30	63	63	63
日龄/日月龄	开始时（d） 结束时（d） 结束时（全体） （月） （去势）（月） （母牛）（月）	303.6 ± 38.7 -	284.1 ± 37.0 860.3 ± 41.9 （6）	256.5 ± 27.5 （16） 855.4 ± 24.9 （17）	259.1 ± 34.4 （28） 880.6 ± 42.0	- - 28.8 ± 1.5 28.3 ± 1.6（60） 29.2 ± 1.6（55）	- - 28.7 ± 1.3 28.2 ± 1.0（58） 29.3 ± 1.5（56）	- - 28.8 ± 1.3 28.4 ± 1.3 29.4 ± 1.7（59）
体重（kg）	出生时 开始时 结束时	- 272.9 ± 31.5 681.0 ± 94.2	- 264.8 ± 27.9 （5） 653.1 ± 56.8 （5）	- 240.3 ± 23.2 （20） 628.1 ± 35.6 （20）	29.0（1） 258.5 ± 18.4 （18） 670.6 ± 49.6 （22）	- - -		
日增重（kg）		0.75 ± 0.15	0.61 ± 0.07(2)	0.61 ± 0.06(15)	0.64 ± 0.09 （16）	-	-	-
胴体成绩	屠宰前体重（kg）	681.0 ± 94.2	652.3 ± 57.7 （3）	624.7 ± 27.8（5）	678.520.8（9）	-	-	-
胴体重量（kg）	（全体） （去势） （母牛）	421.7 ± 65.4	406.3 ± 43.4	390.5 ± 26.0	423.4 ± 33.4	405.5 ± 27.9 418.8 ± 34.5 （60） 390.5 ± 30.2 （55）	414.5 ± 37.5 431.4 ± 39.1 （58） 397.7 ± 33.3 （56）	425.9 ± 33.3 441.1 ± 33.6 405.3 ± 34.0（59）
胴体利用率（%）		61.8 ± 2.7	64.4 ± 2.0（2）	64.8 ± 0.7（4）	66.3 ± 4.0(11)	-	-	-
眼肌面积（cm²）	（全体） （去势） （母牛）	48.7 ± 7.5	48.7 ± 7.0	50.6 ± 3.3	53.3 ± 4.7	51.5 ± 3.4 51.5 ± 3.8（60） 52.2 ± 4.0（55）	51.6 ± 3.5 51.4 ± 3.4（58） 52.2 ± 6.2（56）	52.6 ± 4.1 52.4 ± 4.3 53.1 ± 5.1（59）
肋肉厚度（cm）	（全体） （去势） （母牛）	6.67 ± 0.92	6.92 ± 0.78	6.93 ± 0.31(17)	7.32 ± 0.47	7.29 ± 0.50 7.31 ± 0.60（60） 7.26 ± 0.55（55）	7.32 ± 0.58 7.39 ± 0.62（58） 7.24 ± 0.58（56）	7.50 ± 0.55 7.54 ± 0.62 7.43 ± 0.57（59）

续表

年度		2010	2011	2012	2013	2014	2015	2016
检定种公牛的头数		2	8	21	30	63	63	63
皮下脂肪的厚度（cm）	（全体）	2.40±0.72	2.48±0.70	2.66±0.38（17）	2.63±0.51	2.55±0.40（60）	2.52±0.48	2.52±0.43
	（去势）					2.35±0.40（59）	2.37±0.49（58）	2.42±0.53
	（母牛）					2.71±0.50（52）	2.66±0.56（56）	2.64±0.54（59）
部分肉的利用率（%）	（全体）	72.8±1.3	73.1±1.3	73.2±0.6（17）	73.6±0.9（27）	73.60.7（56）	73.6±0.7	73.7±0.6
	（去势）					73.51.4（55）	73.5±0.6（58）	73.6±0.7
	（母牛）					73.70.8（48）	73.7±0.9（56）	73.8±0.8（59）
脂肪交杂	（全体）	3.52±0.98	4.48±1.73	4.62±1.02	4.84±0.93	4.92±0.86	4.77±0.91	49.1±0.83
	（去势）					4.86±1.01（60）	4.66±0.97（58）	4.80±1.03
	（母牛）					4.87±0.99（55）	4.75±1.18（56）	4.84±1.13（59）
肉质等级		2.72±0.60	3.23±0.84	3.30±0.43	3.31±0.41	-	-	-

表 4-2 为日本种公牛后代产肉成绩。

表 4-2 肉牛产肉能力检定成绩（种公牛后代产肉成绩）

品种	检定种公牛的登记号	检定场所	检定期间		血统		摘要
黑毛和牛	金平神（黑原4857）	鹿儿岛县肉用牛改良研究所	自（平成）2020年4月21日至（平成）2021年4月20日（364天时间）		父本牛	母本牛祖父	
					金幸（黑原2865）	平茂胜（黑原2441）	

	调查牛编号	1	2	3	4	5	6	7	8	9	10	平均
	检定开始日龄	250	253	253	257	257	260	266	279			259
	出生时/kg	31.0	32.0	30.0	33.0	31.0	31.0	38.0	35.0			32.6
	检定开始时/kg	237.0	273.0	240.0	258.0	286.0	240.0	278.0	309.0			265.1
	检定结束时/kg	596.0	640.0	582.0	552.0	672.0	570.0	674.0	772.0			632.3
	检定期间的 D.G	0.99	1.01	0.94	0.81	1.06	0.91	1.09	1.27			1.01
饲料摄取量/kg	精饲料/kg											2842
	粗饲料/kg											463
饲料需求量	精饲料/kg											7.74
	粗饲料/kg				8头平均							1.26
	小计											9.00
	DCP											1.01
	TDN											6.20
	TDN中的粗饲料的比例/%											
胴体成绩	屠宰前体重/kg	580.0	621.0	563.0	532.0	645.0	551.0	646.0	745.0			610.4
	胴体重量/kg	373	393	372	318	403	348	408	479			387

续表

品种	检定种公牛的登记号	检定场所		检定时间检			血统		摘要
黑毛和牛	金平神 （黑原 4857）	鹿儿岛县肉用牛改良研究所		自（平成）2020 年 4 月 21 日 至（平成）2021 年 4 月 20 日 （364 天时间 ）			父本牛	母本牛祖父	
							金幸 （黑原 2865）	平茂胜 （黑原 2441）	

胴体成绩	胴体利用率/%	64.2	63.2	66.1	59.8	62.4	63.2	63.2	64.2	63.3
	眼肌横断面积/cm²	49	43	47	35	46	37	54	60	46
	肋肉厚度/cm	5.9	6.7	7.0	4.8	6.3	5.9	6.6	7.7	6.4
	皮下脂肪的厚度/cm	2.7	3.1	2.2	1.9	2.0	3.3	2.4	1.9	2.4
	部分肉的利用率/%	72.7	71.8	73.6	71.5	72.8	70.9	73.6	74.7	72.7
	食用率等级	A	B	A	B	A	B	A	A	
	脂肪交杂（BMS）	9	8	10	6	8	6	11	10	8.50
	肉质等级	4	4	5	3	3	3	5	5	4.00
血统	母方祖父	神高福	平茂胜	第 5 隼福	平茂胜	神德福	百合茂	神德福	第 5 隼福	
	母方祖母之父	第 20 平茂	神高福	平茂胜	菊照美	平茂胜	平茂胜	平茂胜	北国 7 の 8	

表 4-3 为现场种公牛后代检定成绩。

表 4-3 肉牛产肉能力检定成绩（现场种公牛后代检定成绩）

检定种公牛名 登记号 （生年月日）			检定场所		检定时间	血统（登记号）		摘要※
						父本牛	母本牛祖父	
平茂丸优 （黑 14088） （平成 16.05.11）			青森县产业技术中心畜产研究所和牛改良技术部 在他 12 箇所（地名）实施		平成 2022 年 02 月 15 日	丸优 （黑原 1003）	第 20 平茂 （黑原 287）	F

	调查牛头数	平均月龄	胴体平均数 ± 标准偏差					
			胴体重量/kg	眼肌的横断面/cm²	肋肉的厚/cm	皮下脂肪的厚度/cm	食用率标准值/%	脂肪交杂（BMSNo）
（全体）	25	29.3 ± 1.5	442 ± 47.0	50.9 ± 6.42	7.30 ± 1.05	2.10 ± 0.67	73.5 ± 1.16	4.44 ± 1.50
（去势）	16	28.6 ± 0.9	452 ± 41.4	52.9 ± 6.08	7.39 ± 1.17	1.81 ± 0.43	73.9 ± 0.97	4.88 ± 1.54
（母牛）	9	30.5 ± 1.6	424 ± 53.3	47.3 ± 5.68	7.13 ± 0.85	2.61 ± 0.75	72.7 ± 1.06	3.67 ± 1.12
福光平 （黑 14089） （平成 2016.04.19）	青森县产业技术中心畜产研究所和牛改良技术部 在他 10 箇所（地名）实施		至平成 22 年 01 月 12 日		第 1 花国 （黑 12510）		安平 （黑原 2208）	F

续表

	调查牛头数	平均月龄	胴体平均数±标准偏差					
			胴体重量（kg）	眼肌的横断面（cm²）	肋肉的厚度（cm）	皮下脂肪的厚度（cm）	食用率标准值（%）	脂肪交杂（BMSNo）
（全体）（去势）（母牛）	16	29.8±1.6	419±66.5	49.4±8.79	6.78±0.99	2.14±0.65	73.2±1.22	4.50±1.97
	5	28.4±0.6	465±70.5	52.8±9.26	7.48±0.45	2.24±0.21	73.5±1.28	4.00±1.22
	11	30.5±1.6	399±56.4	47.8±8.55	6.45±1.01	2.10±0.78	73.1±1.23	4.73±2.24

从生产性能测定工作中，我们应该学习借鉴国外的先进经验：①公牛和后裔群体生产性能"双测检验"工作制度规定，在生产中得到很好的贯彻执行。②生产性能测定真正体现了连续性、稳定性。测定的内容科学，不但要测定饲料消耗量、转化率，还要考察其父代、祖父代的生产性能；不但要测定所谓的"纯种"，还要测定其杂交后代，全面检验其遗传力、稳定性。③国内目前有的肉牛生长发育性能测定、屠宰生产性能测定、饲料营养及育肥饲养效果测定等项工作，分阶段或割裂开的做法是不科学、没有说服力的。④育种工作要有连续性、长期性。根据肉牛生长特点，4年才能完成一个（次）试验测定周期（雪花肉牛F1从配种、出生到屠宰生命周期40个月；F2需要再延长2年68个月）；20年以上才能培育出一个品种。超过这个限度，其准确性就值得"论证"了。⑤国家和地方政府应当持之以恒地支持基础科学研究工作，虽然眼前没有政绩，但对国家科技进步是有贡献的。只有这样，才能有人默默无闻去潜心研究，打基础，立长远，从而获得有价值的科学数据。

4.3 引进国外的肉牛品种

为丰富我国良种肉牛遗传资源，提高肉牛生产性能，国内一些单位从1995年开始，先后从澳大利亚引进和牛胚胎、纯种和牛活体，进行扩繁及改良。

4.3.1 引进日本和牛

1995年，内蒙古旭日生物有限公司胚胎移植培育出日本和牛，并扩繁至40头。

2001年，山东莱阳农学院活体细胞克隆牛诞生，品种为黑毛和牛，并于2004年实施产业化基地建设。

2002—2007年，大连雪龙公司承接了内蒙古旭日生物有限公司生产的全部和牛，并利用引进的和牛胚胎扩繁，实施杂交改良建设基地，开发出生产高品质肉牛新品系"雪龙黑牛"并实施产业化建设，开启了国内雪花牛肉产业化生产的先河。

2010年起，海岛和牛引进和牛胚胎开展移植工作，并陆续投入了产业化生产。

2010年和牛生物科技（北京）有限公司从澳大利亚引进纯种和牛胚胎，在山东青岛和聊城等地区开展和牛胚胎移植。

2012—2013年龙江元盛食品有限公司经国家农业部和质检总局批准，从澳大利亚和新西兰首次引进纯种和牛活体1 755头，开启了龙江和牛产业化建设工作。

2013年5月，北京九州大地生物技术股份有限公司投资并控股草原和牛投资有限公司，开始草原和牛生产。

4.3.2 引进安格斯牛

4.3.2.1 黑安格斯牛品种

安格斯牛是我国引入时间较早、数量较多的肉牛品种之一，主要从澳大利亚引入的黑安格斯牛，是公认的继和牛之后产雪花牛肉质量、产量较好的品种之一。和牛除了尻部比安格斯略小和腿部比安格斯略短外，其他特征同安格斯类似。安格斯牛95%为黑色，非常温顺，增重速度较慢。引入黑安格斯牛较多的省是内蒙古、甘肃、黑龙江等地。最初引入的目的是生产优质牛肉，改良本地肉牛品种，增加产肉性能，考量的因素是产肉性能，并不是考量其生产雪花牛肉性能，同西门塔尔、利木赞、夏洛莱等肉牛品种一样，用于生产更多的牛肉。现在，发现安格斯牛肉的品质要好于其他（和牛除外）肉牛品种，并将利用其优良牛肉品质性能生产雪花牛肉。

4.3.2.2 安格斯牛产雪花牛肉品质好

（1）大理石花纹丰富。安格斯牛生产的大理石花纹丰富程度不如和牛，但高于普通肉牛。其所产雪花牛肉能达到 A3 等级水平。经试验，安格斯牛与和牛杂交，牛肉大理石花纹等级与其它杂交组合相比，安格斯牛与和牛杂交组合的产肉量以及雪花牛肉的等级都是最高的，是杂交改良生产雪花牛肉最佳的组合。也有报道和牛与利木赞牛组合也能产生雪花牛肉。

（2）安格斯牛肉营养丰富。黑安格斯牛肉中的氨基酸含量十分丰富。氨基酸检测分析：共检出 17 种氨基酸，没有检出色氨酸、半胱氨酸和谷氨酰胺。甜味氨基酸（SAA）6 种：有苏氨酸、丝氨酸、脯氨酸、丙氨酸、赖氨酸和甘氨酸；苦味氨基酸（BAA）8 种：有缬氨酸、蛋氨酸、异亮氨酸、亮氨酸、苯丙氨酸、组氨酸、精氨酸和酪氨酸；鲜味氨基酸（UAAU）2 种：有谷氨酸和天门冬氨酸。其中，眼肉和里脊肉氨基酸含量最高，是肉质最好、最有营养的部位肉。

安格斯牛肉中呈味氨基酸含量丰富，比例较高，其中眼肉和上脑中较其他部位呈味氨基酸含量高。必需氨基酸（EAA）与非必需氨基酸（NEAA）含量与比例：上脑中 EAA／总氨基酸（TAA）最高，里脊肉中 EAA/ENAA 最高。EAA 总量与 TAA 和 NEAA 的平均比值分别为 39.68% 和 65.79% 。甜味氨基酸（SAA）占总氨基酸的比值（SAA／TAA）为 32.7%、苦味氨基酸（BAA）占总氨基酸的比值（BAA／TAA）为 41.6%；鲜味氨基酸（UAA）占总氨基酸比值（UAA／TAA）为 25.8%。

功能性氨基酸含量和必需氨基酸评分（AAS）：结合联合国粮农组织（FAO）提出的理想蛋白质中的必需氨基酸（EAA）含量，对黑安格斯牛肉中的苏氨酸、缬氨酸、异亮氨酸、亮氨酸、赖氨酸、苯丙氨酸＋酪氨酸、蛋氨酸＋半胱氨酸进行评分，各 EAA 含量比 FAO／WHO 模式高。GB18394—2001 中规定，牛肉、猪肉和鸡肉中水分不得超过 77%，羊肉中水分含量不得超过 78%。试验中的黑安格斯牛肉平均水分 68.73% 低于国家标准，说明肉品的质量好。

黑安格斯牛肉中 EAA 含量均高于 FAO／WHO 模式，尤其被公认为第一限制性氨基酸的赖氨酸，其各部位含量分别为眼肉 144%，上脑 142%，均超过 FAO／WHO 模式（55%）。成人必需氨基酸的需要量约为蛋白质需要量的 20%～37%。根据 FAO／WHO 的模式标准，质量较好的蛋白质组成中 EAA／TAA 应在 40% 左右，EAA／NEAA 应在 60% 以上。肉中蛋白质所含的 EAA 组成及比例越接近人体氨基酸的组成比例，则其质量就越优。由此可见，黑安格斯牛肉氨基酸 EAA／TAA 和 EAA／NEAA 的比值达到 FAO／WHO 的氨基酸模式要求，营养价值很高。此外，黑安格斯牛肉中 NEAA 的含量也较丰富。黑安格斯牛肉第二限制性氨基酸是蛋氨酸，其平均含量为 82%。一个成年男性每天 EAA 与 NEAA 需要量为 0.18g／kg 和 0.48g／kg，分别相当于 EAA／NEAA 为 37.5% 和 EAA／TAA 为 27.3%。试验中，EAA／NEAA 和 EAA／TAA 分别为 65.79% 和 39.68%，均高于 FAO／WHO 的建议量，完全能够满足成年男子的每日需要量。

（3）黑安格斯牛肉风味好。优质牛肉肌肉中应该沉积有一定的脂肪，具有大理石纹。澳大利亚原产安格斯牛肉肌间脂肪含量高，达 15% 以上，口感好。牛肉的风味除受脂肪含量的影响外，其氨基酸的比例和含量也起着极其重要的作用。烧烤牛肉时的独特香味成分为吡啶与醛类,由呈味氨基酸与糖发生的美拉德反应产生。氨基酸是组成蛋白质、激素等功能物质的基本单位,具有预防疾病等多种生理功能。其中亮氨酸可以加速蛋白质合成,增加肌肉含量。牛肉中的氨基酸除了一般的营养功能之外,呈味氨基酸对于肥胖引起的高血压、糖尿病等慢性疾病也具有预防作用。

4.4 高档肉牛与普通肉牛

所谓高档肉牛,主要指生产雪花牛肉为主的肉牛,以生产高档牛肉为主要目的肉牛品种。

本书中的高档肉牛专指生产雪花牛肉的品种。在生产实践和商业活动中,肉牛品种没有高低之分,只是人们习惯于用来描述产品特性而使用不同的称谓。和牛、改良和牛、安格斯牛属"高档肉牛",因为能产出高品质雪花牛肉;养殖户自称的高档肉牛不一定是产雪花牛肉的品种。高档肉牛与普通肉牛相比,有很多不同之处。饲养上有着本质的区别,饲养方式不同、饲养目标不同、饲料配比和饲料配方不同。

4.4.1 雪花肉牛生产的特点

(1)牛源品种优良。雪花牛肉生产所选用的牛品种主要为国内外优良品种(品系)与本地优良品种杂交改良,用于生产雪花牛肉。这些品种均具有优良的脂肪沉积性状,如日本和牛、雪龙黑牛组合、安格斯牛、杂交和牛等,用这些品种来生产雪花牛肉。

(2)饲养手段科学完善。雪花牛肉生产离不开科学、合理的饲养管理系统,饲养环节能够做到定时、定量的饲料投放原则。雪花肉牛饲养精细、精饲料喂量大;机械化程度高,全年舍饲;散栏饲养,育肥牛占栏、占舍空间大;动物福利程度好。

(3)育肥期较长。雪花牛肉的生产周期较长,肉牛的育肥期多在12~24个月以上,部分高端产品的育肥期更长,达24~30个月。甚至育肥期长达30月龄以上。

(4)肉品品质突出。①营养价值高。雪花牛肉含有大量对人体有益的不饱和脂肪酸,且胆固醇相对较低,更有利于人体健康。②大理石花纹明显。雪花牛肉由于脂肪沉积到肌肉纤维之间,往往会形成明显的红、白相间条纹,状似大理石花纹。③肉品口感好:具有香、鲜、甜、软、嫩、滑特点,熔点低,入口即化。

(5)质量全程可控。雪花牛肉的生产从选种选配、生长发育、饲料饲养、疫病防控到屠宰加工、产品等级都有完善的质量追溯系统,实现产品质量的可控。全程质量追溯系统,能够确保生产各个环节质量的可控性。

4.4.2 高档肉牛与普通肉牛的特征区别

4.4.2.1 品种方面区别

生产雪花牛肉的肉牛品种多为具有生产雪花牛肉潜质的品种,不是所有的肉牛品种都能生产雪花牛肉。不是雪花肉牛,很难生产出雪花牛肉。一头雪花肉牛产 A3 级以上的雪花牛肉占净肉率 12%~16% 左右。以肉牛活体重 800kg 为例,可产 40kg 左右。

从生产目标上来讲有所不同,高档肉牛以生产雪花牛肉为主,注重肉品品质,所产雪花牛肉品质越高、产量越多越好。衡量雪花牛肉的品质主要看雪花牛肉中的脂肪含量。不同的国家雪花牛肉的脂肪含量标准也不相同。雪花牛肉脂肪含量标准最高的国家是日本,按脂肪杂交度分为 12 个等级,按大理石花纹丰富程度分为 5 个等级,脂肪等级 NO.3 对应 A$_3$ 等级,脂肪含量 21.4%。雪花肉牛所产的牛肉不全是雪花牛肉,只有达到雪花牛肉标准的肉块,才能称为雪花牛肉。

普通肉牛注重胴体产肉量,产肉量越多越好。不是高档肉牛品种,在同等条件下,其饲喂效果也不理想,即普通肉牛很难生产出高品质的雪花牛肉。

4.4.2.2 饲养方面区别

（1）饲养方式不同。高档肉牛饲养方式是散栏饲养；普通肉牛栓系饲养。

（2）育肥期不同。高档肉牛育肥期长，达 12 ~ 24 个月；普通肉牛育肥 3 ~ 5 个月。

（3）精饲料配方不同。雪花牛肉突出肉的品质，肌内脂肪沉积量多而丰富为主要评价指标。因而，饲料添加剂品种多、核心料品种多。

（4）精饲料与粗饲料配比不同。雪花肉牛精饲料占肉牛日粮 50% 以上，育肥后期达 70% 以上，喂料量每头 8kg/d；普通肉牛每天精饲料喂量 2 ~ 4kg/头。

（5）育肥牛牛舍建造标准不同。高档肉牛对环境标准要求高。饲养环境像对待人那样，精细、安静、舒适，动物福利好。

4.4.2.3 生产的产品区别

（1）产品特质方面区别。高档肉牛产品主要是雪花牛肉，大理石花纹丰富、明显，脂肪颜色以白色为主，肉的色泽光鲜，呈樱桃红色，感官好看。

（2）营养方面区别。雪花牛肉肌内含有脂肪、不饱和脂肪酸含量高、脂肪质地好、牛肉香味浓厚、风味独特，口感嫩滑，入口即化。普通牛肉这些指标差。雪花牛肉含有脂肪的比例有标准，一般必须达到 A1 级别以上，高品质雪花牛肉必须达到 A3 等级以上。雪花牛肉的不饱和脂肪酸含量比普通牛肉高 12.6 倍。

4.4.2.4 精细化程度区别

雪花肉牛比普通肉牛饲养管理技术和条件、标准，要求比较高、严格、精准。

4.4.2.5 投资成本区别

雪花肉牛比普通肉牛投资成本相对要高，至少高出 1.0 倍以上。

4.4.3 高档牛肉与普通牛肉的概念区别

高档牛肉的概念：高档牛肉是商业用语，指通过选用适宜的肉牛品种，采用特定的育肥技术和分割加工技术，生产出肉质细嫩多汁、肌肉内含有一定量脂肪、营养价值高、风味佳的优质牛肉。高档牛肉是人们对高品质牛肉的统称。高档牛肉有的又称为高品质绿色牛肉，与雪花牛肉同属于商业用语，国家对此没有统一的定义。雪花牛肉属于高档牛肉的范畴，是高档牛肉中的高品质牛肉；而高档牛肉不一定是雪花牛肉。在国际市场上，雪花牛肉有特定的概念，肌内脂肪含量只有达到 A3 级以上的牛肉，才能称为真正意义上的雪花牛肉。高档牛肉特点是安全、营养并具有专门化肉牛品种生产的牛肉。具有下列特征：①外观方面，雪花牛肉具有红白相间的丰富的大理石花纹，普通牛肉没有；②营养方面，雪花牛肉肌内含有脂肪、不饱和脂肪酸含量高；③口感方面，雪花牛肉口感软嫩滑，入口即化；④风味方面，雪花牛肉香气浓厚，鲜、香、嫩风味独特。高档牛肉的不饱和脂肪酸含量、嫩度、香气、口感、颜色、质地均好于普通牛肉。

"雪花牛肉"是牛肉中最高端的产品。A5 等级牛肉是雪花牛肉的最高等级，属顶级雪花牛肉产品。饲养雪花肉牛群体能达到 50% 以上比例的肉牛能产 A5 等级雪花牛肉，就是很高的技术水平了。市场上，绿色牛肉、有机牛肉与雪花牛肉不是一个概念，雪花牛肉极品部位肉价格是普通牛肉价格的 20 倍以上。近年来，随着人们消费水平的提高，雪花牛肉已经越来越多地出现在人们的餐桌上。人们对富含大量人体必需脂肪酸、大理石花纹丰富、口感鲜嫩的优质高档牛肉需求量与日俱增，高档牛肉市场呈现供不应求的局面。

高档雪花牛肉部位肉主要指：上脑 + 眼肉 + 外脊（西冷）+ 菲力（牛柳）。衡量雪花肉牛生产水平，主要看高品质雪花牛肉生产量，主要生产指标：

屠宰率 = 胴体重/活体 × 100%；

净肉率=净肉重/宰前活重 × 100%；

胴体净肉率 = 净肉重／胴体重 × 100%；

雪花牛肉（优质肉）产肉率 = 带雪花牛肉的肉块重／胴体净肉重 × 100%；

高品质雪花牛肉产肉率 = A3 等级以上雪花牛肉重/净肉重 × 100%；

肌内脂肪含量=眼肌肌肉内脂肪含量/眼肌肉重 × 100%；

肉骨比=净肉重/骨重。

肌内脂肪测定方法：按 GB/T9695.—2008《肉与肉制品总脂肪含量测定》方法执行。

4.5 雪花肉牛进口业务

4.5.1 从国外引进雪花肉牛种牛应注意的事项

从国外引进雪花肉牛种牛，是一项涉及国际贸易的交易行为，事先必须做好充分准备。主要注意事项：

4.5.1.1 资质审核

对国外企业是否具有种牛生产资质、出口资质进行审核。

4.5.1.2 签订引种供货协议

明确种牛数量、耳标号、系谱、照片、单价、总价、检疫、付款方式、交货地点等，要尽量详细，防止发生贸易争端。

4.5.1.3 种牛系谱档案审查

要求对方提供真实有效的种牛系谱档案，供种企业应当提供所在国家官方认可的种牛系谱档案，并在官方网站上可以查询。

4.5.1.4 严把种牛筛选质量关

可供选择的种牛群体，应在核心群和种牛生产群中产生，提供选择的数量要大于实际采购的数量，原则上不得少于采购量的 120%。

4.5.1.5 严把隔离检疫检验关

隔离检疫分国外隔离检疫和国内隔离检疫两个程序，这是引种最为关键环节，具体细节解决方案如费用、死亡等要通过谈判在"协议"中予以明确。

4.5.2 进口雪花牛肉产品（和牛肉）需要具备的条件

进口雪花牛肉产品，在符合国家法律法规的前提下，应当具备下列条件：

（1）国外出口（供货）商具有产品出口相关资质证明文件；

（2）国内进口商应当具有进（出）口商品经营权资质（代理）；

（3）海关进口商品检验检疫合格（验讫）证明文件；

（4）销售企业具有进口商品经营权资质（如仓储、食品安全、加工、检验等）。

不具备上述条件的，不能开展进出口商品经营业务。

4.5.3 如何识别进口牛肉

进口牛肉产品应当具有出口原产地许可证、原产地检疫合格证、食品卫生检验合格证、进口许可证、检验检疫合格证、原产地销售信息追溯管理条码。需要审查进口牛肉产品标识的内容包括：

（1）应当有进口检疫标识；

（2）产地、加工地、进口商、加工商（分销公司）等信息（电话）齐全；

（3）肉的部位、名称准确具体；

（4）生产日期、保质日期、售价标明清楚；

（5）产品品牌、执照有效。

4.5.4 雪花牛肉产品说明书或标识（标签）规范

雪花牛肉产品说明书或标识应当包括下列内容：

（1）动物产品检疫、检验合格证明标识；

（2）品种、品牌标识；

（3）企业信息，包括产地、加工地、生产商、分销商的名称、地址、联系方式等信息；

（4）商品信息，包括商品名称、部位、重量、等级、价格等；

（5）产品溯源信息；

（6）产品主要成分、食用方法、贮存方式等。

4.5.5 进口种牛应当具备的合格文件

（1）取得农业农村部的进口种牛指标（免税备案）审批手续；

（2）取得海关总署（出入境检验检疫局）进口种牛许可审批手续；

（3）具备进出口（代理）商品经营资质手续；

（4）隔离检疫预审合格证明（条件）。

4.5.6 中日两国和牛及牛肉产品贸易

1995年以后，日本严禁和牛品种遗传资源出口，包括种牛、活牛、胚胎、冻精；和牛肉可以出口。引进和牛，只能从第三国家澳大利亚、新西兰引种。

和牛雪花牛肉进口，中国因以前日本发生过疯牛病而禁止进口的，双边没有签订贸易协定。2001年国家出入境检验检疫总局、农业部发布2001年143公告：因口蹄疫、疯牛病疫情风险影响，我国禁止从日本进口日本产牛肉。2010年又发布第45号公告：禁止进口日本偶蹄动物（猪、牛、羊等）及其产品。

2019年12月19日，经两国共同努力，海关总署、农业农村部发布2019年第202号公告《关于解除日本疯牛病禁令的公告》，日本30月龄以下剔骨牛肉输华检验检疫要求另行制定。国家质量监督检验检疫总局（海关总署）《进出口肉类产品检验检疫监督管理办法》规定，进口肉类产品应当符合中国法律、行政法规、食品安全国家标准的要求，以及中国与输出国家或者地区签订的相关协议、议定书、备忘录等规定的检验检疫要求以及贸易合同注明的检疫要求。这说明，和牛及其产品进口中国的禁止令已经解除，但中国与日本还需要签订检验检疫协定，规定检疫要求和相关证书，真正实现进口的目标还有待进一步的磋商和落实。

第❺章　雪花牛肉产业化生产技术

5.1 雪花牛肉产业化生产重要阶段

雪花牛肉产业是一项系统工程，是产业化综合配套技术的集成应用。涉及种源生产、养殖育肥、屠宰加工、产品销售等多个环节，各环节之间紧密相连。如果一个环节出现问题，整个产业链将受到影响。概括起来涉及8个重要的产业化生产阶段。

5.1.1 品种选择阶段

品种选择很关键，不是所有的肉牛都能生产雪花牛肉，必须选择好的品种。目前，主要品种是和牛、安格斯牛以及和牛与地方优良品种杂交牛。纯种和牛数量有限，雪花牛肉产业主要应选择杂交和牛品种。国内外经验证明，和牛与荷斯坦牛杂交牛效果比较理想。

母本选择。第一选择（首选）母本：安格斯牛。由于国内安格斯牛纯种数量有限，可能导致群体生产规模不够。第二选择荷斯坦牛。原因：①荷斯坦牛与和牛杂交后产肉量多；与其他肉牛比，雪花牛肉优质肉块比例高。②母性好，产奶量高，犊牛哺乳量充足。③和牛育种过程中含有荷斯坦牛基因，与荷斯坦牛杂交有明显的叠加优势。④国内奶牛群体大，可供选择性强，容易与农牧民结合，有利于基地建设。⑤品质肉量双提高，是肉牛育种工作的重要指标。为今后培育专门化肉牛新品种创造了开放式可供选择的类群育种材料。

原则上不选择其他大型肉牛品种。如西门塔尔牛，原因：①和牛与西门塔尔牛杂交，毛色为灰色或花斑色。和牛与其他品种杂交为黑色。②肉质变化不明显。与荷斯坦牛杂交后，肉质有明显的变化，提高幅度大。③增重和产肉量不显著，甚至会比原母本的产肉性能降低。④群众积极性不高。改良犊牛与西门塔尔犊牛比，体重、身高没有优势，市场销售主要看体型外貌，改良后农牧民增收不显著。

5.1.2 犊牛生长发育阶段

生产雪花牛肉的品种，体型偏小，多数犊牛体质较弱。只有在提高犊牛繁殖率和成活率的基础上，才能提高整体规模效益。要注意早期哺乳、防疫、保温、饮温水、喂犊牛精料等综合配套技术的应用。雪花牛肉生产，其主旨是生产高品质的雪花牛肉。实践证明，犊牛阶段是生产雪花牛肉的重要阶段。因此，为确保雪花牛肉产业的高产稳产，必须重视犊牛阶段生长发育和饲养管理。

5.1.3 规模改良阶段

改良基地建设至关重要，牛源决定企业命脉，主要体现在改良规模和改良辐射面上。走"小规模、大群体"的路子，从而形成规模效益。改良场、农户、基层服务组织要形成合力。龙头企业与基地要讲诚信、重信誉、守合同、履契约。要建立规章制度并研究对失信的惩戒机制，确保交售的改良犊牛质量合格。要加强改良员队伍建设，建设一支素质过硬的专业改良员队伍。注重创新应用 DNA 基因检测技术，解决鉴别假改良和牛卡脖技术难题。

5.1.4 育成牛饲养阶段

雪花牛肉生产贯穿于肉牛饲养全过程，育成牛饲养阶段是很重要的一环。此阶段要把肉牛骨骼撑大、胃调理好，不能成为后期育肥的限制性因素。要防止将肉牛养成僵牛、"小老牛"，影响育肥效果。要研究育成牛的饲养模式，龙头企业全部自己饲养，资本投资量大、资金占用周期长；如果育成牛群体规模小了，产业化生产牛源供应紧张，规模效益就上不去。可考虑采取分场"代养"模式，规模以 50～100 头/场为宜。统一精饲料、统一技术、定期培训、合同收购、封闭运行、标准化管理。

5.1.5 育肥牛饲养阶段

育肥是雪花牛肉产业最为关键的一个环节，能否产出高品质雪花牛肉，主要取决于育肥环节。育肥牛不是100%能产出雪花牛肉，产雪花牛肉的肉牛所生产的胴体不都是雪花牛肉，大体占净肉率的 12%～16%左右，最高不超过 20%。要提高饲养水平，至少 65%以上的育肥牛应达到生产雪花牛肉水平。雪花牛肉产业必须要解决好育肥环节工作，要根据产业规模、企业经营实力，确定育肥方式和规模。改良和牛的育肥牛销售方式主要有两种，一是一体化经营，由自有直属牧场定向销售给龙头企业食品加工厂屠宰；二是与龙头企业合作，分散育肥，按协议、合同由龙头企业收购。雪花肉牛的生产成本要高于普通肉牛，育肥牛的生产成本是普通肉牛饲养成本的 2～3 倍。除品种因素外，饲养周期长、精料消耗量大、饲养环境标准高是生产成本高的主要原因。

饲养育肥牛应关注的重点：①出栏标准要统一，确保育肥牛生产达到最高水平；②育肥场应与屠宰环节无缝衔接，合作机制应科学合理，确保牛源供应；③饲养环境一定要安静、舒适，防止噪声和其他干扰、刺激等活动容易引起的应激反应；④严格按照育肥牛饲养技术标准执行，注重精饲料的统一供应，注意可能影响育肥质量的事项；⑤可采取分场（规模户）代养育肥的模式，规模 100～200 头，每头投资 5.0 万元。这样，减少企业固定资产投资规模，提高资金使用效率，分担风险，实现利益"均沾"。

5.1.6 雪花肉牛核心饲料生产阶段

核心饲料是能否产出高品质雪花牛肉的关键技术。不同品种、不同生长发育阶段，精饲料的配比和需要量是不同的。产业化龙头企业必须掌握核心饲料的配方技术，将营养调控的核心技术掌握在自己手中。饲料调控技术，也是日本不外泄的核心机密。作为产业化龙头企业，应该有自己的科技研发团队，有一支专业队伍，根据自己的产品生产特点，合理调配核心饲料的生产、管控及供应。

5.1.7 屠宰分割阶段

雪花牛肉产品不同于普通牛肉，其生产加工阶段有特殊的分割技术和手段。按部位进行牛肉分割，要求精细，排酸 72h 以上，速冻低温达-60℃以下。产品主要冰鲜处理、冷藏贮存，冷链运输。按照雪花牛肉分级标准生产，对雪花牛肉产品分等分级严格，实行优质优价，确保产品质量和特色。

5.1.8 雪花牛肉产品深加工阶段

一个产业的发展追求的是综合效益。雪花牛肉是产品的核心。一头雪花肉牛所产的部位雪花牛肉，大体能够收回这头牛的饲养成本。其余部位肉、碎肉、脂肪和副产品是利润所在。要使这部分产品旺销，必须通过深加工技术，实现整体销售。因此，产品深加工阶段至关重要。高档牛肉不愁销路，供不应求；其他部位肉也要销得好，延长产业链，向产品精深加工要效益。实现加工效益反哺补偿养殖端，实现共同发展，利润分享，产业发展才能长远。建议推广直营和连锁一体化模式，实现利润最大化。因此，雪花牛肉产业必须实行产业化、全链条化，这是由雪花牛肉产业的特殊性决定的。

5.2 雪花牛肉产业化相关生产技术的研究

为做强做大龙江和牛产业，黑龙江省农业科学院畜牧兽医分院、中国农业科学院北京畜牧兽医研究所、龙江县畜牧兽医局、龙江元盛食品有限公司联合成立了"龙江和牛产业化关键技术研究与应用"课题组，围绕雪花牛肉产业发展关键性技术问题开展联合研究攻关，取得了阶段性的成果。

5.2.1 提高和牛冷冻精液质量和利用率的技术

和牛种公牛的利用，主要涉及种公牛的饲养、种公牛的采精和精液的质量三个要素。提高和牛冷冻精液质量和利用率的技术很关键。项目组通过研发，发明了"一种无动物源成分牛冻精稀释液"专利。发明人：项目组成员刘学峰、朱贵等；专利号ZL201910358038.9。主要发明事项是突破延长精子的存活时间。在以往冻精稀释液的基础上，采用发明的无动物源成分冻精稀释液，精子存活时间指标上提高了50%以上，明显优于常规处理方法。同时，由于是无动物源成分，减少了动物疫病传播感染的风险。

5.2.1.1 发现了一种无动物源成分牛冻精稀释液

（1）冷冻液配制

配方1：每100ml冷冻液中的成分为：基础液90ml、大豆蛋白5g、甘油4ml，余量为双蒸水。

配方2：每100ml基础液中的成分为：海藻糖0.5g、葡萄糖1.5g、Tris 4g、柠檬酸2g、EDTA0.2g、青霉素5万单位、余量为双蒸水；

每100ml冷冻液中的成分为：基础液90ml、小麦低聚肽5g、甘油4ml，余量为双蒸水。

配方3：每100ml基础液中的成分为：海藻糖0.5g、葡萄糖1.5g、Tris 4g、柠檬酸2g、IDHA0.2g、青霉素5万单位、余量为双蒸水；每100ml冷冻液中的成分为：基础液90ml、小麦低聚肽5g、甘油4ml，余量为双蒸水。

配方4：（之前使用的冻精稀释液配方）每100ml基础液中的成分为：海藻糖0.5g、果糖0.5g、葡萄糖1.5g、Tris 4g、柠檬酸2g、青霉素5万单位、余量为双蒸水；

每100ml冷冻液中的成分为：基础液80ml、卵黄液10ml、甘油5ml，余量为双蒸水。

配方5：市售卡苏公司OPTIXcellTM（具体成分未检索到，使用了脂质体抗冻剂）。

（2）取精、冷冻和解冻过程

取年龄5~6岁和牛公牛，健康，性欲旺盛（同一只同次取精过程）。精液使用假阴道法采集，采集后检测鲜精活力达到0.65以上，精子密度达到10亿/ml以上的良好样本可用于后续冷冻实验。

对于配方1~4：将精液与基础液置于同一只37℃水浴锅中同温度处理10min；向精液中等温加入精液3倍体积的基础液；将稀释后获得的稀释液与冷冻液置于同一台4℃冰箱内同温度处理30min；向稀释后获得的稀释液中加入等体积的冷冻液，平衡2h；吸入细管（0.25ml），封口，冷冻（仪器标准程序）；将细管置于液氮中保存30日；解冻时将细管置于37℃水浴锅中30s；取样检测。

对于配方5：将精液与稀释液置于同一37℃水浴锅中同温度处理10min；向精液中等温加入精液2倍体积的稀释液；37℃水浴锅中放置10min；再加入与稀释过的样本等体积的稀释液；吸入细管（0.25ml），封口，冷冻（仪器标准程序）；将细管置于液氮中保存30日；解冻时将细管置于37℃水浴锅中30s；取样检测。使用同一只公牛同次取精过程的精液制备 50 份样本，每种配方 10 个样本重复（检测结果取平均值）。

（3）复苏精子基本指标检测

使用前述的伟力精子分析仪以及配套软件分析总活精子数、精子复苏率、活力、平均路径速率（维生素 AP）、曲线运动速率（VCL）、直线运动速率（VSL）、顶体完整率和畸形率（每个配方 10 份样本平均值），由于伟力精子分析仪原用途为人精子分析，用于牛时部分高密度或软件中出现问题样本可能出现数据混乱明显失真情况，对此类伟力精子分析仪分析结果明显有问题的样本，参考现有技术人工观察和统计）。同时取样本 200 微升检测复苏精子存活时间（人工监控，99% 精子死亡/失活的时间）结果如表 5-1 所示。

表 5-1　不同精子稀释液对精子各项指标的影响

精液稀释液配	精子复苏率/%	活力/%	VPA/（u/s）	VSL/（u/s）	VCL/（u/s）	顶体完整率/%	畸形率/%	存活时间/h
配方 1	67.81 ± 0.34	52.96 ± 0.21	85.43 ± 1.46	64.21 ± 4.55	129.33 ± 10.21	81.22 ± 8.65	14.58 ± 4.87	7.1 ± 0.2
配方 2	73.02 ± 0.22	55.91 ± 0.31	88.47 ± 1.46	66.21 ± 4.09	131.27 ± 11.43	82.55 ± 9.27	12.88 ± 3.81	8.2 ± 0.7
配方 3	72.87 ± 0.51	59.76 ± 0.25	87.63 ± 2.12	68.21 ± 3.68	128.67 ± 10.41	82.85 ± 6.33	12.91 ± 2.57	13.1 ± 0.3
配方 4	61.55 ± 0.24	47.96 ± 0.13	82.43 ± 3.88	66.21 ± 3.15	121.01 ± 9.43	80.75 ± 9.01	14.01 ± 5.29	6.7 ± 0.4
配方 5	64.73 ± 0.37	50.23 ± 0.27	86.43 ± 3.02	67.31 ± 2.58	124.33 ± 8.75	79.29 ± 5.33	12.95 ± 2.13	7.9 ± 1.0

结果表明，配方 1~3 均实现了良好的精液保存效果，甚至在多个指标上优于（本领域常用的）卵黄稀释液以及商品稀释液。在安全性、制备便利性上明显优于先前使用的卵黄稀释液，在价格上明显优于 OPTIXcellTM。保存期长，使用方便。

特别是，配方 3（小麦低聚肽，IDHA），在存活时间指标上实现了明显优于其他样本的性能（精子存活时间超过 50% 以上），在活力指标上也超过其他配方，给人工授精操作带来了明显的便利性。无动物源成分牛精液稀释液低聚肽替代卵黄作为冻精稀释液，无传染或引起疾病风险。

5.2.2.2 冻精激活液

项目组成员刘学峰、朱贵等人发明了一种"冻精激活液"并获得专利。专利号 ZL201910358039.3。主要发明事项是：在冻精解冻环节中，用大豆蛋白和小麦低聚肽替代卵黄作为冻精解冻辅助剂，提高了冻精复活后的活力和精子的完整度。降低了成本，提高了冻精使用的利用率，给人工授精操作带来了明显的便利性，提高了精液的质量和利用效率。

操作方法：每 100 ml pH 值为 7.0 ~ 9.0 的 0.2MTris-HCl 缓冲液中，加入小麦低聚肽 1g，NaCl0.8g，制成冻精激活液。在冻精解冻后给予少量非动物源蛋白——大豆蛋白和小麦低聚肽，并且以较高 pH 环境处理，可以有效提高解冻后精子活力和完整度并提高人工授精效果。进一步研究表明，这样的处理可以有效提高膜的完整性和流动性。从而提高和牛人工授精准胎率，这对推广和牛规模改良产业技术有积极的意义。

冻精激活液很好地解决了精子离体后稀释液质量不高、解冻激活液品种少而影响精子复苏、活力和保存质量的问题，有效地提高了和牛的繁殖利用率。

5.2.2 牛舍内环境调控的技术

黑龙江省年平均气温 -5 ~ 5℃，冬季最低平均温度 -39℃ ~ -14.7℃。引进的和牛在澳大利亚、新西兰是放牧饲养，黑龙江省是全年舍饲。饲养条件和温差相差较大。和牛引进后能否适应黑龙江省的环境和饲养条件，没有现成的技术资料可以运用，必须针对纯种和牛、改良牛各阶段饲养管理摸索出一套完整的饲养管理技术操作规程。首先要解决好牛舍御寒控温排湿越冬的问题。

项目组成员李伟等通过研发，发明了"多层可开启式牛舍环境调节系统"并获得专利。专利号ZL201610101620.3。主要发明事项是解决和牛舍冬季御寒保温控湿的问题。通过牛舍多层可开启式牛舍环境调节系统的设计、研发，解决了东北寒冷地区冬天排湿、防风、光照和控温问题，确保牛舍冬天舍内温度5℃~8℃以上。

设计理念：现有牛棚的温度环境的可控性差，且在牛棚侧壁或内部设置通风或加热装置不仅不安全，同时会造成牛舍占地面积增大的问题。经研究，一号钢构架设置在牛舍的顶部，且与牛舍的侧壁顶端固定连接，牛舍的侧壁内设置有升降机构，用于带动两个四分之一球形保温板上升合拢构成半球形结构或翻转下降到侧壁的夹层中，采用多层式结构，实现对牛棚的温度、湿度和光照强度的采集和控制，通过控制升降机构对两个四分之一球形保温板的升降，实现对牛舍通风和保温的初步控制，同时采用加热层实现对牛舍内进行温度调节，采用风扇将加热后的气流吹入牛舍内。

多层可开启式牛舍环境调节系统，其特征在于，该系统包括：两个四分之一球形保温板；抽拉式太阳能电池板机构；多个三角架；侧壁；多个换气风扇；支撑中柱；加热层；一号钢构架；升降机构、温度传感器、湿度传感器、光强度传感器、主控制器和显示屏。一号钢构架设置在牛舍的顶部，且与牛舍侧壁的顶端固定连接，牛舍的侧壁内设置有升降机构，用于带动两个四分之一球形保温板上升合拢构成半球形结构或翻转下降到侧壁的夹层中；多个三角架以中柱为对称轴对称设置，且三角架的一条直角边固定在一号钢构架的上侧，另一条直角边与支撑中柱平行设置，且固定在支撑中柱的外侧，抽拉式太阳能电池板机构固定在三角架斜边的上表面，抽拉式太阳能电池板机构的多块太阳能电池板沿三角架的斜边向上拉伸展开或在重力的作用下回缩叠置，多个换气风扇均匀设置在一号钢构架上；加热层包括安装构架、多根加热管、挡接机构、弹簧复位机构和卷扬机；安装构架为环状结构，所述环状的安装构架包绕支撑中柱设置，每根加热管的一端均铰接在安装构架上，每根加热管的该端都设有使加热管竖起的复位弹簧；挡接机构沿侧壁呈环形设置，每根加热管的另一端均设置在挡接机构上，每根加热管的该端与绳索的一端连接，绳索的另一端卷绕在卷扬机上，卷扬机转动带动绳索下拉加热管；多根加热管与多个三角架交错设置；温度传感器用于采集牛舍内的温度信号，湿度传感器用于采集牛舍内的湿度信号，光强度传感器用于采集照射在牛舍内的光强信号，温度传感器的信号输出端连接主控制器的温度信号输入端，湿度传感器的湿度信号输出端连接主控制器的湿度信号输入端，光强度传感器的光照信号输出端连接主控制器的光照信号输入端，主控制器的升降控制信号输出端连接升降机构的升降控制信号输入端，主控制器的换气开关控制信号输出端连接多个换气风扇的电源开关控制信号输入端，加热管的加热开关控制信号输入端连接主控制器的加热开关控制信号输入端，卷扬机的转动控制信号输入端连接主控制器的加热管升降控制信号输出端，主控制器的显示信号输出端连接显示屏的显示信号输入端。通过采取多层可开启式牛舍环境调节系统措施，解决了在中国东北高寒地区冬季饲养和牛牛舍既要保温又要排湿两大技术难题，为黑毛和牛成功落户黑龙江、适应当地环境创造了先决条件。

5.2.3 牛饲料自动配套供给系统技术

精料核心料是确保雪花牛肉产品等级的关键因素，如何确保精粗饲料混合均匀，提高采食率、利用率和转化率，是雪花牛肉产业饲养核心技术问题。项目组通过研发，发明了"肉牛养殖用喂食自动拌料供给系统及自动拌料供给的方法"并获得专利。发明人：项目组成员韩永胜、张淑芬、丁得利等；专利号ZL201610794918.7。主要发明事项是研究解决肉牛养殖用料多、拌料不均匀、节约劳动力、自动喂食拌料供给的问题，从而提高饲草饲料采食率、利用率、增加经济效益。

发明原理：肉牛生产用料量多，人工劳动强度大。精料和粗料比例根据犊牛、育成牛、育肥牛的种类不同和饲养阶段的不同而作相应调整。研究发现：采用喂食自动拌料供给系统，解决了肉牛饲喂量大的问题，使预混料、核心料、粗饲料搅拌均匀。现有饲喂装置结构简单，饲喂肉牛时需要人工搅拌饲料后倒入饲喂槽，费时费力且影响肉牛进食的问题。采集粉碎、存储和搅拌自动式结构，实现全自动粉碎、拌料和定时喂食，且拌料过程全自动化，提高了拌料配比的精准性，利于肉牛的生长。同时，每天只需一次拌料，通过控制拌料箱的开关控制向喂食槽内放置搅拌完成的饲料，无需人工多次注入和搅拌，且可以定时按照早、中、晚三次向喂食槽内注入搅拌好的饲料，且可根据实际的需要及喂食次数进行设置。和牛平均精料不低于8kg/d，粗饲料平均4kg/d。精料和粗料比例根据犊牛、育成牛、育肥牛的种类不同而作相应调整。

该项技术将粉碎箱、储料箱和搅拌箱均设置在牛舍的外侧，收到了很好的使用效果，提高了生产效率。现代化牧场规模越大，精养牛头数越多，效果越显著。

5.2.4 雪花牛肉肌内脂肪细胞发育机理实验技术

骨骼肌组织发育是肉牛生产能力的核心因素。提高骨骼肌产量和肌内脂肪含量又是雪花肉牛业生产中的重要研究内容。项目组通过研发，发明了"一种纯化牛胎儿骨骼肌组织来源前体脂肪细胞的方法"并获得专利。发明人：项目组成员张路培、高会江等；专利号ZL201610740549.3。主要发明事项是通过肌内脂肪细胞发育机理的研究，探明雪花牛肉肌内脂肪沉积规律，因而科学调控饲养技术。

发明过程：研究解决在肉牛生产中，牛的骨骼肌内脂肪的沉积是影响牛肉产量和价格的最主要因素。研究揭示脂肪细胞发育的机理，对探明肌内脂肪分化具有重要意义。通过纯化方法得到牛3月龄胎儿背最长肌组织来源前体脂肪细胞，以供相应的研究。

其特征在于：所述方法使用的材料为，牛3月龄胎儿背最长肌组织，所用试剂为，胶原酶、胎牛血清、低糖达尔伯克氏改良伊格尔培养基、细胞分选缓冲液、抗血小板源性生长因子受体a抗体、地塞米松、3-异丁基-1-甲基黄嘌呤、牛胰岛素和油红O染色；所述方法包括以下步骤：

步骤一、细胞的分离培养；具体包括以下步骤：（1）将牛胎儿用体积分数为75%的酒精和含有双抗的磷酸盐缓冲液冲洗几遍；（2）然后放置于无菌环境中小心剪破羊膜，取出胎儿，用眼科剪剪开背部皮肤，用眼科剪刀、镊子分离出背部肌肉；（3）用镊子取出2块绿豆粒大小的肌肉组织放入到培养皿中，培养皿里预先加入含有双抗的磷酸盐缓冲液，用磷酸盐缓冲液清洗3次除去血细胞；（4）然后转移到EP管中，加入1ml体积分数为0.1%的IV型胶原酶，用眼科剪剪碎至肉糜状；（5）将剪碎的组织放入37℃气体恒温摇床中消化45min，期间每15min吹打组织一次；（6）45min后用40μm的细胞过滤网将细胞浆过滤，400r/min离心5min，弃去上清液，加入细胞分选缓冲液悬浮细胞；（7）加入2μl抗血小板源性生长因子受体α抗体后，孵育15min，300rcf离心10min；（8）加入1ml细胞分选缓冲液后300rcf离心10min，弃上清液，重复一次；（9）吸去上清后加入80μl细胞分选缓冲液，再加入20μl抗源免疫球蛋白微珠，混匀后4℃中孵育15min；（10）加入1ml细胞分选缓冲液后300rcf离心10min，弃上清液，重复一次；（11）加入500μl细胞分选缓冲液悬浮细胞；（12）将MS分选柱置于磁力架上，将悬浮液加入到准备好的MS分选柱上，收集流下的阴性细胞，冲洗分选柱3次，每次用500μl细胞分选缓冲液，收集流下的液体与第一步合并；（13）将MS分选柱从磁力架上取下置于新的收集管中，加入1ml细胞分选缓冲液后，用活塞快速推入到分选柱中，收集流出的液体即为阳性细胞。

步骤二、细胞培养；具体包括以下步骤：当原代细胞生长聚集至70%~80%的时候，吸去旧培养基，并用磷酸盐缓冲液清洗2次，将体积分数为0.25%的胰蛋白酶加入后，放入培养箱中30s，在倒置相差显微镜下观察细胞呈圆形时，用手轻柔敲打培养皿，直到圆形的细胞漂浮后，即刻加入培养基来终止消化反应继续进行，轻柔地吹打细胞，以1:3比例进行传代培养，将细胞放入温度为37℃、CO₂含量为5%的恒温培养箱中培养。

步骤三、细胞的成脂诱导；具体包括以下步骤：当细胞生长汇聚到100%时，弃掉培养基，用磷酸盐缓冲液清洗2次，加入成脂细胞诱导液，所述成脂细胞诱导液为生长培养基加0.5μmol3-异丁基-1-甲基黄嘌呤、10μg/ml胰岛素、1μmol地塞米松，开始进行诱导，每3d换一次液。

步骤四、油红 O 染色体情况；具体包括以下步骤：（1）弃掉旧培养基，将体积分数为 4% 多聚甲醛加到孔板中，室温固定细胞 20min；（2）用磷酸盐缓冲液清洗 3 遍；（3）加入油红 O 常温下染色 10min；（4）弃掉油红 O 染色液，用磷酸盐缓冲液清洗 3 遍；（5）置于倒置显微镜下观察细胞中脂滴的染色情况并拍照。

步骤五、油红 O 染色试验结果；具体包括以下步骤：在细胞诱导第 10d 时，对血小板源性生长因子受体 α 阳性细胞和血小板源性生长因子受体 α 阴性细胞进行油红 O 染色。

结果表明，前者比后者脂滴更多、更大。

这说明，雪花牛肉中的脂肪主要是肌内脂肪，肌内脂肪由脂肪细胞变多、变肥大后积聚而成的；而肌内脂肪细胞是由脂肪前驱细胞分化而来的。分化越多，形成的脂内脂肪数量越多，大理石花纹愈明显，最终导致雪花牛肉品质等级提高。

5.2.5 创建了牛胚胎移植综合配套应用技术

项目组开展了胚胎移植集成技术创新应用研究。将"诱导同期发情、人工授精、超数排卵、胚胎采集、胚胎分割、体外胚胎生产、胚胎鉴定、胚胎冷冻、胚胎移植和 B 超应用"等 10 项技术进行了创新并集成，形成了高效的牛胚胎移植集成技术体系，该体系为良种和牛快速扩繁的主导技术。制定了《犊牛体外胚胎生产技术规程》DB23/T1960－2017 和牛胚胎生产的综合性的、多功能胚胎移植技术管理系统《牛胚胎移植管理系统》V1.0、2019SR1266023，著作权人为项目组成员：佟桂芝、韩永胜、王洪宝等，主要研究事项是制定牛胚胎移植操作规程及管理系统。国内目前尚未见专门的和牛胚胎移植管理系统。

5.2.5.1 优化胚胎移植受体牛同期发情技术方案的研究与应用

同期发情是胚胎移植技术的基础，其发情率及发情同期化程度影响受体牛利用效率和移植妊娠率。项目组采用预饲养技术+CIDR+PG+PMSG 法对胚胎移植受体牛同期发情，发情主要集中在 23～45 h 内，即撤出 CIDR 后第 2 天上午 11 点至第 3 天上午 9 点的 22 h 内，发情率达到 95.2%，发情同期化程度高，这一发情时间段与胚胎移植要求受体牛发情在 ±24 h 内移植有较高的同步性，显著地提高了胚胎移植的成功率，对受体牛同期发情集中性效果好。

项目组选择本地杂交牛作受体，应用这两种同期发情方法对受体牛进行试验，观察记录发情效果和发情的时间分布情况（即同期发情的同一性），探讨在本地区饲养环境条件下本地杂交牛同期发情效果及科学的技术方案，为建立完善的胚胎移植技术体系提供关键技术配套。

（1）试验牛管理方案

选择有正常发情周期杂交母牛作受体牛。受体牛设有专人管理，饲养方式为集中饲养，进行体内外寄生虫驱虫，可用阿福丁（0.1 g/kg 体重）或其他药物。适量增加运动量，在同期发情前 50 d，加强受体牛饲养管理，饲草饲料要新鲜无霉变，除正常自由采食青料、干草及自由饮水外，根据体况适量补饲全价饲料，适当添加饲喂胡萝卜等。精饲料配方为玉米 53%、豆粕 26%、麦麸 17%、磷酸氢钙 2%、盐 1%、添加剂及多维 1%。

（2）试验方法

①试验分组同期发情技术方案。试验分组如下：将母牛随机分为 I 组、II 组。试验前 50 天开始加强饲养管理，保障母牛营养需要；之后，在移植前 20 天实施技术处理。I 组用 CIDR+PGF2a+PMSG 法进行同期发情处理，II 组用 PGF2a+PGF2a 法进行同期发情处理。同期发情技术处理方案见表 5-2。②发情鉴定用外部观察法：发情母牛神情不定，鸣叫，爬跨其他牛或接受其它牛的爬跨，阴门处有黏液分泌物悬挂在阴门或尾部，走动频繁。

表 5-2 同期发情技术处理方案

时间	处理方案	
	Ⅰ组 CIDR+PGF2a+PMSG	Ⅱ组 PGF2a+PGF2a
处理前 50 天	优势饲养	优势饲养
第 0 天	埋 CIDR	PG 0.4 mg
第 7 天		
第 8 天		
第 9 天		
第 10 天	PG 0.6 mg	PG 0.4 mg
第 11 天	取出 CIDR、PMSG 1000 U	
第 12~13 天	发情	发情
第 18 天		
第 20 天	移植	移植

③数据统计分析。采用 SPSS13.0 软件进行方差分析以确定差异显著性。

（3）结果与分析

①不同方案处理受体发情率和发情时间分布比较。以 CIDR+PGF2a+PMSG 法进行同期发情处理的Ⅰ组，从时间分布上看，取出 CIDR 后 22 h 内没有牛发情，20 头集中在 23～45 h 内，发情率达到 95.2%；以 PGF2a+PGF2a 法进行同期发情处理的Ⅱ组，从时间分布上看，14 头集中 22 h 内，发情率 63.6%，8 头集中在 23～45 h 内，发情率为 36.4%。两种方法处理受体牛发情率比较，发情率比较高，而方案一发情率更高一些，但两组间差异不显著，详见表 5-3。在发情最集中时段 22 h 内方案一发情率比方案一高，两种方案之间受体牛发情率差异不显著，而方案一同期化程度更高。两种同期发情方法受体牛移植受胎率无显著差异，如表 5-3 所示。

表 5-3 各种处理方案牛的同期发情率及胚胎移植受胎率

	处理牛数/头	发情牛数/头	同期发情率/%	移植牛数/头	受胎牛数/头	受胎率/%
方案一	21	20	95.2[a]	20	10	50.0[b]
方案二	22	20	90.9[a]	19	9	47.4[b]

注：同列数据肩标不同字母（a、b）表示差异显著（$P<0.05$），肩标相同字母表示差异不显著（$P>0.05$），下同。

②结论与讨论。牛胚胎移植时，同期发情率高及发情同期化集中程度大，受体牛利用效率和移植妊娠率就会显著提高。用 CIDR+PGF2a+PMSG 法同期发情处理，从时间分布上看，发情主要集中在 23～45 h 内，即撤出 CIDR 后第 2 天上午 11 点第 3 天上午 9 点的 22 h 内，发情率达到 95.2%，发情同期化程度高，这一发情时间段与胚胎移植要求受体牛发情在 24 h 内移植有较高的同步性。据报道，应用 CIDR 加氯前列烯醇法比 2 次氯前列烯醇法对受体牛同期发情效果好。而本试验用 CIDR+PGF2a+PMSG 法比 PGF2a+PGF2a 法对受体牛同期发情集中性效果好。

结论：使用两种不同方案处理受体牛在发情率、移植利用率及受胎率比较差异不显著，但在发情同期化集中程度上，方案一 CIDR+PGF2a+PMSG 法要高于方案二。方案一受体牛发情的同期化集中程度更高，发情时间主要集中在取出 CIDR 后第 2 天上午 11 点至第 3 天上午 9 点的 22 h 内，发情率达 95.2%，与胚胎移植的要求在 24 h 内移植有较高一致性，方案二发情同期化集中程度较低一些，在第 2 次注射 PG 后 24 h 内有 14 头开始发情，发情率 63.6%，但发情时间要早一些有 8 头集中在 23~45h 内，发情率为 36.4‰。在胚胎移植过程中，胚龄（胚胎发育阶段）与受体发情时间同步最理想的是供、受体在同一时间发情。因此，方案一 CIDR +PGF2a+PMSG 法是胚胎移植过程中受体牛同期发情技术处理的较好方法。

5.2.5.2 超数排卵与人工授精技术

项目组根据不同季节和供体母牛营养状况，对供体母牛采用预饲养技术+VE+CIDR+FSH（垂体促卵泡素）+ LH（垂体促黄体生成素）+PG 法，采用 FSH 四天递减注射超排方案，供体和牛排卵数、回收胚胎数和可用胚胎数（8.0±2.5）均高于常规的四天等量注射法可用胚胎数（4.0±5.2），超排效果显著；供体奶牛排卵数、回收胚胎数和可用胚胎数（7.5±3.3）均高于常规的四天等量注射法可用胚胎数（4.1±2.3），超排效果显著，如表 5-4 所示。

表 5-4　母牛超数排卵效果统计表

场别	供体母牛数	共获胚胎数	共获可用胚胎数	平均每头牛		可用胚率（%）
				获胚胎数	获可用胚胎数	
奶牛	29	305	218	10.5	7.5±3.3[a]	71.4[b]
肉牛	30	303	240	10.1	8.0±2.5[a]	79.2[b]

在超数排卵—胚胎移植（MOET）过程中，通过研究卵巢颗粒细胞，可以为胚胎选择提供更加客观、准确的方法，从而提高供体牛超排效果，减少超排不良反应个体。因此，我们研究了 CREB1 和 miR-205 对卵巢颗粒细胞的影响，发现 CREB1 和 miR-205 能够调节卵巢颗粒细胞雌激素分泌，诱导卵巢颗粒细胞凋亡，并影响卵巢的发育。这些研究为筛选到优良的胚胎提供了一定的理论基础，为更好地进行 MOET 提供了理论支持。重复超排将比一次超排获得胚胎更多，根据不同供体母牛上一次超排效果，调整超排方法，制定个体牛超排方案，可以获得供体牛最好的超排效果。重复超排比一次冲胚平均每头牛多获可用胚 3.5±2.9 枚。

项目组研究了同期发情方法和年龄因素对母牛超数排卵（简称超排）效果的影响。选择青年牛（16～22 月龄）和第一胎经产牛作为供体。同期方法为二次肌肉注射 PG 法和 CIDR+PG 法，对照组为自然发情。实验牛在牛发情后的第 9～12 天按 4 天 8 次递减肌肉注射 FSH（Folltropin-V）进行超排处理。试验结果表明：

（1）供体育成母牛超排每头均获胚 7.8 枚，每头均可用胚 5.5 枚；

（2）经产牛母牛超排每头均获胚 8.2 枚，每头均可用胚 6.1 枚。每头均获胚胎数和可用胚高于育年牛，但两组间无显著差异($P>0.05$)；

（3）自然发情、前列腺素同期发情和埋植 CIDR 同期发情的超数排卵，育成牛组平均回收胚胎数（7.2 枚、7.7 枚、7.8 枚）和可用胚数（5.2 枚、5.5 枚、5.4 枚）都没有显著差异($P>0.05$)，经产牛组平均回收胚胎数（7.6 枚、7.1 枚、8.2 枚）和可用胚数（6.5 枚、5.9 枚、6.1 枚）都没有显著差异($P>0.05$)，同期发情后进行超数排卵处理效果与自然发情后进行超数排卵效果没有显著差异，见表 5 - 5。

表 5-5 年龄对供体牛超数排卵效果的影响

处理方案	供体母牛数		共获胚胎		共获可用胚		平均每头牛获		可用胚率（%）	
							胚胎/可用胚			
	育成牛	成母牛	育成牛	成母牛	育成牛	成母牛	育成牛 成母牛		育成牛	成母牛
自然发情	18	18	130	138	94^a	97^a	7.2^b/5.2^b	7.6^b/6.5^b	72.3c	75.5c
PG	18	18	139	140	97^a	101^a	7.7^b/5.4^b	7.1^b/5.9^b	67.8c	74.4c
CIDR+PG	18	18	140	142	101^a	104^a	7.8^b/5.5^b	8.2^b/6.1^b	69.2c	78.1c
均值							7.6^b/5.6^b	7.7^b/6.2^b	70.9c	74.6c

采用该超排方案进行母牛高强度重复超数排卵，平均每头次获得可用胚胎 5 枚以上，连续重复超排 3 ~ 4 次，每批次处理间隔 25 天，比传统超排方法缩短了 35 天，显著提高了超排效果；而常规重复超排技术为只连续超排 3 次，每次间隔 45 ~ 60 天。本方法大大地缩短超排时间，提高供体牛的利用率。连续超强度重复超排后继续做受体移植胚胎或人工授精，不影响母牛繁殖能力。

5.2.5.3 胚胎分割液及胚胎发育阶段对分割效果的影响研究

本研究探讨了胚胎分割液和不同发育时期的胚胎对分割效果的影响，旨在提高牛胚胎分割的效率，以利于胚胎分割技术在牛繁育中的应用。

（1）胚胎来源

收集由常规超排、采卵获得的桑葚胚和囊胚（第 6 ~ 8d）（以授精当天计为第 0 天），挑选出 A、B 级的胚胎供分割用。

（2）要药品及仪器设备

TCM-199、D-PBS、胎牛血清 （FBS）购自 Gibco 公司；其余药品均购自美国 Sigma 公司。

仪器：体视显微镜、金属切割刀、一次性培养皿、0.25 ml 塑料细管。

胚胎分割液：D-PBS+0.2 moL/L S。

胚胎培养液：TCM-199 基础培养液+10％FBS。

（3）胚胎分割

创新徒手分割法：在直径为 100 mm 的无菌培养皿的皿盖中做数个 70 μl 的切割滴，用切割液洗涤胚胎 2 次，然后将胚胎移入切割滴中，每滴放 1 枚胚胎。金属切割刀在使用前先用紫外灯照射消毒 15 ~ 20 min，然后放入灭菌的培养皿中备用。借助体视显微镜，先在切割滴的底部轻轻画 2 条直线以防止切割胚胎时滚动胚胎，然后用金属切割刀轻轻地下压即可将胚胎切开。注意在分割桑葚胚时，需在不含钙、镁离子的培养液中，以降低细胞间的连接，降低由于分割造成的细胞损伤。把胚胎移入培养皿内的胚胎分割液小滴中，左手固定培养皿，右手用止血钳或徒手夹住分割刀片，在立体显微镜下，在培养皿底部画一条线痕，将要分割的胚胎拨到线痕上，刀片移至上方对准胚胎内细胞团正中部，下移压住胚胎中部向下分割，向下分割时动作要果断迅速。囊胚的分割方法与桑葚胚相似，无需在不含 Ca^{2+}、Mg^{2+} 的 PBS 液中预处理，可直接在所需的切割液中进行分割。分割时，要注意将胚胎的内细胞团一分为二。

（4）半胚发育能力判定

将分割后的成对半胚轻轻地从切割滴中移出，用平衡好的培养液洗 2 ~ 3 次，然后将成对的半胚分别移入培养液中，在 38.5℃、体积分数为 5％的 CO_2、饱和湿度条件下继续培养 1 ~ 3 h 检查切割胚复原数，判断切割胚是否具有正常发育能力。分别记录各组的分割成功数、半胚发育数，每个组重复 3 次。

将分割后的成对半胚轻轻地从切割滴中移出，用平衡好的培养液洗 2 ~ 3 次，然后将成对的半胚分别移入颗粒单层中继续培养 8 ~ 24 h，1 ~ 3 h 检查半胚复原数，24 h 统计半胚发育率（以发育至孵化的半胚为有正常发育能力的胚胎）。半胚解冻后移入颗粒单层中继续培养 24 h，能重新形成囊胚腔的胚胎为存活胚胎。

（5）统计分析

采用 SPSS13.0 软件进行方差分析以确定差异显著性。

（6）结果与分析

项目组采用徒手分割方法对胚胎进行分割，比较了 PBS+0.2 mol/L 蔗糖分割液对胚胎分割效果的影响，项目组根据分割液和胚胎发育阶段，将分割后成对半胚分组分别进行体外培养。由表 5-6 可见，桑葚胚在 PBS 液、PBS+ 0.2 mol/L 蔗糖中分割，其分割成功率分别为 50%、95.4%，桑葚胚在 PBS+0.2 mol/L 蔗糖分割，其分割成功率显著高于 PBS（$P<0.05$），分割半胚发育率均无显著差异（$P>0.05$）；囊胚在 PBS 液、PBS+0.2 mol/L 蔗糖中分割，其分割成功率分别为 50%、95.2%，囊胚在 PBS+0.2 mol/L 蔗糖中分割，其分割成功率显著高于 PBS（$P<0.05$），半胚发育率无显著差异（$P>0.05$）；由此说明，PBS+ 0.2 mol/L 蔗糖适宜作牛胚胎分割液。有利于提高牛桑葚胚和囊胚的分割成功率。但囊胚分割后半胚发育率显著高于桑葚胚。

采用徒手胚胎分割法，可替代昂贵、笨重不易搬动运输的显微操作仪，操作简便、快速，因而可以在生产现场进行，便于生产应用。但其对于初学者来说，不易掌握和控制，可能会对胚胎造成更大的损伤。此法由于不固定胚胎，在用添加 0.2 mol/L 蔗糖的 D-PBS 液中分割胚胎不容易滑动，效果好，见表 5-6。

表 5-6　不同分割液对胚胎分割效果的影响

胚胎类别	分割液	胚胎数	分割成功率/%	半胚发育率/%
桑葚胚	PBS 液	30	50.0 ± 2.1[a]	40.0 ± 3.8[b]
	0.2mol/L 蔗糖	42	95.4 ± 3.1[b]	90.7 ± 6.0[b]
囊胚	PBS 液	30	50.0 ± 5.0[a]	43.3 ± 5.3[a]
	0.2mol/L 蔗糖	41	95.2 ± 5.1[b]	91.8 ± 3.1[a]

（7）结论。

本试验说明在 PBS 中分别添加 0.2 mol/L 的蔗糖可作为牛胚胎分割液，虽然在 PBS+0.2 mol/L 蔗糖中分割，分割后半胚极易粘于皿底或吸管内，所以在收集分割后的胚胎时可以加入 20%FCS 的 PBS。用徒手分割操作更简便。而对于胚胎的不同发育时期而言，囊胚比桑葚胚更适于胚胎分割。

开发出简便有效的胚胎分割流程：使徒手分割法分割操作工艺化，便于操作人员控制分割准确性、使操作对胚胎的损伤性影响最小化，利于胚胎分割技术的产业化。

5.2.5.4 提高半胚移植妊娠率的研究与应用

将分割双半胚移植到同一头受体母牛的同侧子宫角内，获得 30% ~ 44.9% 的双犊率，显著提高了良种牛胚胎利用率。在受体牛发情后第 5 天注射 900 μg 的 HCG，可明显提高分割胚胎的移植妊娠率，由 40% ~ 45% 提高到 65.6% 以上。受体牛胚胎移植时，添加滋养层细胞，可有效增强母体对胚胎妊娠识别信号，相当于胚胎干扰素作用，可明显提高受体牛移植妊娠率 4% ~ 15%。

（1）胚胎的切割

将经鉴定的可用胚胎清洗后放入切割液培养皿中，以内细胞团为中心，把胚胎平均分为两部分，用回收液回收，放入 Holding 液中，分割后的两个半胚在 20℃室温下，在培养液中静置 15 ~ 20 min，待胚胎恢复球形即装管移植。新鲜胚胎迅速装管，进行移植。

（2）滋养层细胞囊泡与牛分割胚胎共移植

把发育的半胚与一个滋养层细胞囊泡和 20%FCS 的 PBS 吸入 0.25 ml 塑料细管内，采用非手术法移植将装好的胚胎移入与胚胎日龄同步的生殖器官正常的受体牛。双半胚移植时分为两种，第一种是将两个半胚装入一支细管移入受体牛的同侧子宫角内，第二种是将两个半胚装入两支细管内移入受体牛的双侧子宫角内。

（3）妊娠诊断

受体移植后 30 d，进行 B 超检查，受体移植后 60~75 d 进行直肠检查，判断受体牛妊娠情况，并记录双半胚同侧、异侧和整胚移植妊娠率。

（4）数据统计 采用 SPSS13.0 软件进行方差分析以确定差异显著性。

5.2.5.5 结果与分析

（1）新鲜双半胚同侧移植和双侧移植的比较

由表 5-6 可知，同侧移植的效果优于双侧移植同侧移植的妊娠率为 62.5%，双侧移植的妊娠率为 33.3%，差异显著（$P<0.05$）。下面的试验均采用同侧移植。

表 5-7 新鲜双半胚同侧移植和双侧移植的比较

类型	移植头数（头）	怀孕头数（头）	妊娠率（%）
同侧移植	24	15	62.5[a]
双侧移植	18	6	33.3[a]

（2）分割胚胎移植妊娠率的比较

由表 5-8 可知，新鲜双半胚移植的妊娠率为 64.3%，略高于新鲜全胚移植的妊娠率（63.3%），差异不显著（$P>0.05$）。

表 5-8 胚胎移植妊娠率比较

类型	移植头数（头）	怀孕头数（头）	妊娠率（%）
新鲜双半胚移植	25	16	64.3[a]
新鲜全胚移植	30	19	63.3[a]

（3）结论

本试验结果表明，双半胚移植的妊娠率略高于全胚移植，但双半胚移植的生产成本要低于全胚移植。综上所述，双半胚移植与全胚的移植妊娠率无显著差异，因此，采用胚胎切割技术可以扩大胚源，减少受体数量，降低生产成本，加速胚胎移植的产业化进程，在生产上具有广泛的应用价值。

通过牛胚胎移植综合配套应用技术，实现了纯种和牛的高效扩繁，在较短的时间内，取得了纯种和牛种群的扩大，从而尽快投入产业化生产。

5.2.6 DNA 基因检测鉴定技术

雪花牛肉产业化建设的关键在于基地建设。基地建设离不开农户，以往农业产业化失败的原因主要是小农户诚信意识差，不能履行正常的契约化生产，最终导致两败俱伤，产业化中止。通过 DNA 基因检测技术手段，在埋植 RFID 芯片的基础上，又建立起基因质量追溯体系，成功解决了真假和牛辨别以及在防范道德风险过程中发生的产业发展鉴定技术瓶颈问题。

5.2.6.1 科学原理

DNA 是人类（包括动物）遗传物质的基本载体，又称遗传基因。根据孟德尔遗传定律，通过检测，可以判断种公牛与后代改良犊牛的亲子关系。通过对 TGLA227、HAUT27、TGLA53、ETH10、SPS115、FJ232028、TGLA122、FJ232023、CSRM60、FJ232025、TGLA126、FJ232024、ETH225、INRA023、FJ232022、ETH3、BM1818、BM2113、BM1824、CSSM66、FJ232026、ILSTS006 等 22 个 STR 位点（牛专属基因座）和牙釉质蛋白基因检测。依据《法庭科学 DNA 实验室建设规范》（GA/T 382—2014），种公牛与改良后代犊牛遗传基因完全相符的，可判定为支持其生物学亲子关系；否则，不支持其生物学亲子关系。

5.2.6.2 建立技术依托合作关系

选择具有司法资质的 DNA 检测机构开展合作，双方就开展改良和牛 DNA 技术鉴定工作进行战略合作。将所有原种和牛种公牛精液化验鉴定，制出 DNA 基因型图谱，作为候选比对样本。采取种公牛的待定改良牛后裔血液化验比对，从而鉴别真伪。

5.2.6.3 检测流程

①采取种公牛血液或冻精样本；②采取待定改良和牛血痕样本；③用 Chelex 法提取 DNA。Chelex 是一种化学螯合树脂，由苯乙烯、二乙烯苯共聚体组成。④样本 DNA 扩增。采取 Bovine Genotypes STR 系统（牛 STR 分型系统），用 ABI9700 型扩增仪复合扩增 STR 基因座。⑤扩增物检测。采取 ABI3130XL 测序仪检测。⑥进行结果判定。

5.2.6.4 结果处理

检测由异议方提出。企业败诉，承担检测费用 1 000 ~ 1 800 元，正常收购改良犊牛。改良农户败诉承担下列责任：①承担检测费用；②按市场牛价 50%收取违约金（改良协议条款规定）；③追缴冻精款 2 剂 200 元（冻精由政府无偿提供）；④收取鉴定期间"假牛"的饲养费 10 元/d；⑤属于 2 次以上故意累犯的，由公安机关追究其诈骗刑事责任。

5.2.7 杂交和牛牛肉基因检测技术

利用 PCR-SSCP 技术以杂交和牛（和牛♂×黑白花♀、和牛♂×西门塔尔♀）为研究对象，对 CAPN1 基因的遗传变异进行研究。项目主持人：项目组成员丁丽艳，项目成果登记号：9232020Y0970，授权实用新型专利一项"牛肉样本取样剪"ZL201820938666.5。主要研究事项是探索肉质基因对胴体性状和肉质性状的遗传效应，寻找其在肉质性状影响因素中的作用规律，为和牛品种的应用和新的肉用品系的培育奠定理论基础。

应用领域原理：钙激活中性蛋白酶Ⅰ（Calpain Ⅰ）基因是影响牛肉肉质性状的主要候选基因。利用标记辅助选择技术，对嫩度高、大理石花纹好的杂交和牛进行早期的选择，可为和牛的杂交应用、培育肉牛新品系和肉牛产业的发展提供技术支撑。

CAPN1 基因在和荷杂牛、和西杂牛和纯种和牛 3 个群体中检测到 2 个 SNP 位。CAPN1 基因 A5458G 位点与胴体性状的关系、个体间胴体产肉率显著相关，与和牛杂交品种的胴体产肉率相比，GG 型个体显著高于 AG 型个体。C3684T 位点与胴体性状关系，CT 基因型个体宰前活重和胴体重显著高于 TT 个体。分析 C3684T 位点与剪切力相比，TT 基因型个体剪切力显著低于 CT 型个体。这一研究的发现，在和牛肉质和育种应用中具有重要意义。

5.2.8 和牛全基因组的关联研究

该项研究课题由龙江和牛产业化项目合作单位中国农业科学院北京畜牧兽医研究所承担。项目主要主持人：张路培、高会江、李俊雅等，对中国和牛（wagyu）开展全基因组研究，揭示与中国和牛生长性状相关的性状指标。所谓中国和牛，是指国内和牛。

5.2.8.1 脂肪酸组成相关的 SNPs 研究

脂肪酸是影响肉牛品质和营养价值的重要性状指标。脂肪酸组成的遗传变异检测有助于阐明支撑这些性状的遗传机制，并促进脂肪酸谱的改善。有益脂肪酸（FA）组成是受遗传和环境因素影响的复杂性状，FA 的成分可通过摄食策略而改变。在本研究中，项目组使用中文的高密度单核苷酸多态性（SNP）阵列对脂肪酸组成进行了全基因组关联研究。结果:在中国和牛个体脂肪酸和脂肪酸组中，分别检测到15 个和 8 个显著的全基因组 snp。同时，在相关 snp 周围的 100 kb 区域鉴定了 9 个候选基因。硬脂酶- coa 去饱和酶（SCD）嵌入了 4 个与 C14:1 顺式-9 显著相关的 snp，同时在磷脂 scramblase 家族成员 5 （PLSCR5）、细胞质连接蛋白相关蛋白 1 （CLASPI）和凝乳素（CYM）中总共鉴定了 3 个与 C22:6 n-3 相关的 snp。值得注意的是，项目组发现 SCD 中的首选 SNP 可以解释 C14:1 cis-9 表型变异的 7.37%，而且，还在 SCD 周围的 100kb 区域检测到了几个高 LD 的区块。此外，在 100 kb 区域发现了三个显著的 snp，它们表现出与多个 FA 基团相关的多效性效应(PUFA n-6 和 PUFA/SFA ），其中包含 BAll 相关蛋白 2 like 2 （BAIAP2L2）、MAF bZIP 转录因子 F （MAFF）和跨膜蛋白 184B （TMEM184B）。

结论:在中国和牛中发现了几个重要的单核苷酸多态性和脂肪酸个体和脂肪酸群的候选基因，这些发现将对雪花肉牛育种有所帮助。

5.2.8.2 和牛纯合性的全基因组评估研究

纯合性（ROH）是二倍体生物 DNA 序列中普遍存在的连续纯合区域。项目组评估了中国和牛全基因组纯合性模式及其与重要性状的关系。从 462 只动物中鉴定出 29 271 个 ROH 片段。在每只动物体内，ROH 的平均数量为 63.36 个，平均长度为 62.19 Mb。为了评估整个基因组中 ROH 的富集情况,通过合并所有个体的 ROH 事件，初步确定了 280 个 ROH 区域。其中，9 个区域包含 154 个候选基因，与 6 个性状（体高、胸围、脂肪覆盖、背脂肪厚度、牛眼面积和胴体长度）显著相关（$p < 0.01$）。此外，我们发现 26 个一致的 ROH 区域的频率超过 10%，有几个区域与 qtl 重叠，qtl 与体重、产仔难易程度和死产有关。其中，观察到 41 个候选基因，包括 bckdhbB、mab21l1、slc2a13、fgfr3、fgfrl1、cplx1、ctnna1、cort、ctnnbip1 和 nmnat1，这些基因已被报道与体构型、肉质、易感性和生殖 raits 相关。项目组评估了中国和牛全基因组的自合性模式和近交水平。研究发现了许多候选区域和基因重叠的 ROH，这项研究可以用来帮助肉牛的育种工作。

5.2.8.3 和牛生长性状相关的候选基因的研究

总结全基因组关联研究，以确定牛 HD 770K SNP 芯片分型的和牛体测量性状的候选基因。身体测量特征是经典的数量特征，一直受到遗传学性状与健康、生产力和寿命密切相关。体高、体长和臀高是体重的重要指标，在对牛的研究中已经进行了探索。在不同的牛种群中，已经发现了与牛体结构密切相关的 QTL 和候选基因。在全基因组水平上，项目组分别检测到 18 个、5 个和 1 个与臀高、体高和体长相关的 snp。这些 snp 总共在 11 个基因内或附近，其中 5 个 csmd3、lap3、syn3、fam19A5 和 timp3 是新发现的与生长性状相关的候选基因。对这些候选基因的进一步研究将有助于促进中国和牛的遗传改良。

5.2.9 国内外同行业相关技术比较

日本雪花牛肉产业比较发达，处于世界领先地位。主要表现：

（1）有世界著名的雪花牛肉专门化品种——和牛，和牛品种及和牛肉属世界级品牌。

（2）市场体系健全。犊牛市场交易、育成牛交易、育肥牛交易和雪花牛肉胴体交易及雪花牛肉商品销售比较规范化、市场化。

（3）雪花牛肉国家等级标准于1988年制定并颁布实施，指导全国雪花牛肉生产、加工、交易。30多年来没有大的变化（只修订），保持了质量标准的连续性和稳定性。生产者、经营者、消费者比较认同并严格遵守。

（4）产业技术成体系化，研究层次深、精、细。饲养方面，科学化、标准化。根据血液指标和瘤胃菌群的变化，适时调整饲料配方及技术，指导饲养生产；肉品质方面，根据营养成分和重要指标的生理生化反应和机理，调整相应技术方案。

国内雪花牛肉产业。雪花牛肉发源于日本，在国内雪花牛肉产业刚刚兴起，成熟的生产和技术体系还处于创建阶段。龙江和牛产业化关键技术研究与应用项目，在全国是首例，在开展和牛引进、扩繁、改良、加工、产业化生产的全链条式应用研究推广项目方面，为全国同行业创新创造开创了先例。龙江和牛产业化项目在全国同行中处于领先地位，见表5-9。

表5-9　龙江和牛产业化项目某些研究领域成果与国内外同行业比较

序号	技术名称	主要技术参数	国内	国外	评价
1	纯种和牛选育及快速扩繁技术	利用引进纯种和牛，建成和牛种公牛站，填补国内空白；建成纯种和牛核心育种场，填补国内空白。创建了牛胚胎移植技术管理系统	国内未见和牛规模化养殖场、核心育种场及和牛种公牛站报道。国内目前尚未见专门的牛胚胎移植管理系统	Tekalign Tadesse 等综述了胚胎分割、胚胎移植技术是克隆动物生产的一种方式，但没有进行应用研究	国际先进
2	DNA 基因检测技术在和牛产业化生产中的应用	将人的亲子鉴定技术手段应用到规模改良和牛产业化建设中，成功解决了生产实践中遇到真假改良和牛的鉴别难题	将牛 DNA 亲子鉴定技术应用于产业化生产实践中未见报道	Robert E. 报道了亲子鉴定在人亲缘关系的鉴定方面的应用，在牛产业上的应用未见相关报道	国际先进
3	提高和牛冷冻精液品质技术	新的冻精稀释液和激活液，使冻精存活时间13.1h，顶体完整率82.9%。而且防止动物之间传染疾病的风险；普通冷冻液冻精解冻后给予激活处理，提高了普通冷冻液冷冻精子解冻后活力问题	目前已知有猪精液冷冻效果研究，但有关牛精液冷冻保存效果的研究及冻精激活液的研究未见相关报道	无动物源成分牛冻精稀释液、冻精激活液的研究未见相关报道	国际先进
4	利用成肌细胞预测肌内脂肪沉积技术	利用牛 3 月龄胎儿背最长肌组织来源前体脂肪细胞，进行了和牛肌内脂肪细胞发育的研究。该研究体系对研究牛肌肉和肌内脂肪分化具有重要意义	目前已知有以牛 5 月龄间充质干细胞建立体外成肌分化和成脂分化模型。但利用 3 月龄牛胎儿应用成肌细胞预测肌内脂肪沉积，国内未见相关报道	虽然国外有关纯化牛胎儿骨骼肌组织来源前体脂肪细胞的方法研究，未见其他相关报道	国内首创
5	牛舍内环境调控技术	利用牛舍侧壁内设置的升降机构及加热层实现对牛舍温度、湿度等进行调控，解决了现有北方高寒地区牛舍的环境质量可控性差的问题	目前已知有人研究了牛舍调温技术。但有关寒冷地区的牛舍湿度等环境调控方面未见相关报道	目前为止，未见有适合东北寒冷地区冬季气候特点的温度环境的可控性牛舍方面的研究报道	国际先进
6	制定了龙江和牛饲养管理技术规程（企标）	在北方寒区进行了高档肉牛生产管理方面的推广和示范，并实现产业化生产	目前国内尚未有北方寒区和牛标准化养殖技术体系的报道	虽然国外已有和牛饲养及管理技术体系，但适于我国北方寒区气候条件的饲养体系，未见相关报道	国际先进
7	研制了龙江和牛牛肉等级标准（企标）	针对雪花牛肉不同的排酸时间、冰鲜处理技术、肉质对龙江和牛牛肉品质确定等级划分规范技术标准，并应用于生产	目前已知国内有 GB/T29392-2012《普通肉牛上脑、眼肉、外脊、里脊等级划分》和《牛肉等级规格》NY/T676-2010，但没有针对雪花牛肉制定划分标准	虽然国外日本、澳洲已有雪花牛肉等级标准，但国内没有雪花牛肉等级标准；且此标准与国外标准不同；国内有关和牛及改良和牛牛肉的等级标准研究未见相关报道	国内首创

从以上对比分析可以看出，国内雪花牛肉产业正在与国外先进水平缩小差距。从学习、跟跑，逐渐向并跑、领跑方向发展。

5.3 龙江和牛产业应用技术

在龙江和牛产业化建设过程中，共推广和应用了8项产业化技术。

5.3.1 龙江和牛改良综合配套技术

和牛杂交优势明显。杂交和牛至少含有 50% 以上的和牛雪花牛肉生产基因,利用和牛的杂交优势生产高档雪花牛肉,实现规模化、标准化饲养,产业化生产,以满足市场雪花牛肉消费需求,其推广应用前景广阔。

5.3.1.1 利用杂交组合的优势

试验证明,杂交和牛具有适应性强、早熟、耐粗饲、抗病力强、生长速度快、肉质好等优点:

(1)杂交和牛出生重。和荷杂 F1 出生重 35.0kg,与和牛比优势明显。

(2)杂交牛体形大。和牛属中小型牛,偏小。利用荷斯坦大型牛与和牛杂交,体形改良明显变大、体重增加。

(3)产肉量相对增加,27 ~ 28 月龄体重 755.4kg,30 个月可达 800.0kg;屠宰率 57.7%,胴体净肉率 63.0%。

(4)肉质与其他杂交牛相比,质量好(A3 等级牛占 25% 以上、A3 等级肉 15kg/头)。一般牛肉平均销售价格最高为 110 元/kg,而高档牛肉最低销售价格 196.9 元/kg 以上,

(5)生长速度快。杂交牛比父本、母本的生长速快,和荷杂 F1 平均日增重达 0.8kg 以上。

5.3.1.2 推广和牛改良综合配套技术

主要内容:

(1)父本(♂):和牛,种公牛冻精质量应符合《牛冷冻精液》GB4143—2008 标准要求,平均活力 0.4 以上。

(2)母本(♀):选择 3 ~ 5 岁青壮年荷斯坦牛为主,或本地黄牛,胎次以产过 1 ~ 2 胎的为好,有流产史、难产史的不作为选择对象。西门塔尔和西杂牛不宜作母本。

(3)改良户、乡镇畜牧站与龙头企业签订三方"改良协议书",协议书内容要填写完整。

(4)改良规模要求农户有基础母牛 3 ~ 5 头以上。要求:繁殖母牛打耳标、建立质量追溯档案和改良卡片(冻精细管附在卡片上)。改良档案一式两份,畜主、改良员各执一份。

(5)执行《改良和牛 6 月龄犊牛回收标准》。改良犊牛 6 月龄时由企业回收,标准:♂(180 ~ 200)kg ± 10%;♀(160 ~ 180)kg ± 10%。价格高于市场 20% 以上。

产改良犊牛 5 000 头以下的县,由当地政府协助交售到公司指定地点;产改良犊牛 5 000 头以上的县由公司设立回收站点。

(6)改良员由基层政府协助调配,私营公助,政府补贴。每冻配一头母牛免费提供冻精 2 剂,冻配准胎农户交改良费 100 元/头,乡镇政府补贴 50 ~ 100 元/头。

(7)企业每收购一头改良和牛,奖励改良户 400 元/头,其中奖励改良员和改良办公室经费补助 200 元,县外运费补贴 200 元。

5.3.2 加速和牛种群扩繁的技术

5.3.2.1 依靠纯种创品牌

纯种和牛是种源,为产业发展源源不断地提供种牛支持。同时,生产顶级雪花牛肉产品,必须依赖纯种雪花肉牛(和牛)的大规模扩群。通过纯种和牛规模生产高品质雪花牛肉,创品牌。纯种扩繁主要应用的技术包括:胚胎移植技术;分子遗传育种技术;优选优配技术、人工授精技术、后裔测定技术等。

5.3.2.2 快速提高犊牛成活率的技术

犊牛成活率是和牛及改良和牛种群扩繁的关键因素。为了提高龙江和牛的繁殖率,配套实施了提高犊牛成

活率的技术：①高效牛胚胎移植技术，大量开展胚胎移植工作，提高纯种母牛繁殖率和产犊胎次；②犊牛早期断奶、母牛提前发情技术，空怀期缩短 2 个月，有效节约了养殖成本，减少了犊牛发病率，降低药物成本 20%；③育肥母牛高效利用技术，利用 13～15 月龄以上改良和牛母牛 F1 作为胚胎移植受体，生产一次胚胎之后，再进行育肥屠宰，减少成本，扩大产量，"工省效宏"；④加强犊牛饲养管理和防疫配套技术，犊牛的成活率达 90% 以上。

加强犊牛管理。犊牛舍冬天室温 8～10℃以上；出生 2h 内喂初乳，补哺乳牛奶，90 日龄后断奶；犊牛哺乳期间采取自由采食犊牛精饲料和粗饲料；训练犊牛尽早饮水，最初饮 36～37℃的温水；在犊牛栏内铺柔软、干净的垫草，垫床 15～20cm；另设犊牛舍及犊牛栏，犊牛从出生后 8～10 日龄起，开始在犊牛舍外的运动场做短时间运动，以增强犊牛抗病体质。

5.3.3 创新应用 DNA 基因检测质量追溯技术

雪花牛肉产业化建设的关键在基地建设，基地建设的关键在建立质量追溯体系，确保了产业化规模改良工作顺利进行。饲养阶段质量追溯体系主要由两个部分组成。

5.3.3.1 改良和牛埋植 RFID 芯片

RFID（电子耳标、标签）是一种专用动物识别和电子化管理的电子器件，是动物可被自动识别的电子身份证，通过专用阅读器自动识别。RFID 能够将每个动物的耳标与其品种、来源、生产性能、免疫状况、健康状况、畜主等档案信息一并建立起来，一旦发生疫情或畜产品质量等问题，即可追踪（追溯）其来源。使用方法：①应用牛只。犊牛出生后 3 月内及不同月龄均可以安装。②安装方法。将 RFID-E001-FDX 芯片注射牛只颈部皮下。具体部位常规性在牛只颈部右侧后三分之一中间部位。③信息采集。使用与 RFID-E001-FDX 功能匹配的阅读器，采用无线识读方式读取 RFID 中牛只信息，手持机内部存储的信息可通过 USB 数据线或者无线传输方式上传到平台进行数据管理。④效果。对改良和牛的追踪识别，实现饲养管理、生产性能、免疫状况、健康状况、育种信息、数据统计等信息联网管理。

5.3.3.2 应用 DNA 基因检测技术建立基因质量追溯体系

在建立 RFID 芯片基础上，创新应用 DNA 基因检测技术，实行双重质量保障追溯体系。

将 DNA 基因检测技术规模推广应用到畜牧业生产上，在国内尚属首例，DNA 基因质量追溯体系，是产品质量把控的最后一道关口。发生质量争议事件，通过 DNA 鉴定技术手段，化解了基地建设中"扯不断、理还乱、蛮纠缠"的难题，保障了雪花牛肉产业建设的顺利进行。它具有的优点：①诚信度高，农民诚服，双方认同；②具有科学性、合法性、唯一性，法律支持；③操作简便，威慑可行，效果显著；④净化陋习，转化风气，化解道德风险。

5.3.4 龙江和牛饲养管理技术

龙江和牛饲养管理技术，主要包括：犊牛、育成牛（架子牛）、育肥牛全程饲养技术标准，将其归纳为《龙江和牛饲养管理技术规程》（Q/LJHN01—2020），统一饲养标准，推广应用到和牛产业化建设中，突出"管"的层面。主要管理内容：

（1）牛舍：高大、宽敞、明亮、通风好。散栏、自由采食，舍高 7～8 m，栏高 1.5 m，每栏 32m²，占栏面积 8m²/头，占舍面积 10～11m²/头，牛舍面积 148 m×22 m，平均每舍 300 头左右。

（2）垫料：减少育肥后期肢蹄与地面接触压力，做到睡软床，舒适饲养。原料：木屑、秸秆（粉碎 3～5cm）、稻壳，厚度 15～20cm，20～30d 换一次。

（3）按摩：有利于肌间脂肪的沉积。电动按摩刷，每栏设 1.0 个，育成牛和育肥牛每天刷拭 1~2 次，每次 5~10 分钟，自由按摩。

（4）温度：舍内温度适中。冬季 5~8℃，夏季 22~25℃。犊牛舍冬季 8~15℃，必须确保冬季温差不要过大。

（5）营养需要：符合《牛肉饲养标准》NY/T815-2004 的要求。TMR 饲料搅拌：采用 TMR 设备，喂食自动拌料供给系统，使预混料、核心料、粗饲料搅拌均匀。添加一定比例青贮料，有利牛胃消化吸收，增加饲料的适口性、消化率。

（6）高档肉牛专用料：是生产雪花牛肉的关键因素。由龙头企业开发生产，直供各个直属牧场和合作场，成本核算（配方涉密）。育肥期间粗精饲料比前期 5.5：4.5；育肥后期粗精比 3：7；育肥后期精饲料（谷物饲料）量甚至达到 70% 以上；育肥后期平均精料每头每天不低于 8kg，粗饲料日平均每头每天 4kg 以下，后期每头每天 1~1.5kg。

（7）育肥后期（出栏前）6 个月加油脂类（5.4~9μg）有利于雪花肉产生。

（8）饮水：注意冬天饮温水，并净化，防止发生牛肾结石。温水：10℃ 以上；犊牛饮水与体温相当，自由饮用水。

（9）粪污及时清理：连同垫料一并清理，20~30d 一次。粪污应发酵处理，符合环保要求。

（10）育肥期：育成牛（育肥前）7~18 月龄；育肥牛（育肥后期）18~30 月龄，平均雪花肉牛出栏 26~30 月龄；育肥牛出栏重 700~800kg/头。

（11）种公牛不宜喂青贮（影响精液质量）。

（12）听音乐。育肥期间，牛舍定期播放轻音乐。改善牛的神经紧张状况，减少应激反应，有利肉质提高。

（13）加强"代养"（合作）牧场监管，确保产品质量。接受龙头企业认证和管理，与龙头企业签订长期合作协议，按协议、按标准、按饲养技术操作规程饲养雪花肉牛。

（14）肉牛种类不同、生长发育阶段不同，其营养需要和饲料配比不同，要注意调配、饲养。

5.3.5 加快种公牛的选育及高效利用的技术

纯种肉牛存栏数量有限，扩大产业规模，壮大龙头企业，必须走规模改良产业发展的路子。

5.3.5.1 提高龙头企业内部工作质量

主要内容是选择好优秀的种公牛作为种牛，建设和牛种公牛站，生产更多的优质冻精。种公牛高效利用技术包括：种公牛选育技术，种公牛饲养技术，种公牛采精技术，牛冻精冷冻和解冻技术，人工改良技术等。

5.3.5.2 提高外协合作工作质量

要提高冻精利用率，必须充分发挥好基地县畜牧推广机构的作用。每个基地县以家畜改良站为中心，成立专班，作为冻精储存、分销、分发、代办点，并负责技术指导，推广和牛冻精改良工作。企业技术服务队与当地技术推广专班，互相配合，形成合力，分工不分家，合作谋发展。

5.3.6 龙江和牛牛肉分割（标准）技术

雪花牛肉与普通牛肉相比，分割技术要求标准不同，讲究的是部位肉和高品质。部位肉分：上脑、眼肉、外脊、菲力、肩胛肉、胸肉等；极品雪花牛肉主要分布在背阔肌、背最长肌、肋间肌。

屠宰流程：接收育肥牛→清洗待宰→屠宰→排酸→分割、修割→分部位包装→速冻、冰鲜→入库藏储（冷冻仓）→冷链运输→销售客户。

纯种和牛屠宰体组织构成：肉牛胴体占 63%+非胴体组占 37%；

胴体=肌肉 52%+脂肪 33%+（骨骼+韧带）15%；

非胴体=血液 20%+皮肤组织 18%+消化道内容物 15%+内脏器官 23%+内脏脂肪 14%+骨骼 10%；

肌肉=水分 73.0%+蛋白质 20.0%+脂肪 6.0%；

脂肪=水分 23%+蛋白质 7%+脂肪酸 70%；

活体脂肪组织的水分含量是肌肉组织中水分含量的 30%。因而，活体脂肪组织沉积量越大，饲料报酬率越低。脂肪含量高的脂肪组织的增加，比肌肉组织的增加更需要能量。

雪花牛肉的品质以分等分级来评定。龙江和牛牛肉等级标准的划分，以《龙江和牛牛肉等级标准》（企业标准：Q/LJYS0002—2019），作为龙江和牛牛肉分割及产品分级的主要判断依据标准。制作标准图谱，将切割的产品与标准图谱比对，确定等级，粘贴标识，封存仓储。龙江和牛牛肉分级标准图谱见图 5-1：

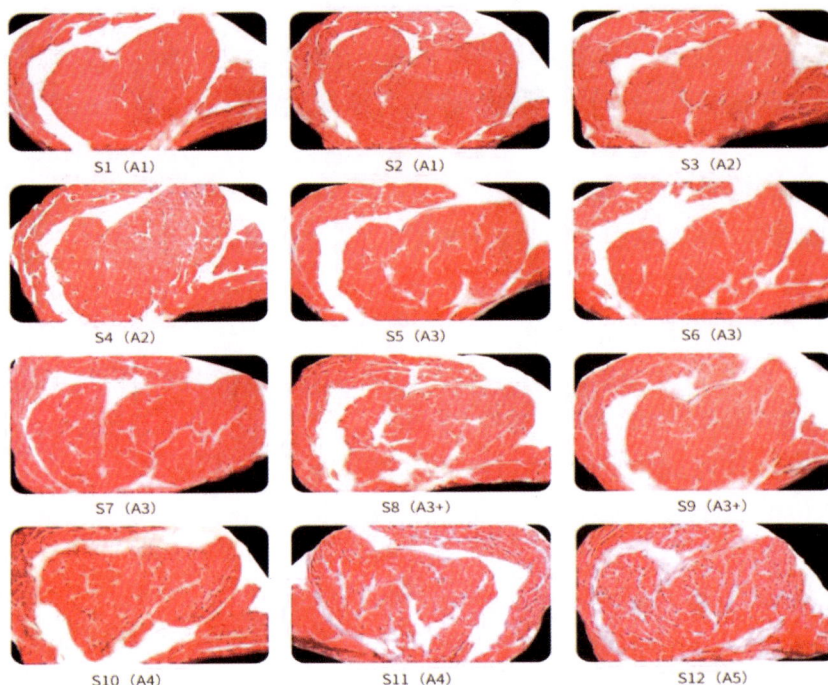

图 5-1　龙江和牛分级标准

5.3.7 龙江和牛牛肉产品深加工技术

5.3.7.1 急速冷冻处理技术

屠宰后急速冷冻，要求在 18 秒内温度降至 -50℃～-60℃以下，然后将胴体移至冷冻库储存，储藏期可长达 2 年。

5.3.7.2 冰鲜加工处理技术

为提高产品的新鲜度和口感，开发冰鲜牛肉产品，必须有可行的冰鲜加工处理技术。

（1）冰鲜牛肉的优点：①保证了高档牛肉产品的新鲜度，冰鲜肉没有破坏牛肉的组织结构，牛肉的系水性好，即营养物质没有流失。②品质要好于热鲜肉。经过排酸、杀菌、后熟过程，排除了多余的血水。③保质期长，一般可达 90 天以上。④口感好。全程冷链运输，高档饭店需求旺盛，受终端消费者欢迎。⑤生牛肉冰鲜处理一个月后味道最好。

主要产品：和牛菲力 SP（高品质）-A1、和牛 S 腹肉 A3、和牛上脑 SP-A3、和牛眼肉 SP-A3、 和牛板键

SP-A2 等 80 多个产品。产品冷藏保存，直供餐饮终端消费。

（2）主要技术要点。①屠宰后胴体转移至 0 ~ 2℃排酸间进行 72h 排酸（一般 24 ~ 48h）；②将排酸 72h 的胴体进行分割，分割车间温度 8℃以下；③冰鲜处理过程：将分割好的牛肉按照不同部位进行热收缩真空包装（热收缩温度控制 85℃以上，时间 1 ~ 2s），快速进入冷鲜库（冷鲜库温度 0 ~ 4℃）；④根据不同客户需求，将冷鲜产品全程冷链运输到各个仓储点或直营店。运输途中全程温度控制为 0 ~ 4℃。

5.3.7.3 龙江和牛肉深加工技术

研究低氧气调包装、牛肉保鲜技术、嫩度改善技术；创新开发易于烹制的牛肉产品，包括微生物控制、肉品品质提升与改善、保鲜贮藏和副产品精深加工技术的创新应用，开发即烹、即热、即食类型的牛肉产品。一般屠宰企业不涉及增值税，牛肉深加工企业涉及增值税。

深加工增值率 = [加工产值 – 原料价格]/购入原料成本（原料价格+费用）×100%；

利润率（毛利率）= [销售（营业）收入 – 产品原料成本（费用）]/销售（营业）收入×100%；

净利润率（纯利润）= [销售（营业）收入 – 产品原料成本（费用）– 间接费用（劳务成本、折旧、营销费用）– 税金]/销售（营业）收入×100%。

产品原料成本 = 原料价格+生产成本+直接费用。

（1）牛肉精细原切加工技术

根据消费者需求，采用新工艺，对龙江和牛肉按部位进行精品分割。冷冻工艺比普通牛肉标准高，原切加工、低温速冻、冷冻产品，冷库保存，一般冷冻温度-18℃以下。重点对等级肉中雪花牛肉产品进行精细加工。这部分产品主要精品包装，批发零售。

（2）产品熟食加工技术

将龙江和牛肉通过调理、蒸煮、滚揉腌制、超生波腌制等技术进行深加工成近百个产品、半成品，包括碎肉、牛骨、脂肪、牛油等全部加工，实现"吃干榨净"。主要产品如雪花牛肉条、雪花牛肉汉堡、雪花牛肉炒饭、雪花牛肉骨汤、雪花牛肉油包、雪花牛肚丝、和牛水饺等。产品冷藏和冷冻保存，与大型餐饮集团合作，或供应大型商超、专营店销售，长期供货合作。

（3）牛副产品深加工技术

副产品约占牛体重的三分之一，其中可食性副产品占牛体重的 12 ~ 15%。主要包括尾、血、皮、脂肪、头蹄、红（白）下水（心肝肺肚脾肾胰肠）、睾丸、骨等。通过热水浸烫、浓碱浸泡、脱腥和生物酶处理等工艺加工，增值增效空间巨大，如牛皮冻、复合牛皮肉脯、酱牛头肉、酱卤牛蹄筋等产品，深受人们欢迎，可实现利润翻几番。

5.3.8 龙江和牛全产业链集成技术

雪花牛肉产业是高端食品产业、生产高档美食产品，必须实行全产业化生产模式。要结合当地实际，创造符合当地资源禀赋特点的产业发展模式。注重解决好产、销脱节的问题，将全链条产业技术全部集成应用到产业发展上，要求做到各环节、各阶段、各部门，上下贯通，无缝对接。如纯种母牛扩繁、种公牛冻精生产、规模改良、回收育肥、屠宰分割、产品深加工、互联网+等，一环扣一环，环环相扣，细节决定成败，缺一不可。

5.3.8.1 全产业链核心要素

（1）产业效益关键取决于产业规模。

（2）必须有龙头企业强有力的牵动。

（3）当地政府强有力的支（扶）持。

（4）必须要有一定的深加工规模。

（5）品牌效应。

5.3.8.2 雪花牛肉全产业化发展模式

推荐全产业化模式：龙头企业+政府+基地+牧场（户）+"互联网+"。纯种和牛创品牌，改良和牛打市场，产品定位中高端。龙江和牛产业化涉及 6 个关键环节：即种源扩繁利用、改良基地建设、改良牛回收、龙江和牛饲养、屠宰加工和产品销售，详见图 5-2 产业化流程示意图。

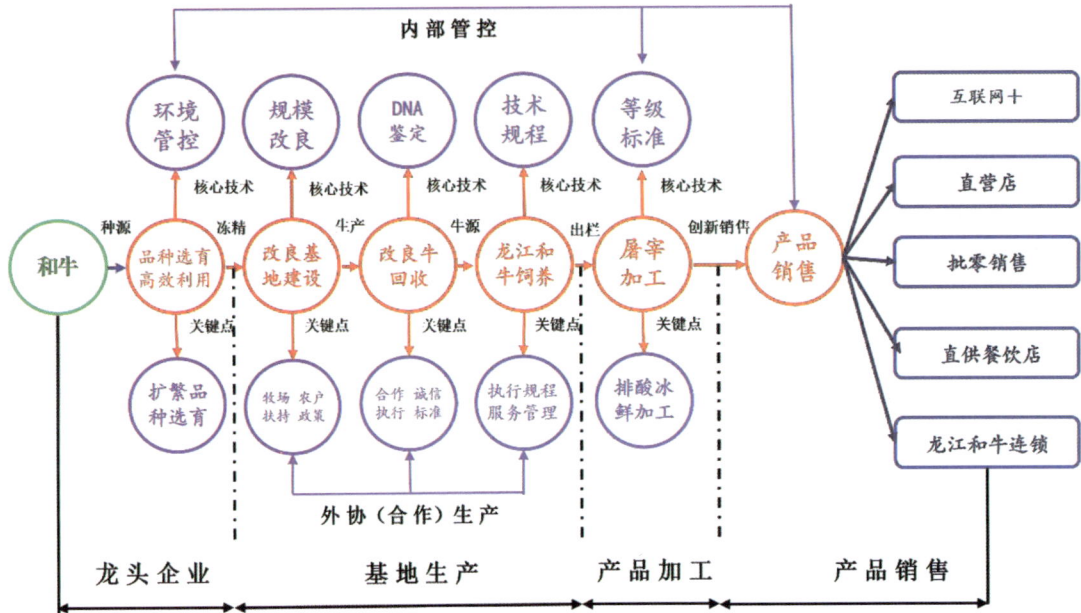

图 5-2 龙江和牛全产业化发展模式流程图

5.3.8.3 雪花牛肉全产业链生产运行机制

（1）生产环节：包括 4 个环节①龙头企业；②基地生产；③产品加工；④产品销售。

（2）生产流程：包括 7 个阶段流程①种牛（冻精）生产（采购）；②优选优配（实施改良）；③基地建设；④改良牛回收；⑤育肥牛（含育成牛）生产；⑥屠宰加工；⑦产品销售。

（3）质量控制：分两个层次①内部管控：关键点：a 种牛（冻精）生产及高效利用；b 屠宰分割及产品等级划定（品质检验）；c 创新产品销售方式。②外部协作生产：关键点：a 改良基地建设（包括改良牧场、合作代养牧场、政府扶持）；b 改良牛回收（稳固合作、诚实守信、执行协议及回收标准、价格合理保底上浮）；c 雪花牛饲养（犊牛、育成牛、育肥牛）；d 执行饲养标准、回收协议及标准、指导服务到位、代养机制科学（精准、严谨、公平、效益）。

第6章 雪花肉牛饲养技术

雪花肉牛饲养技术是一项以肉牛良种繁育、犊牛早期断奶补饲、科学日粮配制、分阶段育肥、质量安全追溯为主要内容的综合配套生产技术，是贯穿于生产雪花牛肉全过程的"特殊"的肉牛科学饲养技术，在雪花牛肉产业链中处于重要地位。生产中的"养好牛、出好肉"、向"管理要效益"，主要指的就是雪花肉牛的"饲养"技术。

6.1 雪花肉牛生长发育规律

在雪花肉牛饲养过程中，要了解掌握饲养管理的重点以及与产量、产品、品质之间的内在关系，学会弄懂雪花肉牛生长发育规律，这样才能更有效地指导高档肉牛的饲养管理。

6.1.1 饲养管理影响雪花牛肉的品质

（1）要保持饲料的相对稳定。避免短期内饲料的饲喂量变化太大。

（2）育肥牛减少运动。运动会促进牛体内的生长激素的分泌，减少运动有利于脂肪沉积。

（3）减少应激反应。应激反应会影响肉牛的增重。要保持育肥牛饲养环境的安静、舒适，防止噪声和响动惊吓刺激到牛。应尽量防止牛产生恐（慌）惧和被冲击。

（4）育肥期间尽量减少阳光直射。光线促进甲状腺激素、催乳素等的分泌，不利于脂肪的沉积。

（5）育肥牛舍冬季要有保温措施。寒冷促进甲状腺激素、生长激素、肾上腺素等的分泌，不利于脂肪沉积。

（6）夏季要防暑降温。高温导致牛摄取饲料量减少，不利于脂肪沉积。

（7）控制牛舍湿度。高湿度对脂肪沉积产生不利影响。

（8）饲料的成分、配比、调制及饲喂是影响雪花牛肉品质的关键。

6.1.2 肉牛机体组织生长发育的规律

掌握肉牛体组织发育的规律顺序，可以根据肉牛生长发育不同时期适时调整饲料配比，及时检查肉牛生长发育状况是否处于正常饲养状态。

（1）体组织的发育顺序是：头→脚→胸→腰。

（2）内部组织的发育顺序是：大脑→胃→肌肉→脂肪。

（3）脂肪组织的发育顺序是：内脏脂肪→皮下脂肪→肌间脂肪→肌肉内脂肪，见表6-1。

表6-1 机体组织发育规律表

组织名称	1	2	3	4
体组织	头	脚	胸	腰
组织	脑	胃	肌肉	脂肪
脂肪	内脏脂肪	皮下脂肪	肌间脂肪	肌肉内脂肪

在脂肪沉积分布中，肉牛脂肪成分构成也有规律性。不同品种牛脂肪增加的比例规律是：

母牛（未产）>去势牛>公牛，不去势的公牛育肥质量差。肌内脂肪与其他部位脂肪组成成分不同，肌内脂肪中不饱和脂肪酸含量比较高。随着肌内脂肪的沉积，不饱和脂肪酸的比例增大，饱和脂肪酸的比例缩小。因此，肌内脂肪含量越丰富，不饱和脂肪酸含量越多，品质越好。在饲养育肥过程中，越到后期，越是肌内脂肪沉积最活跃时期，也是提高雪花肉牛品质的关键时期。脂肪组织增重速度：12 月龄到 18 月龄最大，18 月龄到 23 月龄维持较高的增长速度，23 月龄以后增重速度下降。

肌肉组织增重速度：从 3 月龄到 10 月龄最大，10 月龄到 18 月龄维持较高的增长速度，18 月龄以后增重速度下降。大型牛比小型牛增重速度快。

6.1.3 胴体肉重与饲料营养的关系

（1）出生重与胴体重呈正相关。犊牛出生体重大，育肥出栏时也要比出生体重小的犊牛出肉率高。

（2）出栏前期饲喂高蛋白质饲料，添加赖氨酸，有利于生长发育和胴体质量的提高。

（3）育肥牛活体重 400～500kg 时，是肉牛增重的关键时期。大量摄取谷物类，有利于雪花牛肉沉积。这个时期在 12～18 月龄左右。

（4）碱性物质为阳离子，酸性物质为阴离子。总体规律是：弱碱性饲料在育成期，有利于肉牛生长；弱酸性饲料，在育肥期有利于肉牛生长。

（5）形成雪花牛肉的物质：葡萄糖、甘油酯、游离脂肪酸（FFA）、牛胰岛素、生长调节素。通过葡萄糖（谷物）和酶的作用转变为胰岛素、游离脂肪酸，这些物质被注入至脂肪分化的细胞中，这就是雪花肉。

犊牛期的饲养状况直接影响后期的育肥质量。5 月龄迎来犊牛骨骼发育高峰；牛胃的发育状况直接影响后期的生长发育。改良牛第一胃达到最大容积（成熟）的月龄是 6 月龄；纯种和牛第一胃达到最大容积的月龄为 8 月龄。犊牛期不喂高热量饲料，防止过早过多地增加肌间脂肪。这些因素，都将不利于后期育肥肌内脂肪的沉积。

6.1.4 雪花肉牛生长发育与月龄关系的规律

雪花肉牛不同生长发育阶段对雪花牛肉产品的形成都有不同程度的内在因果关系。现在，已经发现一些规律性（见表 6-2）。

（1）雪花肉牛育肥期一般为 12～24 个月。育肥期越长，脂肪沉积相对越多，产品品质越好。

（2）肉牛骨骼发育较快的时期是从出生 0～10.7 月之间，生长最快的是出生 5.1 月以后。这个时期一定要满足肉牛的营养需要。

（3）第一胃发育最旺盛的时期是出生后 3.3 月～12.6 月龄，纯种和牛发育最快的时间是出生后 8 月龄；改良和牛是 6 月龄。如果胃发育受阻，直接影响肉牛的采食量，从而影响营养物质的摄取和生长发育。

（4）颈部发育较快的时期是 4～14 月龄之间的生长期，发育最旺盛的时间是出生 12 月龄以后。

（5）牛肩部发育旺盛生长期为 8～16 月龄，发育最旺盛期是出生第 14 个月以后。

（6）眼肌发育旺盛生长期是出生 0～18.5 个月龄，发育最旺盛的时期是出生 9.6 个月以后。

（7）肋肉发育旺盛生长期是出生 0～18.5 个月龄，发育最旺盛的时期是出生后 9.6 个月。

（8）脂肪发育旺盛期是 12.4～23.8 月龄之间，发育最旺盛的时期是出生后 17.9 个月。

（9）雪花沉积旺盛期是 13.4～23.8 月之间，最旺盛的时期是出生后 18.6 个月。因此，育肥牛 24 月龄是肌间脂肪增加重要的时期；24 月龄以后肌内脂肪沉积放缓。

（10）脂肪细胞生长发育最快的时期是 12～15 月龄之间。

表 6-2　胴体肉重发育不同时期与肉牛月龄的关系

组织名称	发育旺盛期（发育期）		发育最大	确认	备注
	开始/月	结束/月	月龄	月龄	
活体重量	4	20.7	12.3	12	前肩扩张（食入量）
胴体肉	5	20.7	12.8	13	
胴体肉红肉	2.7	18	10.8	9~16	添加大豆粕，强化眼肉
胴体肉脂肪	12.4	23.4	17.9	16~18	牛胸（喉素脂肪）
胴体肉骨	-0.6	10.7	5.1	4~10	无机盐强化 Ca
内脏实质	1.6	11.2	6.4	7~10	鼓励采食粗饲料
内脏脂肪	11.4	20.6	16	5~16	维生素确认（后腿和膝盖）食入量
I + II 胃	3.3	12.6	8	8~9	背部伸长
牛肋骨肉的肌肉内脂肪	14.5	30.6	22.6	18~30	牛的角、毛、尾部根部（出栏前4个月开始）

6.1.5 牛肉脂肪熔点的影响因素

牛肉的风味主要由不饱和脂肪酸决定的。不饱和脂肪酸主要成分是油酸（C18：1）、亚油酸（C18：2）等，油酸、亚油酸等不饱和脂肪酸含量越高，脂肪熔点越低，风味越浓厚、越好。饲养过程中肉牛的性别、年龄、饲料成分等因素都将影响脂肪的沉积。因此，凡熔点低的脂肪，其不饱和脂肪酸含量高，品质好。有入口即化的口感。反之，亦然。试验证明，肉牛的性别、月龄、饲料成分等因素，都是影响牛肉脂肪熔点高低的重要因素。下列原因可导致脂肪熔点低的形成因素，见表6-3。

表 6-3　降低脂肪熔点因素

序号	因素	影响结果
1	性别	去势的雌性脂肪熔点低
2	月龄	大月龄比小月龄牛肉熔点低
3	饲料	大量摄取淀粉饲料（NSC）、能量饲料熔点低
4	其他	出生时体重大、进食性好的健康牛所产的肉熔点低

6.1.6 雪花肉牛各阶段营养需要

雪花肉牛各阶段的生长发育营养需要是不同的，根据肉牛生长发育对营养的需要量，合理调制饲料配方。雪花肉牛各阶段营养需要量见表6-4。

表 6-4　和牛各阶段营养需要量参考表

各阶段 营养成分	犊牛	育成牛	成年母牛	种公牛	育肥牛
蛋白质	28.1%~12.9%	12.2%~12%	12%	12%	12%
消化能	5.52 J~2.58 J	2.58 J~2.58 J	2.21 J	2.82 J	2.92 J
钙	1.32%~0.43%	0.4%~0.26%	0.22%	0.29%	0.33%
磷	0.88%~0.23%	0.23%~0.22%	0.23%	0.31%	0.24%
维生素 A	690~540 μg/kg	570~750 μg/kg	900 μg/kg	1200 μg/kg	762 μg/kg

注：1cal=4.1868 J；1IU=0.3μg

6.2 犊牛的饲养管理

6.2.1 犊牛阶段饲养的重要性

犊牛阶段是雪花牛肉生产的重要环节，它不同于普通肉牛。雪花牛肉的生长指标，往往在犊牛生长发育阶段就已经开始了。有的指标通过后期补偿性饲养可以弥补过来；而有的指标通过后期补偿性饲养也很难达到预期效果；犊牛生长的某些指标直接影响后期育肥和产品质量。

大量的科学试验证明，在犊牛出生前18天生长发育的情况直接影响肉骨比例，发育状态好，后期肉骨比例高；6~8月龄决定牛的胃的最大值。如果饲养跟不上，影响胃的大小，自然影响后期的生长发育；犊牛期不能生长较多的脂肪，这样不利于后期育肥以及肌内脂肪沉积。用于形成肌肉且对肉牛增高增重起重要作用的是蛋白质。因此，在犊牛期和育肥前期饲料中蛋白质含量要高。在幼龄牛饲养过程中，脂肪分化（积累）从10月龄开始；在形成眼肉、胸肋肉最重要的时期是10月龄以后。

在喂养方面最需要注意的就是要让小牛多吃，一般的小牛可能只让它吃八成饱，而雪花小牛就要喂十成饱。因为这个阶段最重要的就是让雪花小牛长骨骼，要求把雪花小牛的肋骨间距拉大，要把雪花小牛的骨骼撑大，首先要把胃撑大。通过骨骼发育，促进肉的发育。雪花牛肉实际上就是肌肉里面的肌纤维束跟肌纤维束之间有很多毛细血管，如果让贯穿肌纤维束之间的毛细血管壁的外围沉积脂肪，就会形成雪花牛肉。这就需要让小牛的骨骼能够承载的肌肉越多越好，才能在毛细血管外围沉积上脂肪。因此，要高度重视犊牛阶段的饲养管理。

6.2.2 犊牛早期哺乳

初乳是母牛产犊后 5~7 d 之内所分泌的奶，颜色深黄而黏稠，蛋白质占18%，相当于常乳的 4~5 倍，钙、磷等无机盐比常乳多一倍；各种维生素的含量是常乳的几倍甚至十几倍。犊牛最开始获得的免疫抗体主要从初乳中获取，新生犊牛哺乳初乳非常重要。初乳营养丰富 含有犊牛生长发育所必需的蛋白质、能量、无机盐、维生素 A 及免疫球蛋白，是犊牛不可缺少的食物，对犊牛的生长发育有特殊的功能，对增强犊牛的抗病力起关键作用。

初乳中还含有溶菌酸和抗体，能杀灭多种病原微生物。干物质总量较常乳高 1 倍，在总干物质中除乳糖较少外，其他含量都较常乳多。初乳中的镁盐和钙盐具有轻泻作用 有助于犊牛排出胎便，可防止初生犊牛消化不良和便秘；初乳中的溶菌酶和抗体可以杀死或抑制某些病菌；各种维生素对犊牛的健康与发育起重要作用。犊牛生后 0.5~1.0 h 即能站立，有困难的要进行人工辅助。犊牛生后 2~5 h 内能直接吸收乳中的抗体，哺乳越早对犊牛的发育越有利。让初乳早于细菌之前到达肠内，因为这个时期犊牛从小肠吸收初乳内免疫球蛋白进入血液的能力最高，以后迅速下降，36h 后几乎全部消失。不可无故拖延时间，第一次初乳喂乳最晚时间为 6h 以内。出生重的犊牛更不能延缓初乳的供给，应尽早增加母子亲和处理。

初乳进入犊牛胃后，能刺激消化腺大量分泌消化酶，以促进胃肠机能的早期活动。为了使犊牛健壮，迅速生长发育，出生后吃初乳的量以多些为好。

初乳的喂量，依犊牛体重的健康情况而定。犊牛出生后 2h 内哺乳 2L，在 12h 内再次哺乳 2L，尽量早喂。35kg 左右的犊牛，体质健康的，第一次喂饲应尽量让其吃足，以后可以按体重的 1/6～1/7 喂给。此时要引导犊牛接近母牛乳房寻食母乳，若有困难，则需人工辅助哺乳。若母牛健康，乳房无病，农户养牛可令犊牛直接吮吸母乳，随母自然哺乳。若母牛产后生病或死亡，可由同期分娩的其他健康母牛代哺初乳。在没有同期分娩母牛初乳的情况下，也可喂给牛群中的常乳，但每天需补饲 20ml 的鱼肝油，另给 50ml 的植物油以代替初乳的轻泻作用。初乳十分宝贵，如多余可冷冻保存，切不能把初乳倒掉。

初乳喂 5～7d，每天喂 4 次。喂初乳的时间最好与犊牛母亲挤乳时间一致，以便挤完就喂。如果初乳温度低，要加热到 37～38℃再喂，以免引起消化不良。但加温不可超过 40℃，如温度过高，初乳会凝固，不易消化，过低犊牛易发生下痢。

给犊牛补铁补硒，补充维生素 A、D、E。有条件的接羊水给母牛喝，以促进胎衣排出。让母牛及时舔犊牛被毛，增进母子感情，促进犊牛全身干爽，减少散热，减少有害细菌滋生，尽快扶壮。

犊牛哺乳不足的，可以人工哺乳。犊牛出生后 2～7d 后，开始使用替代乳，先少后多，开始用 150g 替代乳加 1L 水分 3 次给喂。

犊牛哺乳分母乳、替代乳和人工乳 3 类。犊牛出生 3 周后，以母乳或替代乳为主，人工乳、干草为辅的综合营养。

母乳：是指母牛产的自然乳。

替代乳：是指人工合成的母乳替代品，其营养成分同母乳基本相同。

人工乳：是指给犊牛哺喂的其他母牛所产的乳汁，分鲜乳和冻乳两种。

在初乳哺乳方面，安全性最高的是初乳制剂。

6.2.3 饲喂常乳

犊牛经过哺喂 1 周初乳后，即可转入哺喂常乳。哺乳期 2～3 个月或 3～4 个月。具体饲喂以常乳为主要营养来源的 1 月龄阶段，每日喂量约为犊牛重的 1/10。2～3 月龄即过渡阶段，随着草料采食量增加，常乳喂量逐周减少，即由喂乳逐渐转为饲喂植物性饲料。为保证犊牛的正常消化机能，喂奶要坚持定时、定量、定温，要按量喂给。可以采用随母哺乳、保姆牛法和人工哺乳法给哺乳犊牛饲喂常乳。

（1）随母哺乳法：让犊牛和其生母在一起，从哺喂初乳至断奶一直自然哺乳。为了给犊牛早期补饲，促进犊牛发育和诱发母牛发情，可在母牛栏的旁边设一间犊牛补饲舍，短期使大母牛与犊牛隔开。

（2）保姆牛法：选择健康无病、气质安静、乳房及乳头健康、产奶量中下等的奶牛（若代哺犊牛仅一头，选同期分娩的母牛即可，不必非用奶牛）做保姆，再按每头犊牛日食 4～4.5kg 乳量的标准选择数头、年龄和气质相近的犊牛固定哺乳，将犊牛和保姆牛放在隔有犊牛栏的同一牛舍内，每日定时哺乳 3 次。犊牛栏内要设置饲槽及饮水器，以利于补饲。

（3）人工哺乳法：若找不到合适的保姆牛，可在新生犊牛结束 5～7d 的初乳期以后，进行人工哺喂常乳。哺乳时，可先将装有牛乳的奶壶放在热水中进行加热消毒（但不能直接放在锅内煮沸，以防过热后影响蛋白的凝固和酶的活性），待冷却至 38～40℃时哺喂，5 周龄内日喂 3 次；6 周龄以后日喂 2 次。喂后立即用消毒的毛巾擦嘴，缺少奶壶时，也可用小奶桶哺喂。饲喂量标准为体重的 5～10%。并让犊牛自由饮用清洁水，6 周龄左右断奶。标识是犊牛每天稳定采食代乳料或人工乳 700 g 以上。断奶后 3 月龄内仍饲喂代乳料或人工乳，4 月龄后逐渐换成育成牛饲料。

替代乳的调制：人工代用乳粉 150～250 g，与维生素 C 一起饲喂，生菌剂一小勺，维生素 B_1 粉剂一小勺，葡萄糖 50～80g（生菌剂、维生素 B_1、维生素 C 每天只喂 1 次），准确量取后倒入铁桶（铁桶编号与犊牛的编号一一对应，绝不混用），然后加入 1L 热水（或 1.2～1.5L），充分混匀，立即饲喂，对于病牛则用奶瓶饲喂。注意替代乳的稀释和温度。替代乳稀释，按 1∶6 稀释。

人工乳的供应：从犊牛出生一周左右开始，用人工乳饲养来补充因母乳或替代乳的不足造成的营养缺乏，人工乳供应量的上限是体重的 2% 左右。

黑毛和牛的初乳与荷斯坦奶牛的初乳成分不同。和牛的初乳抗体较多，蛋白质含量高，脂肪含量低。犊牛的能量来源主要来自乳脂肪和乳糖。犊牛的哺乳量可参考表 6-5。

表 6-5　不同周龄犊牛的哺乳量　单位：kg

周龄		1～2	3～4	5～6	7～9	10～13	14 以后	全期用奶
日喂量	大型牛	4.5～6.5	5.7～8.1	6.0	4.8	3.5	2.1	540
	小型牛	3.7～5.1	4.2～6.0	4.4	3.6	2.6	1.5	400

6.2.4 犊牛早期断乳

断奶有利于进行倒嚼的功能性发育，犊牛早期断奶，有利于瘤胃第一胃的发育。100 日期龄以后，驯练饲喂干草。犊牛体重达到 50kg 以上，或人工乳的摄取量 0.71kg/d 以上，时间大约 8 周左右，可适时考虑断乳。将过去 5～6 个月哺乳期缩减到 2～3 个月，以人工乳或代乳料来培育犊牛。这样可节省大量"饲料用乳"降低生产成本，对犊牛体重的增加影响很大。因此，犊牛断乳适宜期在 3～4 月龄，实施断奶。断奶后，停止使用颗粒饲料，逐渐增加精料、优质牧草及秸秆的饲喂量。150 日龄迎来骨骼发育高峰。饲喂养干草，慢慢增加浓缩料，粗饲料的长度应在 10cm 以上。犊牛期不喂高热量饲料，会增加肌间脂肪形成。

牛第一胃的发育成熟，对后期牛的生长发育很关键。胃对各种饲料的消化能力是不同的。与玉米相比，麦类的淀粉在第一胃内容易分解，所以，麦类比玉米分解速度快。究其原因，是因为淀粉的形态和性质的不同，相比玉米，麦类淀粉中直链淀粉所占比率较高，胃内淀粉分解差异见表 6-6。

表 6-6　第一胃内谷物（淀粉）的分解速度的差异

分解速度	急速	中程度	慢速
饲料（谷物、淀粉）	小麦	玉米	高粱
	大麦		
	燕麦		

6.2.5 犊牛饲养技术要点

6.2.5.1 犊牛早期的发育和营养

（1）发育方面：犊牛舍适宜气温是 15℃，温度过低，增加能量消耗。使用高蛋白质的替代乳，可以改善犊牛的增长和对饲料的吸收率，防止大量添加油脂类饲料，影响犊牛对饲料的摄取量。

（2）营养方面：冬季使用高脂肪含量的替代乳，维持体能的需要。给犊牛添加含有无机盐和维生素的替代乳和人工乳是必不可少的。无机盐主要是 Na、K、Ca 等电解质。使用 β-胡萝卜素含量丰富的初乳（或替代乳），可以防止犊牛缺乏脂溶性的维生素，一般替代乳中脂肪的含量控制在 2% 左右。

6.2.5.2 犊牛隔栏补饲

早期补饲植物性饲料。采用随母哺乳时，应根据饲草质量对犊牛进行适当的补饲，既有利于满足犊牛的营养需要，又利于犊牛的早期断奶后胃的发育。人工哺乳时，要根据饲养标准配合日粮，早期可让犊牛采食以下植物性饲料：

（1）干草：犊牛从 7 ~ 10 日龄开始，训练其采食干草，100 日龄以后开始饲喂干草，有利于第一胃的发育、形成。在犊牛栏的草架上放置优质干草，供其采食咀嚼。饲喂干草，慢慢增加浓缩料。要防止其舔食异物，促进犊牛发育。干草长度开始用 3 ~ 4 cm 以上，后期调整为 10 ~ 12 cm。公母牛要分开饲喂；适当提高干草的摄取量。

（2）犊牛的饲养：一般指从初生、断奶到 6 月龄阶段的小牛（出生 6 个月内）。为了补充营养锻炼犊牛消化能力，必须早期补料。犊牛 7 日龄后，在牛舍内增设小牛活动栏与母牛隔栏饲养。有条件的也可在犊牛出生一个月内，大母牛和犊牛一起单独饲养。在小犊牛活动栏内设饲料槽和水槽，供给补饲专用颗粒料、铡短的青干草、紫花苜蓿、秸秆和清洁饮水，让其自由采食。补料方法：

犊牛生后 2 周前后即可任其自由咀嚼优质干草（如紫花苜蓿）但应防止其舔食污草；犊牛出生 1 周后，即可训练犊牛吃专用精料，每天以饲喂 100 ~ 150 g 为宜，以后逐渐增加。每天定时让犊牛吃奶并按周逐渐增加饲草料量，逐步减少犊牛的吃奶次数，以利早期断奶。

（3）粗饲料：犊牛期适量添加梯牧草有利骨骼生长。

6.2.5.3 断奶前的犊牛饲养

正常哺乳 + 补饲专用颗粒料 + 苜蓿干草 + 后期补饲适量精饲料。犊牛饲养方案：1 月龄犊牛，每天饲喂颗粒饲料 0.1 ~ 0.2kg，不饲喂苜蓿草；2 月龄犊牛，开始每天饲喂颗粒饲料 0.3kg，逐渐增加喂量，满 2 月龄时达到 0.6kg，同时投喂少量优质苜蓿干草 0.2kg；3 月龄犊牛，开始每天饲喂颗粒饲料 0.7kg，满 3 月龄时颗粒饲料投喂量达到 1.0kg，苜蓿干草饲喂量增至 0.5kg，同时补充 0.5kg 精饲料。

6.2.5.4 精心护理

犊牛放牧时 应防止行走过多造成体能消耗过大；舍饲的犊牛应加强运动；犊牛要经常刷拭，促进体表血液循环，保证皮肤健康；保持牛体干燥卫生，增进食欲，避免饮凉水及脏水。牛舍要保持干燥、通风良好，定期消毒；秋冬季节要做好牛舍的防寒保温，避免贼风侵袭，寒冷季节必须要垫圈保温，通常采用干锯屑及刨花作垫料或铺柔软、干净的垫草，垫床 15 ~ 20cm。

6.2.5.5 犊牛精饲料给量

为方便农户饲养，犊牛自 3 月龄以后饲喂精饲料配比与产后母牛基本相同。精料具体给喂参考量：4 月龄犊牛，每天饲喂颗粒饲料 1.0kg，苜蓿干草饲喂量增加到 1.5kg，精饲料也增加到 1.5kg。5 ~ 6 月龄犊牛，每天饲喂苜蓿干草 2kg，精饲料 2 kg；6 ~ 7 月龄犊牛，每天饲喂苜蓿干草 2 kg，精饲料 2.5kg，饲喂青贮饲料 0.5kg；7 ~ 8 月龄生产群犊牛，每天饲喂苜蓿干草 2.5kg，精饲料 3kg，青贮饲料 1.0kg；8 月龄后犊牛精饲料投放量，阉割公牛犊体重 230 ~ 250kg 投喂饲料 4kg，约为体重的 1.7%，雌性犊牛 200 ~ 230kg 投喂饲料 3kg，约为体重的 1.4%。作为育肥的雪花肉牛，7 ~ 8 月龄犊牛就开始进入育成牛育肥管理。

（1）饲喂精饲料。犊牛产后一周开始补饲犊牛开食料。自然哺乳的犊牛比人工哺乳的犊牛生长发育状况要好。3 月龄以后，开始供应试喂小育成牛的混合饲料，上限是体重的 1.5% ~ 2%。

（2）训练其采食精饲料。初喂精饲料时，可在犊牛喂完奶后，将犊牛料涂在犊牛嘴唇上诱其舔食，经 2 ~ 3d 后，可在犊牛栏内放置饲料盘，放置犊牛料任其自由舔食。因初期采食量较少，料不应放多，每天必须更换，以保持饲料及料盘的新鲜和清洁。最初每头日喂干粉料 10 ~ 20g；数日后可增至 80 ~ 100g；等适应一段时间后再喂以混合湿饲料，即将干粉料用温水拌湿，经熟化后投给。湿饲料给量可随日龄的增加而逐渐加大。饲料配方可参考表6－7、表6－8。

表6-7　犊牛开食（胃）料（3月龄以内）配方参考

序号	原料分类	比例（%）	原材料名称	营养成分构成	添加剂品名
1	谷物类	58	玉米、小麦粉、彭化大豆（粉料）	粗蛋白18%以上，粗脂肪2.0%以上	维生素A、维生素E、维生素D₃
2	综合类	16	麸子、米糠（大豆皮）	粗纤维7.0%以下，粗灰分9.0%以下	维生素K₃、维生素B₁、维生素B₂
3	植物油粕	20	豆粕、玉米筋粉、加糖加热处理豆粕	粗纤维7.0%以下，粗灰分9.0%以下	维生素B₆、维生素B₁₂、叶酸
4	其他	6	糖蜜、碳酸钙、苜蓿粉、食盐、枯草菌	TDN（总可消化养分）75.0%以上	烟酸、泛酸、生物酿酒酵母、二氧化硅、乳酸菌（磷酸钙）素.硫酸锰、硫酸铁、硫酸钴、叶酸钙、硫酸铜、硫酸锌、沙卡林钠、香料

说明：括号内的原料根据实际确定，也可不使用。

表6-8　犊牛（6月龄以内）的精料参考配方

饲料名称	配方1	配方2	配方3	配方4
干草粉颗粒	20	20	20	20
玉米粗粉	37	22	55	52
糠粉	20	40	-	-
糖蜜	10	10	10	10
饼粕类	10	5	12	15
磷酸二氢钙	2	2	2	2
其他微量盐类	1	1	1	1
合计	100	100	100	100

6.2.6 犊牛期的管理

加强犊牛的饲养管理，提高犊牛成活率。犊牛早期管理对牧场非常重要，是未来生产高档牛肉品质的基础。犊牛正值器官发育和成长的高峰期，其饲养管理的好坏直接影响成年后的生产性能以及经济效益。

6.2.6.1 犊牛呼吸

正常出生的犊牛可以立即开始呼吸、摇头、鸣叫或为了站立而进行各种活动。防止假死、呼吸困难、氧气不足的现象发生。

出生后的第一个小时确保小牛呼吸，小牛出生后如不呼吸或呼吸困难，通常与难产有关，必须首先清除口鼻中的黏液，方法是人工辅助呼吸复苏：使小牛的头部低于身体其他部位或倒提几秒钟使黏液流出；先擦试掉口鼻处的黏着物，使羊水吸引器吸出鼻腔及气管中的羊水。接下来头部洒上凉水，拍打、摩擦牛身体。也可以用稻草搔挠小牛鼻孔或用冷水洒在小牛头部以刺激呼吸。如果不动，抓住后腿吊起来上正席左右摇晃，用嘴向鼻内将空气吹入肺部，或刺激胸部进行人工呼吸。帮助站立起来的犊牛找到母牛乳头，确认生命体征之后用碘酊对脐带进行消毒。

6.2.6.2 脐带止血

呼吸正常后，应立即注意肚脐部位是否出血，如有应用干净棉球止住。将残留的几厘米脐带内的血液挤干后必须用高浓度碘酒（7%）或其他消毒剂浸泡或涂抹在脐带上。

6.2.6.3 犊牛登记

犊牛出生后，接产兽医填写《犊牛出生登记表》，信息录入追溯系统。为新生犊牛打上标记，加戴电子耳标、植入皮下芯片、照像，建立起高端牛肉产品追溯体系。做好信息上传、管理：改良农户按要求通过手机 APP 及时上报饲养信息（包括精料量、疫苗、给药、生长发育情况等）。

6.2.6.4 哺乳期的管理

哺乳期管理的重点是保持牛体的清洁，保证环境温暖、干燥。

（1）自然哺乳。注意母性白痢和犊牛发育不全的现象。犊牛腹泻如果是母乳引起的，要检查母乳及母牛饲养管理措施，如果仍不见效，则考虑人工饲养。

（2）人工饲养。犊牛出生 1 周左右开始，用人工乳饲养来补充因母乳或替代乳不足造成的营养缺乏。个别哺乳时，替代的温度和供给量十分重要。寒冷地区要防止来自床底的冷气。关键是在地板上铺上干燥而充足的垫料。注意牛床地板的温度和污染。要控制犊牛群的数量规模，一般 6～10 头一组，月龄接近，犊牛群体越大应激反应越强烈。

6.2.6.5 建设犊牛岛

犊牛岛（舍）的使用注意事项：①使用前进行彻底清洁消毒；②应通风好、干燥；③犊牛舍要保温；④犊牛吃料和休息的地方要分开；⑤确保犊牛饮用干净水；⑥确保犊牛有充足的空间（面积、体积）。

6.2.6.6 隔离饲养

犊牛出生后立即放在干燥、清洁的环境中，确保犊牛及时吃到初乳。在寒冷的冬季，新生 2 周的犊牛，室温须保持在 10℃以上；2 周后，室温保持在 10℃左右。给犊牛创造一个温暖、干燥、舒服的环境，可降低患病和疾病传播的可能性，也便于饲养人员监测犊牛的采食情况和体况。犊牛哺乳期间采取自由采食犊牛精饲料和粗饲料。训练犊牛尽早饮水。隔离管理，1 月龄后过渡到群栏。同一群栏犊牛的月龄要一致或相近。犊牛从出生后 8～10 日龄起，开始在犊牛舍外的运动场做短时间运动，以后逐渐延长运动时间。

6.2.6.7 疾病观察

营养缺乏和管理不善是犊牛死亡率和发病率高的直接原因，因为健康的犊牛经常处于饥饿状态，食欲缺乏是不健康的第一症状，必须注意到。贯彻防重于治的方针，对牛随时观察，看采食、看饮水、看粪尿、看反刍、看精神状态是否正常，发现异常及时处理。

6.2.6.8 犊牛去角去势

犊牛生后 7～10 日内开始去角，2 月内完成。去角时兽医必须依照一定的技术指导和程序，避免刺激和伤害小牛。断角一般 1～2 月采取涂除角灵，使用美国进口药较好，国产药以河北生产为好。3～4 个月采用烧烙除角法或用断角钳效果较好。6 月龄以上多采取线锯断角法效果较好。适时去势。公犊在生后 10 日龄时开始去势，3～4 月前完成。

6.2.6.9 环境卫生要求

保持牛舍清洁卫生、干燥、安静，避免大量粉尘的产生，搞好环境卫生，及时更换牛床垫料并做好消毒工作，冬季做好氨气排放工作，保证空气流通。夏季减少蚊蝇干扰，确保牛的健康和生长发育。夏季要防暑，冬季防冻保温，减少因温度变化使牛产生应激反应。喂料、消毒、圈舍清理等要按操作规程进行，动作要轻，保持环境的安静。

6.2.7 改良犊牛的回收要点

（1）品种。是指父本为和牛冻精，母本为荷斯坦奶牛、本地黄牛或其他肉牛母牛等经确定适合改良的母牛（建议养殖场户尽量不使用西门塔尔或含西门塔尔血统的母牛作母本），杂交后所产生的改良后代。

（2）体形外貌。高档肉牛改良牛毛色以黑色为主，四肢强壮、体躯结实，皮薄毛顺或卷，体呈筒状，四肢轮廓清楚，肋胸开展良好。改良犊牛要求毛色为纯黑色，若有杂色时，黑色在95%以上，视为合格。

（3）体重。犊牛系指初生至断乳前这段时期的小牛。哺乳期通常为3~4个月。6月龄公犊牛，体重（180~200）kg±10%，母犊牛（160~180）kg±10%。平均日增重0.9kg以上。

（4）经试验，6月龄以后干草摄取量多的牛，增高较快。犊牛应多饲喂含钙多的饲料（浓缩料），如以DNF（中性纤维）少的粗饲料。

（5）改良户要按要求饲养犊牛，不能给犊牛饲喂育肥料，过早催肥。交售时间不能拖后，以便同日龄犊牛一起饲养。

6.2.8 犊牛饲养管理注意事项

6.2.8.1 注意观察犊牛群的生长发育

掌握犊牛出生后的发病规律：如犊牛群体形成后几天容易发病，犊牛出生后几天容易发病，什么季节犊牛容易发病，并及时开展预防。

（1）新生犊牛要保证及时吃上初乳。

（2）犊牛要坚持早断奶，及时补充替代乳或人工乳，训练吃开胃料和粗饲料。

（3）犊牛如果不喜欢吃粗饲料，要检查粗饲料的品质，如发现霉变的，应立即停止饲喂，更换粗饲料。避免饲喂腐败、变质的饲料。

（4）判断犊牛发育状况，以犊牛身高发育特征为主，包括营养程度、体积。切忌不要突然改变饲料和方法。

6.2.8.2 加强犊牛管理

（1）及时给饲喂多汁饲料。从生后20d开始，在混合精料中加入20~25g切碎的胡萝卜，以后逐渐增加。若无胡萝卜，也可饲喂甜菜和南瓜等，但喂量应适当减少。

（2）饲喂青贮饲料：从2月龄开始喂给。最初每天100~150g；3月龄可喂到1.5~2kg；4~6月龄增至4~5kg。

（3）正确使用抗生素、乳酸菌，可防止犊牛腹泻、肺炎。

（4）每头小牛先在面积为5m²的过渡栏里适应3个月，吃风干青草，让娇嫩的肠胃得到锻炼，小牛经过3个月适应后再吃低热量高蛋白精饲料、干草，搭配维生素和钙片，让小牛产生优质脂肪。

（5）补饲抗生素。为预防犊牛腹泻，定期补饲一些抗生素类药物性饲料。每头补饲1万国际单位的金霉素，30日龄以后停喂。

（6）犊牛2月龄发育水平的变化之差，80%以上的因素是由于母牛哺乳的摄取量不同而造成的。

6.2.8.3 注意预防疾病

犊牛出生后，环境的适应性和对疫病的抵抗力相对较弱。实践证明，犊牛死亡率的高峰期是在犊牛出生1

周左右的时间。因此，要引起高度重视。

（1）加强环境消毒。主要是搞好卫生消毒，犊牛的奶桶喂完后立即清洗、消毒，食槽也要每天清洗、消毒，每天喂给的干草和饲料要新鲜，饲喂前要将前一天剩下的干草和饲料清洗干净。

牛舍出入口要有消毒装置，工作人员穿长靴，每天清洗消毒。工作流程：分娩舍→哺育舍→犊牛舍→育成舍→繁殖舍。不能倒流、打乱，防止交叉感染。

（2）及时注射疫苗。按程序进行疫苗注射，犊牛必须做好 6 联苗防疫。新生犊牛第一次接种混合疫苗的日龄是 3 周龄（20～60d）接种疫苗。犊牛易发生疾病：败血症、脐带炎、哺乳期肠炎（白痢）、肺炎，要及时做好预防。

（3）预防腹泻和肺炎。在防止犊牛腹泻措施中，牛奶中添加乳酸菌具有效果。正确使用抗生素、乳酸菌，可防止犊牛腹泻、肺炎；预防疾病使用药物 4～5 天，如果效果不理想，应立即停药。

（4）要对患病犊牛进行隔离治疗和调养。

6.2.8.4 注重饮水质量

牛奶中的含水量不能满足犊牛正常代谢的需要，必须训练犊牛早饮水。从犊牛生后第 2 周开始，每天要单独饮 36～37℃的温开水。水中可加入少许牛奶或奶粉，增加适口性，以诱其饮水。半个月后即可饮用常温水。在温暖季节里，运动场可设水槽，让犊牛自由饮水；3 周龄后可饮常温水。1 月龄后可在运动场内备足清水，任其自由饮用。

注意饮用水的质量。石灰岩土壤地区的水质 pH 高，牛尿中的 pH 也偏高，易诱发尿结石。

6.2.8.5 注意犊牛舍清洁卫生

（1）做好牛舍保温和通风。要适时排风，保持舍内空气新鲜。在犊牛时期，控制好舍内温度和湿度，舍温控制在 10℃以上。

（2）牛舍消毒。保持牛舍干净，干燥，定期消毒，采用生物消毒和化学药品消毒相结合，化学消毒药对有益菌和有害菌同时杀灭，而生物消毒剂只抑制有害微生物繁殖，不杀死有益微生物，圈舍和畜体（包括人体）都有有益微生物的生长繁殖，注意消杀。

（3）注意牛顶棚、墙角的清洁消毒。地面和屋顶每 3 天进行 1 次彻底清洗消毒。

（4）防止老鼠在草料室（棚）、牛舍内窜入，传播疫情。

（5）要保持牛舍安静、舒适、防止干扰和噪声。

（6）牛舍举架要高，有利通风排湿。

6.3 母牛的饲养管理

母牛的饲养管理，直接关系犊牛的健康，健壮的母牛，才能产下健康的犊牛。因此，母牛饲养主要考核繁殖率、犊牛体况、发情周期 3 个指标。

6.3.1 母牛的饲养技术

（1）妊娠前期母牛的饲养。妊娠前期指从受胎到怀孕 6 个月，一般按空怀母牛进行饲养，但要保证饲料的质量，不能喂棉籽饼、菜籽饼、酒糟等饲料，适当补饲胡萝卜或维生素 A 添加剂。

（2）妊娠后期（产前 2 月）母牛的饲养。纯种和牛母牛的产奶量 7kg 左右。营养补充以全价精饲料为主，粗饲料以优质青贮、青干草为主，日粮饲喂量不能过量。参考日粮配方：精饲料玉米 60%、胡麻饼 18%、麸皮 19%、预混料 2%、食盐 1%，每天 2kg／头；粗饲料每天 14kg／头（青贮及干草 12.0kg、苜蓿 2.0kg）。

（3）母牛分娩前 1 个月至产后 2 周内，需要为母牛杀虫，提供维生素、无机盐营养素，有利产后恢复健康、发情。因为，分娩时对维生素 A、维生素 E 的消耗量是比较多的。添加维生素 A500 万单位、维生素 E500mg。

（4）哺乳母牛饲养管理。供给易消化，富含维生素、微量元素的全价精饲料，以青贮、青干草为主，春秋季要适量饲喂禾本科和豆科青草。精饲料配方：玉米 60%、胡麻饼 20%、麸皮 16.5%、预混料 2%、食盐 1%、石粉 0.5%。

（5）做好母牛和犊牛的产后护理。产后 1～2h，让母牛饮温热麸皮水（麸皮 1～2kg、食盐 0.2～0.3kg、温水 15～20ml）；产后 1 月内的高泌乳期，每天精饲料增加到 3.5kg／头，可增加母牛产奶量，促进犊牛发育；产后 1～2 月内的中泌乳期，每天精饲料 3kg／头；产后 3～4 个月的低哺乳期内，每天精饲料 2kg／头即可，减少精饲料供给有利于母牛早期断奶及时受胎。产后 1～4 个月，饲喂粗饲料每天 13kg／头（青贮及干草 12.0kg、苜蓿 1.0kg），此期间母牛膘情应控制在中等膘情（能看到 3 根肋骨最好）；母牛断奶后（干乳期）每天饲喂精饲料 1kg／头、粗饲料 14kg／头（青贮及干草 12.0kg、苜蓿 2.0kg）。

6.3.2 待产母牛的护理

母牛在产前有下列征兆，必须注意护理。

（1）一般生理变化。摄食、反刍、休息一周内没有规律，多数处于站立状态。尾巴扬起，舌舔舐腹部，用脚踢腹部等。

（2）腹部变化。临近分娩，腹部下沉，横向降起的状态及胎动会消失。

（3）乳房的变化。乳房变大，且表面血管突出，若将乳汁挤出，分娩前 3d 是黄色黏性较高的液体，分娩前 1 天乳汁会变成白色或乳白色，且呈流动性较好的状态。

（4）尾根部的变化。尾根部周围皮肤凹陷且柔软。

（5）黏液的变化。妊娠时会有高黏度的黏液栓软化且垂下阴部，分娩 1～2d 时，流动性增加且长长垂下来。

（6）外阴部变化。外阴部肿胀，在临近分娩时缓解。

（7）骨盆韧带的松弛。骨盆韧带会在妊娠末期松弛，尾根部突起，臀大肌下沉。

（8）排泻动作的变化。粪便量减少，次数增多，不规律。分娩前一天，粪便变软，排泄动作笨拙，排泄时扬尾方式和排泄后的尾巴归位方式不自然。

6.3.3 母牛的管理要点

（1）母牛妊娠后应做好保胎工作，预防流产和早产。应该做到单独组群饲养，不打头、腹部，不喂霜、冻、变质饲料，不饮冷水，吃饱饮足后不驱赶。每天让其自由活动 3～4h。

（2）母牛的营养。母牛分娩前 2 个月内的饲养很重要，除满足母牛的营养需要外，还必须提供牛胎儿的发育营养需要。

（3）犊牛出生时，要给脐带消毒，预防脐带炎。同时，要做好 3 件事：尽早吃上初乳、预防生理贫血和杀虫。

（4）在母牛产后一个月后限制哺乳时间和次数，有利促进母牛卵巢中卵母细胞的发育，使母牛尽早进入发情期。

（5）母牛妊娠末期 2～3 个月是发育关键时期，牛胎儿及附属器官会在妊娠末期 2～3 个月内，发育速度最快。如摄取的营养不良，会影响母牛及胎儿发育。导致母牛缺乏营养，胎儿受影响。

（6）断奶期的母牛，要调整饲料，减少精饲料的投放量，停止多汁饲料的饲喂，防止棒奶。

（7）母牛初产月龄 24.4 个月；母牛的日粮饲喂量 3.5kg/头。

（8）纯种和牛母牛 13～14 月龄、体重应为 300kg、体高 116cm 时考虑初次配种；产后 20d 第一次发情（不配种），分娩 50～60d 恢复发情配种。

6.3.4 母牛饲养管理注意事项

（1）要防止近亲繁殖，实现优选优配；冻精选择有后裔测定的公牛冻精。杂交改良后代表现如何，与种公牛冻精的血统及牛基因有决定性关系。

（2）母牛体况要保持在中等偏上，过瘦不发情，过胖繁殖障碍，营养达到 70%～80% 即可。提倡放牧加补饲的饲养模式，降低饲养成本。

（3）舍饲母牛群中应放入试情牛，让公牛来回跑动，促进母牛发情。

（4）以舍饲为主的母牛应加强运动，以保持机体健康，正常发育。

（5）连续 2 年不产犊的母牛必须淘汰，老弱病残的母牛应及时育肥，出栏屠宰，让牛群结构合理。繁殖率为 80%～100%，淘汰率为 10%。

（6）母牛群体饲养有压力，有必要将待产的母牛分群单独饲养。

（7）年轻母牛免疫抗体种类少，注意营养调控。

（8）犊牛出生 1～3 周易发生生理贫血；出生后 3 天注射铁作为预防措施，与维生素 E 及维生素 A、维生素 D 一起使用。

6.4 育成牛饲养管理

6.4.1 育成牛阶段的划分

育成牛一般指饲养 7～18 月龄，体重 450 kg 以上。肉牛育成期是雪花肉牛生长发育重要时期。育成期饲喂高蛋白饲料，肋骨扩张，体高增高，有利于后期育肥增重。实践证明，肉牛发育过程中胸肋肉不肥大，是由于肉牛在育成牛期间缺乏粗饲料导致的。即粗饲料给喂不充足，影响了肉牛前期的生长发育。后期无法补偿，造成胸肋肉薄，胸肋肉越厚越好。大约 18 月龄后，肉牛体重 550kg 时期开始，从肌肉增重转移到脂肪增重的时期；大约从 14 月龄开始，肉牛体重在 400～500kg 时，摄取干物质量最多，日增重最快。

从育成牛到育肥前期，应多饲喂浓缩料。生长脂肪较多的部位是牛的肾脏，肾脏脂肪具有独特的"鲜、香"风味，牛肾脏周围的厚脂肪，多用于生产各种特殊调料。

6.4.2 育成牛的精饲料配制

6.4.2.1 精料配方原料参照表

表 6-9 为 6 月龄以上和牛犊牛育肥饲料精料配方参照表。

表 6-9　和牛犊牛育肥饲料（6 月龄以上）

序号	原料分类	比例（%）	原材料名称	营养成分构成	添加剂品名
1	谷物类	48	玉米、大麦、高粱	粗蛋白 15% 以上，粗脂肪 2.0% 以上	维生素 A、D₃
2	综合类	30	麸子、米糠（玉米面筋）（麦糠）	粗纤维 10% 以下，灰分 10% 以下	硫酸锰.硫酸钴

续表

序号	原料分类	比例（%）	原材料名称	营养成分构成	添加剂品名
3	植物油粕	14	豆粕、菜籽粕	钙 0.35%以上，磷 0.30%以上	硫酸铜.硫酸锌
4	其他	8	糖蜜、碳酸钙、苜蓿粉	食盐（磷酸钙）TDN（总可消化养分）69%以上	碘酸钙

说明：括号内的原料根据实际确定，也可不使用。

表 6-10 为 7~8 月龄以上和牛育成牛的饲料配方。

表 6-10　和牛育成牛（7~18 月龄）饲料配方

序号	原料分类	比例（%）	原材料名称	营养成分构成	添加剂品名
1	谷物类	52	玉米、小麦粉、彭化大豆（高粱）	粗蛋白 16%以上，粗脂肪 2.0%以上	维生素 A.VD_3.VE.VK_3
2	综合类	26	麸子、玉米面筋、米糠（玉米糠）	粗纤维 10%以下，灰分 10%以下	VB_1.VB_2.VB_6.VB_{12}
3	植物油粕	17	豆粕、菜籽粕、加糖加热豆粕	钙 0.60%以上，磷 0.40%以上	烟酸、泛酸、叶酸
4	其他	5	糖蜜、碳酸钙、苜蓿粉、食盐、磷酸钙	TDN（总可消化养分）73.0%以上	生物素

说明：括号内的原料根据实际确定，也可不使用。

6.4.2.2 育成牛精饲料参考配方

精饲料参考配方要点见表 6-11：7~18 月龄饲粮由精饲料玉米、大麦、大豆、大豆粕、菜粕、麸皮或米糠、添加剂和粗饲料青贮、优质青干草组成。如用酒糟饲喂量≤1/3 日粮干物质，日粮粗蛋白含量 12%，消化能 12.13MJ/kg~13.97MJ/kg。

表 6-11　精饲料参考配方表

原料名称	配方百分比（%）
玉米	38
大麦	15
大豆/大豆粕	17
菜粕	4
麸皮/米糠	21
预混料	5

6.4.3 育成牛的饲养

6.4.3.1 育成牛前期精料掌控

8 月龄犊牛精饲料投放量，去势公牛犊体重 230~250kg，投喂饲料 4kg，约为体重的 1.7%；雌性犊牛 200~230kg，投喂饲料 3kg，约为体重的 1.4%。

6.4.3.2 育成牛饲养模式

雪花肉牛育成牛饲养主要采取 2 种方式：一是由龙头企业自行饲养；二是由合作牧场协议"代养"。育成牛养殖场（户）以规模养殖为主，又称代养专属牧场，经公司确认。每户养殖规模为 50~100 头或 100~300

头，每头牛舍面积 8 ~ 10m² 以上。牛源由龙头企业提供，按回收成本价格销售给代养户（场）。投资规模 3.0 万元/头，其中，饲养牛的成本 2.3 万元，牛舍投资 0.7 万元，每个养殖场投资 300 万 ~ 900 万元。育成牛由龙头企业负责回收，确保合作场户有一定的收益。

6.4.4 育成牛饲养注意事项

（1）新购架子牛进场后应隔离饲养（观察期为）15d 以上，防止随牛引入疫病。

（2）先投喂粗饲料，后投喂精饲料，不要将浓稠的饲料作为主食投喂。

（3）饲喂精饲料方法：架子牛进场以后 4 ~ 5d 饮喂混合精饲料，混合精饲料的量由少到多逐渐添加，10d 后可喂给正常供给量，并开始添加公司指定厂家生产的益生菌，提高牛体免疫力。

集中饲养的育成牛精饲料由龙头企业提供，费用由贷款或自筹解决。接受公司养殖监督、技术指导，严格执行协议。

（4）饲料中的淀粉影响雪花肉品质，能量不够（谷物需要不够）雪花肉质变暗。

（5）16 月龄内牛体健康对育肥非常关键；和牛整个育肥期维生素 A 和营养物质 Fe 要进行调控。

（6）由于运输途中饮水困难，架子牛往往会发生严重缺水。因此架子牛进入围栏后掌握好饮水量。第一次饮水量以 10 ~ 15ml 为宜，可加入人工盐（每头 100g）；第二次饮水在第一次饮水后的 3 ~ 4h，饮水时，水中可加些麸皮。

（7）粗饲料饲喂方法：首先喂优质干草、秸秆和青贮料，第一次喂料要限制，每头牛 4~5kg，第二、三天以后可以逐渐增加喂量，每头每天 8 ~ 10kg，第五、六天以后可以自由采食。

（8）分群饲养：按大小、强弱、品种，分群饲养。每群数量以 10 ~ 15 头较好，傍晚时分群容易成功；分群的当天应专人值班观察，发现格斗，应及时处理。牛围栏要干燥，分群前围栏内铺垫草，每头牛占围栏面积 4 ~ 5m² 以上。

（9）保持牛舍清洁、干燥、安静，保温通风。冬季室温须达到 5 ~ 10℃，夏季减少蚊蝇干扰，以防影响架子牛增重。

（10）驱虫：体外寄生虫可使牛采食量减少，抑制体重，育肥期增长。体内寄生虫会吸收肠道食糜中的营养物质，影响架子牛的生长。一般可选用阿维菌素，一次用药同时驱杀体内外多种寄生虫，驱虫可以从牛入场的第 5 ~ 6d 进行，驱虫 3d 后，每头牛口服健胃散 350 ~ 400g 健胃。驱虫可每隔 2 ~ 3 个月进行一次，如购牛是秋天，还应注射倍硫磷，以防止牛皮蝇。

（11）改良农户按要求通过手机 APP 软件及时上报饲养信息（包括日投精料量、粗饲料量、疫苗、给药、生长发育情况等）。

（12）根据当地疫病流行情况进行疫苗注射、去势、勤观察架子牛采食、反刍、粪尿、精神状态。

6.5 育肥牛饲养管理

6.5.1 育肥期的划分

世界上将肉牛生产主要划分两大类，一种是草饲的肥牛，另一种是谷饲的雪花肥牛。雪花牛肉属谷饲的牛肉，比草饲牛肉更有嚼感，油花亦较多，胆固醇含量随饲料的进步而大幅降低。草饲牛以放牧饲草为主食。因此，肉质较为精瘦，脂肪较少，且多余的脂肪聚集皮下。谷饲牛主要以集中圈养的方式饲养，以高营养谷物喂饲，牛肉瘦肉中会沉积细微的大理石花纹，增加食用口感与滑嫩。雪花肉牛属谷饲肥牛，而且是高能量的谷饲肉牛。

肉牛育肥是雪花牛肉生产的关键环节，直接影响胴体的重量、品质和等级。在生产中被视为是黄金时期。既可提高产品质量，也可补偿式弥补前饲养中的不足。

6.5.1.1 育肥阶段的划分

用于中高端肉牛一般育肥 10 ~ 12 个月。普通肉牛育肥 3 ~ 5 个月。用于雪花牛肉生产的肉牛一般育肥 20 个月以上、体重在 700kg 以上时出栏。一般雪花肉牛育肥期按育肥前、中、后 3 个育肥阶段划分：7 ~ 12 月为育肥前期，以促进腹部、骨骼及肌肉为中心展开饲养；13 ~ 21 个月为育肥中期，育肥前期到育肥中期，体重 400 ~ 500kg，月龄是 10 ~ 18 月龄；22 ~ 24 个月为育肥后期，以促进雪花沉积为中心进行饲养。26 ~ 30 个月出栏，体重在 800kg 左右。为了获得优质牛肉，对育肥牛的不同阶段采取科学的饲养方法，使其日粮营养水平要求高，除维持正常生长发育的营养需要，还要获得较高的增重和饲料报酬，缩短育肥期，从而取得最大的经济效益。

育肥期的延长，可获得肉的密实性、挺实性和脂肪高杂交度。应采取饲养调控技术，盲目延长育肥时间，虽然体重增加，会使内脏脂肪和皮下脂肪增加多余的脂肪，降低育肥效率，结果并不理想。推荐育成期肉牛采取放牧+补饲的养殖模式，降低饲料和饲养成本，减少粪污处理量及成本。

雪花肉牛育肥期的前期、中期与育成牛的生长发育期发生重叠；育肥牛以肉牛育肥期划分为主，生产牛以育成牛的饲养阶段划分为准。

6.5.1.2 育肥期的细分

雪花肉牛（杂交和牛）以生产高档大理石花纹肉为主。育肥期分为增重期和肉质改善期。有的将前期（7 ~ 12 月龄）、中期（13 ~ 21 月龄）划分为增重期，增重期时间为 6 ~ 8 个月，体重应达到 550 kg 以上，不能低于 450 kg。前期主要保证骨骼和瘤胃发育，中期主要促进肌肉生长和脂肪发育。后期（22 ~ 28 月龄）为肉质改善期（4 ~ 6 个月育肥期），此期主要促脂肪沉积。一般杂交和牛要求体重达到 500 ~ 600kg 以上。

6.5.1.3 雪花肉牛出栏判断标准

雪花肉牛出栏时间的判断方法主要有两种：一是用肉牛采食量来判断。育肥牛采食量开始下降，达到正常采食量的 10%~20%；增重停滞不前。二是从肉牛体形外貌来判断。通过观察和触摸肉牛的膘情进行判断，体膘丰满，看不到外露骨头；背部平宽而厚实，尾根两侧可以看到明显的脂肪突起；臀部丰满平坦，圆而突出；前胸丰满，圆而大；阴囊周边脂肪沉积明显；躯体体积大，体态臃肿；走动迟缓，四肢高度张开；触摸牛背部、腰部时感到厚实、柔软有弹性，尾根两侧柔软，充满脂肪。高档雪花肉牛屠宰后胴体表覆盖的脂肪颜色洁白，胴体表脂覆盖率 80% 以上，胴体外形无严重缺损，脂肪坚挺，前 6~7 肋间切开，眼肌中脂肪沉积均匀。

6.5.2 育肥关键技术

6.5.2.1 牛舍和牛体的卫生

雪花肉牛散栏饲养，每头占栏面积最低 6 ~ 8m²。畜舍保持清洁干燥、空气新鲜，每周除粪 1 ~ 2 次（有垫料除外），畜舍内保持不泥泞，以牛腹下不沾粪便为标准。舍内垫料多用锯末或稻壳。畜舍内外每半月消毒 1 次，饲槽、水槽每 3 ~ 4 d 清洗 1 次。牛入舍前要进行体检、体表清洗和驱虫。

6.5.2.2 育肥期间的饲养调控

育肥前期，以长肉、增长骨架、增重育肥为主。这个时期以高蛋白质饲料为主，精饲料和粗饲料的质量比约为 3∶7，然后逐渐过渡到 4∶6 ~ 5∶5 或 5.5∶4.5 左右。后期育肥时，主要以沉积脂肪、改善肉质为主。应饲喂高能量低蛋白质饲料，精饲料和粗饲料的比例逐渐过渡到 6∶4 ~ 7∶3，育肥后期应达到 80% 左右，为了保证肉品风味以及脂肪颜色，后期精饲料原料中应含 25% 以上的麦类。以大麦、小麦为主，用大麦代替部分玉米，添加一定量的无机盐；粗饲料以秸秆或稻草为主，以提高饲料的能量，降低饲料中粗蛋白质。育肥牛体重达 450kg，饲料中增加大麦，每头 2 ~ 4kg/d；精料 8kg/d。

6.5.2.3 饲料配方及饲喂量

分阶段调制肉牛饲料配方。日粮配方应根据肉牛的肥育阶段、体重、喂料情况，按照不同阶段，合理搭配精饲料和粗饲料的比例，应由龙头企业统一调制，添加剂由公司指定厂家生产，统一调配。饲料由精饲料、干草、舔砖、水组成，玉米、大麦等颗粒采用压扁料、蒸煮加粉料组成（参考）。

育肥牛日粮能量饲料选择蒸煮压片玉米或者压片大麦为宜，育肥后期禁喂青绿饲料（含青贮饲料）。精料日喂量消化能 13.39~14.65MJ/kg。育肥牛出栏标准：26 月龄以上并且母牛体重 670 kg 以上或阉牛 720 kg 以上；28 ~ 30 个月，育肥牛体重达 800kg 以上。

增重期推荐日粮：粗蛋白质 12% ~ 14%，钙 0.5%，磷 0.25%，维生素 A2000 国际单位／kg。精料采食量占体重的 1%~1.2%。

14 月龄调整为粗蛋白质 14% ~ 16%，钙 0.4%，磷 0.25%。精料采食量占体重 1.2% ~ 1.4%，日采食量每头在 2~3kg。育肥牛每 70 ~ 80kg 体重喂混合精饲料 1kg，约占日粮 30% 左右。粗饲料以青贮玉米秸秆或氨化玉米秸秆为主，约占日粮 70% 左右。育肥中后期饲料配方 TDN75.1%；淀粉含量 54.8%。

肉质改善期推荐日粮：粗蛋白质 11% ~ 13%，钙 0.3%，磷 0.27%。精料采食量占体重 1.3% ~ 1.5%，后期精饲料原料中应含 25% 以上的麦类、8 % 以上的大豆粕或炒制大豆，棉粕（饼）不超过 3 %，不使用菜籽饼（粕）。育肥牛每 60 ~ 65kg 体重喂给混合精料 1kg，约占日粮 70%。粗饲料成分与增重期基本相同，约占日粮 30% 左右。改良和牛与纯种和牛的饲料配比总体相同，略有差异。应根据改良育肥牛的营养需要量和饲料中的营养含量科学配制饲料配方，营养需要量参照表 6－13、表 6－14；推荐几种育肥牛饲料参考配方，见表 6－12。

表 6-12　雪花肉牛育肥精饲料参考配方

育肥前期		育肥中后期				育肥后期			
14 月龄		配方 1		配方 2		配方 1		配方 2	
品名	比例（%）	品名	比例（%）	品名	比例（%）	品名	比例（%）	品名	比例（%）
玉米面	72	玉米面	40	玉米面	43	玉米面	31	玉米面	33
棉籽饼	16	大麦	48	大麦	40	豆粕	10	大麦	25
豆饼	8	米糠	6	豆饼	12	麸皮	35	全脂大豆	4
磷酸氢钙	1.3	大豆	5	磷酸氢钙	1.2	米糠	15	豆粕	2
食盐	1.2	碳酸钙	1	油脂	1.0	糖蜜	2	麦皮	10
添加剂	1.5			食盐	0.8	预混	4	米糠	18
				添加剂	1.5	小苏打	2	糖蜜	1
				小苏打	0.5	食盐	1	预混	4
								小苏打	2
								食盐	1

表 6-13　改良育肥牛的每日营养需要量参考表

体重 （W）/kg	日增重 （DG）/kg	干物质量 （DM）/kg	粗蛋白质 （GP）/g	总可消化养 分（TDN） /kg	消化能（DE） /Mcal	代谢能（ME） /Mcal	/MJ	钙（Ca）/g	磷（P）/g	维生素 A /1000IU
200	0.8	4.28	701	3.21	14.18	11.63	48.66	28	12	8.5
450	0.8	7.90	834	5.70	25.18	20.64	86.38	29	20	19.1
550	0.8	8.80	864	6.55	28.90	23.70	99.15	29	22	23.3
700	0.8	9.91	895	7.71	34.02	27.89	116.70	30	26	29.7

表 6-14　改良育肥牛饲料中的营养含量参考表

体重/kg	日增重 （DG） /kg	干物质量 （DM）/kg	粗蛋白质 （GP）/%	总可消化 养分 （TDN）/%	消化能 （DE） /(Mcal/kg)	代谢能（ME） /(Mcal/kg)	/(MJ/kg)	钙（Ca）/%	磷（P）/%	维生素 A/(1000IU/kg)
200	0.6	13.4	65	2.88	2.36	9.87	0.5	0.50	0.27	1.92
450	0.8	12.0	72	3.19	2.61	10.94	0.36	0.36	0.25	2.42
550	0.8	12.0	74	3.29	2.69	11.27	0.33	0.33	0.25	2.65
650	1.0	12.0	78	3.46	2.84	11.88	0.31	0.31	0.25	2.70
700	0.8	12.0	78	3.43	2.81	11.77	0.30	0.30	0.26	2.99

6.5.3 育肥期的饲养调控

6.5.3.1 管理精细

雪花肉牛与普通肉牛比，管理更为精细，与传统肉牛养殖相比，有很多不同之处。

（1）音乐：目前没有充分证据证明音乐是否有助于改善肉质。主要是改善牛的饲养环境，舒展紧张状态，有利于育肥。

（2）啤酒：主要指饲喂酒糟或青贮饲料，改善牛的适口性。

（3）按摩：人工按摩指刷洗牛体、修蹄、梳理尾毛等，有助于牛舒筋活血，有助于改善肉质；机械按摩，每栏设一个固定按摩器（刷），牛自由按摩，刷拭、按摩牛体。坚持每天刷拭牛体 1 次。刷拭方法：人工刷拭：饲养员先站在左侧用毛刷由颈部开始，从前到后，从上到下依次刷拭，中后躯刷完后再刷头部、四肢和尾部，然后再刷右侧。每次 3 ~ 5 min。刷下的牛毛应及时收集起来，以免让牛舔食而影响牛的消化。

机械刷拭：在相邻两圈牛舍隔栏中间位置安装自动万向按摩器，高度为 1.4m，可根据牛只喜好随时自动按摩，省工省时省力。

（4）软床：指垫料，在育肥中后期有保护肢蹄的作用，因为育肥中后期的体重已经 600kg 以上，四肢承受的体重各在 150kg 以上，再加上运动等姿势的变换，有时一条肢蹄要承受 250kg 以上的压力。如果是硬地面，很有可能损伤肢蹄。因此，需要垫料软化蹄子的接触面来维护肢蹄健康。从卫生和吸收水分和异味的角度看，还应使用垫料。

垫料是锯末和碎稻草或秸秆粉、稻壳。为了节省垫料，采用长期吹电风扇、2 ~ 3 个月换一次的办法。电扇的作用既可以挥发水分、又能防止粪尿中的氨气伤害牛的呼吸道，更可以延长垫料寿命。

6.5.3.2 掌握育肥牛增重特点

育成期和育肥前期，采食粗饲料或放牧饲养的牛，消化道重量大，育肥后期采食量多、增重快。因此，从事短期育肥的场户，在选购育成牛时，要尽量选择草原放牧的牛。

（1）育肥牛日增重变化规律。育肥期 12 ～ 24 个月，6 月龄以内 0.9kg，6 ～ 12 月龄 0.6 ～ 0.9kg。脂肪增加重要阶段为 12 ～ 14 个月，雪花沉积较快时期为 14 ～ 18 个月；育肥牛活体重 400~500kg 时，是肉牛增重的关键时期。大量摄取谷物类，有利雪花牛肉沉积。育肥后期，尽量选择阳离子饲料，即碱性物质的饲料、无机盐含量丰富的饲料，K、Na、Mg 称为阳离子。

经观察，和杂牛体重达到 500 ～ 540 kg 之前，体重增长较快；600~650 kg 时开始缓慢，适时出栏可提高育肥牛的经济效益和牛肉的品质。

（2）育肥牛雪花积累的部位。主要是背部、肩部、颈部、胸部和臀部，背部发育关键在 9.6 月龄时、肩部 14 月龄、颈部 12 月龄。

（3）育肥牛精饲料投喂量高。300 ～ 500kg 的肉牛，应以饱食状态饲喂，并且以高蛋白、低热量、高 NDF 饲料为主，日粮喂量 10 ～ 11kg/头。

注意检查水的 pH，育肥后期以酸性化饮水饲养。在饲槽内投放人工盐砖"绿色矿盐"，供牛自由舔食，不但可以补盐，还可补充营养物质；促进牛的进食欲望，同时也能防止贫血和中毒的发生。

（4）育肥牛尽量避开阳光直射。减少应激反应，有利于肉牛品质的提高。

（5）出栏前期饲喂高蛋白质饲料，添加赖氨酸。

（6）大麦、燕麦、稻米粉、高油高蛋白玉米、麦糠等精料和猫尾草（梯牧草）是比较好的精饲料，麦类和玉米通过压碎、蒸煮吸收率高、效果好。

6.5.3.3 育肥牛的饲养模式

（1）雪花肥牛订单式生产。按合同组织生产，育肥牛收购的价格按照高档肉牛的出肉率和肉品等级综合评定价格。饲养方式：企业自养、合作代养。合作代养场的牛源必须由企业提供；由龙头企业成本价销售给"代养育肥场"。企业按订单收购，确保合作牧场有一定的收益。

（2）精饲料由公司提供，不得外销。费用贷款或自筹解决。精饲料的贷款实行封闭运行。

（3）高档肉牛育肥户的选择：选有一定实力，愿意与公司长期合作的投资者进行合作。饲养规模 100 头以上，以 200 ～ 300 头为宜。育肥牛每头占栏面积 8m²，占舍面积 10 ～ 12m²/头。投资规模 5.0 万元/头，其中饲养牛的成本 4.0 万元/头，牛舍及配套 1.0 万元/头，每个牧场投资在 1000 万 ～ 1500 万元。

（4）必须严格执行公司饲养技术标准，接受监督、技术指导。

（5）不得外销育肥牛违约；及时反馈饲养信息；发现牛只变化接受调查。

6.5.4 育肥牛饲养管理注意事项

重视饲喂高能量的高油玉米日粮。高油玉米日粮可以增加牛肉背最长肌脂肪中亚油酸、花生四烯酸和多不饱和脂肪酸的含量，降低饱和脂肪酸的含量，使肉牛生长加快，蛋白质合成加速。或每日添加饲喂一定数量脂肪油，有利于雪花肉沉积。

（1）饲料加工。玉米不可粉碎得太细（大于 1.0mm），否则，影响适口性和采食量，使消化率降低，不能达到较高的利用率效果。粗饲料长度要适度，应为 30mm 左右，不能过短或呈面粉状，以免沉积瘤胃内，影响反刍和饲料消化率，容易引起瘤胃积食等病。

（2）大麦是育肥肉牛获得白色胴体所需的良好能量饲料，在精料中的比例以 40% 左右为宜。大麦粉碎太细易引起瘤胃膨胀，应粗粉碎或用水浸泡数小时或压片后饲喂，可起到预防作用。大麦进行压片或蒸汽处理可改善其适口性及肉牛育肥效果。肉牛达到出栏标准时要及时出栏，一般整进整出全部肥育好即出栏。要充分体现周转快、见效快的特点。

（3）注重疫病防控。贯彻防重于治的方针，定期做好疫苗注射、防疫保健工作。育成牛入栏时，必须健胃、驱虫、净化。坚决淘汰不增重或有病牛。

（4）保证草料干净，饲草饲料应清洗干净，不能含有砂石、泥土、铁钉、铁丝、塑料布等异物。更不能发霉、变质，或被有毒、有害物质污染。

（5）饲料要搅拌充分均匀。按要求将肉牛的各类饲料，特别是添加剂等必须充分搅拌，混匀后才能喂牛。肉牛按体重大小、强弱等分群饲养，喂料量按指定量给予。

（6）自由采食情况下，保证24h食槽内有饲料，自由饮水，24h水槽有水。如定顿饲喂肉牛时，要制订喂饲计划（2次/d），定时定量饲喂，杜绝忽早忽晚、忽多忽少。

（7）全程采用TMR拌料自动化饲喂系统。一次添加饲料不能太多。牛饲喂后及时清扫料槽，防止草料残渣在槽内发霉变质。注意饮水卫生，避免有毒有害物质污染饮水。

（8）保持牛舍清洁卫生、干燥、安静，搞好环境卫生，注意通风、换气。确保育肥牛睡得舒服、安静，减少应激反应。

（9）饲养员喂料、消毒、清粪等要按照操作规范进行，动作要轻，保持环境的安静。牛舍清空后要进行彻底终末消毒。

（10）肉牛夏季要做好防暑降温、冬季防冻保温的工作，冬季室温须达到5～10℃。防止蚊蝇干扰影响育肥牛增重，避免阳光直射。

（11）应坚持四定原则：定时、定量（阶段性）、定料（不轻易改配方）、定人员。饲养员对牛随时看采食、看饮水、看粪尿、看反刍、看精神状态是否正常。

（12）每天上、下午定时给牛体刷拭一次，以促进血液循环，增进食欲。

（13）牛舍及设备常检修，围栏等易损品，要经常检修更换，保持正常使用状态。

（14）代养户按要求通过手机APP软件及时上报饲养信息（包括日投精料量、粗饲料量、疫苗、给药、生长发育情况等）。

（15）适时停喂青饲料。为了防止肉质变暗，要在临出栏前2～4周禁止饲喂青贮和酒糟类粗饲料。

6.6 维生素 A 的调控技术

6.6.1 维生素 A 的生理功能

6.6.1.1 维生素的作用

（1）维生素与色泽的稳定性的关系。肌肉中高水平的维生素E会降低脂肪的氧化程度，延迟肌肉球蛋白的形成，增加牛肉的嫩度。肌肉中维生素E与维生素C有协同作用。肌肉中含量有充足的维生素E和其它抗氧化剂，足以维持牛肉色泽的稳定。

（2）维生素对肌肉大理石纹的影响。长时间饲喂易发酵糖类含量高的日粮，有利于大理石花纹的形成。育肥期间降低维生素A，可以改善肌肉的大理石花纹。

（3）维生素D：促进大理石花纹的产生和密度增加。原理是维生素D能加速前脂肪细胞向脂肪细胞的分化，从而增加肌细胞外围的脂肪细胞数量。肌肉嫩度与维生素D的关系:增加维生素D，可以提高肌肉内钙的含量，可以改善肉的嫩度。添加维生素D_3可以影响肉牛的采食量和增重。维生素D活性代谢物25-羟基维生素D_3，可以代替维生素D给肉牛添加，能显著提高牛肉的嫩度。

（4）脂肪颜色与维生素的关系。增加高谷物日粮，脂肪颜色会变白。添加维生素 E，减少肌肉中 β-胡萝卜素，脂肪颜色会变白。

6.6.1.2 维生素 A 的作用

视黄醇是维生素 A 的形式之一，是维持动物生长、视觉正常的必需物质，是保持上皮组织正常、维持免疫机能健全的维生素。维生素 A、D、E、K 等都是维生素的一种，同属脂溶性维生素，不溶于水，只能溶于脂肪及各种溶媒液体中。维生素 A 遇空气容易发生氧化。维生素 A 是肉牛成长以及繁殖所必须的营养元素。

维生素 A 的生理作用：维生素 A 在动物（包括人）体内维护视力、动物发育、生殖生长、上皮组织的构成、味觉机能、细胞的增殖与分化、形态形成、免疫机能、基因表达、抗癌等领域中发挥着重要作用。血液中维生素 A 含量过量，超过一定限量会影响脂肪沉积；会导致肝脏浓度过分增加，心脑血管疾病和生理紊乱，产能下降，严重者会猝死。血液中维生素 A 含量过低，会产生缺乏症。

维生素 A 只存在于动物体内，植物性饲料中不存在维生素 A。在植物性饲料中是以 α、β、γ 等色素形态存在的。植物性饲料中存在着大量的 β-胡萝卜素，β-胡萝卜素溶解进入小肠细胞，通过小肠黏膜细胞酶分解还原成视黄醇，视黄醇结合蛋白质（酯）即是维生素 A 存在形式。因此，β-胡萝卜素被动物小肠吸收，从而转化维生素 A，实现动物机体补充维生素 A 的目的。

维生素 A 约有 80% 的量主要储存于动物体内肝脏中，起着调节的作用。饲料供给少，体内其他组织缺乏，则从肝脏中移出；体内维生素 A 量多，则贮蓄于肝脏之中。

鉴于维生素 A 怕光、怕挥发的特性，添加维生素 A 的饲料和维生素 A，需要妥善保管。多贮藏在密闭遮光铝合金罐体中。饲料添加过程中防止发生氧化、失效。

牛肉脂肪的主体是三酰甘油，三酰甘油是由脂肪酸组成的，牛肉脂肪的脂肪酸组成随蓄积的部位不同而有差异。肾脏周围的脂肪等内脏脂肪，饱和脂肪酸占的比例高；皮下脂肪、不饱和脂肪酸占的比例大；肌内脂肪及周围的肌间脂肪的不饱和脂肪酸比例比肾脏周围脂肪含量高。因此，肌内脂肪含量丰富的大理石花纹牛肉品质好。而维生素 A 的生理功能对调控肌内脂肪的沉积起着重要作用。通过控制维生素 A，牛肉的 BNS（脂肪杂交度）得到改善，口感提升。

6.6.2 维生素 A 在雪花牛肉生产中的调控机制

维生素 A 在雪花肉牛生产中起着抑制调节的作用。在育肥中控制维生素 A，可以使 BNS（脂肪杂交度）上升为 1～4 个等级。

维生素 A 控制量与肉牛增重有明显的作用关系，当血液中的维生素 A 的含量降低，发生缺乏症时，进食量会降低；同时，维生素 A 缺乏会导致应激反应，最终会影响到增重。血液中维生素 A 的含量 0.83 μmol/L 以下为下限低值，表示缺乏。维生素 A 含量 0.31 μmol/L 为极下限值，含量不足 0.31 μmol/L 时，其症状更加明显。通过合理的控制维生素 A，可以达到提高收益的效果。

6.6.2.1 雪花牛肉脂肪沉积机理

雪花牛肉中的脂肪主要是肌内脂肪，肌内脂肪由脂肪细胞变多、变肥大，积聚而成；而脂肪细胞是由脂肪前驱细胞分化而来。维生素 A 具有与抑制脂肪前驱细胞分化的"酶"一样的功能，血液中维生素 A 含量过高，抑制脂肪前驱细胞不分化或少分化；血液中维生素 A 含量低，则脂肪前驱细胞"正常或多分化、快分化"，即血液中维生素含量与脂肪前驱细胞分化呈负相关性。

6.6.2.2 维生素 A 含量的调控

维生素 A 主要通过 β-胡萝卜素吸收转化而获得，通过控制饲料中胡萝卜素的添加实现对肉牛血液中维生素 A 浓度的调节。肉牛饲养中不添加含有胡萝卜素的饲料及饲料添加剂，血液中的维生素 A 含量会降低；反之，血液中维生素 A 含量就会增加。饲喂胡萝卜素可以在动物体内转化为维生素 A，影响脂肪沉积。因此，控制胡萝卜素的饲喂量，也就掌控着肌内脂肪沉积程度。育肥后期应少喂或禁止饲喂胡萝卜素，因为胡萝卜素的增加，会导致脂肪颜色变黄。通过图 6-1 可以看出，肝脏是储存维生素 A 的重要器官，当血液中维生素 A 浓度过高，则将多余的维生素 A 储存起来；血液中维生素 A 浓度过低，则从肝脏移出。

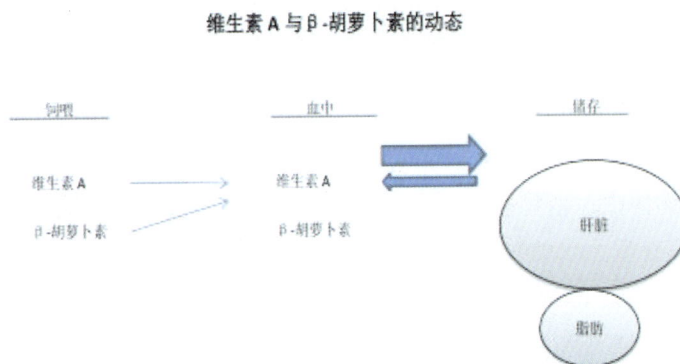

图 6-1　维生素 A 与 β-胡萝卜素的动态

注：①肝脏储存量与血液中维生素 A 的含量具有相关性；
②如血液中维生素 A 的含量过低，则从肝脏调动。

6.6.3 维生素 A 缺乏症

6.6.3.1 主要症状

初期表现食欲下降，被毛粗乱，发情不正常。之后发展成为视觉障碍、痢疾、便血、尿结石、四肢关节（上下连接部位）水肿、无法站立等症状。严重时，中枢神经紊乱，出现夜盲症，甚至失明。妊娠牛流产、早产、死胎、犊牛体弱，视力差。这些症状是上皮组织和筋膜组织发生异常导致的。

6.6.3.2 具体明显症状

（1）视觉障碍。视力受损、眼球突出、泪眼、结膜炎以及角膜混浊与肥厚症状。如果失明后，角膜可以穿透看见毛细血管。

（2）肾功能降低会导致尿结石。尿结石症状：在阴毛处可以看到白色或灰白色的颗粒状的结石物质。

（3）四肢关节及腿部连接处出现水肿或肿胀。蹄上与小腿连接部分出现凹陷。

6.6.3.3 如何早期发现维生素 A 缺乏症

（1）失明症状。角膜发生白浊、眼球对突然的刺激反应比较迟钝，眼球突出。捉住牛在眼球前挥手确认眨眼反应。正常情况下牛会不断眨眼睛，牛没有反应的，属于重度失明。

（2）关节水肿。在蹄根部位骨关节及连接部肿胀。检查发现左右蹄根部位的骨关节、连接处及球关节的粗细不同。

（3）尿结石。阴毛附近可见白色或灰白色的颗粒附着物，是尿中的钙盐失去水分形成的固化盐类物质。

6.6.3.4 如何治疗维生素 A 缺乏症

（1）饲料中添加维生素 A，主要是添加含 β -胡萝卜素高的饲草饲料。

（2）肌肉注射维生素 A 注射液。

6.6.3.5 血液中的维生素 A 含量如何测定

维生素 A 的测量是通过特殊的试剂，运用高速液体层析法（HPLC）来测定的。实际上现场无法完成，只能能通过实验室来完成。脂溶性维生素维生素 A 容易受热、氧气、光等因素影响。所以，采血后应立即放入铝箔等遮光效果好的低温保存箱中，运转到化验室化验。育肥牛生产及前期饲养过程中不同阶段血液中维生素 A 浓度和总胆固醇的控制，参考值见表 6 – 15。

表 6-15　血液中总胆固醇、维生素 A 参考标准

品种	总胆固醇 mmol/L	维生素 A 参考值 μ mol/L
和牛育肥前	2.34 ~ 3.64	0.83 ~ 1.57
和牛育肥中后期	2.6 ~ 3.9	0.31 ~ 0.73
繁殖和牛	2.08 ~ 3.9	0.83 ~ 1.57
杂交和牛 0 ~ 4 月龄	2.08 ~ 3.9	0.52 ~ 1.04
杂交和牛 5 ~ 10 月龄	2.08 ~ 39	0.83 ~ 1.57

6.6.4 饲养中如何利用维生素 A 调控雪花肉牛生产

维生素 A 调控主要用于肌内脂肪沉积和大理石花纹形成生产上，肉牛生产主要在育肥阶段。普通肉牛维生素 A 不用添加可以维护正常的生长发育水平。雪花肉牛在育肥期间，采用前期高维生素、中期低维生素、后期高维生素的方法进行育肥，效果比较理想。

6.6.4.1 在肉牛育肥生产中维生素 A 调控的时期

总的原则是：育肥前期添加、中期控制或直至不添加、后期育肥可以添加。试验表明，出栏前 6 个月添加小剂量的维生素 A，可以避免维生素 A 缺乏症的发生，屠宰后胴体表现正常。如果缺乏维生素 A 时屠宰或育肥后不添加维生素 A，胴体容易发生肌肉水肿，里脊肉周围的肉筋及腿部比较常见水肿。

（1）育肥前期。以骨头以及牛骨肉生长为主，脂肪发育组织还未开始。此时，不限制维生素 A。血液中的维生素 A 的含量应为 1.04~1.25 μ mol/L 之间。

（2）育肥中期。从育肥前期到育肥中期左右，开始降低维生素 A 饲喂量。脂肪前驱细胞分化为脂肪细胞，属于油滴沉淀的时期。维生素 A 与脂肪前驱细胞的分化和脂肪细胞的油滴沉淀成反比关系。血液中的维生素 A 的含量最低要保持在 0.3~0.52 μ mol/L 之间。

（3）育肥牛后期，即 22 ~ 23 月龄之后，维生素 A 对脂肪杂交度的影响小，可以不加以限制；既使限制维生素 A 对雪花牛肉等级的影响问题也不大。

6.6.4.2 不同的季节及气温对不同动物体内维生素 A 的需求量的影响变化

相对而言，肉牛夏季比冬季需求的维生素 A 投入量要多些。原因：

（1）暑期热应激反应大，需要维生素 A 量高些。

（2）饲料添加中的维生素 A 由于夏季高温高湿，使维生素 A 活性被破坏，利用效价降低。

（3）牛在高温状态下，食欲降低，导致育肥牛摄取的饲料中的维生素 A 量受到影响，达不到设计的营养水平。

6.6.4.3 利用维生素 A 调控可以降低生产成本

通过维生素 A 的添加量，可以控制血液中维生素 A 的含量。维生素 A 含量降低，会促进肌内脂肪的形成。同时，血液浓度处于低水平时，育肥牛食欲会降低。因而，也降低了一定量的饲料消耗费用。采取控制维生素 A 的育肥技术，可以实现增加体重、改善提升肉质，达到收益提高的目标。

（1）维生素 A 在肉牛育肥中的功能作用。维生素 A 影响雪花牛肉脂肪的沉积，要控制维生素 A 的饲喂量，前期尽量降低。

（2）控制胡萝卜素添加，实质上就等于控制住维生素 A 的添加了。

6.6.5 怎样实施控制性维生素 A 育肥技术

6.6.5.1 测量育肥牛体内的维生素 A 的含量

测量肉牛血液中的维生素 A 含量是一项技术含量较高的工作。但在雪花牛肉产业生产中，准确掌握肉牛血液中的维生素 A 含量，是一项十分重要的饲养技术。

育肥前期到育肥后期，牛血液中的含量在 $0.83\mu mol/L$ 左右时，如果这时不给饲喂含维生素 A 的饲料，经过 3 个月将降低到较低的水平（$0.31\mu mol/L$）。再过 3 个月牛将会发病。因此，测量维生素 A 有 3 个时间关键点：

（1）在开始投喂不含维生素 A 饲料之前测量。

（2）3 个月之后测一次。

（4）考虑维生素 A 含量可能降至最低点、需要添加的小剂量含维生素 A 饲料之前或再过 3 个月的时间节点。

这里要考虑两个因素：确认肉牛血液中维生素 A 含量是否不低于 $0.31\mu mol/L$；是否处于育肥后期。如果有这两种情况之一者，则应该适当添加维生素 A。

6.6.5.2 添加维生素 A 时掌握的原则

添加维生素 A 的原则或关键时间节点：

（1）确认肉牛血液中维生素 A 含量将低于 $0.31\mu mol/L$ 必须添加；如果再不添加，将会导致育肥牛因缺乏维生素 A 而发病。

（2）肉牛育肥已经处于育肥后期，也就是育肥牛龄达到 22~23 个月时，必须添加。适当添加维生素 A，有利于胴体质量的提升。这时添加维生素 A，不会影响到肌内脂肪的沉积或者说影响很小。综合考虑选择添加维生素 A 对生产有利。16 月龄以前降低维生素 A；14~18 月龄为重点，脂肪杂交度改善最明显期；22 月龄后可以不再限制。

在使用维生素 A 控制的育肥牛生产中，出栏前再次添加维生素 A 对肉牛胴体有好处。试验表明，出栏前 6 个月添加小剂量的维生素 A，可以避免维生素 A 缺乏症的发生。屠宰后胴体表现正常。如果缺乏维生素 A 时屠宰或育肥后期不添加维生素 A，胴体容易发生肌肉水肿，里脊肉周围的肉筋及腿部比较常见水肿。总之，育肥后期添加维生素 A 比不添加胴体效果要好。

（3）血液中维生素 A 限制值：最低极限值 0.31~$0.83\mu mol/L$，下限极低值为 $0.31\mu mol/L$，上限极低值为 $0.83\mu mol/L$；低值 0.83~2.09。血液中维生素 A 的含量为 $0.83\mu mol/L$ 时，考虑添加维生素 A。按维生素 $A0.83\mu mol/L=150ug/dl\beta$ -胡萝卜素掌控添加。

（4）计算单位。$1mg\beta$ -胡萝卜素=400IU（国际单位）；1IU 维生素 $A=0.6\mu g\beta$ -胡萝卜素=$0.3\mu g$ 维生素 A，

$1\mu g/dl=0.0349\mu mol/L$；$1g=1000mg=1000\times1000\mu g$；$1DL=0.1L$。维生素A需要参考量$=12.72\mu g/kg\times$体重（kg）；日增重（DG）超过1.0kg时，需要调整维生素A添加量，参考量维生素$A=19.8\mu g/kg$。

6.6.5.3 肉牛育肥时期投放维生素A的调控

控制维生素A使用方法因品种不同而有所差异。因品种之间、育肥各阶段、饲料品类以及生长发育时期不同，使用效果会有一定的差异。因而，施用维生素A的添加量也有所调整。总体而言，雌性牛脂肪杂交度提升效果比雄性牛好；雄性牛的维生素A生理需要量比雌性牛需要量要高些。

正确使用维生素A量，还与温湿度等育肥因素有关，具体维生素A的添加剂投入量要根据实际情况确定。提供2种操作方法，供参考：

（1）9～15月龄育肥前期，添加饲料投入维生素A量$6000\mu g$；15～24月龄育肥中期，饲料添加剂维生素A投入量$900\sim1500\mu g/d$；25月龄至出栏为育肥后期，饲料添加剂维生素A每天的投入量为$1500\sim2460\mu g$。

（2）9～15月龄育肥前期，添加饲料投入维生素A量$900\mu g\sim2100\mu g/d$，血液中维生素A的含量$0.83\sim1.25\mu mol/L$；16～19月龄育肥中期，每天投入量由$2100\mu g$逐渐减少至零，直至不投放，血液中维生素A的含量$1.25\mu mol/L\rightarrow0.41\mu mol/L\sim0.52\mu mol/L$；20～27月龄育肥后期，每天定量投放维生素$A52.35\mu mol/L$，血液中维生素A的含量上升至$0.52\mu mol/L$以上。

6.6.5.4 β-胡萝卜素主要来源

β-胡萝卜素大量存在于青草、青贮和优质干草中，谷物、粗类含量较低。长期存放的干草、稻草、麦秸含量降低。饲喂低质干草、高精料的情况下，易发生维生素A缺乏症。肉牛是利用饲料中的β-胡萝卜素转化为维生素A的。饲料中没有天然的维生素A，但饲料中含有β-胡萝卜素。在动物体内，β-胡萝卜素与维生素A的效价是相当的。β-胡萝卜素被动物体吸收后，通过小肠黏膜转换（化）为视黄醇（维生素A）。

犊牛主要从初乳中补充维生素A。植物中的维生素A肉牛不能直接吸收利用，动物主要利用动物性的维生素。β-胡萝卜素的利用过程：植物中β-胡萝卜素→分解转化为前维生素A→微生物吸收→被牛胃吸收（饲料中β-胡萝卜素含量见表6-16）。

表6-16 饲料中β-胡萝卜素含量参考（值）表

饲料名称	β-胡萝卜素/（mg/kg）	备注
玉米	42.00	青贮料烘干
高粱	46.00	青贮料烘干
梯牧草	10.90	干草
紫花苜蓿	30.12	干草
燕麦	13.60	干草
稻草	4.20	干草
黑麦草	1.00	干草
苏丹草	22.70	干草
鸭茅	42.13	干草

6.6.6 调控维生素A应注意的事项

（1）维生素A影响雪花牛肉脂肪的沉积，要控制维生素A的饲喂量。

（2）从育肥前期到育肥中期左右，开始降低维生素A饲喂量；22～23月龄后，即使不限制维生素A，对雪花牛肉等级有影响也关系不大。

（3）从育肥前期→育肥中期，尽量降低维生素 A 至最低。育肥牛到 22～23 月龄时，维生素 A 对 BMS（雪花牛肉等级）的质量影响较小。

（4）血液中的维生素 A 含量的降低有一个过程，即使把饲料中维生素 A 的含量调整为零，也不会马上降低血液中维生素 A 的含量。

（5）胡萝卜素添加量适当控制。胡萝卜素过多，还可以导致脂肪颜色发黄，影响雪花牛肉色泽，尽而影响产品销售。因此，育肥后期要掌握控制胡萝卜素的使用量。

（6）过度限制维生素 A，会发生视力下降或失明的可能性。维生素 A 过低，容易造成食欲下降，导致情绪不稳定，经常会处于站立状态或绕栅栏转圈。

（7）明显食欲不振或长期痢疾时，增重性能下降。

（8）即使没有限制维生素 A，也会出现维生素 A 缺乏症状。原因：①含 β-胡萝卜素的粗饲料质量差、含量低、进食量不足；②前期入栏育肥时已经缺乏。

（9）犊牛期血液中的维生素 A 含量最低量应达到 $1.04\mu mol/L$ 以上。

（10）育肥前期，肉牛对浓缩饲料的维生素 A 含量多少比较敏感，对体重和皮下脂肪增加影响明显。

（11）22～23 月龄是肉牛育后期出栏前再次添加维生素 A 的开始时间，对肉牛胴体品质提高有好处，基本没有不良反应或不良反应小。

注意肉牛增重期变化。肉牛增重期主要从 14～16 月龄期开始，精饲料利用率高，增重快。育肥期间，要设法提高肉牛的采食率，这一时期不能限制其采食量。

注重精饲料的品质。提高肉品品质，必须控制精饲料的喂食量，从 18～20 月龄开始，不合理的饲料投喂会导致积食，要进行科学合理的配比调控精饲料。改良和牛，一般从 17～19 月龄开始调控精饲料。

在育肥期如果发现维生素 A 从肾脏、脂肪中转移损失后应立即停止限制维生素 A 饲喂，想办法提升血液中维生素 A 含量。

维生素 A 的吸收利用与饲料中的脂肪、蛋白质以及无机盐营养含量的不足或不平衡等因素受到影响。

刚出生的犊牛维生素 A 必须从初乳中补充获得。因此，在分娩前后必须给予母牛补充维生素 A 才能保证分泌的母乳含有丰富的维生素 A。

6.7 饲草饲料调控技术

6.7.1 雪花肉牛主要饲草饲料品种

雪花肉牛对饲草饲料品质有特殊的要求。应饲喂使脂肪白而坚硬的饲料，如麦类、麸皮、马铃薯、淀粉渣等。粗料最好用含叶绿素、叶黄素较少的饲料，如玉米秸、谷草、青干草等。在日粮成分变动时，要逐渐过渡。高精料育肥时应防止肉牛发生酸中毒。能量饲料以玉米、大麦、小麦、麸皮为主；蛋白质饲料以豌豆、黄豆为主；粗饲料以苜蓿、青干草、麦秸、稻草为主，适量辅用全株青贮玉米；适当补充营养物质。精饲料要进行膨化或熟化处理，日粮供应量要大于需要量，在高精料饲喂时控制好青贮饲料的采食量。

（1）精饲料主要品种：玉米、压片玉米、干酒糟、纤维、豆饼、米糠、小麦麸、田菜粕、玉米皮、玉米胚芽饼、豆粕、大麦、糖蜜、甜菜等。

（2）粗饲料品种：主要有青贮、羊草、稻草、谷草、杂草、苜蓿草、玉米秸秆、大豆秸秆、大豆皮等。燕麦草、黑麦草、猫尾草是生产雪花牛肉的重要优质饲草，牛最喜欢吃的牧草顺序是燕麦草，其次是猫尾草、苜蓿草。容易诱发瘤胃鼓胀的饲料：大麦、豆粕、苜蓿粉。

（3）营养物质包含：维生素 E、钙粉、益生菌、钙、磷、铁、酵母、大蒜素、膨润土、小苏打、盐和维生素 A、维生素 B 等。

（4）能量高的饲料：豆腐渣、棉籽、米糠、啤酒糟。

（5）无机盐：无机盐是肉牛骨骼、牙齿的主要成分，在蛋白质和脂肪、酶的活性或渗透压、酸碱平衡等维持生命生理活动中发挥重要作用。无机盐元素：包括 Ca、P、Mg、K、Na、Cl、S、Fe、Cu、Co、Zn、Mn、I、Mo、Se。

雪花肉牛的育肥饲料：主要由玉米、大麦、小麦麸、豆粕、菜粕、青干草、稻草和预混料添加剂等组成。玉米全部采用蒸气压扁，青干草和稻草粉碎成段，长度为 2～3cm，其余的原料全部混合压制成颗粒饲料。

6.7.2 精饲料加工

谷物饲料粉碎、辗碎、加热、压扁、加压、膨化、造粒等各种处理，能改善饲料利用率和消化率，可以提高肉牛增重效果。从使用、存放的便利性和采食量上考虑，精饲料以颗粒料状饲喂效果较好。

在精饲料中玉米占 30%～50%；纤维含量（NDF）：育肥前 30%、育肥中期 25%、育肥后期 25%。

谷物饲料的加工方式不同，对雪花肉牛育肥效果也不同。谷物饲料加工方式，对育肥牛增重提质影响很大。总的原则：膨化、蒸煮、颗粒料效果好。精饲料的加工形态与消化率和营养利用率有重要关系，精饲料以"加工"后的形态饲喂肉牛，比"原粮"饲喂效果好。以玉米、大麦为例，经过粉碎加工后的饲料，比不加工的饲料消化率高，其营养利用率也高；经过蒸煮熟化后的饲料，比不蒸煮的饲料消化率、营养利用率高。加热使淀粉结构发生了变化，提高了消化率。平均消化率递增 10% 以上，营养利用率递增 5% 以上（见表 6–17）。

表 6-17　谷物饲料的加工形态与消化率和营养价值利用的关系

物理形态	NFE 消化率/%	TDN/%	物理形态	淀粉消化率/%	TDN/%
大麦全粒	18.7	13.6	玉米全粒	65.3	57.0
大麦粉碎	96.8	72.2	玉米粗粒	87.9	75.7
大麦加热压扁	89.5	75.2	玉米粉碎	91.2	79.2
			玉米加热压扁	92.8	80.8

注：NFE 中主要成分是淀粉。

6.7.3 饲草饲料（部分）的主要功能作用

6.7.3.1 饲料与脂肪的营养关系

饲喂不同的饲料，将影响脂肪的形成，如脂肪的硬度、颜色等，具体导致脂肪的变化因素见表 6-18。

表 6-18　饲料与牛肉脂肪质地的功能作用关系

序号	饲料品种	导致脂肪变化
1	大麦、黑麦、裸麦、大米、淀粉、稻草	使脂肪变硬的饲料
2	麸、麦糠、牧草、稻科、青贮饲料（按适当比例配料）	使脂肪适度软化的饲料
3	米糠、大豆、大豆粕、鱼粉、菜籽粕、豆腐粕、豆科青贮、玉米	使脂肪软化的饲料
4	麦类、麸、麦糠、马铃薯、淀粉	使脂肪颜色变白的饲料
5	大豆粕、黄色玉米、南瓜、青贮料、青草	使脂肪颜色变黄的饲料

6.7.3.2 主要饲草饲料营养作用

碱性物质为阳离子，酸性物质为阴离子。弱碱饲料在育成期，有利于肉牛生长；弱酸饲料，在育肥期有利于肉牛生长。饲料中不同的营养成分发挥着不同的生理功能作用，见表6-19.

表 6-19　饲草、饲料营养作用分析

序号	项目	营养作用
1	粗蛋白	维持生长、繁殖、泌乳提供养分
3	粗纤维	促进吸收
4	灰分	评定饲料营养指标、有无杂质、卫生
5	干物质	计算家畜采食量及检验饲料质量
6	糖类	机体能量来源，评价肉质、肉色
7	木质素	评价粗饲料消化难易程度
8	有机酸	评价生长速度、抗菌情况
9	铁	形成血红蛋白运输氧气，增加食欲、体重
10	铜	评价被毛、食欲、骨坚硬度、发情情况
11	锌	评价发育、食欲、被毛、皮肤、繁殖情况

6.7.3.3 无机盐缺乏症及中毒症状表现

肉牛缺乏无机盐的主要表现：食欲减退，体重减轻。缺铁：贫血，食欲减退，体重减轻；缺铜：脱毛、贫血，骨髓肥大、易骨折；缺钴：食欲减退，毛粗乱，繁殖障碍；缺锌：发育不良，脱毛，皮肤病变，关节肥大；缺锰：犊牛运动失调，母牛繁殖力下降；缺碘：甲状腺肥大，发育不良，繁殖障碍；缺硒：步行困难、突然猝死、胎盘停滞。饲养中矿物质满足不了肉牛生长发育需要，会导致的缺乏症见表6-20。

表 6-20　肉牛无机盐缺乏症和中毒症状表现

项目	无机盐	症状表现
缺乏症状	铁	营养性贫血，食欲减退，体重减轻
	铜	被毛粗乱、容易脱毛、毛色无光且褪色，食欲减退，体重减轻，贫血，骨髓肥大、容易骨折，运动失调，下痢，发情，被毛不整齐，受胎率下降，繁殖障碍，心肌萎缩，心功能不全
	钴	食欲减退，体重减轻，被毛粗乱，贫血，繁殖障碍
	锌	发育不良，食欲减退，被毛粗乱、脱毛，皮肤病变（特别是眼、口四周，颈、股等部位），股关节肥大
	锰	发育不良，股异常（关节肥大），新生犊牛运动失调，公牛精巢功能下降，母牛繁殖力下降
	碘	甲状腺肥大、甲状腺肿，发育不良，死产或产下甲状腺肿大的犊牛，被毛发育不全，母牛繁殖障碍，公牛繁殖能力下降
	硒	步行困难、突然倒地而死、肌肉白色化（白肌症），下痢，发育不良，胎盘停滞，繁殖障碍
中毒症状	铁	食欲减退，体重减轻
	铜	黄疸，血红蛋白血症，白色素尿，肝脏坏死
中毒症状	钼	下痢，被毛粗乱、无光泽、褪色，骨骼异常、跛行，繁殖障碍
	硒	慢性时：脱毛，体重减轻，蹄炎症和变形 急性时：失明，肌肉弱化，不发情，肺充血，痉挛，呼吸困难，下痢
	氟	永久齿釉质损伤、变脆变质（斑状齿），骨骼异常，食欲减退、体重减轻

6.7.4 干物质的采食与利用的关系

6.7.4.1 影响干物质采食量（DMI）的因素

（1）品种、性别、体重、月龄、生理状态（生长、妊娠、泌乳）、健康状态等。一般情况下，体脂肪沉积量越大，采食量DMI越小；妊娠期随着胎儿月龄的增长，DMI减少。

（2）饲料方面，影响采食量因素：能量数量、蛋白质含量、无机盐含量、精粗饲料比例、粗饲料的品质。

（3）环境因素，包括温度、湿度、风速、日照等也影响DMI。

6.7.4.2 饲料蛋白的吸收过程

机体的能量来源于糖类、脂肪、蛋白质。在饲料中含量有2%~3%脂肪营养的情况下，肉牛几乎不缺乏必需脂肪酸。消化能（DE）扣除尿液和甲烷排泄量之后，即为代谢能（ME）。

蛋白质是由20种氨基酸通过肽键结合连接起来的高分子化合物，在构成蛋白质的氨基酸中，约有50%的氨基酸动物体内不能合成，这样的氨基酸称为必需氨基酸。饲料中除蛋白质外，还含有氨基酸、氨、核酸含氮化合物。牧草中的含氮化合物=70%蛋白质+30%非蛋白氮。粗蛋白（CP）=瘤胃可降解蛋白质（CPd）+过瘤胃蛋白质（CPu）。只有瘤胃可降解蛋白质（CPd）和过瘤胃蛋白质（CPu）分解转化为微生物蛋白质，才能被动物直接吸收。蛋白质在牛瘤胃中的分解、消化吸收过程，见图6-2示意图。

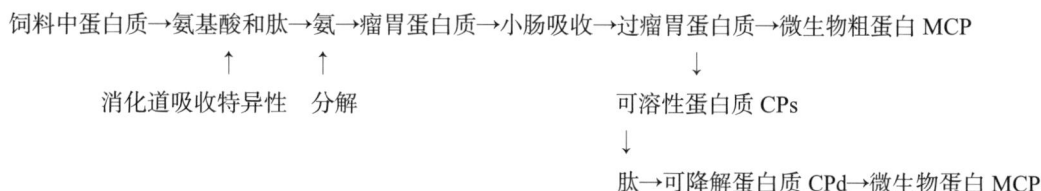

饲料中蛋白质→氨基酸和肽→氨→瘤胃蛋白质→小肠吸收→过瘤胃蛋白质→微生物粗蛋白MCP

消化道吸收特异性　分解

可溶性蛋白质CPs

肽→可降解蛋白质CPd→微生物蛋白MCP

图6-2　饲料蛋白质被分解消化过程示意图

6.7.5 饲料调控要点

（1）育肥后期尽量选择阳离子饲料。①碱性物质的饲料，碱性物质为阳离子；无机盐中的K、Na、Mg等称为阳离子。弱碱饲料在育成期，有利于肉牛生长。②酸性物质为阴离子。弱酸饲料在育肥期，有利于肉牛生长。

（2）犊牛5~9月龄是肉牛骨骼发育高峰。应多饲喂含钙多的饲料（浓缩料），以含DNF（中性纤维）少的粗饲料为最佳选择。

（3）育成期饲喂高蛋白饲料。有助于肉牛肋骨扩张、体高增高，对后期肉牛育肥增重有利。试验证明，6月龄以后干草摄取量多的育成牛，增高较快。

（4）体重300~500kg的肉牛，应以饱食状态饲喂，并且以高蛋白、低热量、高NDF饲料为主，日粮喂量10~11kg/头。

（5）育肥牛活体重400~500kg时，是肉牛增重的关键时期。大量摄取谷物类，有利于雪花牛肉沉积。出栏前期饲喂高蛋白质饲料，添加赖氨酸增重快。

（6）判断饲料营养水平的方法。①血液检查；②查验饲料配方、饲料调制、采食量；③观察日增重、脂肪发育状况。

（7）饲喂高能量的高油玉米日粮可以使肉牛生长加快，蛋白质合成加速，有利于雪花肉形成和品质的提高。

6.8 牛舍建筑要求

6.8.1 总体要求

牛舍建造应根据肉牛喜干怕湿、耐冷怕热的特点，并考虑南方和北方地区的具体情况，因地制宜设计。主要考虑指标：通风、降温（南方）、保温（北方）、排湿。一般跨度与高度要足够大，以保证空气充分流通同时兼顾保温需要。

6.8.2 选址

建造牛舍应选择地势高燥、背风向阳、远离居民区、远离交通主干线、远离屠宰场和牲畜交易市场、地下水源充足且水质达标的土地上建造。符合《中华人民共和国动物防疫法》、农业农村部《动物防疫合格条件审查办法》及《中华人民共和国环境保护法》和生态环境部《环境影响评价》要求。

6.8.3 牛舍建造

6.8.3.1 牛舍框架结构设计合理

牛舍建造以坐北朝南、东西走向为最好，以偏东 15 度为最佳（有利采光）。 建议单列舍跨度 7 m 以上，双列舍跨度 12 m 以上，牛舍屋檐高度要适当高。一般来说，牛舍最理想的高度是牛身高的 3.5 ~ 5 倍。比如说，牛的体高为 1.3 m 的情况，屋檐的高度为 4.5 ~ 6.5 m，一般以 6 ~ 7 m 高为理想。

双列封闭牛舍，舍内设有两排牛床，两排牛床多采取头对头式饲养，中央为通道，脊形棚顶。双列式封闭牛舍适用于规模较大的肉牛场，每栋舍可饲养 100 头肉牛以上。牛舍内部要高大宽敞，既要考虑到保温防暑，又要考虑到空气流通、防潮的功能，还要考虑机械作业、转弯。牛舍北墙体和迎风面墙体厚度应为 50cm，南侧和背风侧墙体厚度为 37cm。

南侧窗户尽可能大，必要时可以在南侧棚顶可设置透光板带，保证冬天阳光充足，提高舍内温度，保持牛床干燥。

北侧的屋檐要稍低一些，窗户要小一些，防止冬天寒冷的北风对牛舍内温度的影响。育肥牛成长与牛舍能否防寒有很大的关系。

6.8.3.2 牛舍内部设施

牛舍内部的地面用混凝土浇筑，平整略有倾斜，一般要有 1 ~ 3 度的倾斜，并留有地漏，主要是便于清洗时，粪尿水能及时排除，圈舍的围栏以铁管焊接而成。屋架由槽钢焊接而成，屋顶盖彩钢，并预留有通风口或安装有吊扇。

栏内地面也可用土压实、立砖铺成。设小栏 4m×8m，散栏饲养。每头牛 6 ~ 8m² 以上。

饲槽（以平地为最好）一般在北侧或过道双侧，水槽则设置在南侧一方，也可以设在饲槽同一侧。舍内栅栏最好做成活动可移动型，在牛入舍前，先要清洗水槽、清扫饲槽，牛圈内要进行清洗、干燥、消毒，然后再铺垫料，这样便于减少除粪时的工作量，延长垫料的使用时间。

牛舍的垫料常使用锯末、稻草、谷壳、稻壳、木屑、粉碎秸秆、干草，有时也利用被干燥处理过的堆肥作垫料（即牛排泄的粪尿与垫料混合）。

粪沟：牛床与通道间设有排粪沟，沟宽 35 ~ 40 cm、深 10 ~ 15cm，沟底呈一定坡度，以便污水流淌。

清粪通道：清粪通道也是牛进出的通道，多修成水泥地面，路面应有一定坡度，并刻上线条防滑。清粪道宽 1.5 ~ 2.0m。牛栏两端也留有清粪通道，宽为 1.5 ~ 2.0 m。

饲料通道：在饲槽前设置饲料通道。通道高出地面 10 cm 为宜，饲料通道一般宽 1.5 ~ 2.0 m。

牛舍的门：牛舍通常在舍的两端，即正对中央饲料通道设两个侧门，较长牛舍在纵墙背风、向阳侧也设门，以便于人、牛出入，门应做成双推门，不设槛，其大小以 （2.0 ~2.2）m×（2.0 ~2.2）m 为宜，确保机械车辆能正常通过。

6.8.4 运动场

以牛舍占地面积 2 ~ 3 倍为宜，双侧设置。规模饲养殖母牛群的，必要时设置强制运动场。

6.8.5 通风设施

牛怕潮湿不怕冷。冬天注意保温通风，牛舍保持干燥。可在牛舍顶端设置排风设施，开设通气孔，直径 0.5 m、间距 10 m 左右，通气孔上面设有活门，可以自由关闭；或在牛舍两侧安置电动排风扇，自控排风。风机安装的间距一般为 10 倍扇叶直径，高度为 2.4 ~ 2.7 m，外框平面与立柱夹角 30 度至 40 度，要求距风机最远的牛体，风速能达到约 1.5 m/s。夏天要注意防暑，不能温度过高（25℃）。在运动场可设置挡风墙和遮阴棚，起到防风降温的作用。南方炎热地区可结合使用舍内喷雾技术，夏季防暑降温效果更佳。

6.8.6 注意要点

（1）要注意育肥牛舍通风、换气。通常，风速 1m/s 降低牛的体温 1℃。改善通风和换气达到规定的温度以下的温度，使牛感到凉爽。具体方法：①完全打开牛舍的门、窗；②安装换气扇、吹风机；③尽量提高牛舍的檐高；④安装导管送风；⑤在牛舍建设上，使其与夏天主风向呈直角。尽量使风直接吹到牛的身体上。

（2）要注意牛舍清洁、卫生、消毒。肉牛饲养舍内、草料棚内，要防止鸟、鼠的进入，防止疫病源的传入、传播，注意牛舍棚顶的消毒，将残留灰尘和蜘蛛网清理掉。应定期消毒，凡整进整出的，在入栏前必须彻底消毒。

（3）场区进出口、牛舍进出口必须建全防疫消毒设施，严格执行防疫规章制度。粪污出口、草料进出口、牛进出口、工作人员通道，要合理分设（开），防止交叉感染。

（4）重视粪污处理设施及运行。国家高度重视生态文明建设，相应提高了规模养殖场准入门槛。必须适应新的形势要求，不能用传统的、旧的理念去从事经营新的现代化规模养殖场；粪污处理应以发酵肥料化还田、还草为主体，走农牧结合、良性循环发展的路线。

6.9 常见疫病防控

6.9.1 口蹄疫的预防

患病动物症状明显，口腔、乳房、蹄部出现起水泡、流涎、脱舌皮等症状，犊牛易发生心肌炎、肺炎、肠炎等，可致死亡。严格免疫程序，疫苗抗体保护期一般为 6 个月。6 个月免疫注射 1 ~ 2 次口蹄疫苗。

6.9.2 布病和结核病

牛羊患布病和结核病不表现出明显症状（有的结核牛出现咳嗽和消瘦的症状），应做布病疫苗的免疫接种，对于新生犊牛可在 1 月龄首次接种预防，间隔 1 月要加强一次，成年牛任何时期都可以预防，免疫为期一年。

动物疫病"关口前移，人病兽防"。规模牧场要做好工作人员的布病防控，限制随意走动，定期筛查，坚决防止相互交叉感染。

6.9.3 牛运输热

牛运输热是由多种病原如副流感病毒、合胞体病毒、支原体、巴氏杆菌引起的急性、热性传染病。运输热多发生在牛由从 A 地运输到 B 地后，特别是路途遥远，牛应激反应大，机体免疫力下降，体内病原微生物大量繁殖而发病，主要表现为高烧高热、咳喘、食欲废绝、腹泻等症状，死亡率较高。给牛做药物或营养保健能起到很好的预防作用，用长效抗生素在牛运输前给牛注射也起到很好的预防作用。

6.9.4 牛胀肚

牛胀肚分食胀和气胀，食胀是吃精料过多引发的反刍停止，瘤胃胀满。气胀是由牛采食冰冷饲料或食采过量高蛋白粗饲料在瘤胃内发酵产生大量气体聚集在瘤胃内，而引发反刍减少、停止，严重者危急生命。治疗成年牛用大黄 200g，芒硝 500g，莱菔子 100g，温水 5L 灌服；炸熟豆油凉温 1000ml，加小苏打 250g 混合灌服；取烟叶 50g，水 1000g，煎汁给牛灌服。以上为成年牛用量，小牛酌减。市面上的治疗牛胀肚药物可供选择，危急情况要导胃、瘤胃穿刺甚至瘤胃切开手术治疗。

6.9.5 牛的前胃弛缓

牛体温正常，出现反刍无力，食欲不振，排便减少情况多为前胃弛缓，治疗可选用健胃散，微生态制剂效果较好，可给牛长期添加，既能保健防病，又能防前胃弛缓。

6.9.6 驱虫

牛体内外寄生多种寄生虫，如寄生在肝脏中的肝片吸虫对阿苯达唑和碘柳胺钠敏感，寄生在第四胃的捻转血矛线虫和寄生在体外皮肤上的螨虫对伊维菌毒和碘柳胺钠敏感，而阿苯达唑对体外的螨虫就没有作用，寄生在肠道内的绦虫对阿苯达唑和吡喹酮敏感，寄生在肠道的蛔虫对伊维菌素、阿苯达唑、碘柳胺钠敏感。综上所述，驱虫选择多种药物配合较好，推荐伊维菌素或碘柳胺钠两次驱虫，中间要间隔 7d，同时要选择阿苯达唑拌料或灌服两次使用，时间要间隔 7d。每年至少驱虫 2 次。

6.9.7 犊牛常见病预防

6.9.7.1 **犊牛肺炎和肠炎**

犊牛肺炎的病因涉及很多方面，犊牛肺炎是犊牛饲养中最为常见的一种呼吸系统疾病，关系到犊牛的健康生长，犊牛舍环境条件因素、饲养管理因素、感染病原微生物等有关。病因：犊牛个体小，身体发育不健全，体温调节功能弱，导致免疫力降低，秋冬季节冷风频频，极易引发感冒，导致犊牛患流感，如果得不到及时治疗就会继发肺炎。犊牛舍的粪道，以及卧床上垫草的粪污清理不及时，加上通风不良，氨气和微生物的密度高，也容引发犊牛肺炎。建立被动免疫失败、继发于其他疾病、肺炎球菌及各种病原微生物如（副伤寒杆菌，副流感病毒，腺病毒，大肠杆菌，双球菌等），也可以使犊牛发生肺炎。症状：冬季是肺炎高发期，犊牛肺炎的常见病因有传染性与非传染性两种，肺炎是附带有严重呼吸障碍的肺部炎症性疾患，初生至2月龄的犊牛较多发生，其特征是患牛不吃食，喜卧，鼻镜干，体温高，精神郁闷，咳嗽，鼻孔有分泌物流出，体温升高，呼吸困难和肺部听诊有异常呼吸音。

治疗：犊牛肺炎治疗方法以预防为主，选择市面上的优质生物制品做保健，对肺炎和肠炎有很好的预防作用。黏膜病和鼻气管炎二联苗，主要用于预防黏膜病毒引起的腹泻和鼻气管炎病毒引起的肺炎。

一旦发生肺炎、肠炎要本着抢前抓早的原则治疗。抗菌消炎，控制继发感染，制止渗出和促进炎性产物吸收。药物以抗生素、磺胺类为主，配以强心、补液等措施。可选用土霉素或四环素，静脉注射，效果显著。也可静脉注射氢化可的松或地塞米松，降低机体对各种刺激的反应性，控制炎症发展。

6.9.7.2 犊牛消化不良性腹泻

品质低劣的饲料和不良的饲喂方法，会引起犊牛消化不良性腹泻，导致机体脱水和酸中毒，虚脱死亡。此外，肠道病原微生物产生的毒素，对机体发生毒害作用，会加速病情恶化。哺乳不定时、饥饿状态下大量饲喂、奶温过低、牛奶变质或遭受污染、喂奶器具不洁、犊牛舍潮湿脏污、饲养密度过大及天气骤变寒冷等，均可导致本病。

（1）症状：病犊牛排灰白色粥样或水样粪便，内混有未消化的凝乳块，酸腥臭。如体温正常，全身状态一般良好，称单纯性消化不良性腹泻。如肠道内感染病原菌，排出恶臭、黑绿色或黄白色稀粪，体温升高，精神沉郁，全身状态逐渐恶化，称为中毒性消化不良性腹泻。

（2）治疗：单纯性消化不良性腹泻，减少饲料喂量，供给清洁饮水，内服健胃助消化药龙胆酊、陈皮酊、乳酶生、胰酶、胃蛋白酶等，必要时配合静脉注射5%葡萄糖液和生理盐水，酌情内服磺胺脒等消炎药物。中毒性消化不良性腹泻按肠炎治疗，治疗原则是肠道消炎和防治机体脱水及酸中毒。注射或内服庆大霉素、卡那霉素、磺胺脒等药物，静脉注射生理盐水、复方氯化钠液、体积分数为5%的碳酸氢钠溶液和葡萄糖。

6.9.7.3 犊牛脐带炎

脐带炎为犊牛常见疾病，正常情况下犊牛脐带一般在产后两周内自然干枯，坏死，脱落并愈合。由于接产方式方法（断脐消毒不严）不当，产房或犊牛舍环境卫生差，使脐带断端遭受细菌感染，以及犊牛混养，互相吮吸脐部都易引发脐带感染发炎。

（1）症状：发病初期犊牛症状不明显，呈消化不良、下痢等症状，也因而被忽视，随病程延长病牛精神不振，体温升高达40℃以上，病牛不愿行走，脐带孔与脐部周围组织充血肿胀，触摸质地坚硬，发热，患牛有疼痛反应，用手挤压，可挤出污秽浓汁，并有恶臭味。病情严重的可波及周围组织引起脓肿，如腹部、大腿根等。最后因毒素沿血液侵入肝、肺、肾等器官引起败血症，从而引起中毒造成犊牛发热、不食、弓腰、发育受阻等全身感染，如不及时对症治疗，严重的可引起犊牛死亡。

（2）预防：本病主要以预防为主，采取正确的接产方法和方式，并在断脐时严格做好消毒工作，可有效减少和降低该病的发生率，犊牛由于机体娇嫩、自我抗病和保护能力差，断脐后，如果不注意圈舍的卫生环境及消毒工作，很容易感染此病。

（3）治疗：本病早发现早对症治疗效果良好。局部以消除炎症为主，用体积分数为10%的碘酊患处涂搽，用普鲁卡因青霉素在患病部分注射，注射时切忌药物注入脓肿部位，同时脓肿部位用鱼石脂涂搽，每日一次，（大约一周后脓肿会自破排出脓汁和污物）直至痊愈。对感染严重形成瘘管或坏疽的，要用外科手术切开并清除坏死组织，用双氧水或高锰酸钾冲洗后，敷以磺胺结晶粉等消炎药物。如有发热、食欲不振、精神沉郁等全身症状，采取全身抗感染治疗，静脉注射抗菌素和甲硝唑，连用5~7d后调换抗菌素药物，直至痊愈。发热40℃以上的可以配合氨基比林等肌肉注射，同时予以人工盐、食母生等健胃助消化药物，有体弱或脱水情况的要补充糖、盐水和维生素类药物（维生素B_1，维生素B_2）。感染严重的可以用地塞米松等皮质激素配合治疗。

第 7 章　雪花牛肉产业体系

经过实践证明，雪花牛肉生产，必须实行产业化生产，这是多少年以来国内外专家和行业生产者的共识。雪花牛肉产业体系，概括起来包括生产体系和技术体系两大方面。生产体系包括宏观的和微观的两个层次，宏观方面，涉及产业政策、市场环境、社会认可度、组织化程度、政府支持力度等方面；微观方面是与生产者密切相关的、必须要做好的生产环节。技术体系也包括两个层次，宏观方面，是国家科技发展水平，这在某种程度上讲不是一个企业所能完成的任务，如国家雪花牛肉质量分级标准、雪花肉牛品种培育等；微观方面，是企业或生产者的实际科技操作水平、执行力水平和解决问题的技术手段。本章从微观角度，探讨雪花牛肉产业的生产体系和技术体系建设情况并在生产实践中推广及应用状况。这些内容是雪花牛肉产业化工作中经常面对的实际问题。

7.1 生产体系和技术体系

7.1.1 产业生产体系

雪花牛肉产业生产体系主要包括雪花肉牛生产群的创建、规模改良基地建设、质量追溯体系建立、育肥牛生产（含犊牛和育成牛）、育肥规范等 8 个生产体系内容，并制定相应操作规程、制度、标准，落实并执行好这些规定，实现产业化生产规范化、标准化、体系化，以黑龙江雪花牛肉产业生产体系为例，加以剖析说明。该体系比较全面、系统，在全国同行业具有创新性、完整性。

7.1.1.1 雪花肉牛生产种群的创建

雪花牛肉生产依赖纯种牛（种群数量少）是远远不够的，实现产业化必须利用杂交组合，组建起规模的生产种群，提高雪花牛肉批量供给能力。因此，必须扩大改良面，保证生产加工牛源的需要。通过建基地、抓改良，创建起雪花肉牛生产种群。签订《和牛改良协议书》是重要的生产体系环节。通过改良协议，规范改良行为，并依此组织生产。由改良场（户）与龙头企业签订，属地政府服务部门作为鉴证单位，又称三方协议。通过协议，规范双方责任、权利和义务，这是基地生产种群建设的重要内容，也是龙头企业稳定生产原料供应的"源头性"举措（如附范本所示）。

附：和牛改良协议书范本：
编号：[2020]×××号

和牛改良繁殖协议书

甲方（企业）：　　　　　　　　　　乙方：
法定代表人：　　　　　　　　　　　法定代表人：

为增加养殖收入，扩大高档肉牛群体，乙方同意与甲方合作，共同开展龙江和牛改良繁殖业务。双方本着公平公正、诚实守信、互惠互利的原则，经协商一致，达成如下协议：

一、甲方的权利和义务

（一）甲方提供的冻精必须保证质量，即高质量和牛冻精，平均每头繁殖母牛按 2 剂冻精提供。

（二）甲方对乙方改良繁殖的犊牛享有采购的优先权利。

（三）采购标准：改良繁殖犊牛饲养 6 月龄 180 天时，且公犊体重达到（180～200）kg±10%、母犊体重达到（160～180）kg±10%；饲养天数超过规定天数的牛只，公司有权拒收。

（四）价格标准：

1.体重达到 200kg 以上的，12000 元/头予以采购。

2.体重达到 200kg 以上的，超出+10%部分加 30 元/kg（封顶价格为 14 000 元/头）。

3.体重低于 200kg 的，低于 10%部分减 30 元/kg。

4.体重低于 150kg 与病残牛不予采购。

5.甲方不予采购超过 210 天的牛只。

（五）采购时间：每月采购一次。

二、乙方的权利和义务

（一）乙方自愿参加和牛改良繁殖，提供参与改良繁殖母牛 _____ 头，品种 _____，耳标号是： _____（母牛数量多可加附页）。

（二）乙方承担改良繁殖所需费用。冻精获取方式：由甲方提供，由所在地改良员到基地县畜牧部门统一领取。改良（配种）费乙方自行承担。

（三）乙方负责建立改良繁殖（改良员协助）信息档案。主要内容包括：冻精号、繁殖母牛配种日期、犊牛出生日期。对繁殖母牛配种情况与改良员同时记录，于改良犊牛产生 2 天之内，向乡镇报送犊牛照片及信息，每月 25 日由乡镇畜牧站汇总之后报县农业农村业务部门，县农业农村业务部门全县汇总后报给甲方。

（四）乙方改良繁殖犊牛须在 1 个月龄内去角，且公牛犊在 3 月龄之前去势。未去角去势的犊牛每头牛扣款 400 元（未去势的扣款 300 元/头，未去角的 100 元/头）。

（五）乙方在出售改良犊牛时，应符合下列标准：

1.交售犊牛时要附带改良协议书、改良犊牛信息登记卡（详见附件 1）、冻精细管、身埋 RFID 芯片，交售犊牛时上交甲方确认（另带身份证原件及复印件、银行卡号、村委会开具的自产证明）。

2.乙方在交售犊牛当日，称重前禁食需达到 6 小时。

3.采购牛只观察期为一周。从交牛第二天算起为观察期。交售犊牛时，甲方在一周之内进行观察检测，如：布病、口蹄疫、结核病检验，犊牛交售现场进行流感、肠炎、肺炎、心肌炎等一般常见疾病及违禁药和抗生素检测，上述检测属阳性牛的，无条件退还给乙方；属传染病的，按《动物防疫法》规定处理。如观察期内出现死亡的，经由县农业农村主管部门鉴定，属乙方原因导致的，不予支付售牛款。上述各项检测合格的牛只，于交牛后 10 个工作日支付售牛款。

4.乙方保证交售的犊牛不得饲喂猪料、鸡料、瘦肉精等，不得强灌精饲料，否则会导致牛胃受损伤，食欲不振。若有此现象发生，后果由乙方负完全责任，并将此牛立刻拉回，不予支付售牛款。

5.乙方将犊牛运送到甲方采购指定地点，车辆及运输费用自行承担。

6.采购犊牛原则上犊牛月龄不超过 7 个月（因重大自然灾害、发生重大动物疫情除外），属乙方原因造成的延迟交售，甲方不予采购。

7.乙方严禁外购牛冒充自己的改良和牛。否则，经 DNA 鉴定，甲方有追究乙方法律责任的权利（详情见附件 2）。

8.乙方在饲养改良牛期间，如出现损失，责任自负。

三、其他事项

1.甲方采购改良牛时，使用的计量器具由市场监督部门及时校正。由于计量器具不准确，给乙方造成缺斤少两的，甲方应当及时对差额予以补足。

2.甲方违反协议，在改良牛符合回收标准、无故不按照约定价格回收改良牛的，由甲方负责赔偿，赔偿金额为犊牛 13 000 元/头；

3.有关改良繁殖及收购未具体事宜，由甲乙双方协商解决。

四、争议的解决

如双方合作发生争议，通过协商解决。协商不成的，可向当地县（市）区农业农村主管部门申请调解，调解不成的，向本协议签订地人民法院提起诉讼解决。

五、协议签署及其他

本协议自有效签章之日起成立并生效，有效期至 12 个月。

本协议一式两份，甲乙双方各执一份。

甲方（盖章）：　　　　　　　　　　　　　　　　　乙方（盖章签字）：

代表人：　　　　　　　　　　　　　　　　　　　　代表人：

地址：   地址：

身份证号：   身份证号：

联系电话：   联系电话：

签订时间：   年 月 日

附件 1：

改良犊牛信息登记卡

畜主姓名：

联系方式：

所在地：

繁殖记录表

母牛信息				
母牛耳标号	品种	配种日期	和牛冻精号	产犊日期
犊牛信息				
犊牛耳标号	性别	毛色	芯片编号	

冻精（冻精细管粘贴处）

配种员签字：   畜主签字：   登记日期：

附件 2：

公 告

广大改良业户（基地县区）：

为保障公司的合法权益，促进产业健康发展，望广大改良业户诚实守信，按照法律法规及改良协议书的有关规定执行，不得弄虚作假、以次充好、冒充改良和牛。一经发现，追究改良户责任。造假改良户应承担下列具体责任：

一、公司有权对改良户交售的犊牛进行真伪司法鉴定。对疑似改良犊牛，可选择随机抽检，也可全部进行鉴定。

二、鉴定为冒充和牛改良的犊牛退回，公司支付的牛款原数追回，并每天收取饲养费 10 元/头。时间从收购犊牛当日起计算至改良户取走犊牛当日为止。

三、追缴冻精差价款。每剂按 100 元、每头按 2 剂计算，计 200 元/头。

四、追溯芯片系统信息工本费。对开展芯片追溯系统区域内的改良户，追缴信息工本费 50 元/头。

五、支付司法鉴定费 3 000 元/头（2 000 元交司法鉴定费，1 000 元鉴定其他杂费）。

六、以假乱真、以次充好 2 头（含）以上，除追究经济责任外，还要报告公安机关追究其刑事责任。

七、追溯期从收购牛当日算起至 6 个月截止。

八、采集鉴定样本时，通知改良户必须及时到达现场，双方共同采集鉴定样本。如改良户推脱或故意不到现场的，按放弃样本采集监督权利处理，公司有权单方面进行样本采集，鉴定结果具有同等法律效力。

九、如有其他情形，另行处理。

十、如改良协议与本通告精神不一致的，按本通告精神执行。

特此公告，望周知。

×××有限公司

年 月 日

7.1.1.2 实施规模改良

产业发展，取决于产业规模。"得牛源者，得天下"。实现规模改良，其核心要义是努力扩大改良规模、提高改良成功率。必须建立起一支高素质的改良技术员队伍，这是雪花牛肉产业生产体系的重要环节。要经常开展技术培训、技术交流，熟练掌握肉牛人工授精技术，确保可繁母牛受精率、准胎率。严格执行《牛人工授精技术规程》（NY/T1335—2007），切实提高可繁母牛的繁殖成活率，将改良业务真正落实到位，让养殖场（户）通过改良获得实实在在的经济收益。

在改良工作中，政府业务部门要参照国家肉牛良种补贴政策，采购优质的和牛冻精，免费提供给改良户使用，实现优选优配。种公牛站的冻精生产，应严格执行《牛冷冻精液生产技术规程》（NY/T1234—2018），向社会提供质优量足的优质和牛冻精。坚持没有后裔测定的种公牛或表现不优秀的种公牛，其冻精不推向市场。

7.1.1.3 推行产品质量追溯体系建设

雪花牛肉属高档商品，必须建立起严格的产品质量追溯体系，实现产品从生产到餐桌全程质量可追溯。让政府放心、消费者满意、社会各界认可。构成产品质量追溯体系内容包括：①改良档案和改良卡片，由改良技术员填写。②RFID 芯片信息系统。③DNA 基因检测溯源技术应用。④产品二维码电子标识（质量溯源体系）。

质量体系关键点控制

➢ 肉品质量安全可追溯体系；
➢ 动物疫病防控体系；
➢ 高档肉牛饲养、育肥环节的技术标准、操作规程指导；
➢ 改良犊牛、架子牛、育肥牛回收标准；
➢ 饲料供应及产品质量、价格关键点控制；
➢ 生产流程备案制度。

数字化管理

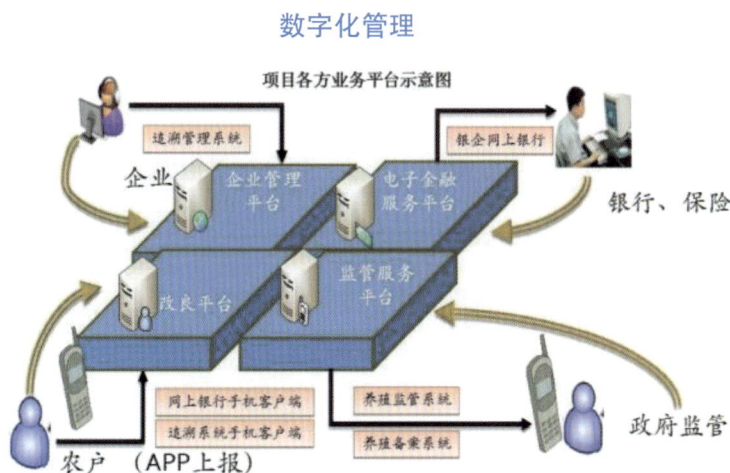

图 7-1　质量溯源体系示意图

7.1.1.4 组织好改良犊牛的回收

改良犊牛回收是改良协议执行和基地建设成效的重要一环，也是产业化工作的源头。必须体现公平、公开、公正、规范、合理、透明的原则。要坚决避免克扣、短斤少两、降价、以次充好、以假乱真和伤农害企现象的发生。兼顾企业、改良户双方利益。雪花肉牛犊牛能否顺利回收，关键取决于《改良犊牛回收标准》的严格执行，重合同，守信誉，共谋产业发展（改良犊牛回收标准见下文）。

《改良和牛 6 月龄犊牛回收标准》(QB/LJYS001/2014.5 企业标准)

1.养殖户交售犊牛时要附带改良协议书、信息资料卡、冻精细管、身埋 RFID 芯片（另带身份证原件及复印件、银行卡号、村委会开具的自产证明，转账付款用）。

2.养殖户在交售犊牛当日，称重时禁食需达到 6 小时。

3.采购牛只观察期为 1 周。从交牛第 2 天算起，为观察期。交售犊牛时，公司在 1 周之内进行观察检测，如：布病、口蹄疫、结核病检验，犊牛交售现场进行流感、肠炎、肺炎、心肌炎等一般常见疾病及违禁药和抗生素检测，上述检测属阳性牛的，无条件退还给养殖户；属传染病的，按《动物防疫法》规定处理。如观察期内出现死亡的，报请县农业农村主管部门鉴定，属养殖户原因导致的，不予支付售牛款；属企业因素导致的，由企业负责赔偿。上述各项检测合格的牛只，于交牛后十个工作日支付售牛款。

4.养殖户保证，交售的犊牛不得饲喂猪料、鸡料、瘦肉精等；不得强灌精饲料；不得饲喂育肥饲料。否则，会导致牛胃受损伤，食欲不振。若有此现象发生，后果由养殖户负完全责任，并将此牛立刻拉回，不予支付售牛款。

5.养殖户将犊牛运送到公司采购指定地点，车辆及运输费用自行承担（龙江县以外的，另行商议）。

6.采购犊牛原则上犊牛月龄不超过 7 个月（因重大自然灾害、发生重大动物疫情除外），属养殖户原因造成的延迟交售，公司不予采购。体重标准：♂（180～200）kg ± 10%、♀（160～180）kg ± 10%。改为♂（180～200）kg ± 10%、♀（160～180）kg ± 10%。

7.养殖户严禁外购牛冒充自己的改良和牛。否则，经 DNA 检测属实的，公司有追究乙方法律责任的权利。

8.养殖户在饲养改良牛期间，如出现损失，责任自负。

9.回收价格：按高于市场平场价格的 20%收购。

7.1.1.5 抓好育成牛生产

雪花牛肉产业是贯穿于生产全过程的高端肉牛产业，每个阶段的工作都很重要，都事关产业的成败。它与普通肉牛产业有着本质上的不同，一般肉牛生产的犊牛、育成牛、育肥牛、屠宰加工、销售，可以分段独立进行。雪花肉牛育成牛的饲养是产业生产体系的一个重要环节，雪花肉牛育肥从育成牛阶段已经开始了。这一阶段肉牛的饲养可以由龙头企业直接完成。但是，雪花牛肉产业属高投入、周期长、回报率慢的特殊现代农业产业化工程，为减少企业投资成本，增强企业资金周转率，有必要实施高档肉牛阶段性"代养"合作模式。为合作双方有章可循，制定并严格执行《代养协议》、《改良和牛育成牛回收标准（架子牛）》（QB/LJYS002/2017.5），确保雪花牛肉产品质量。代养协议主要内容：接受龙头企业认证和指导；严格执行饲养技术标准和操作规程；精料由龙头企业有偿统一提供；精料、饲料配方、技术严禁外泄等；改良牛育成牛回收标准见下文。

《改良和牛育成牛回收标准（协议）》(QB/LJYS002/2017.5 企业标准)

1.品种。农户饲养架子牛须经企业确认后，符合和牛改良牛特征。犊牛由企业提供或企业委托农户进行采购。价格成本核算。原则上，犊牛回收价格+2000 元费用。

2.毛色。改良牛要求毛色为纯黑色，若有杂色时，黑色在 95%以上，视为合格。架子牛的体重和体貌特征符合改良和牛的判定标准。

3.交售架子牛时要附带改良架子牛信息卡片（档案）、养殖协议书、检疫证明；回收的改良架子牛必须是耳标及身上 RFID 芯片一致，并与追溯系统上的信息吻合。

4.交售架子牛时，由畜牧部门协助甲方在一周之内进行布病、口蹄疫、结核病检验，架子牛交售现场进行流感、肠炎、肺炎、心肌炎等一般常见疾病及违禁药和抗生素检测，上述属阳性牛的，无条件退回，交由所在地畜牧部门处理。

5.养殖户在交售架子牛当日，应对牛只进行禁食、禁盐，必须保证空腹不低于 6 个小时。

6.架子牛必须健康无病，符合公司的收购标准和要求：月龄 18 个月，体重 550kg ± 10%。

7.收购时有 3 天时间（从交牛第二天算起）为观察期。公司在 3 天内进行牛只健康检查。观察期出现：（1）无疾病的，公司按销售合同数量如数收下；（2）有疾病的，并不能适合在公司饲养的，给予退回；（3）出现死亡的，申请畜牧兽医部门协助鉴定，属公司原因导致的由公司承担，属养殖户原因导致的由养殖户承担。

8.养殖户保证交售的架子牛不得饲喂瘦肉精等违禁药物，不得强灌精饲料，否则会导致牛胃受损伤，食欲不振。若有此现象发生，后果由养殖户负完全责任，并将此牛立刻拉回，不予支付售牛款。

9.养殖户架子牛达到 18 月龄时及时交售，超过 19 个月时企业不予回收。

10.养殖户负责架子牛运送，费用自行承担。

11.不得将育成牛外销。否则，企业有权要求补偿性赔偿。

12.回收价格执行协议价格。

7.1.1.6 严把育肥生产质量关

育肥牛生产是高档肉牛生产的最后一个环节。原则上，育肥牛由龙头企业饲养，便于技术撑控和标准的统一。国外的经验证明，真正意义上的产业化，采取分工协作，精细化生产，做强企业，做大（国际）品牌策略。由有实力的牧场，按照标准饲养育肥牛，实行合作"代养"模式。牧场由龙头企业认证，育肥牛和育肥精饲料、育肥技术由公司撑控，严格执行《代养协议》、《改良和牛育肥牛回收标准》（QB/LJYS003/2017.5）（育肥牛回收标准见下文）。即使育肥生产由企业自己牧场完成，也要独立核算，养殖牧场与屠宰加工企业分工（核算）不分家，最终目标是生产高品质的雪花牛肉。

《改良和牛育肥牛回收标准》（QB/LJYS003/2017.5 企业标准）

1.品种。农户饲养育肥牛须经甲方确认后，育肥牛体重和体貌特征符合改良和牛的判定标准。

2.毛色。改良牛要求毛色为纯黑色，若有杂色时，黑色在95%以上，视为合格。

3.交售代养育肥牛时要附带改良育肥牛信息卡片（档案）、育肥协议书、育肥牛带耳标、检疫证明；回收的改良育肥牛必须是耳标及身上 RFID 芯片一致，并与追溯系统上的信息吻合

4.养殖户在交售育肥牛当日，应对牛只进行禁食、禁盐，必须保证空腹不低于 6 个小时。

5.回收时有 7 天时间（从交牛第二天算起）为观察期。如观察期内出现死亡的，经企业、农户及县畜牧兽医部门鉴定。属企业原因导致的，正常支付售牛款；属农户原因导致的，不予支付售牛款。

6.育肥牛必须健康无病，符合公司的收购标准和要求。交售育肥牛时，由畜牧部门协助元盛公司在一周之内进行布病、口蹄疫、结核病检验，育肥牛交售现场进行流感、肠炎、肺炎、心肌炎等一般常见疾病及违禁药和抗生素检测，上述属阳性牛的，无条件退回，交由所在地畜牧部门处理。

7.养殖户保证交售的育肥牛不得饲喂瘦肉精等违禁药物，不得强灌精饲料。

8.养殖户必须使用公司提供的精饲料，按公司技术指导操作。

9.育肥时间 26~30 个月（≤30 个月），育肥牛出栏重平均 800kg 左右，平均日增重为 0.8kg 以上。具体出栏时间根据公司指导意见、计划和屠宰要求确定。

10.育肥牛出栏时的体重≥700kg 以上，价格执行协议价格。农户育肥牛达到 30 月龄时及时交售，超过 31 个月时甲方不予回收。

11.不得将育肥牛外销。否则，企业有权要求补偿性赔偿。

12.养殖户负责育肥牛运送，费用自行承担。

7.1.1.7 育肥牛生产规范化

改良和牛育肥牛饲养技术是雪花牛肉产业生产体系的重要技术工作，能否养好育肥牛，产出高品质的雪花牛肉，必须要有统一的饲养技术规范，以此指导好合作协议牧场肉牛育肥生产。只有严格执行统一的生产技术标准，才能确保产品的质量和品质。《改良和牛规模养殖（100 头以上）育肥技术规范》(QB/LJYS004/2017.5)的内容详见下文。

《改良和牛规模养殖（100 头以上）育肥技术规范》（QB/LJYS004/2017.5 企业标准）

一、品种

和牛改良牛即以本地肉牛为母本，以纯种和牛（冻精）为父本，可产高端雪花牛肉的杂交牛。

1.颜色：毛色均以黑色为主。

2.牛源选择：从无疫情地区回收 6~7 月龄以上改良和牛，体重 200kg 以上体貌标准，健康的改良和牛阉牛或者母牛。

3.月龄：育成牛 7~18 月龄；育肥牛 19~30 月龄。

4.隔离饲养：新购牛要有当地检疫证明，运输时要尽量降低平均运输应激反应，到场后新购牛应隔离观察饲养 15～30 d，根据化学、生理指标检测，判断是否可以进入育肥场。

5.入场分群：隔离后进入育肥场前，根据耳号确定每头牛的身份信息，耳号丢失需要补打，去势不彻底亦要淘汰；再按照出生日期相近（相差不应超过 1 个月）、性别相同、体重相近、体尺相近的标准分群。

二、牛场建设和场区环境

1.场址选择和场区布局：场址选择按照《畜牧场场区设计技术规范》（NY/T682—2017）实施。

2.牛舍设计：牛舍可选择全封闭或卷帘式。单列式牛舍跨度不低于 8 m，双列式牛舍跨度不低于 16 m。地面致密结实，水泥地面厚度不低于 15 cm。卧床面积 6～7 m²/头，上面应选择铺设 15～20 cm 垫料（碎秸秆或者稻壳、锯末）定期更换。牛舍总建筑面积按照每头牛 8～10 m² 计算，有运动场，面积约为牛舍面积的 2 倍。

3.设施、设备：舍内围栏高度 1.5 m。配备自动饮水、按摩、照明设施。具备酒糟或青贮池（4 m³/头）、干草棚（1 m²/头）、精饲料库、精饲料加工车间（1 m²/头），同时具备装、卸牛台，移动围栏，活牛保定装置，称重秤，饲料秤及满足生产需要的铡草机、精饲料粉碎机、TMR（Total Mixed Rations）车、清粪用铲车和装载车。

4.场区环境：环境质量执行《畜牧场环境质量及卫生控制规范》（NY/T1167—2006）标准。

三、饲养方式

1.围栏小群散养：不栓系，自由采食（TMR 饲料），自由饮水，自由运动。

2.密度：7～12 月龄>5 m²/头，13～18 月龄>8 m²/头，19～30 月龄（出栏）>10 m²/头。

3.温度湿度：舍内适宜温度为 8～15℃，相对湿度≤80%。

4.日粮：7～12 月龄日粮精粗比 4:6，日粮由混合精饲料、优质青干草、青贮组成，酒糟饲喂量≤日粮粗蛋白含量 12%～3%，消化能 111.72MJ~12.13MJ。13～18 月龄日粮精粗比为 6：4，饲粮由精饲料，优质稻草组成。19～30 月龄（出栏）日粮精粗比为 7：3，能量饲料选择蒸汽压片玉米或者压片大麦为宜，优质稻草自由采食。

5.协议代养，资金自筹，自负盈亏。

四、管理要点

1.饲喂：每日投料两次，投料前空槽时间≤2 h。保持日粮新鲜不变质，饮水清洁，及时清理饲料槽内霉变及被牛粪、尿污染的饲料，以及影响肉牛采食和健康的异物。

2.调群：根据生长速度按体重、个体差异，适时调群。

3.修蹄：参照《奶牛蹄保健技术规范》（DB23/T1618—2015）执行。

4.疫病防制：卫生防疫按照国家有关规定执行。

5.病死牛处理：需要淘汰、处死的可疑病牛，应采取不会把血液和浸出物散播的方法进行扑杀，传染病牛尸体应按《病害动物和病害动物产品生物安全处理规程》（GB16548—2006）进行处理。牛场不得出售病牛、死牛。

6.出栏：育肥牛达到以下标准可做出栏处理：26 月龄以上并且每牛体重 670 kg 以上或阉牛 720 kg 以上。

7.生产记录：按中华人民共和国农业部令第 67 号执行。包括牛群周转，入栏、出栏，精、粗饲料消耗，称重记录，消毒，免疫，检疫，患病牛只诊断，治疗，兽药使用，病死牛无害化处理，保持记录完整，年末按类别装订存档。

8.粪污处理符合《畜禽养殖场污染防治管理办法》的要求，处理方式参考《畜禽粪便无害化处理技术规范（NY/T 1168—2015）》。

7.1.1.8 建立起产业"共同体"衔接运行机制

不论雪花牛肉的生产者、加工者、经销者是否实行一体化经营，但只要从事雪花牛肉产业，实质上就结成了"命运共同体"，必须统筹谋划，一条龙式生产，建立起紧密的连接运行机制，并遵循下列原则：①实行反哺养殖端机制。要制定向雪花肉牛养殖环节倾斜政策，调动从业者积极性；②实行补偿式发展，加工端、销售者要向养殖环节给予一定的经济补偿，以实现共同发展；③坚持让利原则，利益高的环节向利益低的环节让利，向农民让利，向加工企业让利，真正做到"风险共担、利益均沾"；④要树立合作大局意识，只有合作，才能共赢，这是现代化大生产和雪花牛肉产业的特点决定的；⑤提倡产业联盟。雪花牛肉产业涉及面广，环节多。除内部生产需要紧密联系之外，与之相关产业也要实行联合、协作、联盟发展，共创美好未来。

7.1.2 产业技术体系

雪花牛肉产业技术体系在我国还没有发展完全成熟，现在正处于"在生产中探索、在发展中完善阶段"。

产业技术体系主要由高档肉牛饲养管理技术规程、雪花牛肉等级标准、雪花牛肉品质评定标准和产业发展技术路线等 6 个技术标准（体系）构成，黑龙江雪花牛肉产业化生产的技术体系走在了全国的前列。

（1）雪花肉牛饲养管理技术的标准化。从养殖环节上，要求雪花牛肉生产要实行统一的、标准化的、规范化的生产。不仅包括育肥牛生产，还包括种牛生产、冻精生产、犊牛生产和育成牛生产。《龙江和牛饲养管理技术规程》（Q/LJHN01—2020），是在实践中总结制定出来的企业标准。凡从事龙江和牛雪花肉牛生产的养殖场（户），都要参照此规范（标准）执行，以确保产品质量的高品质要求。

（2）雪花牛肉产品质量分级的标准化。雪花牛肉质量分级标准，日本、澳大利亚、美国均有国家统一的质量等级标准，而我国目前没有雪花牛肉国家标准。但雪花牛肉产品的分等分级，没有质量分级标准又无法做到"有凭有据"、产品等级的一致性、权威性和产品高品质的标识性。《龙江和牛牛肉等级标准》（Q/LJYS 0002-2019 企业标准）的出台，弥补了雪花牛肉质量分级标准的空白。龙江和牛产业应用此标准对高品质雪花牛肉产品进行技术分等分级，推行生产标准化，使龙江和牛产品成功地走向了市场，得到了广大消费者的认可。这是雪花牛肉产业技术体系的重要内容，是高品质牛肉的"认证标识"。

（3）雪花牛肉产品质量评定体系化。龙头企业内设肉产品品质评定专业机构，依据企业标准，参照国内外相关标准，对雪花牛肉产品独立开展认定等级工作并对外发布。雪花肉牛等级标准、胴体评定标准、质量分级标准，共同构成了产品品质的评定体系，防止人为因素和产品质量等级评定的随意性、盲目性、不确定性，确保了雪花牛肉产品的重量、规格、品质、部位、标识等品质评判、认定的标准化。

（4）产业发展技术路径的模式化。形成了一套产业技术体系，使产业主要工作和重点事项技术路径模式化。在品种选择上，推广 3 个杂交组合：①和牛♂+荷斯坦♀；②和牛♂+安格斯♀；③和牛♂+本地优良肉牛品种♀。

不建议以大型肉牛品种为母本实施改良。原因：①和牛属中小型牛，雪花肉品质第一，产肉量没有大型肉牛品种生产能力高。②和牛与大型肉牛品种杂交，其产肉量性能有所下降。③我国人口多，牛肉市场短缺，在生产量性能指标上，应量与质并举，且应优选产肉量指标。④高档肉牛产业路线应选择既不降低肉的产量，又能提高产品的质量、实现双赢的目标。

在产业发展模式上，推广全产业链发展模式。在产品营销上，实行线上线下立体销售和餐饮连琐、直营店销售的新的营销业态。

（5）雪花牛肉产品的加工化。研发新的加工技术，开发新产品，实现雪花牛肉产品多次增值，是产业发展的重要环节。雪花牛肉除等级肉 A5～A1 外，还分优质肉、含雪花牛肉、部位肉。其余部分产品，包括副产品，必须实行深加工，实现产品利益最大化。深加工技术是产业技术体系的重要组成部分。

（6）开放合作技术共享化。与大专院校、科研单位合作，"政、企（产）、研"联合开展科研攻关，获得技术成果共享。一方面，政府扶持产业发展，产业为科研单位创造了生存"土壤"，企业为科技人员提供了试验舞台，检验学识成果；另一方面，科研机构为产业发展提供了技术支撑及学习和交流的平台，弥补了产业发展中科技力量不足的问题，互惠互利，合作共赢。

7.2 雪花牛肉产业发展模式

7.2.1 理论依据

随着居民收入的普遍提高，膳食结构日益改善，人们对牛肉的需求量不断增长，对牛肉质量的要求也越来越高，高档牛肉的生产无法满足国内市场日益增长的需求。根据研究结果和国外肉牛杂交生产实践，从牛肉大理石花纹性状的同质性出发，利用和牛、安格斯牛为父本，与荷斯坦牛为母本，杂交改良生产高档"雪花牛肉"，可以解决我国的肉牛牛源短缺问题。

研究表明，和牛与荷斯坦牛为一类，原因可能是在日本和牛的培育过程中，曾经有一段时期引入过荷斯坦牛的血液；另外，从作为遗传标记所测定的血型、血液蛋白型、乳蛋白质型、微卫星 DNA 多态性等指标看，黑毛和牛等 3 个品种的遗传可变性几乎与荷斯坦牛相同。同时，从血型、蛋白质和 DNA 多态性估测到的遗传距离表明，和牛与荷斯坦牛有相当近的亲属关系。根据大理石花纹性状的同质性的原理，以和牛、安格斯牛、荷斯坦牛为亲本，杂交生产优质"雪花牛肉"。在生产实践中可以考虑以和牛为父本，荷斯坦牛为母本，快速生产优质高档牛肉。据报道，利用黑毛和牛精液与当地荷斯坦黑白花奶牛杂交，结果显示屠宰率、净肉率均较为理想，比国内地方良种牛分别高 2~3 个百分点；黑毛和牛的肌肉中沉积脂肪的性状在杂交牛中表现的遗传力较高，"雪花肉"等级比我国地方良种牛高 1~2 个等级。利用和牛与荷斯坦牛杂交生产高端牛肉在日本国内是一种生产惯例。同时，在澳大利亚利用和牛与荷斯坦牛杂交生产高档牛肉也取得了成功，并应用于实际生产。黑龙江省元盛公司利用和荷 F1 生产雪花牛肉也取得了成功，并投入了产业化生产。

7.2.2 龙头企业+政府+基地+农户的推广模式

此模式为基地规模化改良的模式。由龙头企业牵头，县级政府配合，县政府与企业、企业与农户分别签订合作协议，组织推广和牛规模改良综合配套技术，明确各方职责。

7.2.2.1 县级政府职责

制定产业政策，扶持企业和农户，监管营商环境。由政府统一采购和牛冻精，免费发放给养殖户使用。县级业务部门负责全县改良和牛计划、工作安排、综合统计、存栏数量调查。组织、制定技术服务标准、指标、规定及流程。负责监督执行协议、各类数据汇总（改良统计、产犊统计、销售收入统计）、技术指导、养殖技术培训，协调龙头企业合作事宜。

改良产犊 5 000 头以下的县，由县乡协助，直接将改良犊牛送交到公司指定地点，公司给予 200 元／头运费补贴；产犊 5 000 头以上的县，龙头企业设立回收站点。

7.2.2.2 龙头企业职责

负责培训和服务改良主体（农民、牧场），建好改良基地；制定回收标准，执行改良和牛回收责任和义务，保证改良户利益；及时开展巡回检查、指导，确保服务到位；发现问题及时反馈、协调处理；发挥龙头企业牵头带动的作用。

龙头企业负责为合作各成员单位提供冻精、饲养技术、全程质量可追溯体系管理、屠宰加工、互联网销售等服务；产业配套饲料厂、雪花牛肉加工厂、深加工厂等建设（见下图）。

> ➢ 冻精生产与供应
> ➢ 饲料供应
> ➢ 隔离牛场建设与管理
> ➢ 小牛犊回收与调养
> ➢ 架子牛回收与调养
> ➢ 育成牛回收
> ➢ 回收履约保证金筹措
> （按合同额10%计提，由第三方基金托管）

> ➢ 各阶段养殖规程制订
> ➢ 屠宰厂建设与管理
> ➢ 屠宰加工
> ➢ 新产品开发
> ➢ 市场开拓
> ➢ 品牌建设
> ➢ 产品销售
> ➢ 为合作方提供全方位支持

图 7-2　龙头企业职责、任务

7.2.2.3 基地职责

主要指乡镇政府和业务部门，落实上级业务部门的各项工作任务，负责指导农户与企业签订改良（回收）

协议书，实施规模改良生产技术路线。督促村级开展改良工作任务。按月（季度）上报各类统计报表，现场开展技术指导。协助企业落实合同、协议及改良和牛回收事宜。

7.2.2.4 牧场（户）的职责

诚实守信，规范、标准化生产，履行合同规定的义务；按要求上报信息。

7.2.2.5 改良技术员工作职责

负责协助改良工作的宣传、组织和实施。按时上报各类报表，为养殖户生产提供全程技术服务。主要完成人工授精改良工作，确保回收的改良犊牛保质保量。工作重点：

（1）改良牛发情发现。要求改良员必须时刻关注改良场、户基础母牛的发情状况，确保能够及时完成配种任务。

（2）适时适配服务。

（3）及时建立改良档案。3 日内建立基础母牛配种信息卡片，并于 5～7 日内上报乡镇畜牧站，并按季度传送至公司。

（4）改良牛饲养管理。产犊后，由当地改良员或兽医人员进行犊牛健康保健、疫苗注射，并在 1 个月内完成去角、3 个月内去势工作任务。

（5）改良牛收购管理。协助提供档案、检疫、信息档案、其他销售要件。

7.2.3 龙头企业+政府+专属牧场的推广模式

此模式主要是推广改良+育成牛的饲养模式。主要解决企业固定资产投资大、周期长、风险共担的问题。公司回收的犊牛，一部分由公司直属牧场饲养，直至育肥屠宰。一部分由合作的规模养殖场（户）创办的专属牧场饲养。由龙头企业牵头，与养殖牧场签订"代养"协议，政府协助，严格执行《改良和牛育成牛回收标准（架子牛）》。专属牧场由规模养殖户或公司投资兴建，由龙头企业认证，与龙头企业签订长期合作合同，饲养 7～18 月龄改良和牛，体重达 550kg 以上；每场户养殖规模 50～100 头以上或 100～300 头，投资额 200 万～300 万元以上；犊牛龙头企业提供，价格按回收价格加 2 000 元费用，提供给专属牧场，企业提供专用精饲料，饲料价格可付现金或贷款，企业担保。专属牧场适时将架子牛销售给公司，平均回收价格 3 万元/头，成本 23 000 元/头，利润每年 6 000～7 000 元/头，确保合作场户保底收益。

7.2.4 龙头企业+直属牧场+专属牧场的推广模式

此模式主要是推广改良+育肥牛饲养模式。龙头企业与专属牧场、直属牧场合作，推广 7～30 月龄或 18～30 月龄的育肥牛饲养模式。分两种育肥方式。

（1）直线育肥方式。从 7 月龄犊牛饲养开始，直至育肥屠宰上市。

（2）分段育肥方式。育肥前期由其他场负责；从 18 月龄开始移入育肥牛直至出栏育肥牛屠宰上市。出栏体重达 800kg 左右。牛源由公司提供；犊牛或育成牛价格按回收价格+2 000 元费用购入；高档肉牛专用精饲料（精料）由企业提供，现金或企业担保封闭贷款方式解决；接受企业培训和技术指导；牧场根据自身实力，选择育肥方式。第一、二阶段育肥可以一并完成；专属牧场育肥牛规模 100～300 头以上，以 200～300 头为宜。单体投资需要 500 万元以上。育肥阶段利润（收入）每年 8 000 元/头。龙头企业与合作牧场签订合作协议，严格执行《改良和牛育肥牛回收标准》。

7.2.5 全产业链的推广模式

高档肉牛产业，属特色化农业产业化工程，建议产业化发展的模式为：龙头企业+政府+基地+牧场+互联网+直营店。互联网+直营店：是指创新产品销售模式，适应新时代市场消费的新业态，可实现产品效益最大化。

此模式主要由地方政府积极运作的产业推广模式。这种模式，是从建设全产业链角度出发，实行整体推进。凡涉及产业化的各个环节工作，整体谋划，全方位的研究。技术要点：

（1）龙头企业与基地实行订单式生产，高档肉牛通过龙头企业加工体现产值，实现优质优价。

（2）创制全程质量控制追溯体系。

（3）产品直接推广到餐饮企业销售终端，一体化经营。

（4）政府服务+企业服务衔接到位。

7.2.6 产业扶贫模式

利用高档肉牛全产业链的优势，实现产业发展与精准扶贫工程有效衔接，助推"产业扶贫"和"乡村振兴"。

（1）第1种模式：政府+龙头企业带动贫困户的扶贫模式。即政府扶持贫困户购买扶贫牛、企业回收拉动产业发展的模式。政府购买冻精，免费提供给贫困户，并组织改良服务。回收价格上浮1000元/头。

（2）第2种模式：国有资产+龙头企业合作经营的扶贫模式。政府牵头，乡村主办，将国投扶贫资金集中使用，建设现代化牧场，与龙头公司合作委托经营，用于高档肉牛后期育肥的直属牧场，将扶贫资金量化到每个贫困户身上。贫困户不参与经营 、保底分红；企业自主经营、自负盈亏。年分红比例不低于固定资产投入资金的6%。

（3）第3种模式：龙头企业+金融+贫困户的扶贫模式。政府和龙头企业双重担保，给有经营能力、有信誉的贫困户贷款，注入龙头企业。贫困户自愿、投资不参与经营，不承担风险，年保底收益分红5%～6%，企业负责还本付息。同时，企业可按国家优惠政策，享受贴息、补息待遇。

7.3 雪花牛肉产业化生产的重点

7.3.1 全产业链生产

雪花牛肉产业具有特殊性：一是品种独特，以生产雪花牛肉为主要特征的肉牛专门化品种；二是产品独特，以生产雪花状大理石花纹牛肉为著称，与普通牛肉有明显差别和本质上的不同；三是饲养方式和饲料配比有其不同性；四是消费定位不同。雪花牛肉的终端销售对象是中高端消费人群，属高端定位，产品销售走高端销售路线。

鉴于雪花牛肉产业的特殊性，必须实行紧密型产业化经营发展策略，必须要有实力的龙头企业牵头拉动。龙头企业的兴衰与成败，决定产业的兴衰与成败。基地和规模牧场建设是实施产业化建设的重点。产业化生产，涉及方方面面，涉及产业的关键环节比较多。各方必须密切合作，协同作战，坚持不懈，实行风险共担，实现利益分享，铸就产业辉煌。

7.3.2 规模化经营

实践证明，雪花牛肉产业是一项高投入、高风险、高产出、高效益的"四高"行业。养一头纯种和牛，农牧民一年可增收7 000元以上，加工企业可获利3.5万元；养一头改良和牛，农牧民一年可增收6000元/头以上，加工企业可获利 1.2 万元。产业发展的关键问题之一是产业规模问题。没有规模，就没有产业效益。如果一个产业的规模上不来，即使养殖高档肉牛效益再高，也支撑不了一个产业的发展。

经营规模是产业发展兴衰与成败的关键。①农牧场（户）规模：高档肉牛存出栏规模 50～100 头以上；②生产基地规模：一个县高档肉牛存栏 2.0 万～3.0 万头，一个乡镇存栏 2 000～5 000 头以上；③生产加工企业规模：年屠宰量 1.0 万～2.0 万头以上。

龙头企业创建直属牧场和合作牧场是破解牛源短缺的有效措施。一般屠宰企业的牛源大体上有三种来源：即自有牧场、市场收购、合作牧场。雪花肉牛企业只能通过两种渠道解决牛源问题，一是龙头企业创办大型现代化牧场，主要解决品牌打造、产品质量和加工原料短缺保障问题。自有牧场的规模年出栏至少达到 3 000～5 000 头以上的规模。二是创建合作牧场，健全合作机制。与合作牧场通过协议、合同建立起战略合作伙伴关系，携手闯市场。育肥环节可以与合作牧场共同完成。合作牧场的作用除保障牛源之外，最关键点是减少龙头企业的固定资产投资和现金流。每个牧场规模至少在 50～100 头以上。育成牛阶段投资 3.0 万元/头；育肥阶段投资 5.0 万元/头。

雪花牛肉的牛源解决途径。在我国雪花肉牛市场发展还不健全的情况下，养殖雪花肉牛育肥牛只能通过 2 种途径解决牛的来源，实现育肥生产。一是自产改良牛。采购和牛冻精，实施改良。目前，和牛冻精可以从有资质的冻精站买到。二是协议"代养"。与生产雪花牛肉的龙头企业合作，通过"定向代养"的方式可以得到育成牛，牛源由龙头企业提供。

7.3.3 基地建设

基地建设是企业生存与发展的命脉。在基地建设过程中，主要解决龙头企业与基地的合同建立、履约、诚实守信和失信惩戒问题。一是改良员队伍建设，要有一支高素质的基层改良员队伍；二是要解决改良种源和冻精问题，尽最大可能，减轻改良场户的经济负担；三是要解决交售改良牛质量问题，防止掺杂使假、不讲诚信、坑毁企业；四是政府和企业要做好跟踪服务工作，及时解决产业发展过程中遇到的各种问题，政府要有专班队伍负责督促、抓推进、抓落实。五是企业要让利于民，注重长远效益，建立健全奖励、激励及补偿机制，让从事雪花牛肉产业的牧场、农牧民看到希望，从中获益。

基地内部要讲合作、懂技术、善管理、守信誉、看大局。实行行业自律，不能一味强调自我，忽视整体利益。基地要有专人负责，制定运行有效的规章制度，监督成员规范生产。兴雪花牛肉产业，致富一方百姓，振兴基地经济，助力乡村振兴。

7.3.4 强化龙头企业建设

要按照产业化发展理念，扶强扶壮龙头企业。扶持龙头就是扶持产业化；扶持产业化，就是扶持农村；扶持农村，就是扶持农民。只有农业产业化龙头企业强大了，才能很好地发挥产业拉动牵引作用，最终让农民致富。

7.3.5 产业支持政策

政府要积极支持雪花牛肉产业，引导产业健康发展；在政策方面给予大力倾斜。要牢固树立现代化大农业的产业发展理念。尤其在基地建设方面，应大力扶持产业基地发展。政府在雪花牛肉产业上支持的方向：

（1）支持基础母牛养殖；

（2）支持规模场户壮大经营；

（3）支持龙头企业收购环节；

（4）支持饲草饲料生产；

（5）支持品种改良和种业发展。

7.4 雪花牛肉产业的推进措施

雪花牛肉产业是食品产业，它既是一项民生工程，也是一项重要的经济工作。组织实施好雪花牛肉产业，具有重要的现实意义。抓好雪花牛肉产业，应做好以下6个方面的工作。

7.4.1 紧紧依靠各级政府的大力支持

雪花牛肉产业是一项高投入、高产出、富民、富企、财政增税，促进农牧民增收的好项目，各级政府都比较重视和支持。在实施产业项目过程中，必须紧紧依靠各级政府的大力支持，践行、创新"三农"产业化发展理念。农业产业化项目，是国家宏观政策支持的产业，每年财政资金都向农业产业化方向倾斜，利用好这些产业政策，是发展雪花牛肉产业的基础。由于项目周期长、回报慢的特点，必须要有长期战略规划，坚持不懈、持之以恒地抓下去。争取在较短的时间内，使雪花牛肉产业真正成为具有民族的、中国特色的一个产业，满足人民日益增长的对美好物质生活的需要。

7.4.2 健全组织实施机构

在基地县，应成立由政府领导参加的工作机构，具体业务由畜牧兽医职能部门承担，负责辖区内的产业化建设各项工作，具体负责组织、引导、培训、服务和配套政策制定、落实等项工作；解决产业发展中遇到的各种问题。

科研院所和基层技术推广机构，联合攻关，切实组织开展好产业化的业务工作，推进雪花肉牛改良业务，提高改良率、准胎率、成活率、产品等级率，壮大产业规模，提升产业质量。

组建起产业技术推广服务队伍。发挥好省、市、县（区）、乡四级畜牧推广人员的作用，利用好基地现有的推广机构和技术力量，完善县、乡、村三级畜牧改良员技术队伍建设，发挥基层改良员、防疫员的作用，保证改良工作服务到位，切实将产业化各项技术工作落到实处。

7.4.3 发挥龙头企业的带动作用

高端雪花牛肉产业，必须实施产业化生产、产业化经营。改良、回收、育肥、加工、销售是产业化的关键环节，要有龙头企业牵动，这是由于雪花牛肉产业的特殊性决定的。

改良和牛，以生产雪花牛肉为主要目标，属特殊的肉牛品种。通过签订合同，销售（回收）犊牛有保障，收入稳定。如果没有龙头企业组织拉动，改良和牛没人收购；政府虽然没有限制犊牛销售，但犊牛进入市场自由销售后，不能实现优质优价。如果没有龙头企业参与收购，改良和牛销路就会不畅。改良和牛与大型肉牛品种相比，牛肉品质好，但产肉量没有优势。因此，实施和牛改良的农牧户，必须与龙头企业合作，与龙头企业签订合同，实行订单生产，实现产业化经营，只有这样，改良和牛才有发展前途。

改良牛饲养是产业化建设的重要环节，龙头企业应组织一支专业服务队伍，跟踪服务，巡回指导，围绕产业化发展做好产前、产中、产后的各项服务工作。定期开展培训，解决产业发展中涉及的技术问题。龙头企业要让利于民，要有利益共同体的意识，实现利润"补偿式"反哺养殖发展，最终实现利益"均沾"、互利共赢、共同发展的宏远目标。

7.4.4 全产业链整体推进

高端肉牛产业链长、投资规模大、回报期长。必须高起点站位，全要素谋划，全方位推进，实行全产业链一体化发展。这是由 5 个主要因素决定的：①雪花牛肉生产的特殊性。雪花肉牛生产的主要目的是以生产高品质的雪花牛肉为主，技术含量和技术标准要求高。②生产质量标准的统一性。与普通肉牛生产相比，雪花肉牛投入大、回报期长；要有产业规模，进行前期市场培育；要整合资金，联合技术攻关，实现生产标准化；③产品品牌的影响力。高端产品要有品牌，需要分等分级分部位销售，实行优质优价。④生产、加工、销售环节必须实现紧密型的"一体化"经营。必须统筹考虑，实行信息共享、质量追溯、饲养调控，以此保证雪花牛肉品质。⑤产品必须实现深加工增值。基地、龙头企业、终端销售"风险共担、利益均沾"，实行补偿式反哺养殖环节。只有实行产业化经营，才能很好地解决以上 5 个方面的问题。

各协作单位应明确分工，责任具体，措施到位。立足解决好产销、加销、前后端脱节的瓶颈和弊端问题，实现产业各环节、各阶段有效衔接、高效运转，确保政府服务+企业服务衔接到位。采取积极稳妥的措施，抓好产业链重点工作，实现稳步发展。

7.4.5 坚持诚实守信的发展理念

视信誉为产业第一生命，严格执行协议（合同）、标准、规范。改良户与企业、企业与政府、政府与农户、各合作协议单位，都要遵守诺言，以诚相待，照章办事。发生分歧、争议要协商，妥善处理。细节决定成败，只有实现各环节、各阶段有效衔接、高效运转，产业才能长盛不衰，事业才能不断的发展壮。

7.4.6 健全质量管控追溯体系

高端肉牛产业，产品服务对象是高端餐饮集团和中高端消费人群，产品质量意识强。而作为高品质牛肉产品，必须建立起产品质量追溯体系，筑牢质量意识，实行严格的质量管控溯源制度，实现产品质量可追溯。让广大人民群众吃上安心、放心、舒心的牛肉产品。

将饲养阶段的生产信息与产品加工信息一并建立电子档案，通过二维码，客户和消费者能全部了解产品的追溯信息。从牛的饲养、产品部位、质量、等级到产地、生产日期、质保期、企业信息一目了然，让消费者放心、满意。

第8章 雪花牛肉产业效益预测

8.1 计算依据

雪花牛肉产业是高端食品产业,其产业效益主要体现在养殖者、加工者和向社会提供高品质雪花牛肉食材上。雪花牛肉产业链长,经济效益和社会效益显著。仅以发展和牛改良牛为例,根据养殖者和加工者生产效益情况,预测产业经济效益。

8.1.1 规模养殖场雪花肉牛饲养成本分析

农牧民采取放牧+补饲的方式饲养肉牛,饲养成本比规模养殖场饲养成本低。农牧民每年饲养母牛平均成本 3 000～3 500 元/头,规模养殖场饲养母牛成本为每年 5 431.2 元/头,提高饲养成本 55.17%以上。以2018 年黑龙江省饲料资源价格为依据,测算雪花肉牛各阶段饲养成本见表 8 - 1、表 8 - 2、表 8 - 3。

表 8-1 雪花肉牛核心场(母牛)饲养成本概算表(2018)

饲料种类	日用量/kg	年用量/kg	价格/元	金额/元	备注
精料(kg)	2	730	2.26	1 649.80	
羊草(kg)	5	1 825	1.20	2 190.00	
青贮(kg)	5	1 825	0.60	1 095.00	
稻草(kg)	1	365	0.36	131.40	
防治管理费用(元)				365.00	
合计	13	4 745		5 431.20	

注:舍饲母牛饲养成本 14.90 元/d。

表 8-2 规模饲养场雪花肉牛养殖成本概算表

项 目			犊 牛 (1～6月龄)	育 成 牛 (7～18月龄)	育 肥 牛 (9～30月龄)	备注
精料		日用量(kg)	0.80	6	9	
		价格(元/kg)	2.60	2.26	2.3	
		年用量(kg)	144.00	2 190	3 285	犊牛 180d
粗饲料	羊草	日用量(kg)		1.5	0.5	
		价格(元/kg)		1.2	1.2	
		年用量(kg)		547.5	182.5	
	青贮	日用量(kg)		8	4	

续表

项 目			犊 牛 （1~6 月龄）	育 成 牛 （7~18 月龄）	育 肥 牛 （9~30 月龄）	备注
粗饲料	青贮	价格（元/kg）		0.6	0.6	
		年用量（kg）		2 920	1460.0	
	其他	日用量（kg）	1.5			
		价格（元/kg）	1.1			
		年用量（kg）	270			
防治管理费用			150	365	365	
费用合计			821	7 723.4	9 015.5	

注：①犊牛平均采食量 2.3kg/d；②育成牛平均采食量 15.5kg/d，年饲用量 5.70t；③育肥牛平均采食量 13.5kg/d，年饲用量 4.93t；④育成牛直接饲养费用 21.16 元/头，育肥牛直接饲养费用 24.70 元/头。⑤雪花肉牛从出生到屠宰饲养成本 17 559.5~22 990.9 元/头。

表 8-3　规模养殖雪花肉牛饲养成本及效益测算表

饲养阶段	时间 （月）	体重 （kg）	成本 （元）	总成本 （元）	销售 （元）	收益 （元）	备注
改良犊牛	6	200	821	3 821	12 000	8 179	分摊母牛成本
育成牛	12	450	7 723.4	19 723.4	30 000	10 276.6	含购牛成本
育肥牛	12	750	9 015.5	39 015.5	50 000	10984.5	含购牛成本

注：①改良母牛饲养成本 3 000~3 500 元/头；②改良犊牛回收价格 12 000~14 000 元/头；③销售价格指龙头企业回购肉牛的价格；④育成牛毛利润 1.0 万元/头，扣除人工劳务、固定资产投资等费用，净利润 0.7 万元/头；⑤育肥牛利润 1.1 万元/头，扣除人工劳务、固定资产投资等费用，净利润 0.8 万元/头左右。

8.1.2 农牧（场）户改良和牛效益

农牧民正常犊牛交易，一般采取 3 种方式交易：①犊牛交易。奶公犊出生 3 天后，即进行交易出售。这种方式主要以产奶为主，让母牛尽快恢复体况、发情、生产。犊牛价格一般比市场正常交易价格略低。②普通肉牛犊牛销售。犊牛多在 6~10 月龄时销售，按犊牛或小育成牛销售。6 月龄之前，农牧民担心伤亡损失和希望犊牛长大一点，不愿意销售。具体牛龄不是十分固定，随行就市。离交易市场近的运（赶）到市场交易；附近没有交易市场的，牛贩经营者到场（家）点收购。③跟随大母牛一起销售。农村通常把母牛和犊牛称为"一棒"牛。这种销售方式没有对犊牛的价格进行单独评估统计。

雪花肉牛是用于特殊生产的肉牛，多数情况下，实行订单式生产。农牧民实施和牛改良，6 月龄企业回收，总的原则是按市场犊牛价格的 20%上浮收购，根据市场价格的波动而进行上下浮动。市场犊牛基准价格的确定是由市场经营者、养殖户代表、收购企业、行业主管部门，参照近期市场交易价格综合评估，共同研究商议确定、公布。和牛改良协议书的价格参照此价格确定，具体交易时的执行价格按照《改良协议书》的协议价格标准执行。各阶段经济效益测算详见表 8-4。

表 8-4　农民改良和牛收入效益测算表

品种	改良和牛	本地黄牛	备注
月龄（月）	6	6	龙头企业回收 6 月龄犊牛
饲养时间（月）	18	18	从冻配开始计算，包括母牛的饲养周期 18 个月

续表

品种	改良和牛	本地黄牛	备注
体重（kg）	200±10%	200±10%	企业收购时标准体重±10%正常收购，价格有浮动；±20%以上的，企业限收
市场价格（元/kg）	50+20%	50	企业以市场价格+20%为参照，确保改良牛收入要高于同等月龄犊牛的收入
其他补贴（元）	400		企业每收购一头改良和牛，奖励400元，其中：奖励改良员200元；运费等补贴200元
销售方式	订单	市场	改良牛销售：有保障，无风险，收入高；本地黄牛销售：市场，无保障，价格波动大
成本（元）	3 000	3 000	以农户饲养母牛（犊牛费用未单独核算）费用为测算依据
总收入（元）	12 000～14 000	9 000～1 0000	2020年协议执行价格和市场价格
纯收入（元）	9 000～11 000	6 000～7 000	改良和牛比饲养本地黄牛犊牛纯增加收入3 000～5 000元/头

说明：农牧场（户）改良和牛，饲养条件和饲养成本与农民饲养普通肉牛基本相同。以2020年为测算基年，普通肉牛6月龄犊牛市场销售收入9 000～10 000元/头（2018年前9 000元/头）。改良和牛6月龄犊牛，企业回收12 000～14 000元/头，纯收入9 000～11 000元/头，比饲养普通肉牛纯增加收入3 000～5 000元/头，相当于农民种植10亩以上土地的经济收入。

8.1.3 企业屠宰加工肉牛效益

企业屠宰加工效益见表8-5、8-6、表8-7。

表8-5 屠宰加工纯种和牛经济效益测算表

项目	单位（kg）	价格（元/kg）	收入（元）	备注
活体重	800			
胴体（屠宰率60%）	480			
净肉率63%	302.4			胴体净肉率
雪花牛肉A3，A5（比例在15%左右）	45	1200	54 000	批发价1 200元/kg；高端雪花牛肉零售价2 000元/kg
高档牛肉级别A1~A2	52	350	18 200	批发价
优质牛肉	205.4	120	24 648	批发价（含深加工产品）
皮张	一张	800/张	500	
头、蹄（含内脏）	一副	1 200/副	1 500	
合计			98 848	

注：纯种和牛育肥牛由企业直属牧场提供，成本5.0万元/头，牧场利润1.0万元/头，其他费用0.38万元/头，屠宰加工后可实现利润3.5万元/头左右。

表8-6 屠宰加工黄肉牛经济效益测算表

项目	单位/kg	价格	收入/元	备注
活重	800			
胴体	416			屠宰率48%～52%

续表

项目	单位/kg	价格	收入/元	备注
净肉率60%	249.6	90（元/kg）	22 464	胴体净肉率；批零均价格
皮张	一张	500 元/张	500	
头、蹄	一副	1 200 元/副	1 200	含内脏
合计			24 164	2018 年价格，收购育肥牛 2.3 万元/头，利润 1164 元

注：企业屠宰黄肉牛牛源多采取收购农牧民育肥牛的方式。2018年收购价格 20 000 ~ 23 000 元/头，计活重 28 ~ 30 元/kg。普通肉牛相对增值空间小，屠宰利润 1 000 ~ 1 200 元/头。如进行深加工，利润 2 000 ~ 3 000 元/头。

表 8-7 屠宰加工改良和牛经济效益测算表

项目	单位/kg	价格/（元/kg）	收入/元	备注
活体重	800			
胴体（屠宰率57.7%）	461.6			
净肉率63%	290.8			胴体净肉率
高档牛肉15%	43.6	660	28 776	雪花牛肉 A3 ~ A1，A31 000 元/kg
等级肉	50	200	10 000	批发价
优质牛肉	194.2	110	21 362	含部分深加工产品
皮张	一张	500	500	批发价
头、蹄（含内脏）	一副	1500	1 500	
合计			62 138	按最低价格测算

注：回收改良和牛育肥牛 5.0 万元/头，企业屠宰加工后可实现利润 1.2 万元/头左右。

通过上述分析，改良和牛犊牛比普通肉牛犊牛销售价格高，在相同饲养条件下，发展改良和牛效益显著。加工企业屠宰高档肉牛（和牛及改良和牛）效益比加工普通肉牛效益高。

8.2 经济效益

8.2.1 农民增收

农牧民收入来源：一是改良和牛的犊牛收入；二是代养育成牛和育肥牛的收入。就饲养成本而言，生产改良犊牛阶段，与饲养普通肉牛基本相同；饲养雪花肉牛育成牛和育肥牛的费用与饲养普通肉牛相比，技术含量高、成本高、饲养标准要求高。

8.2.1.1 交售改良和牛收入

2020 年农牧民改良和牛，每交售一头 6 月龄犊牛平均收购价格 12 000 ~ 14 000 元/头，其中，犊牛和母牛"一年"（配种至销售犊牛，实际 16 ~ 18 个月，下同）饲养成本 3 000 ~ 4 000 元/头，纯增收入 9 000 ~ 11 000 元/头。

8.2.1.2 育肥牛收入

主要指与龙头企业合作的规模牧场，以"代养"的方式饲养育肥牛（含育成牛）。"代养"的方式分育肥前期7~18月龄和育肥后期19~30月龄（或7~30月龄）两个阶段3种模式。合作牧场根据自己实力情况，确认合作模式。雪花肉牛18月龄时，企业回购一次；回购后由龙头企业接续育肥，直至育肥出栏。育肥后期育肥牛出栏时（26~30月龄），龙头企业再次回购一次，企业回购的育肥牛直接屠宰上市。具体情况：

（1）育肥期12~24个月，饲养模式：育成牛7~18月龄（育肥前期）；育肥牛19~30月龄或7~30月龄（育肥后期）。具体饲养模式根据牧场能力和企业合作意向确定；出栏时间根据育肥情况和企业屠宰需求标准而定，育肥牛25~28月龄也可以出栏。

（2）牛源由龙头企业提供，价格收购成本价+2 000元/头；精饲料由企业统一提供，资金贷款或自筹解决。

（3）销售收入：定向销售。育成牛回收价格3万元/头，成本2.3万元/头，纯收入7 000元/头；育肥牛回收价格5万元/头，成本4.2万元/头，纯收入8 000元/头。饲养7~30月龄连续育肥模式的，纯收入可达1.2万~1.5万元/头。

（4）规模场"代养"规模：育成牛50~100头；育肥牛100~300头。达不到合作最小规模的，龙头企业不签订合作协议。即投资最少规模为200万元和500万元2个档次。

（5）规模场严格执行合作协议，不得将"代养"育肥牛外销，接受企业技术指导与监督，健全信息，报告饲养情况。如发生外销代养"标的牛"的，按协议给予龙头企业补偿性赔偿。

8.2.1.3 养殖效益

（1）改良牛收入。以农牧民养殖5头母牛为例，产犊成活率按80%计算，18个月时间可产犊交售4头6月龄犊牛，保底收入4头×12 000元/头－5头×（1.5年×3000元/头·年）=25 500元，每头牛平均纯收入5 100元以上。以农牧民养殖3头母牛为例，产犊成活率按80%计算，18个月时间可产犊交售2头6月龄犊牛，保底收入2头×12 000元/头－3头×（1.5年×3 000元/头·年）=10 500元，每头牛平均纯收入3 500元以上。在农村对于一个农牧民家庭来说，一个家庭一年能纯增加收入10 500~25 500元，收入还是相当可观的。

（2）合作牧场饲养育成牛效益。以农牧民投资办场代养50头育成牛为例，投资额200万元，企业回收育成牛价格3万元/头。成本：协议购买犊牛13 000元/头、饲草饲料10 000元/头。育肥期7~18月龄，利润7 000元/头，收入50头×7 000元/头·年=35万元/年，投资200万元、年利润回报率17.5%。

（3）合作牧场饲养育肥牛效益。以投资办场代养100头育肥牛为例，投资额500万元，企业回收育肥牛价格5万元/头。成本：协议购买育成牛30 000元/头、饲草饲料12 000元/头，育肥期18~30月龄，利润8 000元/头，收入100头×8 000元/头·年=80万元/年，年利润回报率16.0%。

（4）长期合作饲养育肥牛模式效益。以投资办场代养100头育肥牛（含育成牛）为例，投资额600万元，育肥期7~30月龄，企业回收育肥牛价格5万元/头。成本：订购6~7月龄犊牛13 000元/头，饲草饲料款22 000元/头，固定资产投资15 000元/头，流动资金100万元。平均投资纯利润15 000元/头（15 000元扣除风险金1 000元/头），收入100头×14 000元/头=140万元，总计年收益70万元，年利润回报率11.67%以上。这种代养模式比前两种投资强度大一些，回报期延长一年，技术条件要求高一些。优点：①一次性投资，长期获利。②前期投资380万元左右，其余资金是后期追加投资的，有一个时间差，缓解一次性投资压力过大的问题。

8.2.2 企业经济效益

8.2.2.1 企业屠宰加工纯种和牛效益

国内和牛27月龄左右出栏，体重702kg，屠宰率59.7%，胴体净肉率63%，产雪花牛肉占净肉重比例为

15.7%，其中 A3 级以上牛肉比例占 15.3%。A3 等级以上肉牛占 95%，产高品质雪花牛肉 30.45kg/头。批发价格 A5 级 2 000 元/kg、A4 级 1 600 元/kg、A3 级 1 200 元/kg，高品质雪花牛肉销售收入 49 420 元；A2 ~ A1 等级雪花牛肉 52kg，批发 350 元/kg，收入 18 200 元；其它部位牛肉 120 元/kg，计收入 205kg×120 元/kg=24 600 元，加上其他副产品总收入 9.8 万元。屠宰和牛与普通肉牛相比，其特点：

（1）和牛顶级部位肉销售价格比普通牛肉高至少 20 倍，最低部位肉比普通牛肉高 33.3%。

（2）一头纯种和牛高品质雪花牛肉收入 4.9 万元/头，相当于该头育肥牛成本（回收）价值 5 万元/头。

（3）其他部位肉的销售和深加工是企业的利润。也就是说，雪花牛肉企业产业链必须适当延长到深加工环节。否则，企业综合加工效益难以保证。

（4）加工一头纯种和牛纯收入 3 万 ~ 3.5 万元，税金 0.8 万元，是加工普通肉牛的 15 ~ 17.5 倍。

8.2.2.2 企业屠宰加工改良和牛效益

改良和牛育肥到 27 月龄，体重 755kg，屠宰率 57.7%，胴体净肉率 63%，产雪花牛肉占净肉重比例 15% 左右，A3 等级以上肉牛比例占 25%，产 A3 级以上高品质雪花牛肉 19kg，占净肉重的 6.9%。计收入 A4 级 3.8kg×1 600 元/kg+A3 级 15.25kg×1 200 元/kg=24 380 元；A2 ~ A1 雪花牛肉 50kg×200 元/kg=10 000 元；其他部位肉 194.2kg×110 元/kg=21 362 元，加上其他副产品，总收入 6 万元。屠宰改良和牛与普通肉牛相比，其特点：

（1）改良和牛顶级部位肉价格是普通牛肉销售价格 12 倍以上，其他部位肉比普通牛肉销售价格高 20% ~ 120%。

（2）高品质牛肉销售价格 2.4 万元/头，相当于育成牛阶段的饲养成本 2.3 万元/头。

（3）屠宰加工一头改良和牛利润 1 万 ~ 1.2 万元/头，税金 0.2 万元，是加工普通肉牛的 5 ~ 10 倍。

（4）改良和牛比普通肉牛效益高。

8.2.2.3 以工补农让利补偿性发展

雪花牛肉加工企业销售利润对养殖前端应实行反哺机制。至少要安排 50% ~ 60% 的利润反哺补偿给养殖环节，实现风险共担、利润均沾，保证产业链健康有序稳定的发展。关注犊牛和育成牛的饲养、实行补偿式发展，这也是雪花牛肉产业不同于其他养殖品种产业的重要特征。

8.3 社会效益

发展雪花牛肉产业意义重大，社会效益显著。主要体现在以下 6 个方面：

（1）发展雪花牛肉产业，提升了畜牧业的产业地位。改善肉牛品种结构，提升牛肉品质。高品质雪花牛肉的开发生产，从某种角度讲，不仅仅是解决了牛肉产品质量的经济问题，还反映出高档肉牛饲养技术水平问题，更重要的还涉及主要农产品国际贸易间的政治问题。

（2）发展雪花牛肉产业，可以向社会提供高品质雪花牛肉产品。改善人民的生活质量，满足人们日益增长的对美好生活的物质需求。这是政府部门的职责，也是广大科技工作者和生产者的共同任务。

（3）发展雪花牛肉产业，是发展高质量畜牧业的需要。黑龙江对雪花牛肉产业的有益探索，为全国的雪花牛肉产业的发展起到了积极的示范作用。在全国率先建立起了最大规模的生产雪花牛肉专门化肉牛种群 – "龙江和牛"，为国家现代化农业发展做出的重大贡献。

（4）发展雪花牛肉产业，拉动了基地县相关产业的发展。发展高端雪花牛肉产业，可以带动项目县数万人从事肉牛衍生产业，也拉动了与之相关的运输业、饲料业、餐饮业的发展，增加了职工就业机会。

（5）雪花牛肉产业为农业增效、农民增收开辟了新的途径。衍生出多种就业岗位，一个龙头企业产业链条至少用工 500 人以上，每年工资性支出 3 000 万元以上，社保基金性支出 500 万元以上。

（6）雪花牛肉产业不仅是养殖项目，也是食品工业项目，产业链长，可上缴一定额度的税金，为当地政府财政增收做出了贡献。

8.3.1 龙江和牛产业项目实施前状况

2012 年之前，黑龙江省高档肉牛雪花肉生产是空白，肉牛产业档次和质量偏低。2011 年全省肉牛存栏 318.9 万头，出栏 252.8 万头，牛肉产量 39.3 万 t；2012 年肉牛存栏 310.3 万头，出栏 256 万头，牛肉产量 39.7 万 t。据统计，2019 年，黑龙江省实现肉牛存栏 385 万头，出栏 281 万头，牛肉产量 45.0 万 t，实现产值 420 亿元，占畜牧业产值的 25%。以龙江元盛和牛企业为代表，承担实施了黑龙江省国家雪花肉牛特色产业集群项目。2020 年实现肉牛存栏 402.5 万头，全国排名第 10 位；出栏 289.4 万头，全国排名第 5 位；牛肉产量 48.3 万 t，全国排名第 4 位。10 年间，黑龙江省肉牛存栏、出栏、牛肉产量，实现了 2 位数增长，平均分别增长了 25.15%、12.1% 和 18.1%；肉牛平均活体重提高 7.6%，胴体重提高 23.5%，牛肉品质实现了"质"的突破。其中，龙江和牛产业起到了拉动全省高端肉牛产业发展的作用。

项目实施前黑龙江省肉牛产业主要表现：

（1）肉牛生产相对落后。黑龙江省畜牧业草食动物主要以奶牛生产为主，肉牛生产相对落后。黑龙江省肉牛平均体重 650kg，平均胴体重 327kg/头；屠宰率 48%~52%；在生产方式上，肉牛育肥生产多以栓系短期舍饲育肥为主，育肥时间为 3~4 个月。

（2）肉牛生产没有当家品种。与内蒙古、辽宁、吉林省相比，黑龙江省没有肉牛当家品种。内蒙古以西门塔尔、三黄牛为主；辽宁以夏洛莱、辽育白牛为主；吉林省以中国西门塔尔、延黄牛、草原红牛为主。黑龙江省肉牛品种杂，品种以本地蒙古黄牛、中低产黑白花奶牛（改良荷斯坦）和西门塔尔杂交牛为主。尤其雪花牛肉生产专门化肉牛品种——和牛品种生产是空白。

（3）产业链短，效益低。肉牛以市场活牛销售为主，犊牛多数与大母牛一起销售，平均犊牛的价格 5 000 元/头左右，架子牛（育成牛）10 000~12 000 元/头。犊牛平均纯收入 1 000 元/头，育肥牛收入 800~1 500 元/头；投入产出比 1∶1.1。

（4）牛肉品质不高。牛肉品质多为普通牛肉生产为主，优质牛肉偏少，牛肉市场平均价格 ≤60 元/kg，多以农贸市场鲜牛肉销售为主。

（5）没有高档牛肉和高品质雪花牛肉生产。缺乏冰鲜牛肉产品和深加工产品，牛肉生产仅处于一般的屠宰分割。没有对牛肉进行分等分级，品牌影响力不强。

（6）全省高档肉牛产业链没有形成。存在的主要问题是没有龙头企业拉动，没有形成生产规模、产业规模和肉牛全产业化生产。由此造成黑龙江省的整体肉牛生产水平低，核心竞争力不强。

8.3.2 龙江和牛产业化项目主要技术成果

（1）改良和牛出生体重达到 35kg，犊牛成活率 90%；

（2）6 月龄犊牛体重 ♂180~200kg，♀160~180kg；18 月龄改良牛体重 550kg，26~30 月龄育肥牛体重 700~800kg；

（3）改良和牛屠宰率 57.7%，胴体净肉率 63%，产高品质雪花牛肉能力 43.0kg/头，其中 A3 等级以上雪花牛肉 18kg/头；

（4）建成国家级和牛核心育种场，纯种和牛存栏 8 500 头，核心群种牛 4 000 头；

（5）建设成国家级和牛种公牛站，种公牛存栏达到 132 头以上，年产冻精 30 万剂以上；

（6）改良和牛存栏 10 万头。建设万头和牛养殖牧场 8 个，存栏 4.2 万头；

（7）建立 RFID 和 DNA 基因检测质量追溯体系，实现雪花牛肉产品生产可溯源化；

（8）雪花牛肉生产能力：年产雪花牛肉 1 300t，其中产 A3 等级以上的雪花牛肉 600t 以上；

（9）建成全产业化链条，具备雪花牛肉批量生产潜能；形成了一套完整的雪花牛肉产业生产体系和技术体系。

（10）龙江和牛产业化关键技术研究与应用项目成果显著，科技成果登记号：9232021Y0200。2020 年度获"齐齐哈尔市嫩江流域农业科学技术奖"一等奖；2021 年度获得黑龙江省科学技术进步奖三等奖。

8.3.3 龙江和牛产业社会成果巨大

黑毛和牛落户黑龙江，改写了黑龙江省不能规模生产雪花牛肉的历史，提升了黑龙江省肉牛品种质量和产业化水平。以雪花牛肉产业化龙头企业建设为标识，在全国率先实现了雪花牛肉全产业化链条生产，打破了雪花牛肉国外产品一统天下的局面；形成了国内最大规模的雪花牛肉生产品种种群；建立了国内首家和牛核心育种场及和牛种公牛站；探索了适合我国国情的雪花牛肉产业化全链条生产模式；形成了饲养龙江和牛完整的产业技术体系和产品生产体系，在全国同行业中处于领先地位。

黑龙江雪花牛肉产业的探索和实践，对社会贡献主要体现在以下 6 个方面：一是黑龙江"和牛"的引进，填补了国家畜禽遗传资源引进牛品种中"和牛"品种的空白。2021 年 1 月 13 日，国家畜禽遗传资源委员会办公室正式修订公布：《国家畜禽遗传资源品种名录》（2021 版），在普通牛第三项"引入品种"中第 12 个肉牛品种——和牛，被列入其中。二是和牛及改良和牛的标准化饲养技术。三是和牛种公牛站及和牛核心育种场的"种源基地"创建，丰富了国家畜禽品种遗传资源生物多样性基因库。四是雪花牛肉质量等级划分的规范化、标准化的实践与推广。五是 DNA 基因检测技术与可追溯体系建设的创新应用。六是雪花牛肉全产业链创新发展的模式化（全国全国肉牛养殖 Top20 牧场集团名录，如图 8-1 所示）。

单位：个、万头

排序	牧场名称	牛场数	总存栏	品种
1	重庆恒都	7	4.0	西门塔尔　安格斯
2	中禾恒瑞	22	4.0	安格斯　海福特
3	甘肃康美牧业	1	3.0	西门塔尔
4	新疆天山军垦牧业	1	3.0	西门塔尔
5	新疆天莱牧业	3	3.0	安格斯
6	新疆华凌农牧	1	3.0	西门塔尔　褐牛
7	新疆三农草原牧业	1	3.0	褐牛　安格斯
8	内蒙古贺斯格	4	2.8	安格斯
9	黑龙江龙江元盛	1	2.0	荷和牛　和牛
10	伊赛集团	4	2.0	西门塔尔
11	北京顺鑫鑫源食品	4	2.0	安格斯
12	通辽牧合家牧业	1	2.0	荷斯坦奶牛犊
13	新疆刀郎阳光农牧	7	2.0	安格斯　西门塔尔
14	内蒙古绿丰泉	1	1.9	安格斯
15	山东东营澳亚肉牛养殖	1	1.9	荷斯坦奶公犊
16	张家口禾牧昌畜牡	1	1.6	西门塔尔
17	长春皓月	1	1.5	安格斯　黄牛　和牛　西门塔尔
18	内蒙古扎兰屯蒙东牧业	1	1.5	西门塔尔
19	内蒙古乌海广拓	1	1.2	安格斯　西门塔尔
20	甘肃农垦天牧乳业	1	1.1	安格斯　荷斯坦奶公犊　西门塔尔

图 8-1　全国肉牛养殖 Top20 牧场集团 2020

2020 年，中国畜牧业协会组织对全国肉牛生产企业进行了调查，在"中国肉牛企业 Top20"评选排名中，全国雪花牛肉生产大型龙头企业养殖和牛品种的企业有 2 家，分别是位列第 9 名的龙江元盛食品有限公司和位列第 17 名的长春皓月清真肉业股份有限公司。

8.3.4 龙江和牛产业影响力大

"和牛"成功落户黑龙江，并建成了黑龙江省雪花牛肉第一条全产业化链条，提升了黑龙江省肉牛产业在全国的战略地位，对全国高档肉牛产业起到了引领和示范的作用。

8.3.4.1 参加"全国优质农产品"展览扩大产品知名度

项目单位先后 6 次参加全国性优质农产品"龙江和牛产品"展览，受到业界好评，与肯德基合作，开发了"和牛汉堡"，"龙江和牛"产品享誉全国。

（1）2016.9.27—29 日北京，第十四届中国国际肉类工业展览会参展【图 8-2（a）】；

（2）2015 上海国际食品饮料及餐饮设备展览会参展【图 8-2（b）】；

（3）2018.9.14—18 哈尔滨——第六届黑龙江绿色食品产业博览会暨哈尔滨世界农业博览会参展【图 8-2（c）】；

（4）2019.9.26 成都——第十七届中国国际肉类工业展览会参展【图 8-2（d）】；

（5）2020.9.10 青岛——第十八届中国国际肉类工业展览会参展【图 8-2（e）】；

（6）2020.9.28 上海——第二十一届中国（上海）国际肉类工业展览会参展【图 8-2（f）】。

龙江和牛产业化项目获得社会认可。2018 年"龙江和牛 Prim 级腿肉牛排"获得中国肉类协会第三届中国国际肉类产业周"最受关注风味制品奖"；2018 年"龙江和牛牌和牛及牛肉制品"获得黑龙江省质量协会"全省用户满意产品 AA 级等级"奖；2019 年龙江和牛企业荣获中华全国工商联合会、国务院扶贫办：全国"万企帮万村"精准扶贫活动"先进民营企业"称号；2020 年龙江和牛产品获得中国经济新闻网、黑龙江省食品安全活动组委会评为"最具市场影响力品牌"；2020 年龙江和牛企业被中国肉类协会评为"牛羊十强企业"；2020 年龙江和牛企业被第六届中国畜牧业协会评为"行业品牌建设先进企业"。

8.3.4.2 龙江和牛产业扶贫效果显著

龙江和牛产业实现了引进、吸收和创新发展，创造了"龙江和牛"品牌。尤其是项目在产业扶贫工作中，创造了 3 种产业扶贫模式，成效显著。

8.3.4.3 龙江和牛产业项目社会影响力巨大

（1）CCTV-2、CCTV-4、CCTV-7 等中央电视台有关媒体曾专题宣传报导龙江和牛产业；台湾电视台新闻、黑龙江电视台、人民网、农业农村部网站先后报道了"龙江和牛"产业，如图 8-3 所示。

（2）行业知名专家对龙江和牛产业的发展给予了充分肯定。

（3）中央有关部委和黑龙江省委、省政府有关领导关注"龙江和牛"产业。

（a）2016 年第十四届（北京）中国国际肉类工业展览会

（b）2015 年上海国际食品博览会"龙江和牛"展示

（c）2018 年第六届黑龙江绿色食品生产博览会
暨哈尔滨世界农业博览会

（d）2020 年第十八届中国国际肉类工业展览会

（e）2019 年第十七届中国国际肉类工业展览会

（f）2020 年第二十一届中国（上海）国际食品展

图 8-2 项目单位参加全国性优质农产品展览照片

（a）2019 年 10 月 14 日《人民日报》客户端"三农"

（b）2019 年 CCTV7《每日农经》节目报道龙江和牛产业

（c）2019 年 7 月 23 日 CCTV7 报道龙江和牛产业

（d）2017 年 7 月 25 日 CCTV2 报道龙江和牛产业

（e）2018 年 11 月 14 日 CCTV4 报道龙江和牛产业

（f）2015 年 6 月 14 日台湾电视台专题报道龙江和牛

图 8-3 各媒体报道龙江和牛产业

8.4 生态效益

发展肉牛产业可有效地转化粮食，实现农产品过腹转化增值。经测算，每头母牛平均每天需要粮食 6kg 左右，秸秆 8kg，牧草 4kg，每年可转化粮食 2.1t/头、利用秸秆 2.9t/头，牧草 1.5t/头。按照粮食常产计算，饲养一头母牛，需要 3 ~ 5 亩饲料地；饲养一头育肥牛，需要 5 ~ 8 亩地的粮食，提高秸秆的综合利用率 20% 以上。

雪花肉牛产业需要大量的稻壳、米糠、碎秸秆、木屑做垫料，厚度 20cm，使用量 6.5kg/m²，使农村"废弃物"实现了资源化利用，稻壳由过去的无人问津，现在基地县销售价格达到 430 元/t；肉牛粪污有机肥的开发利用，对改良盐碱地，促进了种养加良性循环，实现了现代化大农业的良性发展。符合创新、协调、绿色、开放、共享的发展理念，生态效益显著。

第9章　雪花牛肉品质分析

9.1 雪花牛肉产品风味特征

肉类的风味定义：肉的风味是滋味和香味的综合体，是人能感觉到的气味和口味的复杂的总和。风味物质成分复杂，不是一种化合物作用的结果，而是无数不同物质在数量上微妙的综合平衡结果。一般认为，风味物质主要是脂肪酸，脂肪酸中起作用的是不饱和脂肪酸。

9.1.1 雪花牛肉具有特殊的芳香风味

9.1.1.1 雪花牛肉的风味性好

雪花牛肉具有风味性好、高蛋白、低胆固醇的特点，营养价值丰富。在日本、美国、澳大利亚、加拿大等肉业发达国家，雪花牛肉一直是人们消费的首选。

人们已确定出许多化合物对肉类风味有重大作用。但是牛肉的风味成分是相当复杂的混合物，其中一些具有重要特征的成分含量极低，但风味作用关键。许多关于高档牛肉的研究结果表明，随着等级的升高，脂肪含量显著提高。同时，由于脂肪的提高，风味物质组成会发生变化。在对牛肉的挥发性风味成分研究中，已经发现了 800 多种化合物，它们包括烷、烯、醇、醛、酮、醚、酯、羧酸及含氧、氮、硫等杂环化合物，其中含硫化合物体现基本肉香。而碳酰化合物是各种肉品特有风味。各种挥发物对肉的香味和总风味贡献的大小取决于各自的香味值，即浓度和阈值之比。香气值 > 1 的挥发物可能对香味有直接影响；而香气值 < 1 的挥发物可能对总香味作用小，或与其他物质发生协同、拮抗或加成反应，间接影响肉的香味。脂肪烃、芳香烃、直链饱和醇、烷基酮以及除硫酯以外的酯、醚及羧酸等阈值一般较高，而在肉中含量有限，通常认为对肉品风味贡献不大，而内酯、直链硫化物、不饱和醛、含硫、氧、氮的杂环化合物等物质一般阈值很低，是决定肉品风味的关键物质。肉品香味物质中的酯类来源于脂肪氧化，一般阈值很低，具有脂肪香味。

9.1.1.2 雪花牛肉的色泽美观

牛肉缺氧时呈紫色、有氧时呈鲜亮红色、氧化后呈褐色，雪花牛肉一般呈樱桃红色。维生素 E 可以减少肉的氧化。牛肉的风味物质一般认为存在于水溶性成分当中，而特有的畜种风味物质则存在于脂溶性组分中。粗饲料和日粮能改善胴体脂肪酸组成，而且能改变牛肉风味。

肉品中水分以 3 种形式存在：自由水、不易流动水、结合水。肌肉的保水性越好，蒸煮损失越小，嫩度越佳越嫩，肌内脂肪含量多少（IMF%）有提高牛肉风味的作用。雪花牛肉等级肉用 A 5 ~ A 1 表示，A 5 表示等级最高，A 1 表示等级最低。通常 A3 级以上的牛肉归纳为高品质雪花牛肉范畴。随着等级增加，有效风味物质的种类及占风味物质比例都显著提高。

不同等级雪花牛肉中的风味物质种类、含量是不同的。A5 等级挥发性风味成分约有 33 种，而 A2 等级约有 23 种，A5 等级的风味成分种类明显高于 A2 等级，且等级间在风味物质种类上呈现递增的趋势。在相对含量方面，A5 等级的挥发性风味物质的相对含量占总风味物质含量的 82.26%，而 A2 只有 71.34%，与风味物质种类变化趋势一致。大致在相同处理条件下，脂肪氧化程度含量多的比脂肪含量的少变化程度高，形成较多的挥发性物质。

随着等级的增加，挥发性风味物质变化明显。首先代表清香味的醇类，种类变少；代表鲜香的醛类物质和代表油香的酮类物质增多；奶香类物质酯类种类上没有明显的变化。即随着脂肪含量的增加，牛肉中酮类物质和醛类物质增多。

9.1.1.3 雪花牛肉风味物质丰富

牛肉风味的呈味物质是相当复杂的混合物，生牛肉的香味很弱，肉中的主要化学成分有蛋白质、肽类、脂肪、糖类、有机酸、非蛋白态氮、无机盐、维生素和水。风味成分：肉的类脂类物质，在肉的香味形成中起着重要的作用。牛肉的风味前体物质通过加热发生一系列复杂的化学反应，产生出具有一定挥发性和味觉特征的风味物质，它们赋予牛肉以特殊的风味使人们产生了强烈的食欲。根据国内外文献的试验报告，对牛肉中的呈味物质综合归纳如下几种：

（1）酸味物质：天门冬氨酸、谷氨酸、组氨酸、天门冬酰胺、琥珀酸、乳酸、乙二醇酸、毗咯烷酮羧酸、磷酸。

（2）甜味物质：葡萄糖、果糖、核糖、甘氨酸、丙氨酸、丝氨酸、苏氨酸、赖氨酸、脯氨酸、羟脯氨酸。

（3）苦味物质：肌酸、肌酸酐、次黄嘌呤、鹅肌肽、啡肽等、蛋氨酸、缬氨酸、亮氨酸、异亮氨酸、苯丙氨酸、丝氨酸、酪氨酸、组氨酸。

（4）咸味物质：无机盐类、谷氨酸单钠盐（MSG）、天门冬氨酸钠。

（5）鲜味物质：谷氨酸钠、肌苷酸、鸟苷酸（GMP）、琥珀酸钠以及天冬氨酸钠和某些二肽（谷氨酸天冬氨酸、谷氨酰谷氨酸、谷氨酰丝氨酸）等。

9.1.2 肉品主要化学成分及反应

肉品滋味是非挥发性物质，包括酸、甜、苦、辣、咸。来源于肉中的呈味物质化学成分，如无机盐、游离氨基酸、小肽和核酸代谢产物肌苷酸、核糖等等；肉品香味是挥发性的风味物质，刺激鼻腔嗅觉感受器而产生。主要化学成分由肌肉在受热过程中产生的挥发性风味肉品物质，如不饱和醛酮、含硫化合物以及一些杂环化合物。

9.1.2.1 肉品风味物质化学成分

一些研究文献证实，加热肉中的类脂类物质产生挥发性物质，赋予肉制品特殊的香气，这说明肉中的类脂类物质在肉的香味形成过程中也起着重要作用。肉品的香味是受热过程中产生的。受热时，肉品中的香味前体发生分解、氧化和还原等化学反应，产生的各种挥发性香味物质共同形成肉品的特殊香味和风味。经实验分析，肉类香味中的主要物质化学成分有以下几种：

（1）内酯：α-丁酸内酯、α-戊酸内酯、α-乙酸内酯、α-庚酸内酯、γ-内酯类；

（2）呋喃：2-戊基呋喃、5-硫甲基糠醛、4-羟基-2，5-二甲基-2-二氢呋喃酮、4-羟基-5-甲基-2-二氢呋喃酮、2-甲基-四氢呋喃酮；

（3）吡喃：2-甲基吡喃、2，5-二甲基吡喃、2，3，5-三甲基吡喃、2，3，5，6-四甲基吡喃；

（4）恶唑类：2，4，5-三甲基-3-恶唑啉；

（5）含硫化合物：甲硫醇、乙硫醇、硫化氢、甲硫醚、2-甲基噻吩、四氢噻吩酮、2-甲基噻唑、苯丙噻唑。

9.1.2.2 肉品风味物质的反应

肉品中的风味是由肉品中蛋白质、脂肪以及糖类等形成的风味前体在加热过程中发生了一系列的化学变化而形成的。生肉有咸味、金属味和血腥味，但没有"肉香"。后者是在加工肉品过程中由特定前体物质产生的。

（1）氨基酸和多肽的热降解。氨基酸和多肽的热降解作用，需要较高温度，氨基酸通过脱氨、脱羧，形成烃、醛、胺等。其中挥发性羰基化合物是重要的风味物质。这表明氨基酸、多肽和糖类是肉香前体物。

（2）糖降解。在较高的温度下，糖会发生焦糖化反应。戊糖生成糠醛，己糖生成羟甲基糠醛。进一步加热，会产生具有芳香气味的呋喃衍生物、羰基化合物、醇类、脂肪烃和芳香烃类。肉中的核苷酸如肌苷单磷酸盐加热后产生 5 -磷酸核糖，然后脱磷酸、脱水，形成 5-甲基-4-羟基-呋喃酮。羟甲基呋喃酮类化合物很容易与硫化氢反应，产生非常强烈的肉香气。

（3）硫胺素的热降解。硫胺素是一种含硫、氮的双环化合物，当受热时可产生多种含硫和含氮挥发性香味物质。含硫氨基酸如赖氨酸和半胱氨酸等，是热处理过程中产生肉香的必需化合物。硫胺素也是一种风味前体物。目前已确定与硫胺素有关的风味前体物质至少有 8 种，包括甲酸和杂环呋喃类化合物等。

炒肉等食品中含硫挥发性化合物是主要风味物质，pH 为 6~7 时加热硫胺素可生成呋喃、呋喃硫醇、甲基呋喃、噻吩、噻唑、H_2S 以及脂肪族含硫香味化合物等。报道有煮牛肉或烤牛肉的香味噻吩包括：2 – 甲基 – 2，2 – 二羟基 – 3（或 4）噻吩硫，2 – 甲基 – 4，5 – 二羟基 – 3（或 4）噻吩硫醇。煮、炖肉过程中，不断产生 H_2S，却无臭鸡蛋味（H_2S 味），这是因为硫化氢与酮类物质作用生成了含硫肉香成分。

（4）类脂类物质的氧化作用。不饱和脂肪酸的热氧化是肉中挥发性物质形成的另一种重要反应。该反应是自动催化游离基链式反应，从脂肪烯丙基亚甲基上氧原子的失去开始。初产物为无气味的过氧化物，然后降解成各种挥发性的风味物质。氧化作用主要有以下两个部分：不饱和脂肪酸（如油酸、亚油酸和花生四烯酸）中的双键，在加热过程中发生氧化反应，生成过氧化物继而进一步分解为很低香气阈值的酮、醛、酸等挥发性羰基化合物；羟基脂肪酸水解后生成羟基酸，经过加热脱水、环化生成内酯化合物，具有令人愉快的肉香味。脂类氧化反应的活泼性与其饱和度有关，多不饱和脂肪酸更容易产生诱人的香味。研究证实磷脂是肉品风味的前体物质，肌间脂肪仅对多汁性等物质有影响。

（5）还原糖与氨基酸的美拉德（Maillard）反应。Maillard 反应为非酶褐变反应，是食品加热产生风味最重要的途径之一。肉类食品中大多数风味物质都是 Maillard 反应的产物。Maillard 反应改善了肉类食品的色、香、味，然而，也使食品中与风味有关的营养素受到一定的损失。游离氨基酸和还原糖是 Maillard 反应的重要参与者，其生成物是肉类食品香味最主要的来源，在加热条件下，氨基酸中的氨基和还原糖中的羰基发生羰氨缩合反应。Maillard 反应是一个非常复杂的反应体系，多种氨基酸（或肽或蛋白质）与还原糖通过多种途径作用，反应产物又可以相互作用或与肉中其他成分发生反应。

9.1.2.3 风味化合物形成途径

呈味物质成分主要由三类物质产生：①脂类物质 – 羰基化合物；②含氮化合物 – 氨和胺类；③含硫化合物 – 硫醇、有机硫化物和 H_2S。

9.2 雪花牛肉产品品质的影响因素

牛肉品质由 2 个特征决定，一是瘦肉色泽、脂肪色泽、含量和分布；二是肉的嫩度。影响牛肉产品品质的因素很多。概括起来，主要有 4 个方面 16 个影响因素。即品种方面（品种个体之间性能差异）、饲养管理方面（饲养水平有差异）、加工方面及疫病防控方面，主要内容，如 pH、系水分活度、遗传因素、脂肪含量、饲料、加工等等因素。

9.2.1 遗传因素

遗传因素分品种、年龄、性别因素。品种是决定雪花牛肉品质的重要因素，没有好的品种，是不可能生产出雪花牛肉的。目前，世界上公认的品种是和牛、韩牛、安格斯牛；其次是各国的优良地方品种。

经过选育的瘦肉型肉牛品种很难生产出大理石花纹丰富的雪花牛肉，虽然我国的地方黄牛品种也能产出雪花牛肉，具备生产雪花牛肉的潜力，但都没有实现大规模的产业化生产，实际上我国地方优良肉牛生产的牛肉品质与日本的和牛还是有差距的。引进国外肉牛良种与上述品种的母牛进行杂交，杂交后代经强度育肥，不但肉质好，而且生长速度快，是目前我国雪花肉牛生产普遍采用的杂交牛种组合的方法。

品种的个体因素包括肉牛的性别、年龄，对牛肉品质也有影响。肌纤维质地、粗细及结缔组织质量和数量有着明显差异。性别对雪花牛肉生产也有影响，去势公牛增重速度快，母牛的牛肉品质要好些。年龄小的，相对肉质要嫩些；年龄大的，脂肪沉积多，肉味香气浓些。不同肉牛品种之间，牛肉的品质有差异，主要体现在嫩度、多汁性和大理石花纹等指标上。雪花牛肉的生产对肉牛品种有严格要求，要依据肉牛的生长发育规律进行生产。遗传（品种）因素影响雪花牛肉品质概括为5点：

（1）品种影响牛肉的品质，如大理石花纹、脂肪颜色、质地、硬度等；

（2）品种影响牛肉的风味物质。不同品种，牛肉的风味存在差异性；

（3）品种不同产肉性能有差别，如活体重、胴体重、屠宰率、净肉率、眼肌面积等；

（4）不同时期的肉牛发育状况，影响肉的品质。如生长速度、性格温顺程度、强健程度；

（5）品种之间饲料报酬及转化率情况存在差异，因品种不同，导致牛肉品质有细微变化。

9.2.2 饲养管理因素

9.2.2.1 饲养方式因素

饲养方式对牛肉的嫩度和肌内脂肪沉积有重要影响。研究表明，高档肉牛散栏饲养比栓系舍饲效果好；有运动场自由采食比全舍饲牛肉品质要好。缩短出栏时间，改善牛肉品质，才能提高经济效益；增加饲喂次数，延长采食时间，可增加牛肉皮下脂肪沉积，提高牛肉嫩度。宰前进行集中育肥，有利于大理石花纹、眼肌面积的生成。饲养管理方式因素影响雪花牛肉品质概括为4点：

（1）影响出栏体重、胴体重、净肉重；

（2）影响生产成本控制、饲料（草）的利用及剩余草料的处理；

（3）影响出栏月龄。不同月龄，屠宰后的指标变化很大；

（4）内部管理制度的制定与执行程度不一，导致育肥牛品质有差异。

9.2.2.2 饲料营养因素

雪花牛肉中含有丰富的肌内脂肪，营养因素直接影响着牛肉肌内脂肪的形成，适宜的营养水平对肉牛生长肥育性能、胴体净肉率、牛肉组成及牛肉品质等起关键作用，通过调整日粮营养水平和日粮组成可以改善胴体品质、增加肌内脂肪含量。

（1）日粮能量水平对雪花牛肉生产的影响。高能量水平的日粮会使肌内脂肪含量显著升高。肉牛生长期间易采用高蛋白质、低能量饲料；育肥期间用低蛋白质、高能量饲料能满足脂肪沉积，有利于大理石状花纹的形成。要想获得优异的育肥效果，提高胴体肌内脂肪的含量，必须考虑肉牛整个育肥的日粮能量水平和蛋白质水平，科学合理地配制日粮。

（2）日粮蛋白质水平和氨基酸对雪花牛肉生产的影响。日粮中蛋白质水平和氨基酸对肉牛的生长速度、净肉率、脂肪沉积也有一定影响，日粮中油脂的吸收率在很大程度上受日粮蛋白质水平的影响。研究表明，当日粮蛋白质水平低时，以脂肪的形式沉积能量；当日粮蛋白质增加时，体蛋白沉积增加，则脂肪沉积会相对减少，肌肉大理石纹趋于下降，肉嫩度下降。日粮中缺乏赖氨酸可显著降低蛋白质的沉积速度，进而影响胴体蛋白质含量。添加某些氨基酸会影响宰后肌肉组织的理化特性和肉质。

（3）高能量饲料对牛肉的大理石花纹等级影响。大理石花纹与脂肪沉积呈正相关，脂肪沉积越好，大理石花纹越明显。高能量饲料能提高牛肉品质。在放牧情况下给予肉牛补饲谷物饲料，可使肉牛出栏时间缩短，而且可改善牛肉嫩度和色泽。喂高能量谷物日粮肉牛的背最长肌嫩度比饲喂普通日粮肉牛的高。与普通玉米相比，饲喂高能量的高油玉米日粮可以增加牛肉背最长肌脂肪中亚油酸、花生四烯酸和多不饱和脂肪酸的含量，降低饱和脂肪酸的含量，使肉牛生长加快，蛋白质合成加速，肌内脂肪沉积提高。

能量饲料以玉米、大麦、小麦、麸皮为主；蛋白质饲料以豌豆、黄豆为主；粗饲料以苜蓿、青干草、麦秸、稻草为主，适量辅用全株青贮玉米；适当补充微量元素。精饲料要进行膨化或熟化处理，日粮供应量要大于需要量，在饲喂高精料时，控制好青贮饲料的采食量。

（4）饲料营养因素影响主要体现4个方面：①血液中的各项营养指标；②饲料配方、饲料调制、采食量；③日增重、脂肪发育程度；④无机盐、添加剂、TMR设备应用、粗饲料选择等。

9.2.2.3 无机盐添加因素

肉牛生长发育需要无机盐元素，虽然数量少但作用大，无机盐指钙、硒、镁等。

（1）钙：是肌肉收缩和肌原纤维降解酶系的激活剂，可以通过钙依赖蛋白酶，对牛肉嫩度产生影响。

（2）硒：可以防止质膜的脂质结构遭到破坏，保持质膜的完整性。与超氧化物歧化酶和过氧化氢酶共同发生协同作用，减少肌肉汁液渗出，延长牛肉的保存期，从而改善肉质。在效果上，有机硒优于无机硒。

（3）镁：作为钙的拮抗剂，可抑制骨骼肌活动，研究表明，高镁可提高肌肉的初始pH，降低糖酵解速度，减缓pH下降，从而延缓应激反应，提高肉质。日粮中高镁（1000 mg/kg）可作为缓解动物应激的肌肉松弛剂和镇静剂，减少屠宰时儿茶酚胺的分泌，降低糖原分解和糖酵解速度，改善肉质。

（4）锌：促进大理石花纹的形成，防止宰后脂肪的氧化。

（5）铁：Fe离子含量高，会导致雪花牛肉颜色发暗，影响肉的颜色。Fe离子含量低，牛肉呈鲜红色，高品质雪花牛肉的颜色应为樱桃红色。

（6）铜：是机体Cu-SOD（超氧化物歧化酶）的重要组成部分，能将超氧阴离子还原为自由基，羟自由基在过氧化氢酶或过氧化物酶的作用下生成水。有研究表明，提高饲料中铜和铁的添加量，可增强肌肉中SOD的活性，减少自由基对肉质的损害，从而改善肉质。高铜日粮会导致铜在肝、肾中富集，降低其食用价值，危害人体健康。铜、铁在生产中都要谨慎使用。

9.2.2.4 维生素对雪花牛肉品质的影响

多种维生素对肉质影响较大，维生素主要指是维生素A、维生素D_3和维生素E。

（1）维生素A：维生素A直接影响牛肉肌内脂肪代谢，与牛肉的大理石花纹呈显著负相关性。维生素A前体β-胡萝卜素对牛肉品质有显著影响，主要对脂肪组织沉积发挥作用。育肥后期要控制β-胡萝卜素的使用量，防止脂肪变黄，从而降低牛肉的等级。

（2）维生素D_3：与肉的嫩度有关，在日粮中适当添加维生素D_3可以降低肉的剪切力，从而改善肉质。

（3）维生素E：具有抗氧化性，可以保持色泽的稳定性，防止脂肪被氧化，减少滴水损失，延长货架期。维生素E含量增加，使肉的嫩度和着色改善。这是由于反刍动物自身能够合成共轭亚油酸（CLA），CLA具有抗氧化、抗癌、降低脂肪组织脂肪沉积、增加肌内脂肪沉积以及免疫调节等功能。在反刍动物日粮中添加玉米油、亚麻籽油、花生油和向日葵油等，可以增加牛肉中CLA含量。

9.2.2.5 育肥年龄（期）因素

年龄是公认的影响肉质的重要因素。肉牛的生长发育规律是脂肪沉积与年龄呈正相关，年龄越大沉积脂肪可能性越大，而肌间脂肪是最后沉积的。幼龄动物机体缺乏糖原，随着年龄的增长，动物机体内的糖原逐渐增加，而动物肉产品的pH逐渐降低。研究发现，幼龄组动物肉样的肌原纤维更容易断成碎片，同时高pH可增加蛋白质分解活性，导致肌原纤维断裂指数较高。脂肪含量与年龄有关，年龄越大脂肪含量越高，幼龄牛肉嫩而不香，老龄牛肉香而不嫩。年龄与肉的嫩度、肌肉和脂肪的颜色有关，年龄增大肉质变硬、颜色暗、脂肪逐渐变黄。同一品种肉牛育肥期长的，牛肉品质相对要好。

9.2.2.6 饲养技术因素

饲养技术属综合配套技术。定时、定量、定人员，提高动物福利，注重饲养环境改善，如通风、保温、按摩、垫料等，都对雪花牛肉品质有影响。以高营养谷物喂饲，牛肉瘦肉中会夹杂细微的大理石花纹（油花），增加食用口感，谷饲牛肉拥有漂亮的樱桃红色，间以白色的脂肪花纹。育肥后期不喂含各种能加重脂肪组织颜色的草料，如南瓜、红胡萝卜、青草等，改喂使脂肪白而坚硬的饲料，如麦类、麸皮、马铃薯、淀粉渣等。粗料最好用含叶绿素、叶黄素较少的饲料，如玉米秸、谷草、青干草等，在日粮成分变动时，要逐渐过渡。高精料育肥时应防止肉牛发生酸中毒。

饲养管理：从犊牛开始进行持续育肥是生产雪花牛肉的最佳时段，青年牛（架子牛）的持续育肥效果不如犊牛直接育肥效果好。在其他条件确定的情况下，重点抓好以下饲养管理环节，促进牛肉雪花的形成：

①保温防寒、降温防暑；②防止跌打损伤和防滑；③勤刷拭和适当运动，注意观察和保健；④做好防疫，及时诊治疾病；⑤根据肥度和体重实时出栏；⑥依照动物卫生准则、兽药使用准则、饲料及饲料添加剂使用准则，确保雪花牛肉达到高品质标准；⑦改善牛的饲养环境。"住五星级牛舍、吃熟食、听音乐、睡软床、喝啤酒、做按摩，享受美味饲料"。宗旨是让牛安静舒适，自由快乐，健康成长。

9.2.3 产品及加工因素

9.2.3.1 pH 因素

pH 对肉制品风味的影响主要表现在对各种风味物质降解或者聚合反应上。

9.2.3.2 温度因素

温度的增加有利于美拉德反应和脂类氧化。较高的温度不仅加速各种反应的速度，而且加速肉中游离氨基酸和其他风味物前体的释放速度。

9.2.3.3 肉品含水量因素

生肉中本身含有大量水分，而肉香前体物质多数是水溶性的。因此，水是肉制品香味形成的重要介质。系水力是衡量肌肉保水性能的指标，良好的系水力可有效降低水分流失，能更好地保持牛肉的多汁性、外观及营养。失水率能够有效反映肌肉的保水性能，保水性能越高肉质越好。

熟肉率是衡量肉品熟后重量损失的一项指标，与系水力紧密相关，熟肉率越高，肉出品率则越高，肉的加工品质越好。熟肉率：肌肉样去除筋腱肌膜，用天平称 120g 的肉块，置于 100℃ 恒温水浴锅加热 40 min，取出后冷却至室温，再次称重，按公式计算熟肉率。熟肉率=（煮前重－煮后重）/煮前重×100%

9.2.3.4 脂肪的影响因素

肌肉的风味受到肌间脂肪、脂肪组织中的氨基酸和碳水化合物的水溶性含量的影响。因为加工后肉类的挥发性香味物质主要是由水溶性和脂溶性前体物产生。脂肪对肉类风味的影响有以下两种方式：

（1）不饱和脂肪酸氧化形成羰基化合物，这种羰基化合物含量适宜时，口感风味甚佳，如低于或高于一定的含量则形成异味的感觉；.

（2）脂肪中含有脂溶性化合物，热加工时产生挥发性物质，使得肉类的风味醋浓。

牛肉的感官适口性不仅受肌内脂肪数量的影响，而且受肌内脂肪中脂肪酸组成成分的影响。牛肉中的脂肪含量一般占 4%～15%，雪花牛肉肌内脂肪含量相对要高。谷物含量高的日粮饲养出的家畜，肌肉中含有更高浓度的 n-6 多不饱和脂肪酸（PUFA）；粗饲料含量高的日粮饲养出的家畜，肌肉中含有更高浓度的 n-3 多不饱和脂肪酸 PUFA。单不饱和脂肪酸（MUFA）的含量较高可导致脂肪熔点较低，脂肪变得柔软，牛肉味道令人喜欢。

9.2.3.5 产品加工因素

宰前管理对牛肉品质最大的影响因素是应激，应激根据待屠宰时间长短和 pH 变化可产生淡白色肉（PSE）和暗红色肉（DFD）。

牛肉胴体的价值是由肉质等级决定的，高含量的肌内脂肪（大理石纹）可以改善牛肉的质地和汁液，提高牛肉的观感和适口性。大理石纹是牛肉质量等级的决定性因素。

宰后加工对雪花牛肉品质也有重要影响。宰后加工主要指排酸、电导入、真空包装等，宰后管理对牛肉品质的影响体现在：pH 和温度的下降速度、肌肉的收缩程度、排酸熟化过程。

9.2.4 疫病控制的影响因素

疫病防控的质量和措施，也是影响雪花牛肉品质的因素。生产高品质雪花牛肉，必须高度重视肉牛的疫病防控工作。不健康的牛，不可能生产出健康优质的牛肉。

（1）肉牛疫病总体防控水平的发挥，影响肉牛正常发育、发情、受孕、产犊结果。

（2）疫病防控质量，影响雪花肉牛的成活率、发病率、死亡率等关键指标。

（3）疫苗使用、疾病控制措施的落实等，影响雪花肉牛的生长健康状况。

9.3 评定雪花牛肉品质的主要指标

牛肉品质通常是指牛肉鲜肉和加工肉所具有的外观、风味、营养、卫生等各种指标，以及与加工和食用有关的物理、化学性状指标。牛肉的色泽、大理石花纹等级、肌内脂肪含量、嫩度、系水力和微生物数量等指标，是评定牛肉的等级的主要指标。其中，最为重要和常用的判断指标是雪花牛肉的色泽、大理石花纹等级和肌内脂肪含量 3 个指标。

具体衡量牛肉品质的指标分 2 项，即牛肉的感官指标（外观、风味、质地等）和内在指标（加工、营养、成分等）。

9.3.1 感官指标

9.3.1.1 牛肉色泽

色泽即颜色和光泽，是衡量肉品质和健康性的最重要因素，牛肉的最健康色泽为鲜樱桃红色。牛肉的颜色由肌红蛋白数量及分解产物决定，牛肉光泽度由肌纤维细胞的肥度及系水性决定，与肌肉的结构、脂肪交杂度相关。色泽的变化对牛肉的营养价值影响较小，是牛肉新鲜程度的标识。在屠宰时会因放血不完全而残留的血红素存在，血红素中的铁离子以二价形式存在。因而，新鲜的牛肉呈樱桃红色。随着肉存放时间的延长，Fe^{2+} 逐渐被氧化成 Fe^{3+}，因而呈现暗红色。

不同饲喂方法以及加工处理方式可以改善牛肉的色泽性状，如饲喂精饲料，特别是从断奶后就开始饲喂高营养精饲料，能够使肉牛屠宰后肉的红度和黄度值增加，牛肉的颜色更加鲜红。肉色除根据视觉判断外，还可采用色度仪测定，国际上通常采用 Hunter 值，以 L^*（亮度）、a^*（红色）和 b^*（黄色）值表示。

大理石花纹是衡量牛肉品质的重要指标，与牛肉的嫩度和风味密切相关，还影响牛肉的品质等级和人们的视觉感官。肌内脂肪的含量和分布是决定牛肉大理石花纹的主要因素。大理石花纹又称为肌内杂交，指肌纤维间脂肪的沉积。脂肪发育是有规律的，育肥期脂肪是从分布于肌肉内的血管周围发育的，故多形成在肌肉内血管分布多的外肌周膜，随着脂肪沉积增加，内肌周膜和肌内膜上慢慢地形成大理石脂肪花纹。牛肉肌内脂肪呈白色大理石纹状分布，可根据牛第 12～13 肋骨间眼肌肉来判断大理石花纹的丰富程度。大理石花纹越丰富，表明牛肉越嫩，软而多汁，味道好，品质越好，价格也越高。但脂肪的含量增加到 50%以上，蛋白质含量降低，鲜味物质的含量就会有变化。

9.3.1.2 嫩度

牛肉嫩度指牛肉的口感和老嫩程度，反映了牛肉的质地和韧性。嫩度是消费者最关注的感官指标之一，是牛肉最重要的适口性性状，也是最容易发生变化的指标。牛肉的嫩度通常用剪切力值来表示。剪切力值是反映牛肉嫩度最重要的指标，剪切力值越低，表示肉越嫩；剪切力值越大，表示肉的嫩度越差。

影响牛肉的嫩度因素：肌肉中的蛋白质结构特性、结缔组织含量和分布、肌纤维直径、牛肉大理石结构及亲水力等，具体包括以下几个方面：肉对牙齿压力的抵抗性、肉对舌或颊的柔软性、牙齿咬断肌纤维的嚼碎难易程度。纹理较细，亲水力较强的肉较嫩，反之亦然。一般来说结缔组织含量愈低，肌束中肌纤维数密度愈大，肌纤维愈细，肉质就愈细嫩。

9.3.1.3 风味

风味指人们通过嗅觉、味觉对牛肉所产生的特有的感官感受，风味物质是肉中固有成分经过复杂的生化反应，产生各种有机化合物所致。雪花牛肉具体表现为鲜、香、软、嫩、滑、甜，有入口即化的感觉。风味的形成是一个复杂反应过程，但到目前为止，还不能确定是其中哪一种物质在起关键作用，可以说风味是由脂肪、核糖、蛋白质及其降解产物（芳香族化合物、含硫化合物和脂肪）在受热过程中的复杂反应而产生的结果。

9.3.1.4 多汁性

多汁性与口腔用力、嚼碎难易程度和润滑程度有关。肉的多汁性是影响肉制品食用品质的一个重要因素，牛肉的多汁性与系水力大小和脂肪含量多少呈正相关。在一定范围内，肉中系水力（WHC）越大、脂肪含量越多，多汁性越好。瘦肉中水分含量约占 75%，大多数存在于肌细胞纤维之间，少量吸附在蛋白质中。多汁性评价大致可以分为四个方面：一是开始咀嚼时根据肉中释放出的肉汁的多少；二是根据咀嚼过程中肉汁释放的持续性；三是根据在咀嚼时唾液量分泌的多少；四是根据脂肪在牙齿、舌和口腔其他部位的附着程度。牛肉的多汁性和脂肪的含量密切相关，因为脂肪除了润滑效果外，还刺激口腔释放唾液。

9.3.2 内在指标

9.3.2.1 牛肉 pH

pH 是衡量牛肉品质的一个关键参数，反映牛肉中的酸度，它不仅直接影响肉的适口性、嫩度、烹煮损失和货架时间，还与牛肉系水力和肉色等显著相关。活牛肌肉的 pH 通常为中性，当宰杀放血后，肌肉组织受氧气和营养物质中断的影响，从有氧转变为厌氧活动，进行无氧酵解，产生大量的乳酸，从而使 pH 下降。肉类 pH 的下降能够减少微生物的侵染，有利于肉产品的保存。通常当 pH 降到 5.4 左右时而终止继续下降，此时的 pH 是宰后肌肉的最低 pH，称为极限 pH（pHu）。通常认为，牛肉 pHu 的合理范围是 5.4～5.6，这个值也是影响肉色泽的关键因素之一。牛肉的 pH 受许多因素的影响，有年龄、性别、宰前应激反应、运输及天气、动物的兴奋性或攻击性、饲喂条件和肉类的解冻过程等。pH 的差异也直接影响肉类品质的其他特性，如牛肉嫩度、WHC、色泽、风味、多汁性和保质期等，其中对色泽的影响更直接。屠宰后的牛肉，肌肉内糖酵解速率过慢会导致 pH 过高，使肌肉颜色变暗，肉质表面干硬，形成 DFD 肉。相反，如果在宰前短期内受应激反应强烈，会大量消耗糖原，使宰后 pH 快速下降，影响肌肉中钙蛋白酶的活性，降低肉质的 WHC，从而使肌肉变软且有血水渗出，这个时候胴体还保持较高的温度，导致肌肉色泽发白，形成 PSE 肉。DFD 和 PSE 肉在肉制品中都属不正常的牛肉。

9.3.2.2 脂肪颜色

一般指皮下脂肪的颜色。脂肪颜色对牛肉的营养价值没有太大的影响，但影响人们的视觉感官，从而影响购买决定因素。脂肪颜色以白色到淡奶油色、质地以较硬为最佳。

9.3.2.3 脂肪含量

牛肉中脂肪含量是评定雪花牛肉品质的一个重要指标。一般含量要求至少在 10% 以上；肌内脂肪含量越高越好。肌内脂肪过低会使牛肉风味、等级下降，肌内脂肪含量还与大理石花纹等级呈高度正相关，肌内脂肪含量高的，大理石花纹才能丰富。肌内脂肪含有丰富的共轭亚油酸（CLA）（约占总脂肪酸的 0.5%~1.5%），是猪肉和鸡肉的 2.5~15 倍。CLA 具有增强免疫机能、减少动脉硬化和抗癌等多种作用。因此，CLA 含量的多少也是肌内脂肪沉积质量丰富程度的重要衡量指标之一。牛肉除了高质量的蛋白质、无机盐和维生素之外，大理石花纹脂肪（IMF）含量和脂肪酸组成是决定牛肉营养价值的重要因素。

9.3.2.4 营养成分

牛肉的营养成分，主要由蛋白质和脂肪等组成。蛋白质的成分主要是氨基酸，脂肪的成分主要是脂肪酸。牛肉中氨基酸和脂肪酸的含量是一个重要营养指标。必需氨基酸含量和不饱和脂肪酸含量高比较好。实验证明，高谷物料比一般草料饲养的牛肉大理石纹多、味道、汁液、嫩度和适口性好。雪花牛肉的不饱和脂肪酸含量高，必需氨基酸含量也高，营养丰富。因此，多食用高品质雪花牛肉对人体健康大有益处。

9.3.2.5 微生物

主要是指牛肉及其加工产品中所含有的各种细菌的数量。牛肉是各种微生物繁殖的良好营养基。而在屠宰、牛肉加工、销售等过程中极易接触各种微生物，这些微生物在适宜的条件下就会快速繁殖，产生对人体有害的物质，并导致牛肉腐败变质。牛肉中的微生物可分为嗜温微生物、嗜冷微生物和大肠杆菌 3 大类。嗜温微生物和大肠杆菌对牛肉成熟和零售影响较大，嗜冷微生物对牛肉冷藏和冷冻储存危害较大。要求牛肉中细菌总数应低于 5 000 个/g，大肠杆菌数低于 30 个/100g，致病性细菌如沙门氏菌等不得检出。

9.3.2.6 脂肪氧化产物

脂肪氧化产物是指牛肉中的脂肪在氧化剂作用下断裂形成的酮、脂肪酸和短链醛等产物，通常用 2-硫代巴比妥酸测定的丙二醛含量——硫代巴比妥酸反应（TBARS）表示。脂肪氧化是仅次于微生物的导致牛肉失色、变质的主要因素，其产物可能与动脉粥样硬化和某些癌症密切相关。脂肪氧化还会降低牛肉系水力。

9.4 雪花牛肉营养成分分析

脂肪的主要成分是脂肪酸，肉中必需脂肪酸亚油酸含量占 1.46% 可提供给人体所需要的必需脂肪酸，提高牛肉的营养价值。必需脂肪酸对人体有重要的生理意义和很好的保健作用，是人体生长和脑组织发育的必需物质，并可有效预防心血管疾病。不饱和脂肪酸含量较高，脂肪相对较软，熔点低，凝固点高，容易消化吸收。

蛋白质的主要成分是氨基酸，营养价值的高低取决于各种氨基酸的含量和比例。除色氨酸被水解破坏外，含有其他 8 种人体必需氨基酸种类多且含量高。牛肉氨基酸组成与人体氨基酸需要模型非常接近。在氨基酸中，以谷氨酸含量高，谷氨酸可增加牛肉的鲜味和香味。

经测定，鲜牛肉的蛋白质含量为 23.08%，脂肪含量为 4.08%（雪花牛肉脂肪含量比此例高）；必需氨基酸占氨基酸总量（EAA / TAA）的 41.07%；不饱和脂肪酸（UFA）占总脂肪酸（TFA）的 45.78%。

欧美等西方国家多喜好少量、均匀分布的肌内脂肪，而中国和日韩等亚洲国家多要求肌内脂肪含量较多且分布均匀。氨基酸和脂肪酸除了一般的营养功能外，还是肉的呈味物质的两大主要来源。

9.4.1 氨基酸成分

9.4.1.1 氨基酸构成

蛋白质是构成生命的物质基础，而氨基酸是决定蛋白质在体内发挥一切生理及营养功能的基本构成单位，是机体的生命之源。人体蛋白质主要由氨基酸组成，共 20 种氨基酸，分为必需氨基酸、条件必需氨基酸和非必需氨基酸 3 种。

（1）必需氨基酸（EAA）9 种：指人体（或其他脊椎动物）不能合成或合成速度远不能适应机体需要，必需由食物蛋白质供给的氨基酸。成人必需氨基酸有 8 种，婴幼儿氨基酸有 9 种，增加一种组氨酸，即：赖氨酸、色氨酸、苯丙氨酸、甲硫氨酸、苏氨酸、异亮氨酸、亮氨酸、缬氨酸。

（2）条件必需氨基酸（CEAA）或半必需氨基酸（SEAA）2 种：半胱氨酸和酪氨酸；

（3）非必需氨基酸有 9 种：丙氨酸、精氨酸、天门冬氨酸、天门冬酰胺、谷氨酸、谷氨酰胺、甘氨酸、脯氨酸和丝氨酸。

必需氨基酸的生理功能：①节省肌肉消耗，减少负氮平衡；②对肝脏脑病的治疗。完全蛋白质所含必需氨基酸种类齐全，数量充足，相互之间比例也适当；半完全蛋白质所含各种必需氨基酸种类齐全，但各种氨基酸含量多少不均；如小麦、大麦中的麦胶蛋白，其中含限制氨基酸赖氨酸。不完全蛋白质所含必需氨基酸种类不全，当把这类蛋白质作为膳食中唯一的蛋白来源时，既不能促进生长发育，也不能维持生命，如玉米中的玉米胶蛋白和豌豆中的豆球蛋白等。

评价食物中氨基酸多少的指标，用氨基酸评分（R）来衡量。计算公式如下：$R = W1 / W2 \times 100$；$W1$ 为被测蛋白质每克蛋白质中氨基酸含量（mg）；$W2$ 为理想模式或参考蛋白质中每克蛋白质中氨基酸含量（mg）。

9.4.1.2 氨基酸功能

（1）呈味氨基酸：包括天门冬氨酸、谷氨酸、甘氨酸、丙氨酸、精氨酸、蛋氨酸和半胱氨酸。氨基酸热解参与的美拉德反应以及脂类的氧化等形成肉香味。牛肉的风味来自半胱氨酸成分较多，谷氨酸可增加牛肉的风味。

呈味氨基酸不仅能够影响牛肉风味，提高消费者味觉感知度，增进食欲，而且其具有特殊的生理功能，可以预防慢性疾病，尤其是糖尿病，适合需低糖、低钠食品的肥胖和高血压患者等特殊人群食用，高呈味氨基酸牛肉对慢性疾病的预防有着潜在的利用价值。

（2）鲜味氨基酸（UAA）：天门冬氨酸和谷氨酸两种酸性氨基酸对肉鲜味起主导作用。谷氨酸可增加牛肉的鲜味和香味。在保护肠道方面谷氨酸也发挥着重要的作用，它能保护肠道免受细菌和毒素的侵害，帮助肠道修复和细胞的快速增值。

（3）甜味氨基酸（SAA）：甘氨酸、丝氨酸、苏氨酸、赖氨酸、脯氨酸、羟脯氨酸。甘氨酸能缓和酸、碱味，改善食品风味，甘氨酸可部分参与美拉德反应，不仅可以缓和含硫氨基酸反应后产生的刺激性硫味，使反应香气变得柔和、纯正，而且还可以产生烤肉香味，使反应香气变得更加逼真、浓郁，甘氨酸对烤牛肉香气的贡献较大。

（4）酸味氨基酸：天冬氨酸、谷氨酸、组氨酸。

（5）苦味氨基酸（BAA）：组氨酸、精氨酸、缬氨酸、亮氨酸、异亮氨酸、苯丙氨酸、色氨酸、酪氨酸。

（6）风味氨基酸：半胱氨酸。

（7）其他几种氨基酸的功能：

①赖氨酸：赖氨酸（Lys）是动物蛋白质和氨基酸营养上最重要的氨基酸之一，与动物的生长密切相关，被称为生长氨基酸。赖氨酸不仅可以提高机体的氮代谢效率，也是一种重要的生物活性分子，在信号通路和代谢调节中发挥着重要作用。能提高胃液分泌、钙的吸收，加速骨骼生长，增进食欲，促进幼儿生长发育。赖氨酸缺乏，可能出现厌食、营养型贫血、中枢神经受损、发育不良，会引起蛋白质代谢障碍，导致生长障碍。②苯丙氨酸（Phe）：参与消除肾及膀胱功能的损耗。③苏氨酸（Thr）：有转变某些氨基酸达到平衡的功能。④甲硫氨酸（Met）：又称蛋氨酸，参与组成血红蛋白、组织与血清，有促进脾脏、胰脏及淋巴代谢的功能。可合成胆碱和肌酸，胆碱是一种抗脂肪肝的物质。还可对有毒物或药物进行甲基化而起到解毒作用。⑤色氨酸（Trp）：在体内能转变为许多生理上重要的活性物质，抗过敏，对于季节性鼻炎、急慢性过敏性结膜炎及春季角膜结膜炎、过敏性湿疹以及食物引起的肠道过敏反应都有较好的疗效。⑥缬氨酸（Val）：作用于黄体、乳腺及卵巢。⑦亮氨酸（Leu）：作用于平衡异亮氨酸。⑧异亮氨酸（Ile）：参与胸腺、脾脏及脑下腺的调节和代谢。

赖氨酸和甲硫氨酸是食物中主要的限制氨基酸。通常，赖氨酸是谷类蛋白质的第一限制氨基酸，与动物的生长密切相关。而甲硫氨酸则是食物中主要的限制氨基酸，是大多数非谷类植物蛋白质的第一限制氨基酸。此外，小麦、燕麦和大米还缺乏苏氨酸，玉米缺乏色氨酸。赖氨酸和甲硫氨酸缺乏，会引起动物蛋白质代谢障碍，发育不良，生长受阻。

9.4.2 脂肪酸成分

脂肪主要由脂肪酸组成，脂肪酸分饱和脂肪酸（SFA）和不饱和脂肪酸（UFA），其构成组成和含量与人类身体健康息息相关。饱和脂肪酸（SFA）主要由棕榈酸和硬脂酸及豆蔻酸组成；不饱脂肪酸（UFA）主要是由单不饱和脂肪酸（MUFA）和多不饱和脂肪酸（PUFA）组成。单不饱和脂肪酸（MUFA）主要由油酸、亚油酸组成；多不饱和脂肪酸（PUFA）主要成分是亚油酸。牛肉中的油酸越多，牛肉风味越浓。

食用脂肪除了供能以外，其生理功能主要体现在多不饱和脂肪酸（PUFA），特别是必需脂肪酸（EFA）的营养生理上。EFA如同蛋白质、氨基酸、维生素、无机盐一样是动物生长发育、繁殖等的必需营养素和限制性因素。其生理功能：构成生物膜质、维持皮肤等组织对水的不通透性、合成某些生物活性物质、参与精子形成、参与脂类代谢。

9.4.2.1 脂肪酸组成成分

（1）脂肪酸主要种类。

1.C10：0　癸酸	4.C12：0　月桂酸	7.C14：0　豆蔻酸
2.C15：0　十五烷酸	5.C16：0　棕榈酸	8.C17：0　十七烷酸
3.C18：0　硬脂酸	6.C20：0　花生酸	9.C22：0　二十二碳烷酸

10.C21：0　二十一碳烷酸

（2）饱和脂肪酸（SFA）。

1.C14：1　肉豆蔻烯酸　　2.C20：1　二十碳烯酸　　3.C17：1　十七碳烯酸

4.C22：1　二十二碳一烯酸　　　　5.C18：1n9c　十八碳烯酸甲酯

（3）单不饱和脂肪酸（MUFA）。

1.C18：2n6c　亚油酸　　2.C18：3n6　r-亚麻酸　　3.C18：3n3　a-亚麻酸

4.C20：5　二十碳五烯酸

（4）多不饱和脂肪酸（PUFA）：亚油酸。

9.4.2.2 脂肪酸功能

脂肪酸的种类和组成是决定脂肪组织理化性质、影响肉质风味的重要化学成分，是评定营养价值高低的重要指标之一，也决定肉的氧化稳定性和脂肪组织的坚硬度，从而影响肉的嫩度和肉色。

牛肉对人体的健康程度和营养评价，通常采用 PUFA/SFA、营养价值（nutritional value，NV）和低胆固醇脂肪酸/高胆固醇脂肪酸（h/H）指标进行评价。PUFA/SFA 和 h/H 是评定肉中脂肪酸对人体健康的一个指标，饮食中健康的 PUFA/SFA 为 0.5～0.7 或 0.45，h/H 建议值为≥2.5；营养价值（NV）则代表脂肪酸整体的重要组成部分。在 PUFA 中，二十碳五烯酸（C20：5n-3，EPA）和二十二碳六烯酸（C22：6n-3，DHA）已被证明在降低心血管疾病风险方面具有重要作用，并且对胎儿脑和视觉的正常发育至关重要。世界卫生组织（WHO，2003）建议 SFA、n-6 PUFA、n-3 PUFA 和反式脂肪酸的摄入量应该分别低于 10%、5%～8%、1%～2% 和 1%。脂肪酸组成受动物基因型、品种、饲养和年龄等因素的影响。

一般来说，脂肪酸组成影响脂肪组织的硬度。因为不同的脂肪酸有不同的熔点，SFA 的熔点较高、PUFA 的熔点较低。棕榈酸和硬脂酸实质上对牛肉脂肪及脂肪酸组成起主导作用，可增加脂肪的硬度，特别是硬脂酸对牛肉脂肪的熔点影响大，硬脂酸的熔点是 70℃左右，而 MUFA 的熔点大约是 20℃。雪花牛肉不饱和脂肪酸含量高，熔点低。因此，这是"入口即化"口感的主要原因。

（1）饱和脂肪酸功能：饱和脂肪酸（SFA）主要成分是棕榈酸、硬脂酸、辛酸等。其功能具有提高血液中胆固醇水平的作用，起主要作用的是硬脂酸、月桂酸、肉豆蔻油酸及棕榈酸；棕榈酸的含量影响肉的多汁性，与肉的多汁性呈负相关。硬脂酸可以明显地升高血栓和动脉硬化发病率。因此，饱和脂肪酸摄入量过多会导致胆固醇升高，造成动脉粥样硬化。

（2）不饱和脂肪酸功能：单不饱和脂肪酸（MUFA）主要成分油酸、棕榈油酸；单不饱和脂肪酸中油酸的比例高、是单不饱和脂肪酸的主要组成成分。单不饱脂肪酸可以降低血胆固醇和低密度脂蛋白的作用；不饱和脂肪酸（PUFA、MUFA）比例高，对人类身体健康是有益处的。

多不饱和脂肪酸 PUFA 主要成分是亚油酸、亚麻酸、花生四烯酸；多不饱和脂肪酸（PUFA）中亚油酸比例最高。多不饱和脂肪酸有降低血脂、改善血液循环，抑制动脉硬化斑块和血栓形成的功效。因此，人体内脂肪酸的含量与人体的心血管疾病密切相关。持续摄入功能性多不饱和脂肪酸有助于抗癌、增强脑神经功能和降低胆固醇等作用。不仅能调节人体的脂质代谢，而且具有治疗和预防心脑血管疾病、抗癌、对抗肥胖、促进生长发育等功能。

雪花肉牛的肉质好，归因于不饱和脂肪酸含量高，即油酸含量多，肉的风味得到改善。大量的科学研究表明，作为多不饱和脂肪酸主要组成的亚油酸是风味物质分解合成的重要底物，为肉的风味形成起着重要作用，且亚油酸对人体而言是必需脂肪酸。二十碳五烯酸（EPA）也是人体必需脂肪酸。

9.4.2.3 必需脂肪酸

必需脂肪酸（EFA）是指动物体维持机体正常代谢不可缺少，而自身又不能合成或合成速度慢无法满足机体需要，必须通过食物供给的脂肪酸。必需脂肪酸是动物体必不可少的营养物质，必需脂肪酸通常主要包括ω-3 系列的 α-亚麻酸和ω-6 系列的亚油酸、花生四烯酸。

动物 EFA 的来源：近年来研究发现，在日粮中添加必需脂肪酸对反刍动物有积极的作用。常用饲料中亚油酸比较丰富，豆油、玉米油、菜籽油等植物油的亚油酸含量都很高。亚麻酸的主要来源绿叶蔬菜和亚麻籽，一般饲料中含有较多油类饼粕成分，动物能从饲料中获得其所需要的 EFA；以玉米、燕麦为主要能源或以谷类籽实及其副产品为主的饲料也能满足其亚油酸的需要。而牛羊等反刍动物源食品（脂肪）是共轭亚油酸最主要的天然来源（3~7mg/g）。

（1）必需脂肪酸的代谢及其功能。必需脂肪酸以三酰甘油等长链脂肪酸的形式储存在体组织内，但结合入磷脂膜并转变为极长链脂肪酸和花生四烯酸才在动物体代谢中起关键作用。花生四烯酸对于连接质膜和保持膜的韧性有重要作用。亚油酸可使红细胞具有更强的抗溶血能力。在代谢过程中，亚油酸可以经过去饱和、延长碳链、再脱饱和生成花生四烯酸，后者是前列腺素的前体物质，也可以转变为白三烯、血栓素等，这对血液循环系统及免疫系统十分重要。

共轭亚油酸（CLA）：具有抗氧化、降低胆固醇和甘油三酯及低密度脂蛋白、减轻动脉粥样硬化、提高免疫力、提高骨质密度、调节血糖等重要生理功能，是继二十二碳六烯酸（DHA）、二十碳五烯酸（EPA）后又一种极具保健功能的脂肪酸。

亚麻酸代谢转化成为二十碳五烯酸（EPA）也是前列腺素的前体物质。EPA又可以被延长、去饱和形成二十二碳六烯酸（DHA），其是质膜的重要组成部分。

必需脂肪酸还与类脂、胆固醇的代谢有密切关系。胆固醇必须与必需脂肪酸结合才能在体内转运，进行正常代谢。如果必需脂肪酸缺乏，胆固醇将与一些饱和脂肪酸结合，形成难溶性胆固醇脂，从而影响胆固醇正常转运而导致代谢异常。

（2）必需脂肪酸对动物繁殖性能的影响。充足的必需脂肪酸可以促进前列腺素合成，从而保证牛正常发情，促使卵泡健康发育和成熟，促进体内生成孕酮，使外部发情症状明显，提高妊娠率，减少胚胎死亡和胎儿流产。促进干扰素（TAU）合成，有利于母体妊娠识别顺利建立，从而减少胚胎早期死亡。通常反刍动物日粮中必需脂肪酸的含量能够维持家畜的正常生理功能，但对必需脂肪酸进行补充，可以提高动物的生产性能，调节生殖机能、免疫功能及瘤胃发酵等生理作用。

第 ⑩ 章　雪花牛肉质量等级标准介绍

牛肉可分为瘦肉型和大理石花纹稠密型两大集团。前者的代表是以土地资源丰富、谷物、牧草资源充足、靠"大群体、大规模"充分利用放牧方式来生产中大型肉牛的美洲、澳洲和欧洲的牛肉；后者的代表是以土地紧缺、谷物和饲草资源匮乏、靠"小群体、大规模"圈养方式来生产中小型东方肉牛的亚洲牛肉。

牛肉质量等级评定是牛肉按质论价的基础。大理石花纹是衡量牛肉品质的重要指标，也是分级标准的主要依据。大理石花纹与牛肉的嫩度、风味、品质、等级和人们的视觉感官相关，是消费者选择购买因素的依据。肌内脂肪含量和分布，是决定牛肉大理石花纹的主要因素。大理石花纹决定牛肉的鲜嫩、柔软、多汁；在风味需求上，肌内脂肪含量12%就已经达到了香阈值，牛肉等级的增加显著增加了牛肉的风味性。

大理石花纹丰富的雪花牛肉的价格通常要比普通牛肉的价格高20倍以上。由评价员根据眼肌横切面处牛肉的大理石花纹图案和牛肉色泽，与牛肉质量分级标准所描述、确定的各个等级标准图版和标准肉色版进行比对，最后根据特征匹配和在实践经验的基础上，确定牛肉的质量等级。

各国的雪花牛肉的定义和质量分级标准有所不同，如涉及进口贸易的产品，不能简单地以其他某一国家等级标准认定产品的等级，需要综合考量，其中一个很重要的指标是雪花牛肉的肌内脂肪含量。现介绍几种世界上雪花牛肉主要生产国家的牛肉质量标准。

10.1 日本标准

10.1.1 和牛肉等级标准

日本和牛肉分"步留等级"（Yield Grade，即成品率等级）和"肉质等级"（Quality Grade，包含肉块脂肪量、色泽、紧致程度、脂肪色泽四个指标）。

成品率即胴体等级，一头牛身上去除皮、头及内脏后可食用部分的比例。等级越高，肉品部位区别也更清晰，肉质发育更完善。以字母A、B、C表示，A为最高。其中，神户牛的成品率等级需要在A、B等级。

日本对高档牛肉花纹评定分为霜降级、雪花级、大理石级。霜降级脂肪呈细微颗粒状，在肌内渗透非常均匀，就像牛肉表面有一层雪霜一样，这是目前最高级别的牛肉。其大理石纹等级标准划分比较细致，分为12个等级；日本牛肉分级标准（6~7根肋骨间剖面）：是根据肌肉的大理石花纹、肉的色泽、肉内结缔组织、脂肪的颜色和品质分A、B、C三级，每级各分1~5等，计15个等级。牛肉等级实际是由胴体等级和肉质等级两部分组成的。由肉牛生产者、收购者、屠宰厂、超市、零售商和消费者共同参与评定牛肉品质，最终确定牛肉级别。

（1）霜降度（BMS，Beef Marbling Standard）。一共从1至12，分为5个等级，并以5为最高。霜降度越高，雪花度便越好，瘦肉与脂肪分布得便越均匀。达到8~12便可以列入BMS最高的5级。一般情况下，BMS7以上的牛肉就已经属于高级牛肉。

（2）牛肉色泽。分为5个等级，由低至高分为7个基准色，数字越高牛肉颜色越深。最好的牛肉往往颜色在3~5级之间。

（3）肉质松紧程度。肉质松紧程度越高，等级越高，牛肉质量则越好。

（4）脂肪色泽。在5个等级、7个基准色中，前4种脂肪基准色的和牛脂肪色泽、脂肪分布最好。最终的肉质等级取决于这四个指标中的最小值。综合胴体等级和肉质等级之后，确定等级，最高等级A5。

10.1.2 日本肉牛胴体品质分级标准

日本肉牛自 1950 年以后， 和牛肉的市场占有量比较低，一般都没有超过 50%。大部分市场份额被和牛与黑白花奶牛的杂交后代（F1）、黑白花去势牛和国外的牛肉所占领。日本通过 40 多年的努力，迅速提高了和牛的胴体体重及其整齐度和肉质， 同时使 F1 和黑白花去势牛的肉质迅速接近和牛肉质， 由此对国外牛肉进入日本市场或者在日本市场上的价格提高构成了巨大的天然屏障。从质量来说，国外的牛肉质量与日本的牛肉质量不是一个层次等级。因此，日本人对和牛肉的质量高度认可，认为是最好的牛肉。国外牛肉和其他牛肉价格只能比和牛肉价格低，而不能高。目前，日本执行的标准是 1988 年修订的"牛胴体/分割肉交易规格"，译成中文是"牛胴体分级标准"。

10.1.2.1 和牛的杂交改良与胴体分级标准

1988 年出台了肉牛"饲养标准"。肉质审查指标是：脂肪交杂（大理石纹）、肉色、肉的质地（细腻度）+坚挺度、脂肪色泽及脂肪质地。

10.1.2.2 制定标准的依据

依据主要来自于对产业链各环节运行现状的细致调查和对数据的准确归纳。

10.1.2.3 胴体分级标准的修订（如表 10-1 所示）

按"胴体重上不封顶、脂肪交杂至上"的标准原则， 为育种和育肥生产提出了明确的方向。在育种界（以体尺为主的）， 直接鉴定（屠宰后裔的）和间接鉴定技术由二者并行逐渐转向以间接鉴定为主， 鉴定后的种牛价格及其精液、后裔的价格直线上升又催生了新的"品牌种公牛（血统牛）"市场， 形成了"繁殖母牛与犊牛"、"育成牛"、育肥用的"去势和牛"及"去势黑白花牛"四大饲养体系。飞跃性地提高了黑白花去势牛的肉质。主要有四个特点：

第一：改"胴体率"与"肉质"的分离评价方式，目的是增大产业链各环节自由选择肉量或肉质的空间，最大限度地迎合消费者和各环节的需求；

第二：在第 6～7 肋骨之间切开胴体，目的是降低分割和流通成本；第 6～8 肋骨间整体运动量最小， 受生理和外部刺激性运动的影响最少， 其组织结构相对稳定；

第三：缓和脂肪交杂门槛， 目的是在肉质上继续保持对国外牛肉绝对优势、降低育肥生产成本；

第四：取消最小胴体重的限制，因为国产牛的出栏体重和育肥度已经空前整齐，用胴体率作分级尺度时，仍能避免胴体变小。最终目的是强化国产牛肉对市场的占有量和支配市场价格的绝对优势。

概括起来，日本雪花牛肉分 5 等 15 级，其对应关系：A5=15、14、13、12、11 级；A4=10、9、8 级；A3=7、6 级；A2=5 级；A1=4 级；3～1 级不定级。

表 10-1　胴体分级标准的修订

等级	半胴体最低重量/kg	肉质			
		脂肪杂交	色泽	质地与坚挺性	脂肪质地及色泽
特选级上	130	眼肌及其外肌上交杂致密、充分，肌间脂肪适中；二分体肌肉露出面上交杂充分者，特选级的脂肪交杂特别优秀者	肉色鲜红或与之相近.不偏深或偏淡.光泽良好者	细腻、坚挺	质地硬.有滑腻感,呈白色或乳白色,光泽充分者
上	120	眼肌及其外周肌上交杂基本良好，肌间脂肪不偏厚或偏薄者；二分体肌肉露出面上交杂基本良好者	肉色及光泽基本良好者	均大致良好者	质地较硬, 有滑腻感, 略带黄色, 光泽相当良好者

续表

等级	半胴体最低重量/kg	肉质			
		脂肪杂交	色泽	质地与坚挺性	脂肪质地及色泽
中	120	眼肌及其外周肌上交杂少、肌间脂肪厚或薄者；二分体肌肉露出面上交杂少者	肉色及光泽一般者	均一般者	不特别软.滑腻感一般，黄色.有光泽者
一般	100	眼肌及其外周肌上几乎无交杂、肌间脂肪少者；二分体肌肉露出面上几乎无交杂者	肉色过浓或过淡、光泽不良者	稍粗糙、欠坚挺者	松软、无滑腻感、浓黄而无光泽者
等外					

胴体率是指胴体的部位肉产出率，根据计算式分为 A、B、C 三级，追求的不是单纯的胴体重量，而是单位胴体的分割载肉率，该值可反映"分割肉交易规格"规定的 10 个部位肉的重量等级。"肉色"、"质地与坚挺性"及"脂肪色泽与质地"，各项均分 5 个级别、分等分级，各项中的最低级为该胴体的肉质级别。理论上在胴体率与肉质之间有 15 个（3 个胴体率×5 个肉质等级）组合级别（如表 10-2、10-3 所示）。虽然和牛仍含有国外牛种的遗传物质，但在"大理石花纹稠密型"集团中，都不得不承认"和牛"的国际名牛地位，甚至"瘦肉型"集团的美国、澳大利亚和巴西都早已引进了和牛，在改良大理石花纹。

日本牛肉标准——日本食用肉分级协会 1988 年制定的《牛胴体交易规范概要》。日本标准：肉质等级从脂肪夹杂（霜降）、肉色光泽、肉紧实度与纹理及脂肪颜色和品质这四个方面进行判定，等级的确定选取最低等级作为最终决定等级。

表 10-2　标准等级与表示

胴体率等级	肉质等级				
	5	4	3	2	1
A	A	A	A	A	A
	5	4	3	2	1
B	B	B	B	B	B
	5	4	3	2	1
C	C	C	C	C	C
	5	4	3	2	1

表 10-3　1988 年版的胴体率分级标准

等级	胴体率（X）
A	72 以上 （X≥72）
B	69 以上、72 未满 （69≤X＜72）
C	69 未满　X＜72
胴体率计算式校正	67.37 + [0.130 × [胸长肌面积 cm²] + [0.667 × [腹壁厚 cm] − [0.025 × 冷半胴体重 kg] − [0.896 × 皮下脂肪厚 cm] 对于肉用品种，在上述计算值之上追加 2.049 后作为胴体率 （降一级）切开面上的肌间脂肪相对于胴体重和胸最长肌面积相对较厚者 （降一级）臀肉厚度贫瘠并且胴体的前后躯明显不匀称者

日本《牛胴体交易规范概要》由公益社团法人日本食用肉分级协会制定，在全国食用肉批发市场以及基地化食用肉中心等地积极实施。除牛犊胴体外，适用于所有牛胴体，对步留等级（精肉 – 成品率等级）、肉质等

级进行划分。

日本雪花牛肉划分标准 1988 年制定以后，一直沿用至今（如表 10-4 至表 10-7 所示）。日本肌内脂肪含量大于 10%以上牛肉定为雪花牛肉。

表 10-4　1988 年版的肉质标准

等级	脂肪交杂	肉色	肉的质地与坚挺性	脂肪的色泽与质地
5	胸最长肌.背半棘肌及头半棘肌上的脂肪交杂极丰富	肉色及光泽极好	极坚挺.细腻	颜色.光泽及质地极好
4	胸最长肌.背半棘肌及头半棘肌上的脂肪交杂比较丰富	肉色及光泽比较好	比较坚挺.细腻	颜色.光泽及质地比较好
3	胸最长肌.背半棘肌及头半棘肌上的脂肪交杂等同标准	肉色及光泽等同标准	坚挺.细腻等同标准	颜色.光泽及质地等同标准
2	胸最长肌.背半棘肌及头半棘肌上的脂肪交杂比较少	肉色及光泽仅次标准	坚挺.细腻仅次标准	颜色.光泽及质地仅次标准
1	胸最长肌.背半棘肌及头半棘肌上几乎没有脂肪交杂	肉色及光泽较差	坚挺性差.肌束粗糙	颜色.光泽及质地比较差

表 10-5　1988 年版肉质标准的详细指标

等级	脂肪交杂			肉色		
	判断标准	交杂标准[BMSa] NO.	评价基准	判断标准	肉色标准[BCSb]NO.	光泽
5	极丰富	8~12	2+以上	极好	3~5	极好
4	比较丰富	5~7	1+-2	比较好	2~6	比较好
3	等同标准	3~4	1+-1	同等标准	1~6	同等标准
2	比较少	2	0+	仅次于标准	1~7	仅次于标准
1	几乎没有	1	0	比较差	等级 5~2 以外者	

等级	肉的质地与坚挺性		脂肪的色泽与质地		
	质地	坚挺性	判断标准	肉色标[BFSC]NO.	光泽
5	极细腻	极好	极好	1~4	极好
4	比较细腻	比较好	比较好	1~5	比较好
3	细腻等同标准	等同标准	等同标准	1~6	等同标准
2	细腻仅次于标准	仅次于标准	仅次于标准	1~7	仅次于标准
1	肌束粗糙	比较差	比较差	等级 5~2 以外者	

注：BMSaNO 为脂肪交杂标准；BCSbNO 为肉色标准；BFScNO 为脂肪色标准。

表 10-6　1988 年版肉质标准中"得分"与肉质级别对应关系

等级	肉质等级											
	1		2		3		4		5			
脂肪交杂　BNS 得分	1		2	3	4	5	6	7	8	9	10	11	12
评价基准	0		0	1	1	1	2	2	2	3	3	4	5
肉色　　　BCS 得分	2~5 级以外 1~7				1~6		2~6			3~5			
脂肪色　　BFS 得分	2~5 级以外 1~7				1~6		1~5			1~4			

表 10-7　日本牛肉光泽紧实度与纹理及脂肪颜色和品质表

序号	等级		肉色光泽		紧实度与纹理		脂肪颜色与品质	
			肉色标准（B.C.S.NO.）	光泽	紧实度	纹理	脂肪颜色（B.F.S.NO.）	光泽与质量
1	非常好	5	NO.3—5	非常好	非常好	非常细腻	NO.1—4	非常好
2	较好	4	NO.2—6	较好	较好	较细腻	NO.1—5	较好
3	普通	3	NO.1—6	普通	普通	普通	NO.1—6	普通
4	符合标准	2	NO.1—7	符合标准	符合标准	符合标准	NO.1—7	符合标准
5	劣质	1	等级 5~2 以外	以外情况	劣质	粗糙	等级 5~2 以外	以外情况

注：B.C.S.NO 为肉色标准；B.F.S.NO 为脂肪颜色标准。

10.1.3 日本新修订的肉牛胴体品质分级标准

在 1988 年标准基础上，对原来的标准进行了修订，主要内容是增加了肌内脂肪含量的 IMF%。新修订的脂肪含量标准为：根据牛肉出品率和大理石花纹的脂肪含量确定雪花牛肉的等级，NO.3 ~ NO.12 的 IMF 百分比为 21.4% ~ 56.3%，A5 等级雪花肉的脂肪最低含量为 43.8%。

（1）A3 等级：NO.3 肌内脂肪含量 21.4%；NO.4 肌内脂肪含量 29.2%；

（2）A4 等级：NO.5 肌内脂肪含量 35.7%；NO.6 肌内脂肪含量 40.6%；NO.7 肌内脂肪含量 42.5%；

（3）A5 等级：NO.8 肌内脂肪含量 43.8；NO.9 肌内脂肪含量 50.7%；NO.10 肌内脂肪含量 52.9%；NO.11 肌内脂肪含 53.0%；NO.12 级牛肉肌内脂肪含量 56.3%。

新标准脂肪含量明显比以前的标准脂肪含量提高了。而且，大理石花纹等级与脂肪级别对应关系也作了适当调整。原来（旧）A1=NO.1、NO.2、NO.3；A2 = NO.4、NO.5、NO.6；A3 = NO.7、NO.8、NO.9；A4=NO.10；A5=NO.11、NO.12。现行（新）A1 = NO.1；A2 = NO.2；A3 = NO.3、NO.4；A4 = NO.5、NO.6、NO.7；A5 = NO.8、NO.9、NO.10、NO.11、NO.12。

新修定的牛肉大理石花纹品质分级标准与原执行标准和等级的关系见表 10 - 8。

表 10-8　大理石花纹评价与等级划分的关系

BMS No.		No.1	No.2	No.3	No.4	No.5	No.6	No.7	No.8	No.9	No.10	No.11	No.12
评价声明		0	0+	1-	1	1+	2-	2	2+	3-	3	4	5
分级	新	1	2	3		4				5				
	旧	Nami			Chu			Jo			Tokusen		Tokusen

注：旧年级的名词在英语中表示相近意思为：Nami - Forth，　Chu - Third，　Jo - Second，　Gokujo - First，　Tokusen - Prime。在新的职系中，这些术语已简化为阿拉伯数字。（旧分级以人名命名，故这里未翻译）

10.2 美国标准

美国畜牧业产值占农业总产值的 48% 左右，其中肉牛业产值达到畜牧业产值的 25% 左右。美国从 20 世纪 80 年代起研究和牛，日本每年需要进口 10 亿美元的牛肉。日本人比美国人更喜欢吃牛肉，但日本人所吃的牛肉和美国人吃的牛肉有所不同。日本人喜欢吃的牛肉块比较小，脂肪含量高，多采取快速烹制方法；美国人喜欢吃肉块比较大，脂肪含量适中，吃的方法主要是烧烤。日本人在买牛肉时以大理石花纹作为主要参考指标。

美国分级标准：美国对牛肉采用质量级（quality grade）和产量级（yield grade）两套等级评价体系。两种等级体系可分别对牛肉定级，也可同时使用。

10.2.1 以肉牛的性别、年龄、体重为依据分级

年龄越小肉质越嫩，级别越高，共分为 A、B、C、D、E 5 个级别。A 级为 9~30 月龄、B 级为 30~42 月龄、C 级为 42~72 月龄、D 级为 72~96 月龄、96 月龄以上为 E 级。A 级为最好。

10.2.2 以胴体质量为依据的分级标准（产量分级 5 级）

以胴体出肉率分级，1 级为最高，5 级为最少。胴体出肉率用去骨修整后零售肉块重占胴体质量的百分比（%CTBRC）来表示。按%CTBRC 将胴体产量等级分为 5 级：%CTBRC 在 52.3% 以上为 1 级，50% ~ 52.3%

为 2 级，47.7%～50% 为 3 级，45.4%～47.7% 为 4 级，45.4% 以下为 5 级。

10.2.3 以生理成熟度为分级标准

根据骨骼的性状、胸椎、腰椎和荐椎末端软骨的骨质化程度、肌肉颜色与质地，将生理成熟度分为 A 、B 、C 、D 、E 5 个级别。生理成熟度评定以骨质化程度为主。骨质化程度是根据胸椎末端软骨骨质化程度进行了量化，胸椎末端软骨骨质化程度在 0～10% 为 A、10%～35% 为 B、35%～70% 为 C、70%～90% 为 D，骨化程度在 90% 以上为 E。A 级为最好。

10.2.4 以牛肉品质为依据的分级标准（质量分级 8 级）

以大理石花纹为依据（12～13 根肋骨处剖面）分 8 级：A 特优（prime）；B 特选（choice）；C 优选（select）；D 标准（standard）；E 商用（commercial）；F 可用（utility）；G 切碎（cutter）；H 制罐（canner）。A 特优为最好。

具体以大理石花纹品质评定细分为 4 类 12 个等级（如表 10-9 所示）：

（1）Prime 等级：丰富（优先）Prime$^+$、中等丰富 Prime^0、略丰富 Prime$^-$；

（2）Choice 等级：可选择 Choice$^+$、适度 Choice^0、少 Choice$^-$；

（3）Select 等级：轻量+Select$^+$、轻量+Select^0、轻量-Select$^-$；

（4）Standard 等级：Standard 基本的微量+Standard$^+$、微量-Standard^0、实际缺乏 Standard$^-$。

实际上，美国的牛肉质量分级主要以产量分级和质量分级为主；广泛使用的特优 Prime 等级、特选 Choice 等级和可选 Select 等级，见表 10－9。C 级优选中（select－）以后的级别牛肉与一般牛肉（不分级）区别不大。Prime 级牛肉相当于日本的 7～8 级，即原来的级别 A3 级；choice 级牛肉相当于日本的 A1 级。美国人认为，牛肉应保持肌内脂肪含量不低于 8.6% 的牛肉才能称为雪花牛肉。美国的 Prime 级牛肉肌内脂肪平均含量达 10.42% 以上。

表 10-9　美国牛肉质量分级标准

肌内脂肪含量	牛肉等级	大理石花纹程度
>11%	特优级 Prime$^+$	丰富
9.5～11%	特优级 Prime^0	中等丰富
8～9.5%	特优级 Prime$^-$	略丰富
7～8%	特选级 Choice$^+$	中等
5～6%	特选级 Choice^0	适度
4～5%	特选级 Choice$^-$	少
3.5～4%	可选级 Select$^+$	轻量
3～3.5%	可选级 Select^0	轻量

当生理成熟度和大理石纹决定后就可判定其质量等级了。年龄愈小，大理石纹愈丰富，则级别愈高，反之则越低。

仅从日本、美国雪花牛肉质量分级标准中可以看出，美国的雪花牛肉肌内脂肪含量明显低于日本，日本雪花牛肉的概念脂肪含量最低标准为 10% 以上，调整后的 A3 等级肌内脂肪含量为 21.4% ~ 29.2%。这说明，美国最好的 Prime 级牛肉相当于日本原来的 7 ~ 8 级、降为现在的 1 ~ 3 级、即级别 A3 ~ A1 级。

10.3 澳大利亚标准

澳大利亚质量分级系统有两套，一套是澳洲肉类规格管理局（AUS-MEAT）制定的牛胴体等级标准；另一套是澳大利亚肉类及畜牧业协会（MLA）制定的牛肉 MSA（meat standards Australia）分级系统。

澳大利亚肉类规格管理局牛肉等级标准。根据肉牛性别、年龄（齿龄）、质量、大理石花纹、肉色、脂肪色、眼肌面积和背膘厚等指标，将牛肉质量分为 5 个等级：特优（prime）、特级（premium）、优选（choice）、特供（special）和可选（select）。

澳大利亚肉类及畜牧业协会（MLA）分级标准：大理石花纹从少到多分别为 0~6，共 7 个级别；肉色由浅到深设为 1a、1b、1c、2 ~ 7，共 9 个级别；脂肪色由白到黄设为 0~9，共 10 个级别。

出口企业参照国家的标准，根据肉质色泽、脂肪品质和成熟度等综合指标，将雪花牛肉制定为 M1~M12，共 12 个级别（如图 10-1 所示），与日本和牛肉级别相比，A5=M12；A4=M11；A3=M9、M10；A2=M6、M7、M8；A1=M4、M5；A0=M1、M2、M3。澳大利亚的 M9~M10 脂肪含量 30%~35%，达到雪花牛肉标准，相当于美国的 Prime 等级牛肉；相当于日本的 A3 等级。最高级别的 M12 牛肉脂肪含量高达 50%，相当于日本的 A5 级和牛肉，见图 10-1 澳洲出口企业制定的雪花牛肉分级标准。

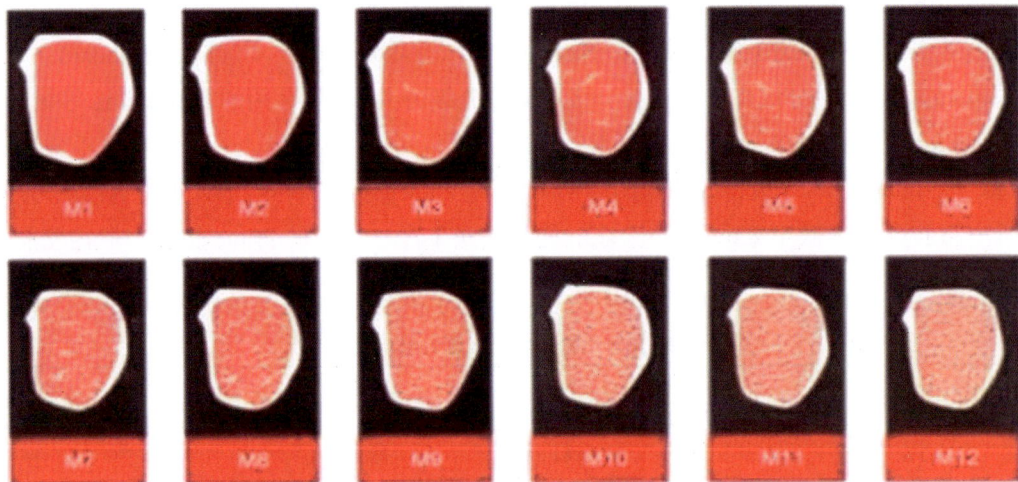

图 10-1 澳大利亚雪花牛肉的 12 个级别的样品照片

澳大利亚的黑金和牛（Pinnade Foods Australia），利用和牛基因改良当地安格斯牛，形成一个新的肉牛品系，以此来提高雪花牛肉的质量。其产品质量和价值比较高。

10.4 中国标准

中国人喜欢脂肪多、香味浓、细嫩多汁的牛肉。外观方面喜欢：大理石花纹，霜降或雪花牛肉，且胆固醇含量低，有利健康；营养方面喜欢：对人体有益的不饱和脂肪酸含量高；质量方面喜欢：品质好、可控制、有追溯体系的产品。

中国现有的两个标准都对大理石花纹进行等级划分，但不适用于小牛肉、小白牛肉和雪花牛肉的分级。中国牛肉分级标准为中国国家标准 GB/T 29392—2012《普通肉牛上脑、眼肉、外脊、里脊等级》和中国行业标准 NY/T 676—2010《牛肉等级规格》。中国标准规定，大理石花纹、肌肉色、脂肪色均可通过目测和比对照片进行评定。同时，中国标准还规定了与大理石花纹等级相对应的肌内脂肪含量。目前，我国牛肉分级行业标准关于大理石纹的标准主要分为 4 级（1、2、3、4 级），最高 S 级脂肪含量 15% 以上；中国标准为 3 ~ 4 级达到雪花牛肉标准的大理石花纹级别。大理石纹等级对应的肌内脂肪含量如表 10-10 所示：

表 10-10　大理石纹等级对应的肌内脂肪含量

大理石纹等级	肌内脂肪含量
S 级	15% 以上
A 级	10% ~ 15%
B 级	5% ~ 10%
C 级	5% 以下

我国缺乏胴体和雪花牛肉统一的分级标准。中国人以嫩度、风味、多汁性、大理石花纹、脂肪沉降程度作为主要考虑指标。目前，我国雪花牛肉生产主要由地方龙头企业主导进行的。其标准也是由现在的农业产业化重点龙头企业，参照日本等国家的标准制定出的企业标准。但市场把控能力有限，没有真正实现优质优价。

龙江元盛食品有限公司制定了企业标准《龙江和牛牛肉等级标准》（Q/LJYS0002—2019），将雪花牛肉划分为 5 等 12 级，制定标准图谱，确定等级时对照图谱划定雪花牛肉等级，关于大理石花纹的肌内脂肪含量没有做出具体划分标准。与日本和牛肉等级相比，还没有上升到国家级标准范畴。中国与日本的牛肉制定划分标准差别，如表 10-11 所示：

表 10-11　中国与日本牛肉标准指标对比

序号	项目	日本《牛胴体交易规范概要》	GB/T29392—2012《普通肉牛上脑、眼肉、外脊、里脊等级划分》	NY/T676~2010《牛肉等级规格》
1	制定主体	公益社团法人日本食用肉分级协会	中国商务部	由中国农业部提出、中国畜牧业标准化委员会归口
2	标准类别	协会	国家标准	行业标准
3	适用范围	除牛犊胴体外，适用于所有牛胴体，包括冷冻牛胴体和常温牛胴体、不分品种、年龄和性别	适用于普通肉牛的分级、不适用于小牛肉、小白牛肉和雪花牛肉的分级	适用于牛肉品质分级，不适用于小牛肉、小白牛肉和雪花牛肉分级
4	等级	步留等级（精肉等级）、肉质等级	大理石纹、肌肉色、脂肪色	大理石纹、生理成熟度
5	纹理	5 级（5 级最多、1 级最少）	4 级（S 级-C 级）	5 级（5 级最好.1 级最差）
6	脂肪颜色	5 级（5 级最好、1 级最差）	4 级（S 级-C 级）	8 级（1.2 级最好）
7	肌肉色	6 级	4 级	
8	生理成熟度			√
9	肉的紧实度及纹理	√	√	
10	牛胴体解体整形方法	√		
11	背最长肌的位置	牛胴体分成两片后第 6~7 根肋骨横切开		在第 5 肋至第 7 肋间或第 11 肋至 13 肋之间背最长肌横切面
12	牛胴体瑕疵标记	√		
13	脂肪杂交标准有清晰的标准对比图	√		
14	肌内脂肪含量表	√	√	√
15	脊椎骨骨质化程度			√
16	齿龄评级			√

10.5 欧洲标准

欧洲人喜食瘦肉多、脂肪少、产肉量大的品种。联合国欧洲经济委员会（UN/ECE）牛肉质量等级标准，采用 AUS-MEAT 分级标准体系进行分级。根据 5～13 胸肋的任一处对大理石花纹、肉色、脂肪色 3 个指标进行评定。

欧洲标准按品种分 5 级：A：2 岁以下未阉割青年公牛；B：其他未阉割公牛；C：阉割公牛；D：经产母牛；E：其他母牛。

按胴体脂肪标准评价分 5 级：1.脂肪非常少；2.脂肪少量；3.脂肪中等；4.脂肪丰富；5.脂肪非常丰富。

欧洲标准按肉质量分级：

大理石花纹分为 0 、1 、2 、3 、4 、5 、6 共 7 个级别。

肌肉颜色分为 1A、1B、1C、2 、3 、4 、5 、6 、7 共 9 个级别。

脂肪色分为 0 、1 、2 、3 、4 、5 、6 、7 、8 、9 共 10 个级别。

10.6 加拿大牛肉标准

加拿大有严格的牛肉分级管理制度，分级工作由专门的加拿大牛肉分级机构（CBGA）执行，分级监督工作由加拿大食品检验局（CFIA）实施。加拿大牛肉等级按性别、生理成熟度、大理石花纹、肉色、脂肪色、肌肉质地及脂肪覆盖程度等指标将牛胴体分为 13 个等级，级别较高的 4 个等级为极品级（prime）、AAA 级 、AA 级和 A 级（如表 10-12 所示），品质较差的为 B1～B4 等级、D1～D4 等级和 E 级。大理石花纹评级采用了 USDA 大理石花纹等级标准中的 4 个等级：痕量（稍多）（traces）、微量（slight）、少量（small）和微丰富（slightlyabundant） ，生理成熟度根据骨质化程度分为年轻（youthful）和成熟（mature）2 级。对于品质较高的前 4 个级别按瘦肉率进行产量评级，瘦肉率达到 59%或以上为级别 1 级，54%～58%为级别 2 级，53%或低于 53%为级别 3 级。总体上，加拿大国家的牛肉按脂肪沉积多少而言，极品级（prime）、AAA 级还可以，但总体达不到 A3 级水平，见表 10－12 加拿大牛肉质量分级标准。

表 10-12　加拿大牛肉质量分级标准

等级	脂肪沉积度（油花）	成熟度	肉色	肌肉度	脂肪色感	肉质感
（极品级）Prime	多量（丰富）较多（中度丰富）稍多（略丰富）	年轻	鲜红	良好或更好	不许有黄色	结实
AAA	中量适量	年轻	鲜红	良好或更好	不许有黄色	结实
AA	较少量	年轻	鲜红	良好或更好	不许有黄色	结实
A	极少量几乎没有	年轻	鲜红	良好或更好	不许有黄色	结实

以上介绍的牛肉分级标准，是世界上涉及到雪花牛肉产品分级标准主要国家。实际应用比较多的是日本、澳大利亚、中国、美国的牛肉分级标准。

第 11 章 龙江和牛牛肉产品概要

11.1 龙江和牛牛肉品质分析

龙江和牛肉指纯种和牛和改良和牛经育肥而生产的高品质雪花牛肉。其特点：香、甜、软、嫩、滑，风味独特，与黑龙江本地普通牛肉相比，在口感、风味、质地、色泽、成分等方面有明显的不同。这是由龙江和牛产品的品质和营养成分的特殊性而导致的。因此，开展龙江和牛牛肉品质和营养成分分析研究、产品推介，对指导雪花牛肉产业发展具有重要的意义。

11.1.1 龙江和牛牛肉营养成分分析

为揭秘雪花牛肉与普通牛肉营养成分上的差别，开展了雪花牛肉产品质量营养成分检测分析工作，通过科学数据来说明雪花牛肉与普通牛肉的差别。取龙江和牛、改良和牛（和荷 F1）、本地黄肉牛同部位眼肉各 2kg，委托上海格瑞有限公司检测。检测发现，龙江和牛肉的脂肪含量、不饱和脂肪酸含量明显高于普通牛肉；牛肉中风味成分主要是风味氨基酸决定的，其含量的多少决定肉的口感、嫩度、香味；和牛肉营养丰富，主要原因是不饱和脂肪酸含量高；不饱脂肪酸溶点低，接近人的体温，故有入口即化的口感；不同等级的牛肉品质也有差异，等级越高，品质越好；通过牛肉等级的评定，实现雪花牛肉产品的优质优价。

龙江和牛牛肉营养成分检测结果，如表 11-1 所示：

表 11-1 龙江和牛牛肉营养成分检测汇总

检测项目	肉品种类			差值		
	和牛肉	改良牛肉	普通牛肉	和牛肉与改良牛肉比	和牛肉与普通牛肉比	改良牛肉与普通牛比
铁（mg/kg）	19.3	10.8	22.6	8.5	-3.3	-11.8
锌（mg/kg）	44.0	33.4	54.2	10.6	-10.2	-20.8
钙 （mg/kg）	58.8	33.9	40.7	24.9	18.1	-6.8
磷 （mg/kg）	131	106	183	25	-52	-77
维生素 D（μg/100g）	未检出	3.06	未检出			
维生素 C（mg/100g）	未检出	3.69	未检出			
维生素 B_6（mg/100g）	0.384	1.23	0.371	-0.846	0.013	0.859
吡哆醇（mg/100g）	0.107	0.426	0.103	-0.319	0.004	0.323
吡哆醛（mg/100g）	0.274	0.45	0.265	-0.176	0.009	0.185
吡哆胺（mg/100g）	未检出	0.344	未检出			
天门冬氨酸（g/100g）#	1.53	1.18	1.62	0.35	-0.09	-0.44

续表

检测项目	肉品种类			差值		
	和牛肉	改良牛肉	普通牛肉	和牛肉与改良牛肉比	和牛肉与普通牛肉比	改良牛肉与普通牛比
苏氨酸（g/100g）*#	0.82	0.61	0.82	0.21	0	-0.21
丝氨酸（g/100g）#	0.68	0.55	0.68	0.13	0	-0.13
谷氨酸（g/100g）#	2.16	2.05	2.90	0.11	-0.74	-0.85
脯氨酸（g/100g）#	0.68	0.6	0.72	0.08	-0.04	-0.12
甘氨酸（g/100g）#	0.77	0.72	0.77	0.05	0	-0.05
丙氨酸（g/100g）#	0.98	0.8	1.03	0.18	-0.05	-0.23
缬氨酸（g/100g）*	0.95	0.69	0.93	0.26	0.02	-0.24
蛋氨酸（g/100g）	0.22	0.12	0.25	0.1	-0.03	-0.13
异亮氨酸（g/100g）*	0.91	0.67	0.91	0.24	0	-0.24
亮氨酸（g/100g）*	1.50	1.14	1.50	0.36	0	-0.36
酪氨酸（g/100g）	0.45	0.44	0.53	0.01	-0.08	-0.09
苯丙氨酸（g/100g）*	0.75	0.59	0.75	0.16	0	-0.16
组氨酸（g/100g）	0.78	0.56	0.74	0.22	0.04	-0.18
赖氨酸（g/100g）*	1.60	1.26	1.68	0.34	-0.08	-0.42
精氨酸（g/100g）	1.12	0.88	1.14	0.24	-0.02	-0.26
饱和脂肪酸（g/100g）	5.64	3.41	1.33	2.23	4.31	2.08
不饱和脂肪酸（g/100g）	18.6 小计：24.24	17.3 小计：20.71	1.36 小计：2.69	1.3	17.24	15.94
总氨基酸（g/100g）	15.9	12.86	16.97	3.04	-1.07	-4.11
风味氨基酸（g/100g）	7.62	6.51	8.54	1.11	-0.92	-2.03
风味氨基酸比例（%）	47.92	50.62	50.32	-2.70	-2.40	0.30
必需氨基酸（g/100g）	6.53	4.96	6.59	1.57	-0.06	-1.63
必需氨基酸占比（%）	41.07	38.57	38.83	2.50	2.24	-0.26

注：1.※必须氨基酸；#风味氨基酸；

2.人体通过吸收吡哆醇、吡哆醛或吡哆胺能够满足对维生素 B_6 的营养需要；通过食用营养丰富的牛肉，可以吸收大量的必需氨基酸、半必需氨基酸和非必需氨基酸。

通过对三种不同牛肉的无机盐、维生素、氨基酸与脂肪酸含量测定比较。结果显示：

（1）无机盐中和牛肉钙的含量最高，达到 58.8mg/kg，比普通牛肉高 44.5%。维生素含量方面:改良和牛肉含量最高。三种牛肉中均含有天门冬氨酸、苏氨酸、丝氨酸、谷氨酸、脯氨酸、甘氨酸、丙氨酸、缬氨酸、蛋氨酸、异亮氨酸、亮氨酸、酪氨酸、苯丙氨酸、组氨酸、赖氨酸、精氨酸共 16 种氨基酸。

（2）必需氨基酸含 6 种。分别是赖氨酸、苯丙氨酸、苏氨酸、异亮氨酸、亮氨酸、缬氨酸共 6 种；风味氨基酸含天门冬氨酸、丝氨酸、谷氨酸、甘氨酸、脯氨酸、丙氨酸、苏氨酸等 7 种。

和牛肉与普通牛肉必需氨基酸含量类似，但和牛肉中必需氨基酸占测定的总氨基酸含量比例最高，达到的 41.07%，比普通牛肉高 2.24%。

（3）脂肪酸含量（包含饱和、不饱和脂肪酸）。和牛肉脂肪酸含量达到 24.24%、改良和牛肉 20.71%、普通牛肉 2.69%；和牛肉的脂肪酸含量比普通牛肉高 8 倍，比改良和牛肉高 17%；改良和牛比普通牛肉高 6.7 倍。这是龙江和牛肉比普通牛肉"香""风味独特"的主要原因；也是导致龙江和牛肉口感"嫩"、"回甘"和"入口即化"的主要因素。

（4）不饱脂肪酸含量。龙江和牛肉不饱和脂肪酸含量最高，达到 18.6g/100g；其次是改良和牛肉 17.3g/100g，最低的是普通牛肉 1.36g/100g。和牛肉不饱脂肪酸比普通牛肉高 12.6 倍，改良和牛比普通牛肉高 11.7 倍。不饱和脂肪酸具有降低血液中胆固醇和甘油三酯的作用。不饱和脂肪酸含量高，是雪花牛肉与普通牛肉最主要的区别，是雪花牛肉高品质的重要指标。雪花牛肉"肥而不腻"、"香甜回甘"，与普通牛肉有着本质上的区别。

改良和牛与普通肉牛相比，改良和牛肉比普通牛肉有了"品质上"的提升，在口感、质地、脂肪杂交度（油花）、嫩度、风味等方面，区分明显，深受广大人民群众的欢迎。

11.1.2 龙江和牛西冷儿童牛排营养成分分析

龙江和牛产品除冰鲜、冷冻产品之外，还开发出了深加工产品。经调制的和牛肉产品与普通牛肉产品是否有区别，通过检测加以验证。取调制的纯种和牛西冷儿童牛排 2kg，检测其营养成分，与普通牛肉进行比较，委托上海格瑞有限公司检测。结果如表 11-2 所示：

表 11-2 和牛西冷儿童牛排营养成分检测汇总

序号	检测项目	单位	检测结果	序号	检测项目	单位	检测结果
1	能量	kJ/100g	578	16	谷氨酸	g/100g	3.22
2	蛋白质	g/100g	19.6	17	脯氨酸	g/100g	0.53
3	糖类	g/100g	6.8	18	甘氨酸	g/100g	0.80
4	脂肪	g/100g	3.5	19	丙氨酸	g/100g	1.05
5	Na	mg/100g	362	20	缬氨酸	g/100g	0.92
6	Fe	mg/kg	22.4	21	蛋氨酸（甲硫氨酸）	g/100g	0.53
7	Ca	mg/kg	45.0	22	异亮氨酸	g/100g	0.89
8	P	mg/100g	227	23	亮氨酸	g/100g	1.42
9	Zn	mg/kg	21.7	24	酪氨酸	g/100g	0.54
10	维生素 D	μg/100g	0.872	25	苯丙氨酸	g/100g	0.57
11	维生素 C	mg/100g	未检出	26	组氨酸	g/100g	0.70
12	维生素 B_6	mg/100g	0.147	27	赖氨酸	g/100g	1.68
13	天门冬氨酸	g/100g	1.69	28	精氨酸	g/100g	1.12
14	苏氨酸	g/100g	0.83	29	顺-5, 8, 11, 14, 17-二十碳五烯酸	g/100g	未检出
15	丝氨酸	g/100g	0.71	30	顺-4, 7, 10, 13, 16, 19-二十二碳六烯酸	g/100g	未检出

检测结果：和牛西冷牛排富含无机盐、维生素、不饱和脂肪酸和氨基酸等营养物质，其中能量 578kJ/100g，比普通牛肉高 10.5%；蛋白质 19.6g/100g，脂肪 3.5g/100g，脂肪含量比普通牛肉高 30.1%。测定的 16 种氨基酸总含量达到 17.2g/100g，比普通牛肉高 1.4%；其中天门冬氨酸呈味氨基酸 1.69g/100g，比普通牛肉高 4.3%；赖氨酸 1.68g/100g，与普通牛肉的赖氨酸含量持平；谷氨酸鲜味氨基酸 3.22g/100g，比普通牛肉高 11%。高能量、高蛋白、营养丰富的和牛牛排是儿童的高级食品，儿童食用和牛西冷牛排对其生长发育大有益处。

11.1.3 测定结果分析

研究发现，不是所有的肉牛品种都能生产雪花牛肉；不是所有的雪花肉牛生产的牛肉都能达到雪花牛肉级别；雪花牛肉中的高品质牛肉才能称为雪花牛肉。

脂肪是香味的来源，脂肪含量多的肉品，香味浓厚。和牛肉及改良和牛肉风味物质丰富，大理石花纹多，脂肪含量高，口感好，营养价值要好于普通牛肉。和牛肉饱和脂肪酸含量、钙含量、不饱和脂肪酸含量高于普通牛肉；改良和牛饱和脂肪酸含量、不饱和脂肪酸含量也高于普通牛肉；和牛各项指标均好于改良和牛肉。国产和牛肉与日本和牛肉相比，甜味浓度高。

综上检测分析，从科学上验证了牛肉品质存在质量差别的原因：雪花牛肉钙的含量高、不饱和脂肪酸含量高、必需氨基酸占总氨基酸的比例高。和牛肉好于改良和牛肉，改良和牛好于普通牛肉。

11.2 牛肉分割规范

雪花牛肉分割比普通牛肉分割要求标准高。需要修理、整形、按部位分割；屠宰、排酸、仓储、冷链运输，执行标准严格；分割环境和加工车间全程低温作业、流水线生产。

11.2.1 里脊肉分割要求

分割时先剥去肾脏周围脂肪，然后沿趾骨前下方把里脊剔除，再由里脊头向里脊尾逐个剥离腰椎横突，即可取下完整的里脊牛肉，里脊肉分为修里脊（修去里脊表层覆盖的脂肪）和精修里脊（修去里脊表层附带的脂肪，同时修去侧边）。

11.2.2 外脊肉分割要求

沿最后腰椎切下，沿背最长肌腹壁侧（离背最长肌 5～8cm）切下，在第 12～13 根胸肋处切断胸椎，逐个把胸、腰椎剥离。

11.2.3 眼肉分割要求

后端在第 12～13 胸椎处，前端在第 5～6 胸椎处。分割时先剥离胸椎，抽出筋腱，在背最长肌腹侧距离为 8～10cm 处切下。

11.2.4 带骨眼肉分割要求

分割时不剥离胸椎，稍加修整即为带骨眼肉。

11.2.5 上脑分割要求

其后端在第 5 ~ 6 胸椎处，与眼肉相连，前端在最后颈椎后缘。分割时剥离胸椎，去除筋腱，在背最长肌腹侧距离为 6 ~ 8cm 处切下。

11.2.6 胸肉分割要求

在剑状软骨处，随胸肉的自然走向剥离，修去部分脂肪即为胸肉。

11.2.7 辣椒条分割要求

位于肩胛骨外侧，从肱骨头与肩胛骨结节处紧贴冈上窝取出的形为辣椒状的精肉。

11.2.8 臀肉分割要求

位于后腿外侧靠近股骨一端，沿着臀骨四头肌边缘取下的净肉。

11.2.9 米龙分割要求

沿股骨内侧从臀股二头肌与臀股四头肌边缘取下的净肉。

11.2.10 牛霖分割要求

当米龙与臀肉取下后，能见到长圆形肉块，沿自然肉缝分割，得到一块完整的净肉。

11.2.11 小黄瓜条分割要求

当牛后腱子取下后，小黄瓜条处于最明显的位置。分割时可按小黄瓜条的自然走向剥离。

11.2.12 大黄瓜条分割要求

与小黄瓜条紧紧相连，剥离小黄瓜条后大黄瓜条就完全暴露，沿着肉缝自然走向剥离，便可得到一块完整的四方形肉块。

11.2.13 腹肉分割要求

分无骨肋排和带骨肋排，一般包括 4 ~ 7 根肋骨。

11.2.14 腱子肉分割要求

腱子分为前、后两部分，前牛腱从尺骨端下刀，剥离骨头，后牛腱从胫骨上端下刀，剥离骨头取下。牛肉的部位不同，导致分割出来的产品品类和等级也不同；即使同一部位肉，由于脂肪沉积程度不一致和切割位置的细微变化，产品品名和等级也不一样。牛身上产雪花牛肉的部位主要有脊背肉、里脊肉、腰肉、臀部肉、肩甲骨肉、胸肋肉。最受消费者喜爱的雪花牛肉部位肉名称是上脑、眼肉、西冷（外脊）、菲力。

初步统计，龙江和牛牛肉部位肉产品达上百种之多。如：现在市场上销售的和牛 S 腹肉 SP-（A3+）（鲜）、和牛 S 腹肉 SP-A2（鲜）、和牛 S 腹肉 SP-A3（鲜）、和牛 S 腹肉 SP-A4（鲜）；和牛方切上脑 SP-（A3+）（鲜）、和牛方切上脑 SP-A2（鲜）、和牛方切上脑 SP-A3（鲜）、和牛方切上脑 SP-A4（鲜）、和牛方切上脑 SP-A5 鲜、和牛上脑边 SP-（A3+）（鲜）、和牛上脑边 SP-A1（鲜）、和牛上脑边 SP-A2（鲜）、和牛上脑边 SP-A3（鲜）、和牛上脑边 SP-A4（鲜）、和牛上脑边 SP-A5 鲜、和牛上脑心 SP-A1（鲜）、和牛上脑心 SP-A2（鲜）、和牛上脑心 SP-A3（鲜）；和牛菲力 SP-（A3+）（鲜）、和牛菲力 SP-A1（鲜）、和牛菲力 SP-A2（鲜）、和牛菲力侧边 SP（鲜）；和牛牛腩 SP-700G（鲜）、和牛牛腩 SP 鲜、和牛牛腩膜 SP（鲜）、和牛牛腩排 SP（鲜）等等。

牛副产品主要有：牛舌、带舌根牛舌、肥牛尾、去舌嫩牛头、牛蹄、浓缩胆汁、心血管、肺筒、牛肺、牛肝、牛心、牛肾、红肠、散带、宛口、牛净肚、牛大肠、牛小肠、牛外腰、脊髓油、牛耳、牛杂下脚料、牛百叶、牛血、牛脂肪（牛杂油、肠油、肚油、腰油、裆油）、带油牛内腰、牛鞭、鞭根肉、涩脾等。一头牛的副产品销售至少收入 2 000 元，深加工后销售收入可达 6 000 元以上。

雪花牛肉产品分割技术要求高，所有产品均实行按部位、按等级、按产品的处理方式（鲜、冻、熟）分割，实行优质优价、差异化销售。这也是雪花牛肉产品与普通牛肉的重大差别，见图 11-1 龙江和牛分割部位肉示意图。

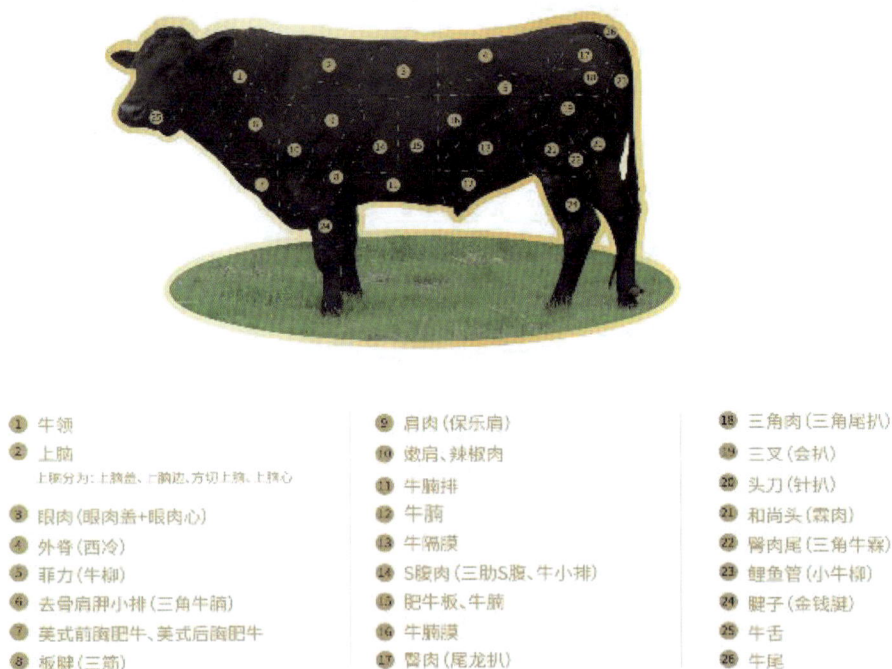

① 牛领　　　　　　　　　⑨ 肩肉（保乐肩）　　　　　⑱ 三角肉（三角尾扒）
② 上脑　　　　　　　　　⑩ 嫩肩、辣椒肉　　　　　　⑲ 三叉（会扒）
　上脑分为：上脑盖、口脑边、方切上脑、上脑心　⑪ 牛腩排　　　　　　　　　⑳ 头刀（针扒）
③ 眼肉（眼肉盖+眼肉心）　⑫ 牛腩　　　　　　　　　　㉑ 和尚头（霖肉）
④ 外脊（西冷）　　　　　⑬ 牛隔膜　　　　　　　　　㉒ 臀肉尾（三角牛霖）
⑤ 菲力（牛柳）　　　　　⑭ S腹肉（三肋S腹、牛小排）　㉓ 鲤鱼管（小牛柳）
⑥ 去骨肩胛小排（三角牛腩）⑮ 肥牛板、牛腩　　　　　　㉔ 腱子（金钱腱）
⑦ 美式前胸肥牛、美式后胸肥牛　⑯ 牛腩膜　　　　　　　　㉕ 牛舌
⑧ 板腱（三筋）　　　　　⑰ 臀肉（尾龙扒）　　　　　㉖ 牛尾

图 11-1　龙江和牛分割示意图

11.3 龙江和牛牛肉质量分级标准（企标）

11.3.1 龙江和牛牛肉质量分级依据

雪花牛肉分级，主要依据牛肉的生理成熟度、大理石花纹沉降程度、脂肪颜色和牛肉色泽 4 个参考指标分级。

11.3.1.1　生理成熟度

肉牛的年龄对生产的牛肉嫩度有着直接的影响，随着牛龄的增加、成熟，肉质会逐渐变硬。考虑到肉牛成熟过程中对肉质嫩度的影响，参照 USDA（美国农业部认证标准规范）质量分级，将肉牛按照年龄成熟度分为 5 个组，即 A~E 级：A 级 9~30 月龄；B 级 30~42 月龄；C 级 42~72 月龄；D 级 72~96 月龄；E 级>96 月龄以上。

幼龄牛脊椎的每一根骨头的顶端都有一块软骨，在成熟过程中，这些软骨会逐渐骨质化为骨头。骨质化的出现有一定的规律：首先是荐骨，然后是腰椎，最后是胸椎。随着成熟度增长，骨骼特征的变化也包括肋骨外形的变化。幼龄牛的肋骨呈椭圆形，较窄，颜色为红色，随着成熟度的增加，肋骨会变得宽而平，颜色为灰色。瘦瘦组织在幼龄动物中质地良好，呈浅粉色，随着成熟度的增加，质地会变得粗糙，颜色也会变深。大理石花纹丰富程度与生理成熟度、质量等级之间的关系，见图 11－2。

图 11-2　大理石花纹丰富程度与生理成熟度、质量等级之间的关系

注：1. 假定瘦肉硬度和大理石花纹的等级是同步发展的，并且胴体没有受到过分撞击；

2. 生理成熟度从左至右依次增长，分 5 个等级，用 A~E 表示。A 级最好，E 级最差；

3. A3：表示只适用于肉牛屠宰年龄小于 30 月龄（含 30 月龄）的小公牛胴体。

11.3.1.2　大理石花纹

选取第 12 根肋背最长肌横切面进行评定，按照大理石花纹等级图谱确定背最长肌横切面处等级，一般分为：较丰富、适量、适中、少、较少、微量和几乎没有 7 个级别。大理石花纹是决定牛肉品质的重要因素，大理石花纹越丰富，牛肉的嫩度、多汁性、风味就越好。当生理成熟度和大理石花纹确定以后可判定其等级，年龄越小、大理石花纹越丰富，级别越高，反之越低。大理石花纹标准图谱如图 11-3 所示：

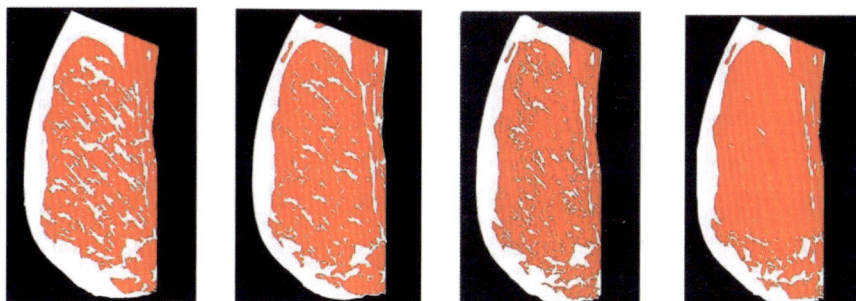

| 大理石花丰富 | 大理石花纹适量 | 大理石花纹适中 | 大理石花纹少 |

图 11-3　大理石花纹标准图谱

11.3.1.3 脂肪色

对照脂肪色板等级图片判断背最长肌横切面处肌肉脂肪和皮下脂肪的颜色等级,脂肪分为4个等级。1～4级,1级最好,其他依次次之。如图11-4所示:

图 11-4　脂肪色等级图谱

11.3.1.4 肉色

对照肌肉色泽等级图片判断背最长肌横切面处的颜色等级,肉色分为4个等级。1～4级,1级为樱桃红色,质量最好,4级质量最低。如图11-5所示:

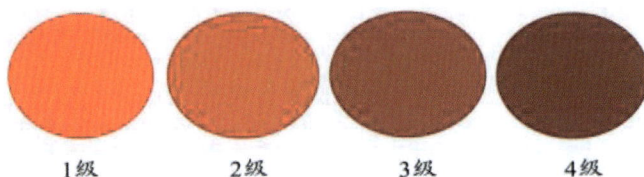

图 11-5　肌肉色等级图谱

11.3.2 雪花牛肉质量分级标准

雪花牛肉的等级和产量是衡量、检验雪花肉牛饲养水平和产品质量的唯一标准,是牛肉质量等级的"认证标识"。雪花牛肉品质的高低,决定产品的档次。从而影响价格及销售,最终影响雪花牛肉产业的成败。因此,雪花牛肉等级的划分,是高档肉牛产业化建设的关键。

目前,我国雪花牛肉暂没有国家级划分标准。但雪花牛肉产品不能没有标准,没有质量分级标准就无法做到"有凭有据"、产品等级的一致性、权威性和产品高品质的标识性。黑龙江雪花牛肉产业龙头企业根据国内外雪花牛肉划分标准,结合企业自身特点,根据牛肉风味特性、剪切力和大理石花纹以及肉色、质地、脂肪等指标,制定了《龙江和牛牛肉等级标准》(Q/LJYS0002—2019)。

该标准主要依据大理石花纹丰富程度和脂肪沉降多少及分布状况,参照脂肪颜色和肉的色泽度,进行分级,弥补了雪花牛肉质量分级标准的空白。雪花牛肉产品质量评定体系化,防止人为因素干扰,杜绝产品质量等级评定的随意性、盲目性、不确定性,确保了雪花牛肉产品的质量、规格、品质、部位、标识等品质评判、认定的标准化。

11.3.2.1 雪花牛肉级别

根据背最长肌内脂肪的含量和分布,划分为十二个级别,具体用S1、S2、S3、S4、S5、S6、S7、S8、S9、S10、S11、S12来表示。龙江和牛牛肉等级标准实物图谱 S1～S12。见图 11－6 雪花牛肉脂肪杂交分级标准对照图谱。脂肪杂交度分级标准与大理石花纹等级标准对应关系见表 11－3。

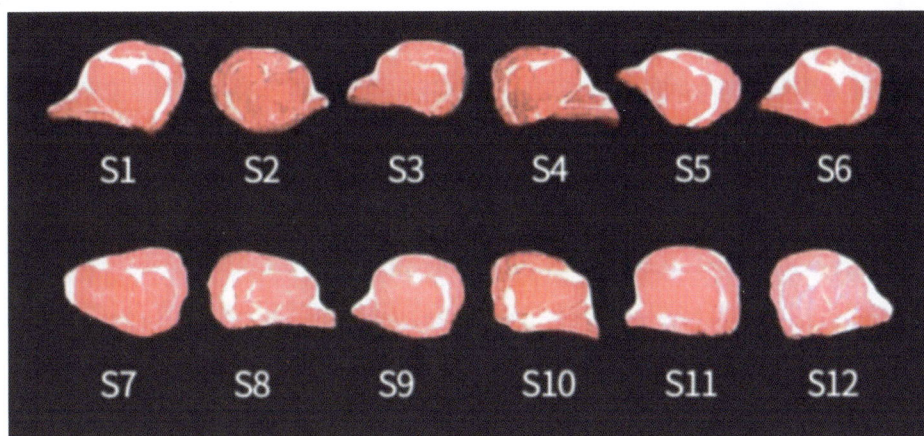

图 11-6　龙江和牛牛肉等级标准实物图谱 S1～S12

表 11-3　脂肪杂交度与等级划分

B.M.S	S1	S2	S3	S4	S5	S6	S7	S8	S9	S10	S11	S12
等级	A1（Select）				A2（Choice）			A3（Prime）		A4		A5

注：Prime = A3；Choice=A2；Select=A1。

11.3.2.2 雪花牛肉等级

根据大理石花纹和生理成熟度，或霜降程度来评定雪花牛肉的品质，用非常多、较多、标准、有点少、几乎没有来表述，具体根据脂肪的杂交度（大理石纹），依据图谱衡量和牛眼肉与西冷部位肉横切面大理石花纹性状，将其划分为五个等级，用 A5、A4、A3、A2、A1 或 A1（Select）、A2（Choice）、A3（Prime）、A4、A5 来表示。等级和级别对应关系划分确定为：A5=S12；A4=S11、S10；A3=S9、S8；A2=S7、S6、S5；A1=S4、S3、S2、S1。龙江和牛牛肉等级标准实物图谱 A5～A1，见图 11－7 雪花牛肉大理石花纹等级标准对照图谱。大理石花纹及脂肪交杂度的等级对应关系见表 11－4。

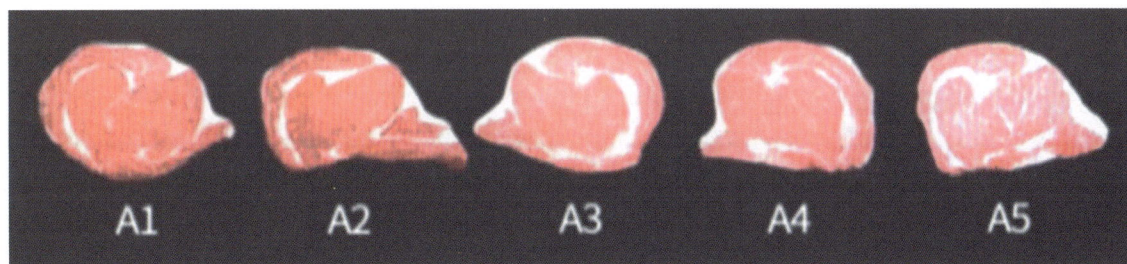

图 11-7　龙江和牛牛肉等级标准实物图谱 A5～A1

表 11-4　大理石花纹及脂肪交杂度的等级划分

等级	脂肪杂交度	B.M.S
A5	非常多	S12
A4	较多	S11、S10
A3	标准	S9、 S8
A2	有点少	S7、S6 、S5
A1	几乎没有	S4 、S3、S2、S1

11.3.2.3 雪花牛肉胴体划分标准

雪花牛肉胴体肉质等级依据脂肪油花分布程度、肉色泽、肉结实度及肌肉纹理、脂肪色泽质量4个参考指标，分为五个级别，用A1～A5来表示，A5胴体级别最高。牛胴体等级评定，具体依据这头牛所产大理石花纹牛肉最高等级来评定，雪花牛肉等级与牛胴体等级相对应。一头牛所产的牛肉，雪花沉降程度不是完全一样的。所有部位肉的最高级别，即评定为这头牛所产雪花牛肉的等级。如所产雪花牛肉的等级最高级别为A5，则这头牛胴体评定为A5等级。

制作大理石花纹等级和脂肪杂交分级标准图，见图11-8、图11-9。

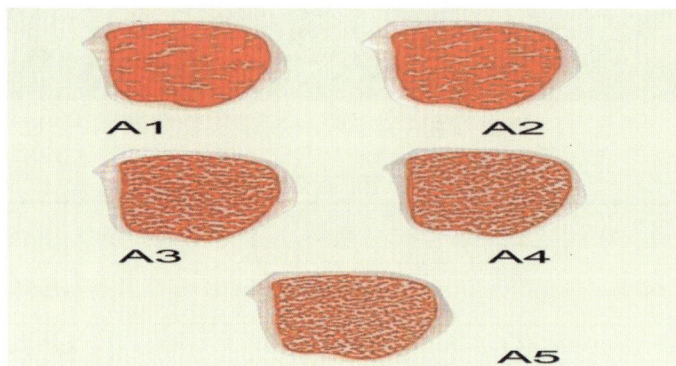

图 11-8　龙江和牛肉 A1～A5 等级标准图版

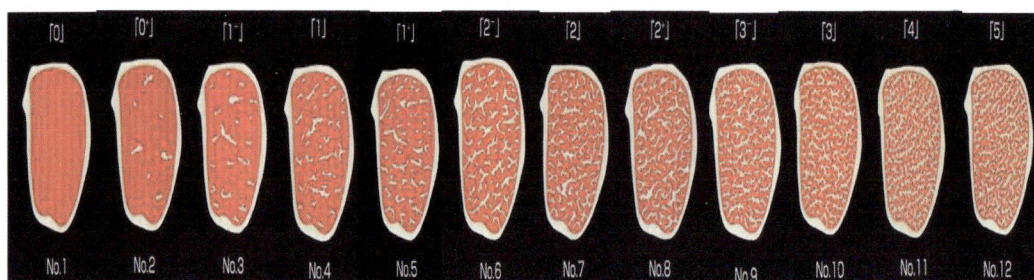

图 11-9　脂肪杂交分级标准图谱

11.3.3 育肥牛等级的划分标准

在生产实践中，根据肉牛所产的雪花牛肉等级潜质能力来评估肉牛育肥程度等级。牛胴体等级与肉牛等级相对应。根据群体肉牛等级的比例，判断出雪花牛肉产出量，评估雪花牛肉产业化生产水平。最终以后裔测定和屠宰生产测定数据为佐证，验证雪花牛肉产业化生产能力，倒逼前端饲养管理标准化生产水平的提高。

肉牛育肥牛的等级划分为五个等级，通常用A1～A5来表示，A5等级牛为最高（好）。开展育肥牛等级评定的主要作用是：

（1）评估育肥牛的育肥质量，预判育肥牛屠宰后雪花牛肉的等级和产量；

（2）根据评估结果，指导育肥牛进行市场活体交易；

（3）育肥牛等级评估结果，是衡量饲养场工作业绩的主要依据。同时，也是企业采购部门、生产部门业务考核的依据；

（4）育肥牛等级是品种选择和新品种育种工作的参考指标依据。根据育肥牛等级及表型特征，制订育种计划，确定育种数量性状参考指标。

因此，育肥牛等级评估工作，具有重要现实意义。

实践中由于对雪花牛肉生产水平的评价，只有等到育肥牛出栏屠宰以后，才能确认具体的产品品质和生产数量。因此，该项工作具有滞后性。然而，现实生产中，还需要事先评定育肥牛的等级。所以，育肥牛等级评定工作，是在大量的生产实践经验和数据统计分析的基础上进行的验证、总结而得出的应用技术，由有经验的专业技术人员对育肥牛的等级进行公正评定（估）。

育肥牛的等级是依据肉牛所产的雪花牛肉最高等级来评定的，即雪花牛肉的最高等级 = 牛胴体等级 = 育肥牛等级。如牛的胴体等级评定为 A2 等级，则这头育肥牛为 A2 等级牛（如图 11-10 所示）。生产实践中，主要利用背膘仪来测定评估活体育肥牛，从而来评估确定育肥牛的等级。

雪花牛肉、牛胴体、雪花育肥牛等级及肉品品质检验，构成了雪花牛肉产业的产品评定体系，主要是为了适应不同的市场客户交易行为的需要。对不同等级的产品，实行优质优价。龙头企业依照分级标准，生产不同等级的产品，实行差异化营销策略。雪花牛肉经排酸后进行肉品品质等级鉴定，见图 11 – 10。

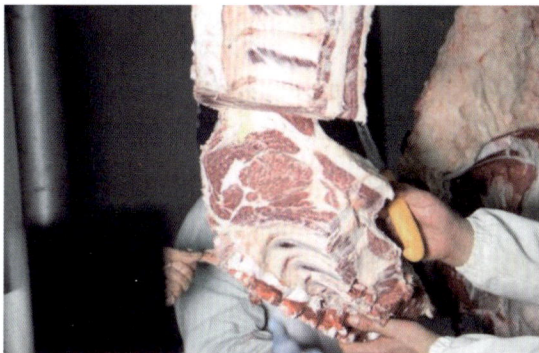

图 11-10　胴体（肉品品质）等级鉴定：评定 A2 级

注：评定为 A2 等级眼肉

11.4 雪花牛肉美食

11.4.1 雪花牛肉主要美食的制作方法

11.4.1.1 牛肉的营养价值及功效

牛肉含有丰富的蛋白质、脂肪、B 族维生素、烟酸、钙、磷、铁、锌、锰、镁、钾、胆甾醇等成分。具有强筋壮骨、补虚养血、化痰息风的作用。吃牛肉的益处：

（1）牛肉有利肌肉发育。牛肉蛋白质含量高、脂肪含量相对低、富含肌氨酸，对人体肌肉发育有好处。

（2）补铁。食牛肉，可以起到补铁、补血的作用。

（3）增强免疫力。牛肉含 B_6、锌、谷氨酸盐，可以促进蛋白质新陈代谢，增强免疫力。

（4）益气养胃。常吃牛肉，可以补气养血，利尿消肿，具有强筋壮骨，是冬天补益佳品。

（5）减肥。牛肉比猪肉蛋白质含量高，脂肪、胆固醇含量比猪肉少。常吃牛肉可以减肥，还可以满足人体对蛋白质的需要。

（6）防癌。据科学研究表明，牛肉中含有一种能抑制细胞诱变的活体成分，具有防癌作用。

（7）延缓衰老。牛肉中的锌是一种有助于合成蛋白质，促进肌肉生长的抗氧化剂，对防衰防癌有积极意义。牛肉中的钾对心脑血管系统，泌尿系统有防病作用。牛肉中的镁可提高胰岛素合成，有助于新陈代谢和糖尿病治疗。

11.4.1.2 雪花牛肉的美食

雪花牛肉除具有普通牛肉特点之外，还以肉质鲜嫩、营养丰富、口感好、具有特殊芳香味而驰名世界。大部分消费者对雪花牛肉的等级、部位肉分类知识不很了解；产品的货架期、碎肉的加工调理、致病微生物控制、微生物污染等工艺概念不熟悉。对普通消费者来说，所了解雪花牛肉食用方法不是很多。有必要介绍一下利用雪花牛肉制作美食的方法。

雪花肉牛的经典部位肉，具有独特的肌间脂肪沉积、嫩度和奶香味。因此，雪花牛肉美食倍受欢迎。神户牛肉，作为雪花牛肉的代表，是世界上最顶级的牛肉食品之一，深受高端消费群体的喜爱。神户牛肉香而不腻、入口即化。凡去过日本的游客，都想亲口品尝一下和牛美食。

顶级神户牛肉由于雪花状脂肪的熔点低，一般和牛的脂肪熔点约为 26℃，神户牛和松阪牛的熔点则仅有 20℃左右，味道浓郁、油花细密。肩胛里脊肉是生产霜降牛肉最多的部位肉。一般适用于切片料理、烧烤，味道最为浓郁，由于脂肪适度口感最佳；沙朗口感细腻，极为柔嫩富有鲜味，最适合制作牛排；菲力最为稀有，由于较少运动因而极为柔软，纹路细致，颜色淡白，煎制最为合适；前胸肉纹路粗大，肉质较硬，适合烧烤、熬煮肉汤；后胸肉则油脂丰富，以肉味醇而出类拔萃，适合烧烤、炖肉；腿肉胶原蛋白丰富，口感筋道，香味浓郁，直接切片吃或是煮制都非常美味。经过烹饪之后，雪花牛肉瞬间融化的脂肪与丰富甘甜的口感能让人有种味蕾爆炸的感动。

安格斯牛是世界上著名的肉牛品种，以产大理石花纹状雪花牛肉著称。但牛肉品质与和牛肉相比，和牛肉的口感、风味及营养成分表现更为优秀。检测发现，和牛肉比安格斯牛肉的嫩度、风味和多汁性好，脂肪（IMF）含量更高，且油酸、异油酸、瘤胃酸、二十碳五烯酸、亚麻油酸、α–亚麻油酸和棕榈油酸等对人类健康有益的脂肪酸含量，随大理石花纹的增加而增加，而二十碳五烯酸（EPA）和二十二碳六烯酸（DHA）含量会略有下降。多不饱和脂肪酸（PUFA）含量分别与亚油酸（C18：2^{n-6}）和亚麻酸（C18：3^{n-3}）含量呈正相关和负相关；单不饱和脂肪酸（MUFA）含量与油酸（C18：1^{n-9}）含量呈正相关。

日本和牛肉平均脂肪含量 10%以上，A3 等级和牛肉肌内脂肪含量达到 21.4%；A5 等级和牛肉肌内脂肪含量高达 56.3%。受此影响，雪花牛肉一直受到美食界的追捧。

清炖牛骨汤：选料：牛骨、牛尾；辅材：玉米粒、马玲薯、白萝卜或红萝卜、红枣、枸杞。步骤：将牛骨、牛尾，拌生姜片煎一煎，再入汤锅内，加入辅材，大火煮沸后，调至慢火炖约 2h，食用时放入少许葱花，味道好。

碳烤：雪花牛肉都可以用此方法，牛肉经过烤制，脂肪因高温而融化，闻起来喷香扑鼻，吃起来会感觉很嫩，雪花牛肉应以原味为主，自助式煎烤。适当撒些盐、胡椒即可品尝。

刺身：A5 级的雪花牛肉是最适合做刺身。因为皮下脂肪分布均匀的雪花牛肉，吃起来有入口即化的感觉。生牛肉片即切即食，菲力部肉较好。刺身牛肉属冷冻食品，不宜过量暴食；不能沾水清洗；体质弱者少吃。

火锅：雪花牛肉均适合做火锅食材，薄片涮锅有入口即化的美妙感觉。以牛骨汤锅底较好。雪花牛肉切成薄片，厚度 0.3～0.5mm，肉片入锅肉变色即可食用。

铁板香煎：适合 A5～A4 级雪花牛肉，比烧烤还要高级的一种煎烤。温度高，味道令人难以忘怀。原味、香煎，肉条块状，长 3.0cm，宽 1.0cm，厚 2.5cm。先将铁板预热，达 70℃以上时放入牛肉，肉表面见血水，即翻转另一面，5s 左右即可食用。

寿司：A3 级雪花牛肉最合适，肥瘦适中，营养口感俱佳。

牛排：雪花牛肉均适合烧烤牛排。将雪花牛肉切成一定厚度（1.5～2.5cm）的较大肉块，高温煎 6～7 成熟食用，咀嚼满口香气、汁液，回味无穷，与普通牛肉有天壤之别。

沾料：①汁类：黑椒汁、香草汁、咖喱汁、蒜香汁、蘑菇汁、香橙汁、汉堡汁；②粉末沾料：黑胡椒粉、矿盐末+香料末。

煎烤牛肉熟度判断：3～5 成熟：按压牛肉松软，有血水渗出；5～7 成熟：按压牛肉松软，无血水渗出；7 成熟：按压牛肉，表面发硬为 7 成熟。烧烤肉熟的程度，根据个人的喜爱程度而定。

注意事项：①解冻方法。将雪花牛肉放入 0℃左右（–2～4℃）的冰箱中解冻、待用；提前一天将牛肉缓慢解冻，效果更佳；②不宜在微波炉中解冻；③解冻后的牛肉不需要用水清洗；④拆包的牛肉应与其他食品分开；⑤冻肉应在 – 10℃以下冷藏；⑥解冻后的牛肉食用时间不应超过 3 天；⑦冰鲜牛肉食用方法。整包冰鲜牛肉拆包后，取足量将剩下的牛肉放入保（冷）鲜柜中，应在 5 ~ 7 天之内将整包牛肉食用完毕；⑧待用的冻、鲜牛肉，"醒" 60 ~ 90min 后肉色恢复鲜樱桃色时即可切块（片）食用。

11.4.2 几种常见的雪花牛肉部位肉及美食制法

上脑（如图 11-11 所示）：上脑位于牛脊背部前端，牛领之后部位，大理石花纹特征明显，脂肪沉积丰富，肉质鲜嫩无比，口感爽滑。美食制法：烧烤、铁板烧、涮锅、牛排，有入口即化、触舌滑腻之感。

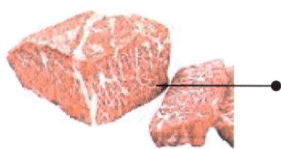

图 11-11 上脑

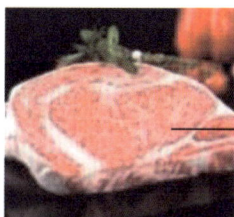

图 11-12 眼肉

眼肉（如图 11-12 所示）：是里脊肉中最核心的部位，位于牛背部第 7~11 根肋骨、处于上脑与西冷之间。由于牛背部极少受到运动的影响，大理石花纹极丰富，肌理细腻、肉质柔软、光泽度好。入口后脂肪的香味儿瞬间盈满口腔，口感如丝般柔滑。美食制法：烧烤、涮锅、铁板烧、牛排。

西冷（如图 11-13 所示）：是牛脊背的后半段即从 12 肋到第 6 腰椎之间的部位，均匀的脂肪分布及无可挑剔的口感可称得上牛肉中的极品，是牛肉中最高级的部位。肉质非常柔软细腻，脂肪分布细密，大理石纹十分明显。鲜美多汁，营养丰富。美食制法：适合各种吃法，烤肉、铁板烧、牛排、涮锅，是烧肉中的高级品。

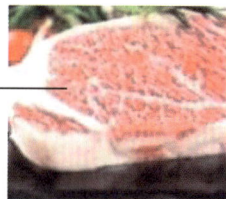

图 11-13 西冷

菲力（如图 11-14 所示）：牛里脊肉，位于牛腰肉内侧细长的部分，是牛排最理想的部位肉。肥瘦适中，肉质极为鲜嫩可口，让食者垂涎欲滴，十分稀少，可与肋眼、西冷相媲美。菲力的特点是肉质十分柔软细嫩，鲜嫩可口。美食制法：生食、烧烤、牛排，是烤肉中的极品。

图 11-14 菲力

图 11-15 板腱

板腱（如图 11-15 所示）：也叫三筋，牛肩胛骨内侧、沿肩胛外侧骨膜分割而出的肉块，肉质鲜嫩多汁。一头牛身上只能提取 5Kg 左右的板腱肉，其中最高级的部位只有 1kg。非常珍贵，脂肪含量十分丰厚，入口能够感觉到脂肪如雪花般在口中融化的香甜脂味，口感甚至可与蓝鳍金枪鱼相媲美。美食制法：首选刺身、烤肉。

图 11-16 牛肋排

牛肋排（如图 11-16 所示）：是肋骨周边附着的肉，脂肪含量较为丰厚，一片片乳白的雪花均匀地分布在牛肉之中。美食制法：烧烤、红烧、炖煮。

牛肩里脊（如图 11-17 所示）：是位于肩背上的长里脊肉，也是最接近头部的部分。肉质柔软细腻、风味独特。相比红肉较多，脂肪含量适中。美食制法：火锅、烧烤、牛排。

图 11-17 牛肩里脊

图 11-18 **去骨肩胛小排**

去骨肩胛小排（如图 11-18 所示）：位于牛的肩部，风味浓厚，有均匀的脂肪渗透瘦肉中，肉质细腻，入口爽滑，营养极其丰富。美食制法：烧烤、涮锅。

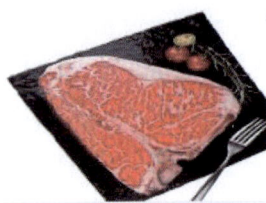

图 11-19 **丁骨牛排**

丁骨牛排（如图 11-19 所示）：是由西冷和菲力两种牛排组成，可同时品尝到 2 种牛排不同的口感享受。美食制法：烧烤

战斧牛排（如图 11-20 所示）：带骨眼肉，外型美观，肌间脂肪丰富，入口即化，脂香浓厚，美味回甘。美食制法：烧烤、牛排。

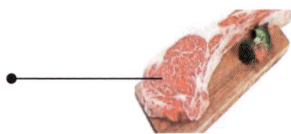

图 11-20 **战斧牛排**

三角肉（如图 11-21 所示）：三角肉位于后腿外侧靠近股骨一端，从臀肉中分割而出的肉块。美食制法：烧烤、铁板烧、火锅。

图 11-21 **三角肉**

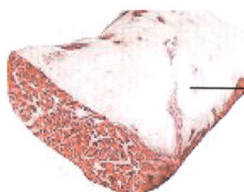

图 11-22 **牛臀肉尾**

牛臀肉尾（如图 11-22 所示）：牛臀肉是牛外脊肉后方介于腰部和腿部之间的部位肉，臀肉尾位于牛大腿内侧靠近臀部的肉块，肉质特别柔软，风味极佳，瘦肉中沉积着适量的脂肪。美食制法：烧烤、火锅、牛排、蒸煮。

黄瓜条（如图 11-23 所示）：黄瓜条牛肉是牛的臀肉，位于后腿股外侧，沿半腱肌股骨边缘分割而出的肉块。肉质鲜美，有少量脂肪、营养丰富。美食制法：烧烤、牛排。

图 11-23 **黄瓜条**

和尚头（如图 11-24 所示）：位于牛后腿部，附着在股骨的一块像和尚头的肉，肉质鲜美可口，有适量的脂肪分布，营养丰富。美食制法：烧烤、火锅、炖煮。

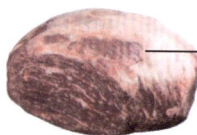

图 11-24 **和尚头**

金钱腱（如图 11-25 所示）：和尚头位于牛腿部，肉质鲜美可口。美食制法：烧烤、炖煮、酱牛肉。

图 11-25 **金钱腱**

图 11-26 **牛舌**

牛舌（如图 11-26 所示）：雪花肉牛的牛舌是高品质牛舌，外观看是黑色，不同于普通肉牛舌。牛舌又可分为舌尖肉、舌中肉与舌根肉。舌尖肉口感较为紧实；舌中肉则更加柔嫩，富有弹性；舌根肉富含脂肪，饱和脂肪酸含量低，不饱和脂肪酸含量高，胆固醇含量低。美食制法：烤牛舌、涮锅、刺身。

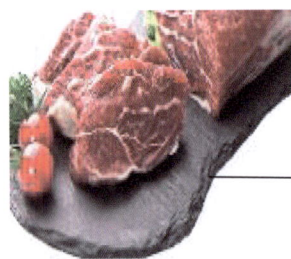

图 11-27 **牛腱子**

牛腱子（如图 11-27 所示）：瘦肉中夹杂着丰富的雪花状般脂肪纹理、筋腱（结缔组织）。美食制法：炖煮、酱肉。

图 11-28 **牛尾**

牛尾（如图 11-28 所示）：和牛的牛尾和普通的牛尾不同，雪花丰满，胶原蛋白含量十分丰富，风味浓厚。美食制法：煮汤、炖肉。

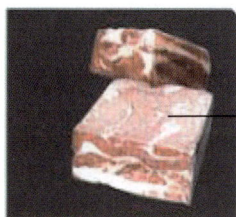

图 11-29 肥牛板

肥牛板（如图 11-29 所示）：将牛腹肉整型压制而成的肉块，肥瘦相间，有霜降花纹，口感柔和香嫩。美食制法：涮锅。

图 11-30 牛腹肉

牛腹肉（如图 11-30 所示）：牛腹肉是指带有筋、肉、油花的肉块。美食制法：煎烤、红烧、炖煮。

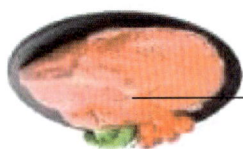

图 11-31 腿肉

腿肉（如图 11-31 所示）：肉质结实，脂肪含量少，肌肉多。这是因为牛的前肢运动量最大，后肢又比前肢的筋更少，肌肉大。美食制法：红烧、炖煮、慢烤

图 11-32 牛肋条

牛肋条（如图 11-32 所示）：牛肋条是牛肋骨之间的肉，保留隔膜，肋条肥瘦相间，雪花纹理均匀，口感软糯，结缔组织丰富，肉质坚实，隔膜呈白色，兼具牛腩的韧性和牛小排的细嫩，入口酥糯，回味无穷。美食制法：红烧、炖煮、慢烤。

图 11-33 牛腩

牛腩（如图 11-33 所示）：牛腩是指带有筋、肉、油花的肉块，即牛腹部及靠近牛肋处的松软肌肉。美食制法：红烧、炖煮。

11.4.3 雪花牛肉引领齐齐哈尔烧烤时尚

在祖国北方，有一个重工业城市齐齐哈尔。齐齐哈尔，达斡尔语，意思是"边疆""天然牧场"，拥有"世界大湿地、中国鹤家乡"的美誉，别称鹤城，是中国重要的工业基地和国家商品粮基地。地处黑、吉、蒙三省交汇区、大兴安岭南麓、嫩江流域、松嫩平原腹地与呼伦贝尔大草原接壤，寒地黑土，北纬 47°，生态环境优越，是草食动物牛羊生活的天堂。

这里有一种闻名遐迩的美食"齐齐哈尔烤肉"，主要肉类品种是牛肉。现在，"齐齐哈尔烧烤"已经发展成为一个产业、一种文化、一种地方特色美食。

（1）"齐齐哈尔烧烤"特点。

①齐齐哈尔烧烤"普及程度高。烧烤已走进千家万户，成为市民日常饮食的重要组成部分，人们皆爱烧烤，乐此不彼。同时，也是外地游客到齐齐哈尔必须品尝的美食之一。

②齐齐哈尔烧烤"发展成为一个产业。从肉品生产、炉具供应、配料销售，到主题餐厅、烧烤一条街、一条巷、夜市，成体系、成规模、成民俗特色。其技术、模式、产品，不断向外地输出、复制、拓展。

③齐齐哈尔烧烤"是一种文化传承。齐齐哈尔烧烤历史悠久，先民创造渔猎火烤。这里曾是少数民族聚集地，有蒙古族、达斡尔族、朝鲜族、满族、鄂温克族、鄂伦春族、回族、柯尔克孜族等，有大块吃肉、大碗喝酒的传统习俗，民风淳朴，热情好客。齐齐哈尔烤肉外焦里嫩、香气可口，凡到过齐齐哈尔旅游、追求"完美生活"的人，如果不品尝一次烤肉，总会感觉有一点遗憾。

④齐齐哈尔烧烤"是一张靓丽的城市名片。无论你是土生土长的齐齐哈尔人，还是偶然途径路过的外乡人，齐齐哈尔烧烤都深深烙印在人们的记忆里。当地政府曾举办2届"齐齐哈尔国际烧烤美食节"，成立了"齐齐哈尔烧烤"协会，"烤"进了《舌尖上的中国》。"齐齐哈尔烧烤"，已成为专有词组，代表着齐齐哈尔的特色美食、"齐齐哈尔味道"，与北京烤鸭、天津狗不理包子、兰州拉面、哈尔滨香肠、云南过桥米线、四川麻辣烫、陕西羊肉泡馍一样，成为了名满天下的特色美食。齐齐哈尔烧烤与城市政治、经济、文化融已经为一体，打造并构建了产业供应链、消费链、生态链，正在向"标准化、连锁化、数字化、品牌化"的高端产业新业态迈进。

（2）"齐齐哈尔烧烤"特色因素。

铸就今天的"齐齐哈尔烧烤"美食文化因素，主要有以下几点：

①品质高端。高端产品有"龙江和牛"；中高端产品有"安格斯牛"；普通产品有优质鲜美的地产牛羊肉。

②品类齐全。和牛烤涮一体、新疆烤串、南美烤肉、韩式烧烤、朝鲜烤肉片、蒙古烤全羊、东北烤牛头、烤牛蹄等等，集天下之烤，推陈创新，应有尽有。

③模式多样。有白烤、泥烤、糊泥烤、串烤、红烤、腌烤、酥烤、挂糊烤、面烤、叉烤、钩吊烤、箅烤、明炉烤、暗烤、铁锅烤、烤箱烤、竹筒烤、篝火烤等等，千姿百态，满足不同人群的味蕾需要。

④原材料丰富。工具齐全，配（蘸）料调制讲究，肉品地产肥美，店面高中低搭配，烤品上百种，如牛上脑、外脊肉、大肉片、肉板、肉筋、板筋、心管、腰子、牛鞭、牛蛋、蹄筋；羊肋排肉、腿肉、高钙肉；苦菊、香菜、白菜、茄子、土豆片、胡萝卜片、红薯片、蕃茄；香菇、口蘑、金针菇；鸡头、鸡翅、鹌鹑、鸽子；鱿鱼、大虾、生蚝、扇贝；黄花鱼、鲫鱼、草鱼等等，不胜枚举，任尔选择，包你惬意。

图 11-34 雪花牛肉烤涮一体模式

⑤肉品原生态。齐齐哈尔烧烤好吃，是外地客人的一致评价。这里除了配料、煨制、食材比例、工艺之外，更主要的是肉品原材料的高品质。牛肉、羊肉是全国著名的优势特色产区，尤其顶级食材和牛肉，品种、规模、产业链全国第一，引领了中国高端雪花牛肉生产，"龙江和牛"享誉全国。

⑥烧烤模式的创新。创造了雪花牛肉烤涮一体化美食模式，主要创新点：A、烤模具的创新---烤涮一体化。三项电、两个调温控制区，烤、涮分设，边烤边涮，自助烤涮；B、烤肉品创新---原味烧烤。不另用其它油类、脂肪，雪花牛肉中的脂肪完全可以满足不粘锅和食用风味需要；C、烤锅创新---瓷石锅或铸铁锅与烤盘的完美结合，保证了温控适度，避免了高温与涮火锅的"恒温"时差，肉品烤到最佳熟度，不焦、不糊；D、排烟方式的创新---室内空气不污浊。锅（桌）下配置抽烟机，将油烟下吸、通过水箱过滤、净化空气，环保、健康、美食，体现了高端、大气、上档次。高端美食，尽显奢华，改写了"烟熏火燎、低俗劣质"的烧烤历史，提升了齐齐哈尔烧烤的品位，引领了中国高端烧烤消费市场的新时尚。见图 11－34、图 11－35。

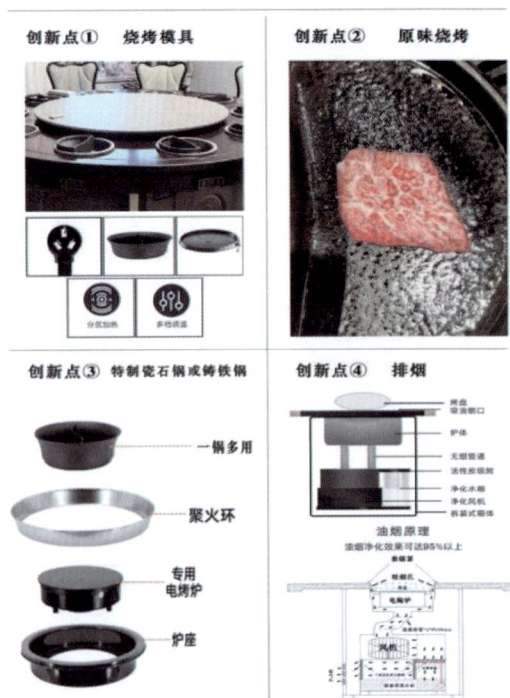

图 11-35 雪花牛肉烤涮一体炉具展示

第 12 章　国内雪花牛肉生产企业介绍

12.1 国内雪花牛肉产业化生产企业

作者曾到过全国雪花牛肉生产重点企业进行考察，主要考察肉牛生产的品种、育肥生产、企业加工、销售及产业链建设情况。全国雪花牛肉生产企业呈散点分布状态，主要集中在东北地区（辽、吉、黑、内蒙）和北京、山东、河北、陕西一带。现简要介绍如下：

12.1.1 龙江元盛食品有限公司

成立于 2004 年。注册地址：齐齐哈尔市龙江县景星镇。经营：和牛、速冻食品加工、销售。基地：黑龙江省龙江县、杜尔伯特蒙古族自治县。建有国家级和牛核心育种场、国家级和牛种公牛站各一处，年产冻精 30 万剂；实现雪花牛肉全产业化链条生产。主推雪花肉牛品种名：纯种和牛、改良和牛；改良和牛品种：和牛♂×荷斯坦♀杂交牛。产品注册"龙江和牛""龙江华牛""元盛食品"。

12.1.2 长春皓月清真肉业股份有限公司

成立于 1998 年。注册地址：长春市绿园区。经营：牛羊肉屠宰分割、加工、销售。基地：吉林省长春市，是东北地区较大的肉牛产业集团，集肉牛养殖、市场交易、屠宰加工、产品销售于一体，企业实行全链条生产模式。雪花肉牛品种名：沃金黑牛；改良和牛品种：和牛♂+本地肉牛杂交♀。品牌：皓月牛肉。

12.1.3 吉林黑毛牛集团养殖有限公司

成立于 2004 年。注册地址：蛟河市天北镇。经营：畜禽饲养、销售、育种。基地：吉林省蛟河市。公司已发展成为集高档肉牛养殖、牛肉开发、屠宰加工、餐饮服务一体化经营。改良路线：和牛♂×延黄牛♀→天一冈黑牛。雪花肉牛品种名：长白黑牛，又名天一冈山黑牛。品牌：天一冈山黑牛。

12.1.4 海南海垦和牛生物科技有限公司

改制后成立于 2016 年，是海南农垦投资控股集团旗下的子公司。注册地址：海南省澄迈县文儒镇南方水库文儒牧场。经营：种畜禽生产、食品进出口、餐饮服务。基地：海南省澄迈县和黑龙江青冈牧场。于 2001 年引入纯种全血黑毛和牛胚胎，扩繁建场，推行引种改良→快速繁殖→推广普及→产业化建设的全产业链模式。主推雪花肉牛品种名：海岛和牛，和牛♂×本地肉牛杂交♀；创办海岛和牛主题餐厅。品牌：海岛和牛。

12.1.5 内蒙古草原和牛投资有限公司（北京九州大地生物技术集团股份有限公司）

成立于 2011 年。注册地址：呼和浩特市和林格尔县盛乐经济园区。经营：和牛饲养、牲畜家禽养殖及销售。基地：内蒙古自治区鄂尔多斯市乌审旗。在乌审旗建有和牛繁育基地，实行全产业链发展模式。主推雪花肉牛品种名：草原和牛。品种：和牛♂×本地肉牛杂交牛♀。品牌：草原和牛。

12.1.6 大连雪龙产业集团有限公司

成立于 2002 年。注册地：大连市金州区。经营：高档肉牛养殖、加工、销售。基地：辽宁省大连市。2002—2015 年，利用内蒙古某公司的黑毛和牛和引进的和牛胚胎移植以及杂交改良，生产雪花牛肉，初步实现了产业化。改良路线：利用本地复州牛♀×利木赞♂生产的杂交牛 F1♀，复利 F1♀×和牛♂→雪龙黑牛（杂交牛），按照日式育肥法进行育肥，获得了达到国际牛肉分级标准的 A3 级以上的高档牛肉，在我国的雪花牛肉生产和市场营销曾一度领先。企业曾于 2011 年主持过"中国雪花牛肉产业联盟大会"，全国有多处合作单位。原主推雪花肉牛品种名：雪龙黑牛、和牛♂×本地肉牛杂交牛♀。品牌：雪龙黑牛。现在，企业处于重组状态。

12.1.7 陕西秦宝牧业股份有限公司

成立于 2004 年。注册地：陕西省杨凌示范区五泉镇。经营：牛羊屠宰、加工、销售。基地：陕西省杨凌农业高新技术产业示范区，是西北地区最大的集高档肉牛标准养殖、良种繁育、规模化屠宰加工为一体的大型龙头企业。在陕西杨凌投资 1.6 亿元，建设一处万头规模育肥场和种牛繁育示范场。在陕西的周至县和蓝田县建有"秦宝牛"繁育基地，在麟游县、眉县建有安格斯牛繁育基地，引进和牛冻精和安格斯牛冻精，以本地秦川牛为母本，杂交改良。改良路线：秦川牛♀×安格斯♂、秦安 F1♀×和牛♂→秦宝牛。在用杂交一代不间断地进行二代杂交，以形成秦川牛新类群。其出肉率和肉品质量大幅提升。主推雪花肉牛品种名：秦宝牛、肉牛品种：和牛♂×本地肉牛杂交牛♀。品牌：秦宝牛。

12.1.8 山东大地食品有限公司

基地：山东省高青县。与布莱凯特科技股份有限公司合作，开发黑牛产业。改良路线：利用杂交和牛生产雪花牛肉，具备了高档牛肉的全部特点。主推雪花肉牛品种名：和牛♂×本地肉牛杂交牛♀。品牌：山东小黑牛。

12.1.9 吉林镇莱和合牧业发展有限公司

成立于 2017 年。注册地：吉林省镇莱县。经营：牲畜饲养、牧草、购销。基地：吉林省镇莱县。饲养改良和牛，推行一体化经营。雪花牛肉直接供给餐饮企业，尚未实行产业化经营。雪花肉牛品种：杂交和牛。

12.1.10 铁岭市铁岭县永宏牧业有限公司

成立于 2014 年。注册地：辽宁省铁岭市铁岭县凡河镇。经营：动物饲养、牲畜饲养。基地：铁岭县。公司以饲养黑毛和牛为主营业务。雪花牛肉产品直接供应给高档酒店。尚未实行全链条产业化经营模式。雪花肉牛品种：杂交和牛。

12.1.11 延边畜牧开发集团有限公司

成立于 1984 年。注册地：吉林延边市。经营：延边黄牛、种牛、肉牛养殖及销售。以延边黄牛为母本，以法国利木赞牛为父本，进行开放式育种，导入四分之一的利木赞牛血统，成功培育出中国专用肉牛品种——延黄牛，其雪花牛肉肉品脂肪的分布，达到和牛的 A3 级或澳洲和牛 M8 级相近的水平。设有延黄牛种公牛站。主推肉牛品种：延黄牛。

12.1.12　河北天河肉牛养殖有限公司

成立于 2009 年。注册地：石家庄市鹿泉区。经营：肉牛繁殖、胚胎移植。公司以动物胚胎生物技术为依托，开展畜牧技术服务工作，属养殖和服务综合发展的公司。改良路线：以荷斯坦牛和黄牛为母本♀ × 和牛♂→"天河肉牛"。

12.1.13　宁夏夏华畜牧产业集团公司

成立于 2004 年。注册地：宁夏中卫市。经营：牛羊屠宰、分割、销售。集团卜辖中卫夏华清真肉食品有限公司、中卫夏华肉牛羊繁育基地有限公司、夏华肉食品配送中心、夏华肥牛城等。公司改良路线：秦川牛♀ × 和牛♂，安格斯♂ × 秦和 F1♀→高档牛肉。

此外，山东亿利源清真肉类有限公司、山东开源牧业股份有限公司（源珑黑牛）、青岛琴鳌食品、河北天泉牧业、辽宁丹东雪龙牧业、黑龙江麒源牧业、甘肃凉州黑牛等企业，也在从事雪花牛肉生产。

这些企业的共同特点：①利用和牛种源，实施和牛与本地肉牛杂交改良，通过发展杂交和牛，生产雪花牛肉。②全国暂没有雪花牛肉生产的专门化肉用牛品种，各地企业所谓的"雪花肉牛"品种，多数属于 1 ~ 2 代杂交和牛，肉牛品种没有通过国家育种委员会鉴定，肉牛品种名实为"商品名"。③雪花牛肉生产具备了产业化或一体经营发展的能力，是当地产业化龙头企业。同时，也是肉牛规模化养殖企业。但没有实现全国布局。④企业发展处于高度封闭状态。彼此独立，存在人为设置"技术壁垒"问题，缺乏强强联合、横向联合的战略合作意识。

以上雪花牛肉生产企业不一定全部包括。我们希望中国的雪花牛肉企业能够迅速发展壮大起来，共同推进雪花牛肉产业的发展，

《2020 中国肉牛及乳肉兼用种公牛遗传评估概要》统计，全国生产（或提供）和牛冻精单位：龙江和牛生物科技有限公司（龙江县）以及吉林德信生物工程有限公司（白城市）、内蒙古中农兴安种牛科技有限公司（科尔沁右翼中旗）、内蒙古赛科星繁育生物技术（集团）股份有限公司（和林格尔新区）、通辽京缘种牛繁育有限责任公司（科尔沁区）、新疆天山畜牧生物工程股份有限公司（昌吉市）、河南省鼎元种牛育种有限公司（郑洲市中牟县）等单位经销和牛冻精。

12.2　生产雪花牛肉最佳杂交组合

在雪花牛肉生产过程中，各地都采取了不同的生产方式，开展了雪花牛肉最佳杂交组合试验的研究与探讨。根据各龙头企业和大学、科研院所试验，多数采用以和牛为父本，以本地优良肉牛为母本，实施杂交改良、规模生产雪花牛肉的杂交技术路线，取得了一定的成功。以下介绍几种杂交组合试验。

12.2.1　和牛与荷斯坦奶牛杂交组合

和牛与荷斯坦牛杂交，在日本已开展几十年，是日本生产优质牛肉的一种重要方式，弥补了市场牛肉短缺的不足。黑龙江省的雪花牛肉产业，主导品种为和牛♂×荷斯坦牛♀杂交。其杂种 F1 经过 27 月龄育肥体重可

达 755.4kg，屠宰率为 57.7%，净肉率为 63%；改良牛所产的雪花肉牛比例：A3 等级牛占 25%（含 A4 等级牛）；A2 等级牛占 45%；A1 等级牛占 30%。改良牛产含雪花牛肉占净肉重的比例为 15.9%，其中：A4 等级 3.8kg，占 1.4%；A3 等级 15.25kg，占 5.5%；A2 等级 16.4kg，占 6.0%；A1 等级 8.2kg，占 3.0%。牛肉的品质均高于当地地方肉牛品种和荷斯坦牛本品种。杂交牛除提高产肉量外，牛肉的质量提高幅度较大。营养方面：必需氨基酸含量 4.96g/100g，必需氨基酸占总氨基酸含量达 41.07%；脂肪酸含量 20.71g/100g，不饱和脂肪酸占总脂肪酸含量的 83.53%；风味氨基酸含量 6.51g/100g，风味氨基酸占氨基酸总量的 50.62%；脂肪酸含量是普通牛肉的 7.7 倍，不饱和脂肪酸含量是普通牛肉的 13.6 倍。体重方面：主要表现 12 月龄平均体重、26～28 月龄出栏重比荷斯坦奶牛增加；在优质肉块上重量提高，加大肌肉间脂肪沉积的能力，从而肉的嫩度有较大的改善。生产性能：和荷杂交牛平均初生重 35.3kg，平均断奶重 181.4kg，肌肉生长和脂肪沉积速度优于荷斯坦公牛。改良的方式和途径及生产方式群众易接受；生产成本与其他肉牛品种相比，育肥的成本略有提高。

12.2.2 和牛与西门塔尔杂交牛组合

和牛♂×西杂交♀→和西杂交牛 F1，处于试验研究阶段，全国暂没有利用和西杂交组合投入产业化生产的企业。和西杂交牛 F1 屠宰率为 58.06%，和西杂交牛 A3 等级牛达 25%；净肉率为 50.25%。必需氨基酸含量 31.84% 及必需脂肪酸含量为 5.14%。和西杂交牛的粗脂肪显著高于西门塔尔牛；粗蛋白、必需氨基酸和鲜味氨基酸相比西门塔尔牛表现出良好的优势；杂交牛具有较好的营养价值，其肉品质优于西门塔尔牛。

和西杂牛与西门塔尔牛相比，水分含量降低了 8.68%。粗蛋白相比高出 8.41%。氨基酸测定结果：共检出 17 种氨基酸，各类氨基酸中谷氨酸含量最高，天门冬氨酸、亮氨酸、丙氨酸次之。总氨基酸（TAA）和必需氨基酸（AEAA）而言，分别提高了 3.96 和 4.13%。天门冬氨酸和谷氨酸分别提高了 2.82% 和 1.97%。饱和脂肪酸（SFA）主要由棕榈酸和硬脂酸组成，单不饱和脂肪酸（MUFA）由油酸组成，而多不饱和脂肪酸（PUFA）中亚油酸比例最高。棕榈酸和硬脂酸分别降低 13.62% 和 20.08%。单不饱和脂肪酸高出 7.67%，油酸是单不饱和脂肪酸的主要成分，高出 2.40%；多不饱和脂肪酸高出 12.22%。亚油酸是风味物质分解合成的重要底物，为肉的风味形成起着重要作用，是人体必需脂肪酸，杂交和牛比西门塔尔牛高出 6.42%；二十碳五烯酸（EPA）高出 36.36%。

大量的科学研究表明，持续摄入功能性多不饱和脂肪酸有助于抗癌、增强脑神经功能和降低胆固醇等作用。和西杂牛 F1 饱和脂肪酸（SFA）显著降低，不饱和脂肪酸（UFA）提高，单不饱和脂肪酸（MUFA）与多不饱和脂肪酸（PUFA）均显著高于西杂牛，功能性脂肪酸 γ-亚麻酸、花生四烯酸和 EPA 显著高于西杂牛。结论是杂交和牛比西杂牛牛肉品质好。

12.2.3 和牛与草原红牛杂交组合

和牛♂×草原红牛♀→黑毛杂交牛 F1，经育肥屠宰测定：屠宰率公牛 60.79%±2.15%，母牛 60.16%±2.18%，平均屠宰率 60.45%。经过育肥可以生产高档牛肉；育肥期 28～30 月龄屠宰为最佳屠宰时间，杂交 F1 A3 等级牛占 33.4%。吉林省至少有 2 家企业利用该杂交组合进行规模化育肥，生产雪花牛肉。杂交牛的生产性能和产品品质有了很大的提升，实现了一体化生产，向市场供应高品质雪花牛肉。产品品牌"沃金黑牛"、"黑毛牛"。

12.2.4 和牛与辽育白牛杂交（和辽杂交牛）组合

经地方畜牧技术推广机构试验，利用和牛与辽育白牛、西杂牛、荷斯坦牛进行 3 个杂交组合试验。测定和牛♂×辽育白牛♀→和辽白杂交牛F1，出生重46.6kg，断乳重216.85kg，屠宰时体重769.2kg，屠宰率达60.45%；和辽杂交牛A3等级牛占总数的58.3%；和辽杂交牛育肥效果与和西杂交牛、和荷杂交牛及胴体产肉率比较，有待进一步测定。和辽杂交牛试验牛胴体划分达到了A级，其中A3占40%；A2占46.7%。和辽杂交牛是适合育肥的杂交组合，经过育肥可以生产高档牛肉。在3个品种的杂交牛中，和辽杂交牛的生长性能和屠宰性能比较好，即产肉量高。但肉质方面不理想。目前，该杂交组合仅处于试验研究阶段，与其他组合表现显著的指标是出生重。全国暂没有企业利用和辽杂交组合规模化生产雪花牛肉。

12.2.5 和牛与安格斯牛杂交组合

和牛♂×安格斯牛♀→和安杂交牛F1是经过实践证明的比较经典和理想的杂交组合。

澳大利亚是利用和牛与安格斯牛杂交最早的国家，已经有F4代种牛，能批量生产雪花牛肉，并培育出一个肉种新品种"黑金和牛"品系，日增重1.01kg，24月龄体重774kg，眼肌面积106m²。澳大利亚和牛生产的M9相当于日本和牛的A3级别，M10～M12级别更高。安格斯牛本身能产雪花牛肉，与和牛杂交后，雪花牛肉产品品质得到了大幅度的提升，雪花牛肉生产基因得到重组，强强联合，优势明显。国内也有很多企业利用和牛♂×安格斯♀生产雪花牛肉，但由于受安格斯母牛基数少的影响，生产规模有限。和安杂交牛生产的雪花牛肉，多用于创品牌，走高端市场。

12.2.6 和牛与蒙古黄牛杂交组合

利用和牛♂×蒙古黄牛♀、安格斯牛♂×蒙古黄牛进行杂交改良试验。和蒙F1代牛、安蒙F1改良效果：改良牛增重、日增重、胴体重、净肉重、屠宰率、净肉率显著提高；和牛与蒙古牛杂交牛的高档肉产出率比例显著高于蒙古牛；产肉量安蒙F1高于和蒙F1代牛。但肉质和蒙F1比安蒙F1好。说明：①改良牛比蒙古黄牛生产性能好，实现了产量、质量双提高的目标；②和蒙杂交牛比安蒙杂交牛牛肉品质好，适合生产雪花牛肉；③和牛是生产雪花牛肉的主要品种因素。已有企业利用和蒙杂交组合，投入生产雪花牛肉，产品品牌"草原和牛"。

12.2.7 和牛与本地黄牛杂交组合

"本地黄牛"泛指黄色品种的肉牛及其杂交牛，包括利木赞、三河牛等黄色相近的牛。

本地黄牛由于肉牛交易频繁，流动性大，造成了很多地方的黄色肉牛是杂交牛品种。黑毛和牛的黑色基因是显性基因，与黄牛杂交后毛色显黑色。利用和牛♂与本地黄牛（或杂交牛）♀级进杂交，产生F1、F2，育肥生产雪花牛肉。通过对第F1、F2杂交牛以及本地黄牛的生长性能、胴体品质和适应性进行研究，并对生长性能指标和杂交后代胴体质量评定，结论是：F2、F1的体重、屠宰率、净肉率、肉品品质及肉牛等级比本地黄牛高；F2产雪花牛肉的品质、产肉量比F1牛肉的品质好、产肉量略有提升。实践证明，各地的黄牛及杂交黄牛，与和牛杂交改良，完全可以生产出雪花牛肉，该杂交组合技术路线可行。

12.2.8 和牛与鲁西黄牛杂交组合

利用和牛♂与鲁西黄牛（或杂交牛）♀杂交，生产雪花牛肉。经试验表明，杂交牛比鲁西黄牛的体重、产肉量、雪花牛肉的品质均有大幅度提高。在山东省利用该杂交组合已经投入到区域性规模化生产，提升了鲁西黄牛产业的生产性能和知名度。山东省有一批一体化生产雪花牛肉的中小微企业，具备了产业化生产雏形。产品品牌："琴鳌黑牛""山东小黑牛"等等。

12.2.9 和牛与秦川牛杂交组合

和牛♂×秦川牛♀→"秦宝牛"。西北农林大学研究表明，用和牛、安格斯牛杂交改良秦川牛，后代体尺、体重和产肉性能、适应能力等方面都得到了改善和提高，改良效果明显。在脂肪沉积能力方面，黑毛和牛作为高档肉牛的生产终端父本比较理想。和牛、安格斯牛、秦川牛三元杂交组合肉用性能最好，其次是和秦二元杂交组合，最后是安秦二元杂交组合；而且和秦、安秦、和安秦三个杂交组合的产肉性能及高档牛肉产肉率均比秦川牛大幅提高。和秦杂交牛，可以生产雪花牛肉。秦宝牧业股份有限公司在高品质雪花牛肉开发上，进行了积极的探索和实践。产品品牌："秦宝牛"。

12.2.10 和牛与利复牛杂交组合

原大连雪龙集团推出的生产雪花牛肉的杂交品种组合，又称"雪龙黑牛"。经过多年的实践证明，和牛♂与利木赞牛×复州牛♀杂交改良，能生产出高品质的雪花牛肉产品。26个月出栏，体重624kg，胴体重403kg，屠宰率达64%。北京雪龙牧业有限公司、辽宁雪龙牧业有限公司，现在仍在生产高品质的雪花牛肉，产品品牌：雪龙黑牛。

黑龙江实践证明，和牛与安格斯牛、荷斯坦牛、本地黄肉牛杂交生产雪花牛肉效果好，见图12-1和牛♂与不同母本♀杂交组合效果图谱。

目前，全国有和牛与荷斯坦牛、和牛与草原红牛、和牛与蒙古黄牛、和牛与鲁西黄牛、和牛与安格斯牛、和牛与秦川牛、和牛与利复牛等杂交组合，有代表性生产企业应用投入到产业化生产中。

荷斯坦牛♀×和牛♂　　　　荷斯坦牛♀×和牛♂　　　　荷杂牛♀×和牛♂

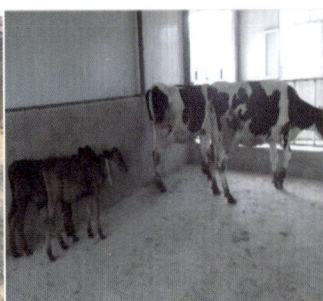

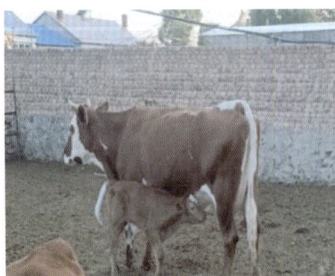

西门塔尔牛♀×和牛♂　　　西门塔尔牛♀×和牛♂　　　西荷杂交牛♀×和牛♂

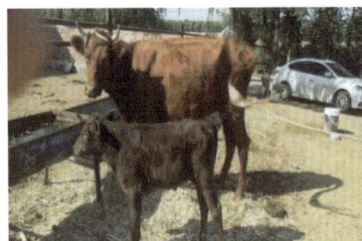

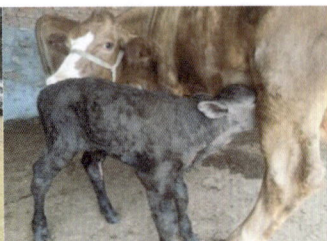

草原红牛♀×和牛♂　　　　本地黄杂牛♀×和牛♂　　　本地黑牛♀×和牛♂

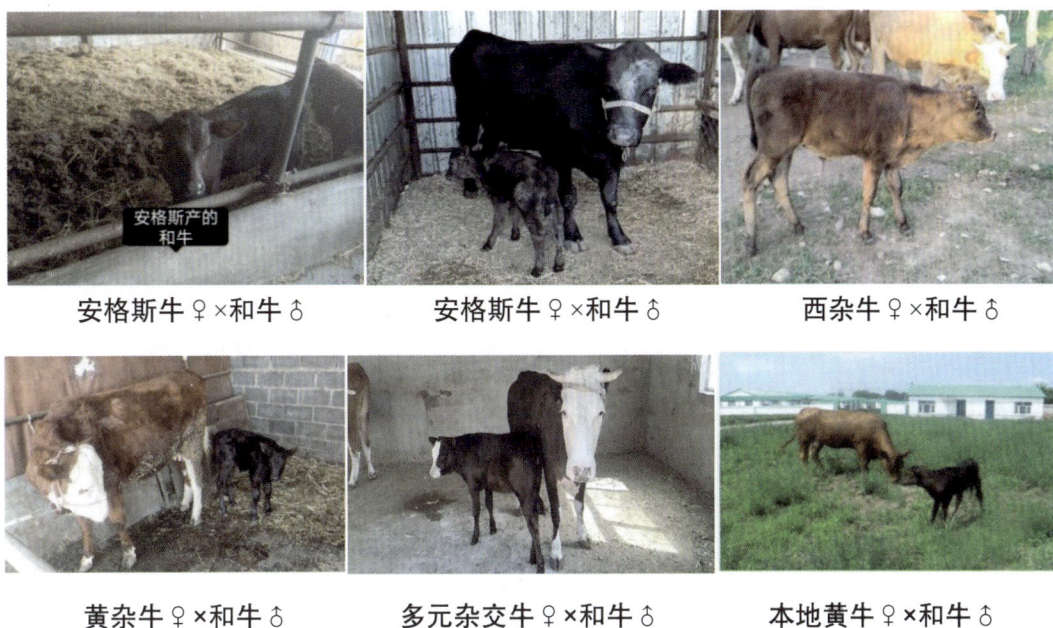

图 12-1　和牛♂与不同母本♀杂交组合效果图谱

注：1.实践证明，和牛与安格斯、荷斯坦及本地黄肉牛杂交效果比较理想；
　　2.和牛与荷斯坦牛杂交，偶有白蹄、腑有白斑，总体黑色；
　　3.和牛与西门塔尔或西杂牛杂交，毛色多变，效果差。

12.3 黑龙江发展雪花牛肉产业优势分析

世界畜牧业的发展经验证明，产粮食多的地方，必然是畜牧业发达的地方。黑龙江省是全国的粮食生产第一大省，也是畜牧业生产大省。在发展肉牛产业，尤其是雪花牛肉产业上是否具有优势？我们围绕这一问题，开展了专题研究，以中原地区河南省为例，代表全国南部省份与黑龙江省发展雪花牛肉产业进行了比较分析。

12.3.1 地理环境优势

黑龙江地处北纬 47 度黑土带、黄金玉米带、奶牛带、肉牛带的核心位置，最适合饲养大中型牲畜和高档肉牛品种。2021 年农业农村部发布的《推进肉牛肉羊生产五年行动方案》指出，肉牛肉羊生产以东北、西北、华北为主。黑龙江属东北黄金玉米带，被列入肉牛生产重点发展区域。

12.3.1.1 气候冷凉适宜肉牛生长

黑龙江气候冷凉，空气清新，疫病细菌相对较少，适和肉牛大型动物生长发育。其采食量、饲草适口性、消化率、生长速度、增肥程度均高于南方及中原地区，这是符合生物进化理论的。夏季温湿综合指数在 69 以下的天气比较多，通过自然通风，就可以解决防暑降温问题；冬季通过保温排湿，也可以解决牛舍保暖的问题。我们曾做过调查，北方牛舍固定资产投资比南方要高，但南方夏季用电风扇降温耗电费用比较高，两者相比基本相抵。北方牛只的应激反应小，能够生产出量多质优的雪花牛肉。实践证明，北方冬季保暖的投入成本比南方夏季降温耗电的成本要低。

12.3.1.2 北方牛肉产品品质好

反刍动物适应北方的气候条件，牛肉、羊肉产品品质普遍好于南方，风味独特，口感好，这是不争的事实。在产肉量、品质、风味物质上，优于南方牛肉、羊肉品质。很多南方人也喜欢北方的牛羊肉，与南方牛羊肉相比，口感、风味明显。

12.3.1.3 土地环境条件比较有利

黑龙江地大物博，土地资源全国排名第 5 位，可利用后备土地资源丰富，农业设施用地比较宽松。黑龙江耕地面积大，畜禽排泄物资源化利用消纳能力强，环境保护压力小。因此，从地理位置、环境资源条件上看，黑龙江比南部省份有优势，适合发展雪花牛肉产业。

12.3.2 饲草饲料品质相对优势

黑龙江农业资源丰富，发展现代化大农业有得天独厚的资源条件，精饲料以玉米为代表，商品粮生产量、调出量全国第一，黑龙江省玉米干物质、粗蛋白、淀粉三大指标均高于全国平均水平。

12.3.2.1 北方雪花肉牛常用饲草饲料种类

北方雪花肉牛常用的饲草饲料及添加剂种类与其他省区所用的品种相近似，详见 6.7 章节。

12.3.2.2 饲草饲料原料成分分析

原产地肉牛生产饲料：黑龙江主要以羊草、玉米、秸秆、青贮、玉米、稻草、苜蓿为主；河南主要以玉米、秸秆、花生秧、小麦秸、青贮、玉米为主。其他精饲料品种相同，只是产地和营养成分略有变化。抽取黑龙江和河南两省饲草饲料原料若干份，委托农业部农产品质量检验测试中心（大庆）检验饲草饲料营养成分，结果见表 12 – 1 ~ 11。

表 12-1　10 种饲草饲料原料检测项目一览

序号	种类	检测项目	化验项目数量
1	玉米	灰分、干物质、粗蛋白、粗脂肪、粗纤维、铁、铜、锌、淀粉	9
2	豆粕	灰分、干物质、粗蛋白、粗脂肪、粗纤维、铁、铜、锌；	8
3	甜菜粕	灰分、干物质、粗蛋白、粗脂肪、粗纤维、铁、铜、锌；	8
4	大豆皮	灰分、干物质、粗蛋白、粗脂肪、粗纤维、铁、铜、锌；	8
5	大米糠	灰分、干物质、粗蛋白、粗脂肪、粗纤维、铁、铜、锌；	8
6	羊草	灰分、干物质、粗蛋白、粗脂肪、粗纤维、木质素	6
7	青贮	灰分、干物质、粗蛋白、粗脂肪、粗纤维、糖类、pH、水分	8
8	苜蓿	灰分、干物质、粗蛋白、粗脂肪、粗纤维、木质素	6
9	秸秆	灰分、干物质、粗蛋白、粗脂肪、粗纤维、木质素	6
10	稻草	灰分、干物质、粗蛋白、粗脂肪、粗纤维、木质素	6

表 12-2 玉米成分含量对比　　　　　　　　　　单位：%、mg/kg、g/kg

成分	含量			差值率
	参考标准	黑龙江	河南	
灰分（%）	1.5	1.4	1.2	16.66%
干物质（%）	88.8	94.3	93.18	1.20%
粗蛋白（%）	7.8	8.5	8.05	5.59%
粗脂肪（g/kg）		38	35	8.57%
粗纤维（g/kg）	21	11	32	-65.62%
铁（mg/kg）		420	110	281%
铜（mg/kg）		46	未检出	100%
锌（mg/kg）		55	78	-29.48%
淀粉（%）	70	70	67	4.48%

注：1.优质玉米标准值（干物质中）：含淀粉 70%，粗蛋白 8% 左右，粗脂肪 38mg/kg 左右；

2.黑龙江的玉米达标。干物质、粗蛋白、粗脂肪、淀粉含量均比河南产玉米品质高，粗纤维含量低。

表 12-3 豆粕成分含量对比　　　　　　　　　　单位：%、mg/kg、g/kg

成分	含量			差值率
	参考标准	黑龙江	河南	
灰分（%）		6.6	6.2	6.45%
干物质（%）	88.2	96	96.29	-0.30%
粗蛋白（%）	41.6	54.1	40.3	34.24%
粗脂肪（g/kg）		26	20	30%
粗纤维（g/kg）	45	53	113	-53.09%
铁（mg/kg）		440	350	25.71%
铜（mg/kg）		59	56	5.35%
锌（mg/kg）		100	83	20.48%

注：黑龙江是大豆主产区，豆粕粗蛋白、粗脂肪含量比河南产品好，粗蛋白高 34.24%，粗脂肪高 30%，粗纤维降低 53%。

表 12-4 稻米糠成分含量对比　　　　　　　　　　单位：%、mg/kg、g/kg

成分	含量			差值率
	参考标准	黑龙江	河南	
灰分（%）		6.6	7.9	-16.45%
干物质（%）	88.7	95.9	96.3	-0.41%
粗蛋白（%）	11.6	14.1	13.54	4.13%
粗脂肪（g/kg）		117	196	-40.30%
粗纤维（g/kg）	64	73	90	-18.80%
铁（mg/kg）		430	340	26.47%
铜（mg/kg）		46	45	2.22%
锌（mg/kg）		79	未检出	100%

注：两地米糠差别不大，粗纤维黑龙江产品低 18.8%。

表 12-5　苜蓿成分含量对比　　　　　　　　　　　　　　单位：%、mg/kg、g/kg

成分	含量			差值率
	参考标准	黑龙江	河南	
灰分（%）		7.9	8.9	11.23%
干物质（%）	89.6	97.3	96.62	0.70%
粗蛋白（%）	15.7	15.8	14.27	10.72%
粗脂肪（g）		16	12	33.3%
粗纤维（g）	239	243	325	-25.23%
木质素（%）		16.3	30.1	-45.84%

注：苜蓿主要成分为干物质、粗蛋白、粗脂肪；黑龙江比河南产的苜蓿含量高，木质素低 45.8%、粗纤维含量低 25.23%；粗蛋白高 10.72%，粗脂肪高 33.3%，表明黑龙江的苜蓿品质优良。

表 12-6　稻草成分含量对比　　　　　　　　　　　　　　单位：%、mg/kg、g/kg

成分	含量			差值率
	参考标准	黑龙江	河南	
灰分（%）		11.2	12	-6.66%
干物质（%）		95.8	97.43	-1.67%
粗蛋白（%）		3.9	6	-35%
粗脂肪（g/kg）		12	4	200%
粗纤维（g/kg）		370	345	7.24%
木质素（%）		24.9	30	-17%

注：两地稻草差别不大。

表 12-7　秸秆成分含量对比　　　　　　　　　　　　　　单位：%、mg/kg、g/kg

成分	含量			差值率
	参考标准	黑龙江	河南	
灰分（%）		6.4	9.1	-29.67%
干物质（%）	88.8	96.2	97.11	-0.93%
粗蛋白（%）	53	5.6	5.72	-2.10%
粗脂肪（g/kg）		1	6	-83.30%
粗纤维（g/kg）	334	336	363	-7.43%
木质素（%）		23	17	35.29%

注：两地秸秆差别不大。

表 12-8　青贮成分含量对比　　　　　　　　　　　　单位：%、mg/kg、g/kg

成分	含量			差值率
	参考标准	黑龙江	河南	
灰分（%）		5.7	5	14%
干物质（%）	59 以上	95	88.25	7.65%
粗蛋白（%）	7 以上	8.2	6.34	29.34%
粗脂肪（g/kg）		34	28	21.42
粗纤维（g/kg）	217	324	303	6.93%
糖类（mg/kg）	28 以上	45.3	42.6	6.33%
Ph 值	4.0 以下	3.72	5.5	-32.72%
水分（%）		76.8	69.4	10.66%

注：优良青贮 pH 值在 4.0 以下、粗蛋白含量≥7%、糖类≥25%，劣质青贮 pH 值在 5.0 以上。青贮干物质、粗蛋白、粗脂肪含量：黑龙江产品品质高于河南青贮品质。

表 12-9　黑龙江大豆皮、甜菜粕、羊草抽检样品营养成分检测　　单位：%、mg/kg、g/kg

样品	产地	灰分	干物质	粗蛋白	粗脂肪	粗纤维	木质素	铁	铜	锌
大豆皮	黑龙江	5	96.1	13.7	49	372	–	520	49	88
甜菜粕	黑龙江	5.5	96.3	10.4	7	113	–	1100	50	69
羊草	黑龙江	5.5	96.3	9.9	42	285	19.1	–	–	–

注：从营养成分上看，甜菜粕、大豆皮、羊营养丰富。河南地区没有这些粗饲料。

表 12-10　河南花生秧、小麦秆抽检样品营养成分检测　　单位：%、mg/kg、g/kg

样品	产地	灰分	干物质	粗蛋白	粗脂肪	粗纤维	木质素
花生秧	河南	8.6	96.43	6.18	21	372	43.7
小麦秆	河南	5.1	97.24	4.06	5	431	26.4

注：黑龙江饲养肉牛饲草主要以羊草为主、河南养牛饲草主要以花生秧、小麦秆为主，羊草营养成分均高于花生秧、小麦秆，木质素低。木质素含量少，有利于消化吸收。黑龙江不用小麦秆，河南缺乏羊草牧草资源。

表 12-11　黑龙江肉牛粗饲料原料成分分析汇总　　单位：%、mg/kg、g/kg

样品	灰分/%	干物质/%	粗蛋白/%	粗脂肪/（g/kg）	粗纤维/（g/kg）	铁/（mg/kg）	铜/（mg/kg）	锌/（mg/kg）	淀粉	木质素/%
大豆皮	5.0	96.1	13.7	49	372	520	49	88	—	——
玉米	1.4	94.3	8.5	38	11	420	46	55	70	——
豆粕	6.6	96	54.1	26	53	440	59	100	—	——
米糠	6.6	95.6	14.1	117	73	430	46	79	—	——
甜菜粕	5.5	96.3	10.4	7	113	1100	50	69	—	——
青贮	5.7	95	8.2	34	324	45.3	3.72	76.8	—	

续表

样品	灰分/%	干物质/%	粗蛋白/%	粗脂肪/（g/kg）	粗纤维/（g/kg）	铁/（mg/kg）	铜/（mg/kg）	锌/（mg/kg）	淀粉	木质素/%
苜蓿草	7.9	97.3	15.8	16	243	——	——	——	——	16.3
秸秆	6.4	96.2	5.6	1	336	——	——	——	——	23.3
稻草	11.2	95.8	3.9	12	370	——	——	——	——	24.9
羊草	5.5	96.3	9.9	42	285	——	——	——	——	19.1

从表12-11的分析汇总可以看出，黑龙江牧草和饲料资源丰富，主要品种大豆皮、玉米、青贮和羊草的营养成分与河南中原地区相比，资源丰富，品质好。结论是：北方的饲料品质要好于南方，黑龙江属产地成本（价格）有优势，适宜发展雪花牛肉产业。

12.3.3 品种资源优势

12.3.3.1 黑龙江拥有和牛品种资源

黑龙江和牛是全国唯一一个活体规模引进的省份，填补了国家畜禽品种遗传资源——和牛品种的空白。发展雪花牛肉产业有品种种源资源优势。

12.3.3.2 黑龙江有荷斯坦奶牛优势

黑龙江奶牛产业处于全国第二大省份地位，奶牛产业基础比较好，为开展以荷斯坦牛为母本的杂交改良提供了强大的母本群体。

12.3.3.3 黑龙江具有畜牧产业发展优势

由于黑龙江的资源条件好，农业产业化一直是国家支持的重点，为实施国家提出的乳、肉双向发展战略创造了得天独厚的优势条件。

12.3.4 综合成本优势

12.3.4.1 饲草饲料成本优势

黑龙江饲草饲料资源丰富，具有比较价格优势，见表12-12。表12-12的数据为2017年市场价格比对。河南玉米高于黑龙江玉米10元/t以上；羊草成交价高于黑龙江700元/t；青贮110元/t。玉米秸秆和苜蓿黑龙江有优势。

表12-12 黑龙江与河南原料价格比对（2017年） 单位：元、t

项目	价格		差值率
	黑龙江	河南	
玉米	1840	1850	-0.54%
豆粕	3210	3210	持平
米糠	1410	1410	持平
甜菜粕	2380		

续表

项目	价格		差值率
	黑龙江	河南	
苜蓿	600	1750	-65.9%
稻草	390	460	-15.2%
玉米秸秆	150	620	-75.8%
花生秧		670	
羊草	1100	1800	
青贮	300	410	-26.8%
小麦秸秆		410	

12.3.4.2 肉牛基础母牛成本有优势

黑龙江奶牛数量多,是内蒙东部肉牛进入内地的必经通道。黑龙江有多处大牲畜交易市场,肉牛资源和成本上有优势。据统计,河南普通肉牛育成牛 40% 左右是通过黑龙江和吉林两省的肉牛交易市场上选购的,肉牛活体成交价格至少高于黑龙江 2000 元/头;人力资源成本高于黑龙江。

12.3.5 结论分析

(1)黑龙江地区的粗饲料资源有优势。黑龙江省优质羊草、大豆资源丰富,中原地区和南方没有这些饲料资源。羊草恰恰是反刍动物最喜食和不可或缺的粗饲料重要组成部分。

(2)玉米、大豆、豆粕等饲料品质有优势。豆粕是反刍动物饲料蛋白质的主要原料,黑龙江是精饲料玉米、大豆主产区,玉米占精饲料的 50% 左右,玉米产区发展肉牛产业有优势。

(3)气候环境和粪污处理消纳能力优于南方。

(4)发展雪花牛肉产业品种资源有优势。雪花肉牛产业综合生产成本相对较低,比较效益和优势明显。

(5)雪花牛肉产品品质有优势。黑龙江的粮食和肉类产品品质好。"中华大粮仓,最美黑龙江,品质最优良",口碑和品牌已深入人心,深受全国人民的喜欢。

因此,综上所述,黑龙江与以河南为代表的南部省区相比,黑龙江适合发展高端雪花牛肉产业,具有得天独后的资源优势条件。

第 13 章　雪花牛肉产业发展展望

13.1 雪花牛肉产业发展趋势和前景分析

13.1.1 雪花牛肉市场需求量大

目前，国内自产的高品质雪花牛肉总量占全国牛肉总产量不足 0.2%，国内大部分高端牛肉的消费需通过从国外进口予以满足。整体国内高品质牛肉的消费是稳步增加的。进口牛肉的大幅增长，说明国内存在较大的供应缺口。中国是世界上主要牛肉进口大国，2021 年进口牛肉 233.3 万 t，同比增加 10%，占国产牛肉产量的 33.4%，占牛肉消费总量的 25%。

中国人口基数大，牛肉产品需求量大。14 亿人口是一个庞大消费市场，牛肉价格始终在高位运行，足以说明市场需求旺盛。

人民生活水平提高。中国经济已进入高质量发展阶段，人们的收入水平和生活质量普遍提高，追求美好生活的愿望迫切。因而，高品质牛肉需要量大。中等收入群体增加迅猛。消费能力升级，这是国内中高端消费需求旺盛的主要内因。

13.1.2 政府重视雪花肉牛产业

牛肉供给是"菜篮子"工程的主要内容之一，解决好牛肉生产、满足人们日益增长的美好生活需要，是各级政府义不容辞的责任。各级政府正在采取积极的扶持政策，支持肉牛产业的发展，从政策和环境方面，为肉牛产业的发展创造了优先条件。因此，雪花牛肉产业将在现有的基础上，步入发展的快车道。

13.1.3 国家启动实施了"种业振兴"工程

雪花肉牛品种的生产和新品种培育工作，纳入了国家"十四五"国民经济发展规划纲要。种源及核心技术的攻关，将成为未来农业领域的首要任务。

13.1.3.1 地方优良品种将得到重视

中国地方良种肉牛的优秀基因将因雪花牛肉需求与生产的机遇得到公认和重新评价，保种和扩繁正在加强。需求带动生产，生产需要规范化、产业化和标准化。产业化生产需要对接基础母牛养殖、雪花牛育肥、屠宰加工和消费流通及终端实体，规范市场行为，保障各个环节的共同利益，实现产业利益分配更加合理。提振初级阶段养殖者的效益和积极性，实现雪花牛肉产业的良性发展。

13.1.3.2 肉牛新品种培育工作将提上日程

雪花牛肉生产需要良好的种质资源、良好的饲养管理和繁育、高效运行的产业链和广阔的消费市场。因此，新品种培育得到重视，种质资源保护力度将得到加强。国内目前已经出现品种培育与市场开发两端发力的企业集团，中国的雪花牛肉产业正在迈向快速发展的道路。

13.1.4 雪花牛肉产业将成为一个新的投资热点

高端肉牛产业，投入大、风险大、利润高，带动作用强，产业链衔接紧密。从目前产业发展趋势看，国家鼓励资本下乡开发农业资源，拓展三农服务领域，增加新型农民就业岗位，将有一些战略眼光的企业家，筹集资金，投入到雪花牛肉产业发展中来，从而加快和促进了产业升级与发展。雪花牛肉将成为食品行业一个新的投资热点，挖掘地方优良品种潜力，加大以雪花肉生产为主的专门化肉牛品种的引进和改良力度，向更高的产业化全链条方向发展。

13.1.5 雪花牛肉产业发展前景广阔

畜牧业是关系国计民生的重要产业，肉类是百姓菜篮子的主要品种。民以食为天，任何时候都不能放松畜牧业生产，这是由我国的国情决定的，也是中央明确提出的"三农"工作指导方针。

雪花牛肉市场长期处于供不应求的状况。有竞争，但不激烈；有进口，但不影响国内企业发展；成本上升，利润空间仍很大，产业发展形势看好。我国雪花牛肉产业的市场规模及发展水平与日本、澳大利亚发达国家相比，还存在着较大的差距。在消费升级的大背景下，旺盛的市场需求将为我国高档雪花牛肉产业带来前所未有的发展机遇。随着国民生活水平的逐渐提高，我国消费者对于牛肉特别是高档雪花牛肉的需求与日俱增。西餐厅、各类中高档宾馆、日韩烧烤及中式涮肥牛等对高档牛肉的需求量快速增加，以及城市高收入家庭的需求，导致国内对高档雪花牛肉的消费量迅速增加。我国每年都需要从国外进口大量高档雪花牛肉以满足消费者日益增长的需要。雪花牛肉消费已经在我国大城市风靡起来，在高档餐饮场所，已成为招待贵宾的高档食材，雪花牛肉产业发展前景极为广阔。

13.2 雪花牛肉科学研究进展

人类已进入科技飞速发展的 21 世纪，世界先进国家现在已经掌握了牛的基因组图谱、了解到牛肉某些基因，以及品种、性状控制基因。这对遗传育种等生产领域产生重大影响，并为今后基础研究工作指明了方向，加快了产业科学技术的进步。随着科学技术的发展，人类将逐渐探明自然科学领域里的很多未知现象，包括雪花牛肉的育种、形成机理及高品质牛肉的调控技术，也必将推动雪花牛肉产业实现"质"的飞跃。

13.2.1 牛的基因组研究

13.2.1.1 基因组学概念

基因组学是基础生物学研究的一门崭新学科，是基因定位和功能分析的一门科学，它提供基本的生物学信息，即地球上所有生命形式的生命蓝图。基因组学已经开始为几乎每项与生物学相关的科研活动提供重要的信息和工具，是对生物所有的基因进行基因组作图，包括遗传图谱、物理图谱、转录图谱、核甘酸序列分析。

牛基因组的研究起源于人体细胞遗传学的研究，特别是人类基因组计划的完成，牛的基因组学研究也向纵深拓展。牛的全基因组包括了 29 条常染色体和 X、Y 两条性染色体。牛的基因组由上亿个碱基对组成，与人类和高等灵长类动物基因组大小相当。

13.2.1.2 牛基因组研究进展

重要经济性状（如产奶量、日增重、抗病性等）基因座（ETL 或 QTL）和与之连锁的遗传分子标记，以便使用标记辅助选择（MAS）来加快牛的改良速度，获得更高的生产效率和更好的经济效益。继人类基因组计划之后，在全球范围内合作开展的家畜基因组计划中，牛占据着极其重要的地位。牛基因组项目为各国政府科学家和有关育种公司所重视，一是牛的个体大，用途广，产品丰富，单位价值高，但繁殖力低；二是出于基础科学研究需要，把牛作为反刍类家畜关键代表和模型动物来进行研究；三是牛在西方工业化国家的畜牧业生产中占有十分重要的经济地位。

牛基因组由细胞核中的核染色体或核 DNA 和细胞质中的线粒体 DNA 上的所有基因组成。牛基因组项目的最终目标是要鉴定出包含在这两大部分 DNA 上的全部基因数及其形态结构的研究，即牛的染色体数（二倍体 $2n=60$，单倍体 $n=31$ 为 29 条常染色体加上 X 和 Y 两条性染色体 ）。

核基因组染色体带型研究，确定牛的 R、G、C 等标准带型。制作牛的基因遗传连锁图和物理结构图，牛基因组基因通常被分为两大类型 I 型基因和 II 型基因：I 型基因，主要由负责蛋白质氨基酸编码的基因组成，又叫结构基因或功能基因。I 型基因具有结构稳定、变异小等特性，每个基因均有相应的基因产物（蛋白质或酶等）。II 型基因，由非编码的、不同大小的高度变异的 DNA 序列片段组成，又称为标记位点或 II 型位点，II 型位点均具有一定程度的多态性，而且它的数量远远大于 I 型基因，估计 II 型位点数占整个牛基因组的 90%以上。牛的线粒体 DNA 基因组（ mtDNA）由 16363bp 组成 15 个编码基因和 22 个 tRNA 基因。这个基因组呈母性遗传。找到一个与其感兴趣的重要基因连锁的 DNA 标记，然后通过比较作图就能立即告诉人们这个基因在所有其他种中的大致位置。比较作图实际上就是寻找不同基因组中同一功能的同源基因。例如生长激素基因存在于所有哺乳动物，而且它们具有几乎完全相同的基因产物。只是在不同种间该基因的碱基顺序有极其微小的差异，如差一个碱基，但这个基因在不同基因组中的位置是不同的，因为许多哺乳动物不但染色体数目不同，而且染色体的组织结构也有一定差异。例如牛 19 号染色体上的生长激素基因 GHl（growth hormone 1）和 20 号染色体上的生长激素受体因子基因 GHR（growth hormone recepto r）等。美国国家动物基因组研究项目（NAGRP）的牛基因组数据库（BGD）中有较详细的牛、家鼠、人基因组物理和遗传连锁图的比较图。目前进行世界牛基因组项目研究的实验室有 36 个，大部分在欧洲（22 个），其余为美国（9），澳大利亚（2），日本（2）和非洲（1）。

13.2.1.3 美国的牛基因组学研究进展

美国农业部（USDA）的肉用动物研究中心（MARC）、日本 SHI-RAKAWA 组织的联合工作增加微卫星标记密度，在数量性状基因座（QTL）研究中已经建立遗传资源；基因纯合单核苷酸多态性（SNP）标记来继续改进标记间隔的解决方法。目前，USDA 连锁图谱覆盖了牛的 29 对常染色体和 X、Y 染色体。

在发展肉牛群体的过程中 USDA 和 MARC 发现了大多数生长和胴体品质有关的 QTL 结果。其他国家也开展了牛的基因组学研究。

（1）巴西在荷斯坦×格尔牛 F2 代群体中发现与体外寄生生物和体内寄生生物抗性有关的 QTL；

（2）德国和英国在夏洛莱×荷斯坦群体中发现来源于肉牛和奶牛杂交群体中与生产性能有关的 QTL；

（3）线粒体基因（MT）在 USDA 的日本牛×利木赞群体中发现与胴体和生长性状有关的 QTL；

（4）细胞因子（FL）在 USDA 的安格斯×婆罗门 F2 代群体中和安格斯×海岸无角牛群体中发现影响繁殖、耐热性和抗病力有关的 QTL。在二脂酰甘油酰基转移酶（DGAT1）检测的影响甘油三酯（三酰甘油）综合体的基因突变（QTN）已经被生物化学分析所证明。生长激素受体基因（GHR）、嫩度基因（CAPN）和大理石纹基因（TG）检测已经得到商业应用。然而，后两种检测和 SNPs 检测大理石纹是瘦蛋白受体候选基因和嫩度基因所依靠的影响嫩度的主效基因 （calpastatin1），标记辅助选择技术（MAS）在商业应用的价值正在被美国肉牛协会育种应用。

13.2.2 分子遗传育种技术

在数量遗传选择方法研究中，标记辅助选择（MAS）在有明确的选择目标的情况下，能更准确地区分携带期望的等位基因纯合的动物个体，从而缩短世代间隔和降低后裔测定成本。采取常规育种技术与现代分子遗传育种技术相结合的技术手段对肉用性状进行选育，培育肉牛新品种，包括新品种定向、育种任务、预期指标、育种方法及技术措施等育种内容，都体现出先进科技手段的应用。通过现代分子育种技术的研究与应用，将加快肉牛育种进程和性状选择的准确性。

13.2.3 真假雪花牛肉鉴别技术

上海海关和市场监督管理部门，利用分子生物学检测技术，开展了对日本神户牛肉真实性鉴别工作。由于日本和牛肉稀少、价格昂贵，市场上经常出现假冒劣货，给正常的市场秩序造成很大混乱。随着科技的发展，技术手段的进步，通过现代科技手段，可以鉴别和牛肉的真假。

日本和牛在生长激素基因第 5 外显子的第 4 位、第 204 位、第 218 位的特异性核苷酸组合可以作为区分日本神户牛肉和其他品种来源的牛肉的标识物。牛生长激素基因位于牛的第 19 条染色体上。由于其与牛的生产性状之间具有明显的关联性，对于牛生长激素基因第 5 外显子、第 5 外显子区段在品种内生长激素基因，品种间仅有数个核苷酸的变化。国外研究资料显示，日本神户牛（ Kobe Wagyu） 的生长激素基因第 5 外显子的某些位点为其品种所特有，可以作为区分日本神户牛和其他品种牛的标识，分别位于第五外显子的第 4、第 204、第 218 位，找出了日本和牛在这些位点的特异性核苷酸组合，命名为 CCC 基因型。

13.2.4 人造牛肉技术

13.2.4.1 人造普通牛肉技术

人造牛肉是根据牛肉的营养成分人工合成牛肉的过程，人造牛肉必须符合国家肉类产品食用标准，不得添加对人身体健康有害的物质和违禁物质。

随着科技发展，西方发达国家发明了一种人造牛肉技术。这种人造牛肉是符合肉类产品食用标准的。但在市场上销售必须注明"人造肉"或"调制牛肉"及保质期。让消费者明白理性消费。主要成分：鸡蛋白、食盐、谷氨酸、谷蛋白、大豆蛋白、小麦面粉、磷酸三钠、碳酸钙、牛油、牛肉汁等。该制品营养丰富、全面，咀嚼感和风味与天然牛肉极为相似，弥补了市场食品短缺的问题。这项技术在发达国家已经得到应用。

13.2.4.2 人造"雪花牛肉"技术

即人为地把脂肪代用品添加到牛肉肌纤维之间，形成人工的大理石花纹牛肉。用机械针注方法，将脂肪注入肌肉之中生产人造雪花牛肉。人工雪花牛肉具有真实雪花牛肉的大理石花纹，并且因为脂肪的加入可以改变普通牛肉的口感，增加嫩度，改变普通牛肉饱和脂肪酸含量过多的不利影响，使牛肉营养价值更加科学合理。从满足人类牛肉需要角度出发，这是一件极为有利的事情。事物都具有两面性，它的不利方面是，不法商家在普通牛肉中注射脂肪，不向消费者告知，让人造雪花牛肉冒充真实的雪花牛肉，以假乱真。

人造雪花牛肉符合国家食品生产要求。但牛肉营养价值与真正的雪花牛肉有很大区别。在产品销售时，按照规定必须在商品标识上注明，让消费者有选择的权利。人工雪花牛肉不能取代高品质雪花牛肉，它是两个完全不同概念的商品。如果不在产品标识上做出说明，则有欺诈消费者牟取暴利之嫌，是有违商业职业道德的。

目前，鉴别人造雪花牛肉的技术已有报道。从雪花肉牛身上提取不同部位的雪花牛肉遗传密码，组成遗传信息库。通过与屠宰后雪花牛肉的结果进行比对，排除无关的遗传信息，建立有效遗传信息和雪花纹理的对应关系。这项技术是在雪花牛肉基因比对基础上实现的，通过实验室检测技术加以判定。这一研究成果，为人们利用微卫星 DNA 的多态性来鉴别雪花牛肉及其级别提供了依据。不仅可以鉴别人造雪花牛肉，更有重大的意义在于它可以有效地指导雪花肉牛科学饲养，增加雪花牛肉的产出率。目前，正在致力于开发新的技术，一是在肉牛生长过程中鉴定出待宰的肉牛身上的肉是否达到了雪花牛肉生产标准。二是通过仪器快速诊断牛肉是否是天然的雪花牛肉。三是直接检测出雪花牛肉的营养成分和分子构成。相信在不远的将来，包括雪花牛肉不同等级产品鉴别技术等高新技术开发应用将成为现实。

13.3 日本肉牛产业政策

近年来，日本肉牛产业发展稳定，2019 年肉牛存栏 250.4 万头，其中和牛存栏量 170.5 万头；牛肉总产量 35 万 t 左右，其中和牛肉、育肥奶牛肉和杂交牛肉的产量分别为 15.2 万 t、8.9 万 t 和 8.4 万 t，分别占日本国产牛肉的 46%、27% 和 25.4%。日本是牛肉消费大国（2019 年消费量为 93.7 万 t），自给率仅为 35%~40%。日本高端牛肉占总产量的 50% 左右。日本 A、B 和 C 级牛肉之间的价格差距悬殊，同级别情况下，和牛肉高于同等级的其他品种牛肉，杂交牛肉高于同等级乳牛肉。以出产 A 级高端牛肉为主的和牛肉具有奢侈品的特性，需求弹性很大。日本全国牛肉市场去势和牛 A 4 牛肉平均批发价格在 2020 年为每千克 17690 日元，合人民币 1114 元/kg，肉牛去势后进行育肥能够增加"产肉量"和提高"肉质"。黑毛和牛种犊牛的交易价格为每头 62 万日元（合人民币 3.9 万元/头）；杂交种犊牛的交易价格为 36.5 万日元（合人民币 2.30 万元/头）；乳用品种犊牛的交易价格为每头 22.1 万日元（合 1.4 万元人民币/头）。黑毛和牛犊牛的售价是改良和牛犊售价的 1.69 倍，是荷斯坦牛犊售价的 2.78 倍；杂交和牛犊的售价比荷斯坦牛犊销售价格高 64%。

曾有专业人员做过统计，中国和日本肉牛养殖成本比较：中国肉牛养殖头均成本为 8 600 元，物质与服务费用占成本的 88.75%，计 7 632 元，其中饲料费用 1 842 元，占 21.41%；仔畜费用 5 674 元，占 65.97%；其余费用 116 元。人工成本占成本的 11.25%，计 967 元。日本肉牛养殖头均成本为 38 752 元人民币，物质费用占成本的 93.45%，计 36 214 元，其中饲料费用 15 934 元、占 41.12%；品种牛费用 15 210 元，占 39.25%；其余费用 5 070 元。人工费用占成本的 6.55%，计 2 537.8 元。日本的养牛成本比中国高 3.5 倍以上。原因：①和牛养殖成本本身比普通肉牛养殖成本要高，和牛养殖成本是普通肉牛的 4.5 倍；②饲料费用成本高，养和牛饲料费用是国内肉牛养殖饲料费用的 8.6 倍；③购入育肥的品种牛成本高。在日本育肥户中，购入犊牛育肥的比例高达 80% 以上（养母牛户与育肥户分离），和牛购入成本是国内肉牛购入成本的 2.6 倍；④人工成本高，日本养牛人工成本是中国的 2.5 倍。为保护本国肉牛产业发展，确保肉食品安全，抵御外来牛肉产品价格竞争，日本采取了一系列肉牛产业扶持性政策。

13.3.1 肉牛产业鼓励政策

（1）培养后备力量、鼓励增加母牛存栏数。当年度增加母牛头数在 50 头以内的农户，增加母牛 10 头以上、29 头以下的，每增加 1 头母牛补贴 8 万日元（折合人民币 0.50 万元）；增加母牛 30 头以上的，每头补贴 6 万日元。资金来源是国家财政补贴和肉牛基金。

（2）繁殖母牛基础强化补贴政策。肉牛集团（农协）和大型企业在一定时期内为了独自饲养或委托农户养牛，购入适合"母牛更新标准"的母牛时，资助购牛经费。①如果该母牛的脂肪渗入肌间和胴体重量的任何一方的育种值或者期待育种值在全国相应的育种值的前 1/4 以内，从外县购入时补贴 10.5 万日元/头（折合人民币 0.65 万元），从本县内购入时补贴 11.1 万日元/头（折合人民币 0.70 万元）。②该母牛的父本或该母牛的育种值在全国相应的育种值的前 1/3 以内，从外县购入时补贴 8.2 万日元/头，从本县内购入时补贴 8.8 万日元/头。说明不同等级品种牛之间的补贴标准是有差异的；鼓励饲养优质肉牛；补贴政策更加精准。

（3）肉牛购入事业鼓励办法。农民协会等大型集团组建基金，用于购入繁殖母牛补贴，委托给公司饲养一定时间后转售给农民时，农户每买 1 头母牛，补贴 9.2 万日元。

（4）空地、空舍、闲置设备的补贴政策。村镇、农协、集体合作社、经营农业的公司和团体，对闲散空地、空舍、闲置设备进行产业化修理和整顿，用于肉牛繁殖、培养肉牛饲养和经营人才、畜产品加工和销售、研发降低生产成本、缩短劳动时间等新的生产系统和设施的，补助额度在总投入的50%以内。

（5）养牛新手事业补贴。农协等团体修理牛舍、购入母牛、租借草地和旱田，修理后一次性转借给母牛繁殖经营的新手（首次开始养牛者）时，对牛舍等费用进行补贴。①后备牛舍、堆肥舍等硬件时，补贴额度为费用的75%。②购入专用肉牛母牛时，补贴额度为费用的50%以内，但最高限额是17.5万日元／头（约人民币1.0万元）。③租借农地（草地、饲料生产用旱田）时，每10公顷补贴3800日元以内。

（6）草地改良与整理事业补贴。对改良草地、地面处理、改良原生草地、整理放牧用林地或为上述项目进行设施和设备的整备等用于提高土地利用效率的村镇、农协、集体合作社、经营农业的公司和团体，补贴总投入的50%~65%。

（7）提高草地畜牧业生产效率补贴。畜牧振兴协会扩大草地畜牧业规模（50%以内）和扩大草地生产规模（50%）时，按照总投入额进行补贴。

（8）国产粗饲料增产紧急补贴。对于全国农业联合体，开发全株水稻发酵与饲喂技术每利用10顷地补贴1万日元，缔结促进国产稻草利用连续3年期合同后，每生产1kg稻草补贴15日元，缔结促进国产稻草利用连续3年以上合同且年产量50t以上的，每千克稻草补贴30日元。

（9）肉牛生产援助团体政策补贴。对于以支援后继无人养牛的高龄（60岁以上）养70头牛户或者减轻肉牛生产劳动负担为目的，从事代替养牛生产、运送活牛、饲料生产、去角、削蹄、去势等业务的团体，补贴其总费用的50%以内。

（10）提高肉牛生产效率的设施设备修理补贴。肉牛生产集团以提高生产效率为目的修理、检修设施和设备时，从缩短分娩间隔技术、科学饲养管理技术、提高生产效率建议设施准备费以及提高生产效率资料费4个方面给予补贴，补贴额度为总费用的50%以内。

13.3.2 肉牛产业宏观政策

（1）牛肉价格稳定制度。和牛肉价格最高，其次是杂交和牛肉，进口牛肉和乳牛肉A3等级以外产品相持在一个水平上。

（2）犊牛生产者补贴金制度。①犊牛生产者补助金制度。国家政府承担1/2，地方政府和生产者分别承担1/4，即养殖者承担生产费用的25%。基金缴纳标准由地方政府根据犊牛繁育成本并参考上年度的犊牛交易市场行情设置，补贴参考价格由政府委托农畜产业振兴机构定期制定并公布。②活跃犊牛交易的紧急措施。农畜产业振兴机构制定了促进犊牛流通紧急对策，对犊牛交易活动进行补贴，以活跃交易市场，防止犊牛交易的停滞。A.对交易费用和生产费用增加部分进行全额补贴（包括饲料费、管理费等）；B.犊牛离岛交易海运补贴比例由60%，提高至90%。

（3）肉牛育肥经营稳定对策。①肉牛育肥经营稳定交付金制度。肉用牛肥育经营稳定交付金制度是日本稳定肉牛产业的长期措施，该制度从成本收益角度入手，将生产者的自有劳动投入计入标准生产费用之中，在交易价格下跌的特殊时期，通过补贴生产者的绝大部分损失来稳定生产。日本政府认为，标准销售价格一般不会低于标准生产费用，即不会低于成本，但是特殊时期（例如疫情暴发等），标准销售价格会低于标准生产费用，差额会产生，家庭劳务费将产生部分或全部损失，尤其是当差额超过家庭劳务费，生产者积极性会受到极大的影响，这时就可能会影响产业长远发展；如果通过补贴使得生产者家庭劳务费之外的费用得以收回，而且家庭劳务费也能够得到一定的补偿，那么养殖场的生产积极性就不会受到很大影响。政府承担80%，生产者承担20%。②稳定育肥经营的紧急对策。为缓解养殖场压力，农畜产业振兴机构制定了全方位的育肥补贴措施。A.实施扩大育肥规模和促进交易的奖励补贴措施，防止育肥生产萎缩。B.针对育成牛不能按期出栏的问题，振兴机构对农协等生产者组织进行补贴，以补偿出栏费用的增加，鼓励农协积极协调出栏途径，以解决育成牛交易流通障碍。

（4）犊牛生产与扩大奖励对策。

（5）肉牛保险补贴制度。

13.3.3 可资借鉴的经验和做法

日本对肉牛产业的支持力度很大，政策偏重于鼓励母牛繁殖和草料基础建设以及基础设施和设备的建设。日本的肉牛补贴政策是全方位的，是根据肉牛生产的各个生产环节进行的。补贴的全面性和可行性，值得学习和借鉴，可供我国制定肉牛产业政策时参考，尤其是在发展雪花牛肉产业过程中，犊牛、母牛、育肥牛的交易及养殖补贴政策应当借鉴。

（1）研究稳定与激励母牛、犊牛养殖的措施。

（2）研究稳定肉牛育肥经营者收益的对策。母牛、犊牛养殖是肉牛产业发展的基础，而肉牛育肥则是肉牛产业发展的核心。除了研发先进的肉牛育肥技术，如何维持肉牛育肥经营者的收益则成了肉牛产业健康发展的关键。日本通过积极的肉用牛育肥经营稳定对策，使育肥经营者的所得不会因市场波动而远远低于肉牛育肥经营中的劳务费，在一定程度上保证了育肥经营者的收益，进而一定程度上稳定了肉牛产业发展的核心。

（3）研究肉牛产业发展的资金支持模式与保险补贴政策。回顾日本犊牛生产者补贴金制度、肉牛育肥经营稳定对策以及犊牛生产与扩大奖励对策，由国家、地方和生产者共同出资建立基金，减缓市场波动的影响是其共同特点。

（4）国家积极推进培育优良品种。日本政府已经建立国家、家畜改良事业团、县三级牛种改良体系。开展优质肉牛良种繁育是牛肉生产的重要基础。肉牛品种与专用肉牛品种相比有很大的差距。

（5）国家积极采取完善的产业扶持政策：①犊牛生产者补贴金制度，由政府设立。②肉牛育肥经营稳定对策，由政府设立。即：标准生产费用等于仔畜费用、生产性投资费用和劳务成本之和；销售价格高于标准生产费用，不启动肉牛育肥补贴政策；销售价格低于标准生产费用，启动肉牛育肥补贴政策，补贴的数额是：补贴标准为生产费用与标准销售价格的差额部分的90%；另10%农牧场户自行承担，见图13-1育肥牛经营稳定基金制度示意图。③犊牛生产与扩大奖励对策。由国家、地方政府、生产者设立。主要由2部分构成：即犊牛生产者补助金和生产共同积金。犊牛生产者补助金由中央财政承担；犊牛生产共同积金由国家财政承担50%、地方财政承担25%、生产者自己承担25%组成。犊牛生产与扩大奖励政策，保障了犊牛生产者的积极性。市场价格低于保证基金价格，则保证基金价格与合理化目标价格之差，由政府利用犊牛生产者补助金100%补偿。如销售价格还低于合理化目标价格，则低于部分的90%由生产共同积金补贴，10%生产者承担。以2020年度犊牛生产费用为例，黑毛和牛的保证基准价格54.1万日元/头（折合人民币27 661元/头），合理化目标价格为42.9万元/头（折合人民币21 934元/头），如销售价格为42.9万元/头，政府利用犊牛生产者补助金补助差额的100%，即人民币5 727元/头；如销售价格为38万元/头（折合人民币19 428元/头），则利用生产者补助金补贴人民币5 727元/头，利用生产共同基金补贴低于合理化目标价格的90%，即人民币2255.4元/头。见2001—2020年不同品种犊牛的保证基准价格与合理化目标价格示意图13-2。犊牛生产补助金支付制度运行见图13-3示意图。④肉牛保险补贴制度，肉牛销售价格低于生产成本时，基金保证价格与合理化目标价格差额部分，由政府设立的生产者补助资金中补贴100%；如果发生低于合理化目标价格，其差额的部分，由保险基金补贴，补贴额度为90%，10%养殖场户自己承担（如图13-3所示）。

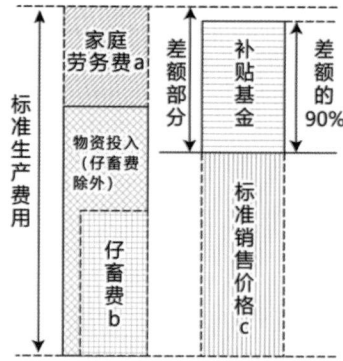

图 13-1 日本育肥牛经营稳定基金制度示意图

说明：a、b 虚线框的费用是生产者当地（市县）平均费用；
c 虚线框中的标准销售价格为所在区域的平均价格

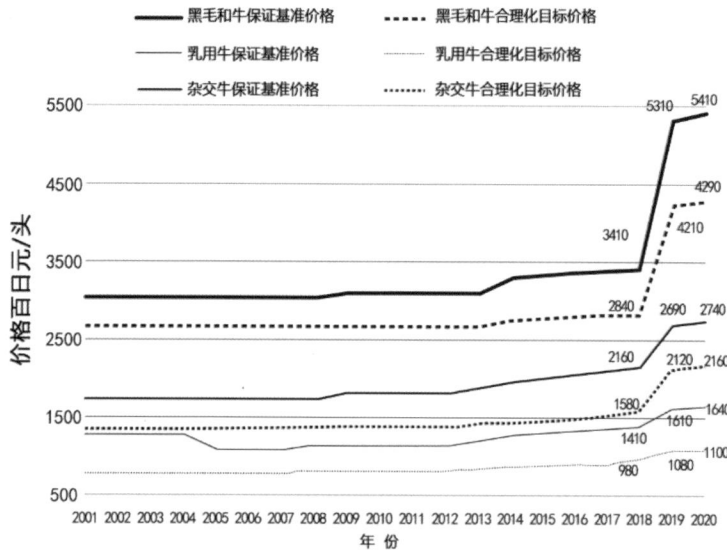

图 13-2 2001—2020 年不同品种犊牛的保证基准价格
与合理化目标价格示意图

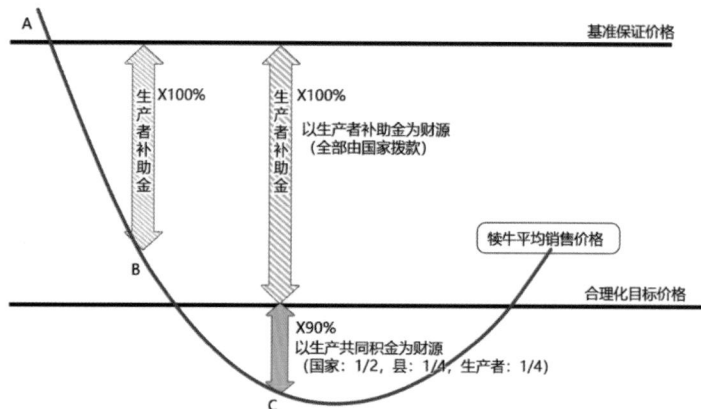

图 13-3 犊牛生产补助金支付制度运行示意图

说明：价格在 A 区间时不发生补贴；在 B 区间时由生产者补助金额补贴；
在 C 区间时由生产者补助金和生产共同积金两部分补贴

13.4 加快培育我国雪花牛肉专门化肉牛新品种的建议

13.4.1 培育新品种的意义

13.4.1.1 实施新品种培育符合国家战略要求

我国没有用于生产雪花牛肉的专门化肉牛主导品种，这是我国高档肉牛产业发展的一个短板。加快雪花肉牛新品种的培育，可以改变国内高档牛肉生产落后的局面，增强国际市场竞争力，提高肉牛产业整体水平和经济效益。

"畜牧发展，良种为先"，良种是肉牛业发展的先决条件和物质基础。畜牧业的核心竞争力很大程度体现在畜禽良种上。国家《种业振兴行动方案》、《全国肉牛遗传改良计划》（2021—2035）及 2022 年中共中央、国务院《关于做好 2022 年全面推进乡村振兴重点工作的意见》中，明确提出"加快雪花牛肉专门化肉牛新品种培育力度"。因此，雪花肉牛新品种培育工作已经提上了重要议事日程，关键要抓好落实。

13.4.1.2 重视现有资源的开发利用

我国现有纯种和牛的繁育，虽然存在规模小、繁殖成本高、基础牛群扩群缓慢等特点，但高端雪花牛肉品质极佳，和牛本品种选育工作必须给予高度重视。和牛种源是国家宝贵的畜禽遗传种质资源，在整合、保种、培育的基础上，利用胚胎移植等综合现代科技技术，努力扩大现有种群规模。

杂交和牛繁育，是为了降低繁育成本、扩大产业规模和增加优质牛肉产出量。从日本、澳大利亚两国 40 多年取得的经验来看，较为成熟的杂交品种有 2 个，分别是和牛与荷斯坦奶牛杂交组合、和牛与安格斯牛杂交组合。荷斯坦牛个体较大、生长速度快、产肉量大。通过与纯种和牛杂交，繁育杂交一代和牛，具有生长速度快、体形较大等特点；通过饲料配方的调控，雪花牛肉品质和等级亦能达到较高水准。

安格斯肉牛是较为优良的肉牛品种，体形大（与和牛比）、生长速度快、具有生产大理石花纹特质。安格斯牛与和牛杂交，能够取得较好的杂交优势，杂一代和牛具有体形大、生长速度快、雪花肉出肉率高等的特点。其杂一代和牛雪花肉的口感及品质，会高于荷斯坦奶牛杂一代肉牛。利用杂一代生产雪花牛肉，能够有效降低牛肉的生产成本，能够满足更多消费者对高档雪花牛肉的需求。数据显示，日本杂交和牛一代雪花牛肉产量远远高于纯种和牛。杂交和牛有 60%～70% 的个体生产出的雪花牛肉等级能够达到高端雪花牛肉 A3～A4 水平，极少部分的甚至可以达到 A5 等级水准。

截至目前，我国消费者对雪花肉的认识还处于初级阶段。纯种和牛、杂交和牛并没有明确的行业标准和追溯体系，销售价格上也没有较为明显的区分。我国已经有了利用这两种杂交组合生产雪花牛肉成功的范例，要继续加大探索和发展的扶持力度，生产更多的高品质雪花牛肉。

13.4.1.3 雪花肉牛新品种培育意义重大

（1）扩大产业规模。依托杂交改良和牛，生产雪花牛肉；利用改良和牛肉的价格优势，打破国外雪花牛肉市场的垄断地位。既能品尝到高品质雪花牛肉，其价格又能被大多数消费者所接受。

（2）扩大杂交种群规模。利用"企业+规模场+农户"的形式扩充产能，发挥场（户）基础母牛优势，培育大规模的杂交品种类群。在众多的杂交类群中优选优秀个体，参与育种群，实行开放式育种，丰富育种群的遗传基因生物多样性。

（3）纵观我国现有的肉牛品种，按照雪花牛肉生产的质量和规模要求，还有一定的差距。必须将肉牛专门化新品种培育工作纳入国家中长期发展战略规划，下决心培育出我国具有自主知识产权的专门化肉牛新品种。这对振兴肉牛产业，满足人民对高品质牛肉日益增长的需要，具有重要的战略意义。

13.4.2 明确育种思路

13.4.2.1 指导思想

在抓好和牛、安格斯牛本品种选育的同时，加大改良力度，增加生产雪花牛肉品种牛的群体，加快实施生产雪花牛肉专门化肉牛新品种培育工作，肉牛新品种暂定品种名为"华牛"。加快改善国内雪花牛肉生产面临的量小、等级不高的难题，提高肉牛生产整体水平和经济效益，走有中国特色的肉牛产业创新（差异化）之路。要研究在新的体制机制（国营牧场少、私营经济比例大）形势下，创新开展肉牛新品种培育工作。由于肉牛育种时间长、投资大、影响因素多、政绩不显著等原因，导致地方政府和企业积极性不高。必须研究探索建立新的肉牛育种机制。要重点支持有产业基础的"育繁推"一体化企业，打破条条框框的禁锢，克服重理论、轻实践、敷衍塞责式的新官僚主义的束缚。争取利用 15～20 年的时间，取得实质性的进步。

13.4.2.2 育种方向

根据国内外肉牛生产的实践，建议："华牛"以荷斯坦牛为母本，以和牛品种为父本，通过开放式育种，经过杂交创新、横交、选育提高三个育种过程而形成的一个肉牛新品种。要求雪花肉牛在生长速度、产肉率、牛肉品质等方面表现突出、遗传性能稳定，体形外貌基本一致、发育快、成熟早、肉质好、适应性强、饲料报酬高、繁殖性能好，适于广大农牧区舍饲和半舍饲管理条件的肉牛新品种。

选择荷斯坦牛作为母本的原因：

（1）荷斯坦牛群体大，优秀个体可选择性强，奶业经过长期的发展，奶牛生产基础条件好。

（2）和牛与荷斯坦牛杂交，后裔表现优秀：生长速度快，产肉量多，牛肉品质比荷斯坦牛肉好。

（3）杂交后代产奶能力提升，比和牛产奶量每头 7kg/d.提高 2 倍以上。哺乳能力强，母性好，犊牛成活率高。

（4）和牛在培育过程中，杂交阶段曾导入荷斯坦牛血液。与荷斯坦牛杂交育种，评估论证成功率高。

（5）和牛与荷斯坦牛杂交组合应用于产业化生产实践，在日本和中国均有成功范例。和荷杂交牛已经成为生产雪花牛肉的一个杂交类种群。

13.4.2.3 育种指标

体形外貌：肉牛毛色黑色，头部、四肢和腹部、颈粗壮；体形结构：胸深宽，肋圆，背腰平直、宽厚，尻部宽长，臀端宽齐；肉用性状特征：体尺、体重，初生重，平均日增重指标明显；体重 、肉牛屠宰率，净肉率，背膘厚度，眼肌面积，繁殖性能指标突出。尤其雪花肉生产能力、特征要明显。

13.4.2.4 育种方法及步骤

育种项目是以国内市场需求为导向，通过常规育种技术及现代分子育种技术有机结合的手段，最终培育出具有我国自主知识产权的生产高端雪花牛肉的专门化肉用牛新品种——"华牛"。常规育种是指通过对"华牛"种牛登记、特色性状生产性能测定，对种牛进行遗传评估。同时，采用先进的分子育种技术，建立集基因组选择、GEBV 遗传评定和 MOET 核心群选育技术为一体的高效早期选综合技术体系，提升品种培育效率。品种选择和牛♂+荷斯坦牛♀，开展级进杂交，F3 横交固定、4 个世代自群繁育，选育提高，分阶段实施。育种过程见图 13－4 肉牛专门化新品种培育示意图，品种名拟定为"华牛"。

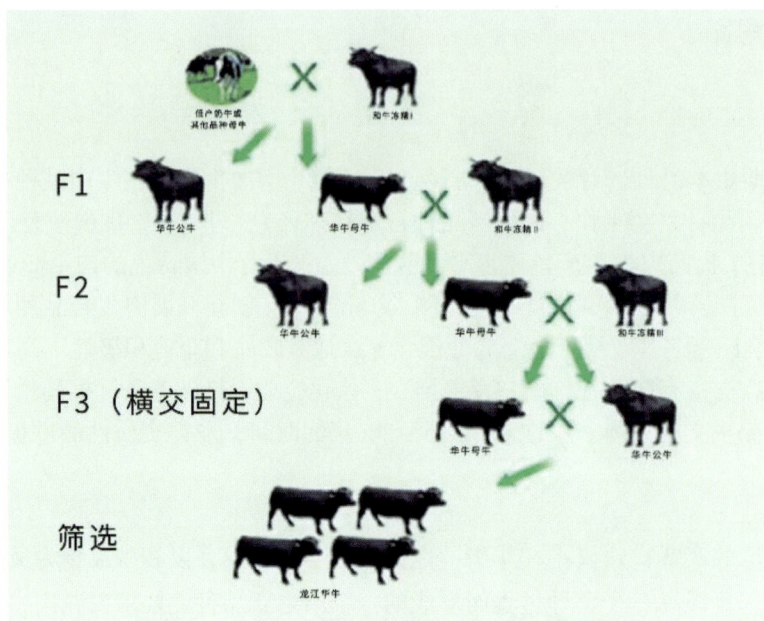

图 13-4　肉牛专门化新品种培育示意图

13.4.3 育种的主要内容及技术指标

13.4.3.1 主要内容

（1）完善和牛群体基础选育工作，建立和牛育种数据库及数据收集和传输体系。主要开展牛群普查登记、建立牛群登记数据库。组织核心牛群采集数据并上报国家肉牛遗传评估中心数据库，扩大测定规模，完善"和牛"线性体形评定技术规程并创新测定指标，制定标准化的测定规程，提升表型信息收集准确性。持续核心群体体尺体重测定、超声波数据测定、系谱记录，形成国产和牛品种的数据库，为品种培育提供依据，针对影响"华牛"经济因素的重要经济性状进行遗传参数估计和育种值估计，确立"华牛"育种目标和优化育种方案，以及实施"华牛"种公牛后裔测定等，组合形成较为完善的选育技术体系。

（2）确定"华牛"育种目标，建立核心群育种体系。对"华牛"群体育种数据进行遗传评估，建立"华牛"品种标准，实施良种登记，形成动态核心群，通过系统选育使"华牛"原群体中不同家系性能不断提高；通过导入外血等技术手段，利用优秀遗传物质，培育满足不同生产需求的"华牛"新品种。

（3）遗传标记挖掘、重要经济性状 QTL 定位及基因组选择技术在"华牛"选育中的应用。针对"华牛"生长性状、繁殖性状、屠宰性状、肉质性状等重要经济性状，建立"华牛"基因组选择技术平台，加快种群遗传进展速度。利用高密度 SNP 芯片及测序技术，采用全基因组关联分析等技术手段挖掘相关性状遗传标记，为平衡育种功能性状选育提供参考。针对"华牛"育种技术体系现状，建立多性状全基因组选择遗传评估模型，研究实用化的分子育种值的估计方法，提高基因组育种值估计的准确性，研制开发出结合高密度 SNP 标记的育种值评估计算机系统。

（4）"华牛"新品种培育。"华牛"（暂定名称）是由和牛与中国荷斯坦牛杂交选育而成。育种过程中，先用和牛公牛与荷斯坦牛母牛杂交，产生和荷（WH）杂交一代 F1，再以和牛为父本，与 WH 母牛杂交，形成含 75% 和牛血统及 25% 荷斯坦牛血统的杂交二代群体（F2）。在 F3 代仍然以和牛作为父本进行杂交，形成含 87.5% 和牛血统及 12.5% 荷斯坦牛血统的"华牛"群体后进行横交固定工作，最终经过 4 个世代的选育形成"华牛"新种群。培育过程中，建立核心育种场，并按照育种目标选择核心群个体。同时建立扩繁场及商品改良饲养场，采用开放核心群育种模式通过横交固定选育，最后形成体形外貌一直，遗传性能稳定的"华牛"新品种。

13.4.3.2 主要技术指标

（1）对"华牛"群体品种资源进行调查，开展品种登记工作，建立"华牛"良种登记簿，对"华牛"标准进行制定，确定育种目标。

（2）建立生产性能测定体系及"华牛"选育技术体系，提升"华牛"高档肉生产能力。群体体形外貌特征：①成年公牛体重 850kg 以上，种公牛 950kg，成年母牛体重 620kg 以上。每年选育优秀种公牛 20 头以上，总计应用冷冻精液对 100 000 头以上母牛进行冷配改良；②育肥犊牛经 27～30 月龄育肥，体重达到 700kg 以上，育肥期平均日增重达 1kg/d，屠宰率 55% 以上，净肉率 45%～58%；③肉色、肌肉 pH、脂肪颜色 3 级以上出产率达到 60%；④超声波活体测定背膘厚和臀部脂肪厚度，平均眼肌面积 105cm² 以上；⑤屠宰实验测定嫩度、酸度、剪切力和肌内脂肪酸含量。

（3）实施导血杂交，培育新品种。

（4）发掘"华牛"重要经济性状标记 10～20 个，尤其是与大理石花纹登记相关遗传标记，用于标记辅助选择。

（5）新品种育成时，将建成规模在 500 头牛的育种核心群、8 个家系、2 000 头牛的育种群，推广示范优质新品种肉牛 10 万头。

（6）通过新品种培育，可以形成一套完整的生物育种技术体系和良种繁育技术体系。建立起雪花肉牛生产体系和技术体系，其中包括育种数据库 1 个、遗传信息评估技术平台 1 个、示范繁育基地 1 个。

13.4.4 育种方案及技术路线

13.4.4.1 本品种选育

引进品种通过风土驯化，并持续不断地进行选择，培育出适合当地自然条件的高档肉生产的专门化新品系——"华牛"。记录生产性能各项数据（体重、体尺、体形外貌、饲料报酬、育肥、屠宰、肉质等）。育种技术路线，见图 13－5 "华牛"本品种选育育种体系技术流程图。

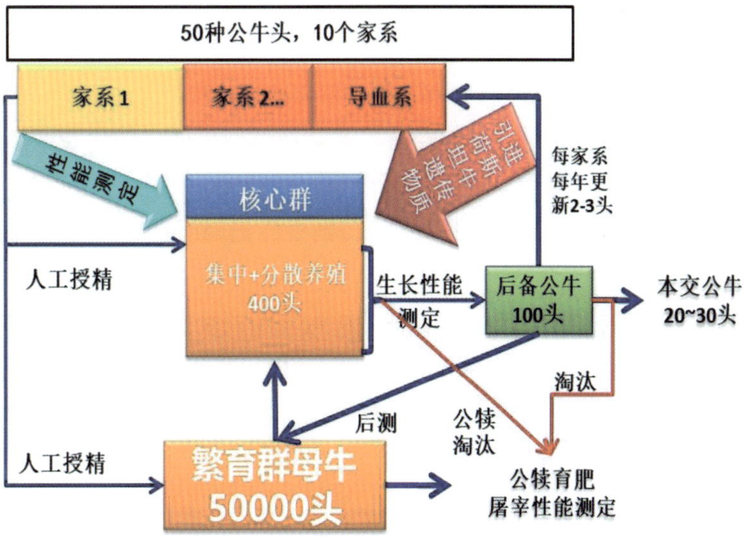

图 13-5　"华牛"本品种选育育种体系技术流程图

13.4.4.2 杂交培育新品系

杂交培育技术路线，见图 13 – 6 "华牛"杂交育种技术路线图。

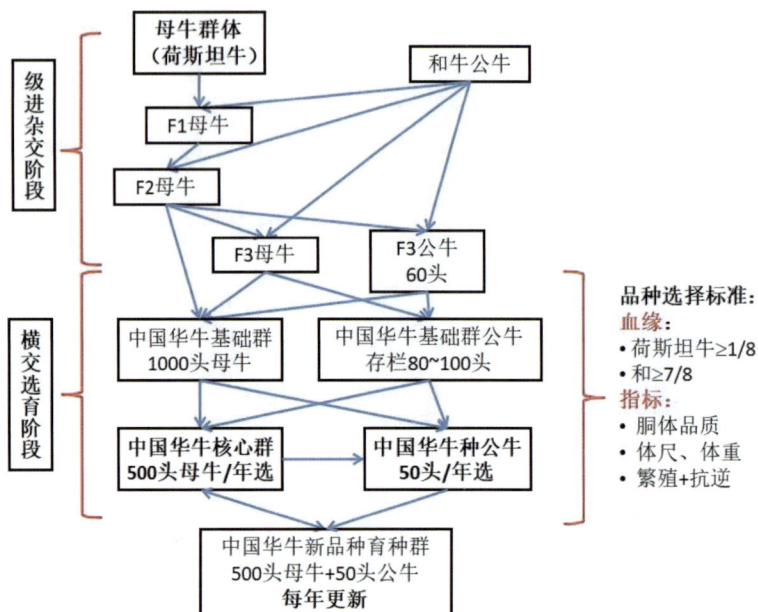

图 13-6 "华牛"杂交育种技术路线图

13.4.4.3 全基因组选择技术方案

根据 "华牛"育种要求，构建资源群体，利用现代育种技术加速华牛品种选育，加快遗传进展。探索适合 "华牛"品种选育的全基因组选择技术体系。主要包含以下步骤：

（1）资源群体建立。选择系谱准确、表型记录完整的个体作为参考群个体。其中收集数据包含生长发育、育肥、屠宰、胴体、肉质、繁殖 6 类 87 个重要经济性状。

（2）对参考群个体进行血样采集，并使用 Illumina Bovine 770K SNP 芯片对核心群个体进行基因型分型。

（3）对获得基因型数据进行质控。

（4）表型性状进行正态性检验及描述性统计分析。剔除表型异常值。

（5）使用 GBLUP 模型或 Bayes 模型，基于表型数据及基因型数据，估计参考群体 SNP 效应值。

（6）对待测个体进行血样采集。利用芯片对其进行基因型分型。

（7）将待测个体单个 SNP 位点对应的效应值累加，得到个体基因组估计育种值（Genetic estimated breeding 维生素 Alue， GEBV）。

（8）根据国内肉牛育种数据的实际情况，直接利用初生—断奶增重、育肥期日增重、胴体重、胴体等级、屠宰率、眼肌面积、大理石花纹评级和剪切力共 8 个主要性状进行基因组遗传评估，基因组估计育种值经标准化后，通过适当的加权，构建 "华牛"基因组选择指数（GCBI）。"华牛"全基因组选择技术流程，详见图 13 – 7 技术流程图。

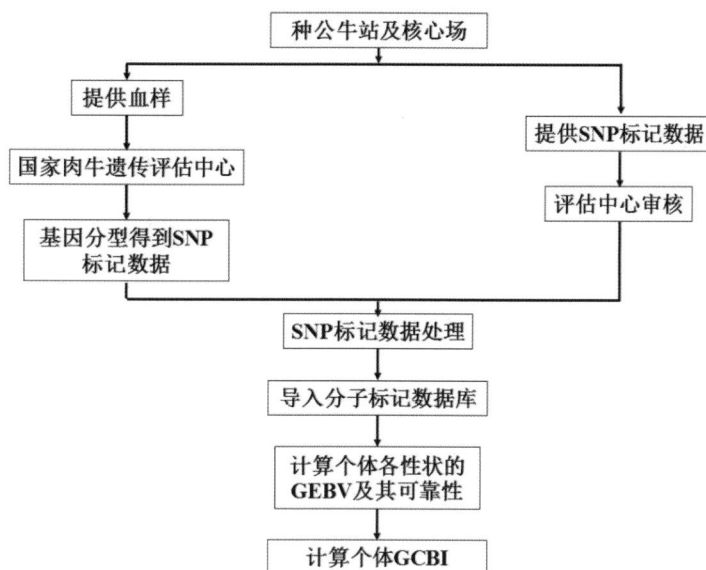

图 13-7 "华牛"全基因组选择技术流程图

13.4.5 育种组织实施

13.4.5.1 种公牛的选择

优秀种公牛的选择，采取常规选择和基因组选择并重的策略，依据育种目标首先通过基因组选择对种公牛进行早期评定，然后根据后裔测定再对育种种公牛进行综合评估，至少选择 10 个家系的育种种公牛。

13.4.5.2 "华牛"选育

组建基础核心母牛群（本地中低荷斯坦牛，大体 10 万头左右）。以和牛冻精为父本，通过级进杂交的方法，进行不同模式培育"华牛"新种群，最终目的是生产出适合本地生长环境的具有优质产肉性能、肉质优良的新品种。

13.4.5.3 选育基础群的管理

以现有各种牛场已有的牛群作为选育基础群，各群体在选育过程中不封闭，对选育群以外的优秀个体（包括公牛和母牛）可引入选育群。但在引入外血的过程中，应该注意所引个体必须是具有优异的性能，且体型形外貌与选育群个体一致，以保持整个选育群体的一致性。在继代选育的过程中应将各世代群体的近交系数控制在 0.02 以内，各选育群内全部实现人工授精技术，并按选育标准选留后备种公牛，以保证公牛数量和质量。为保证这一规模的实现，在实施过程中，母牛应按所需数量增加 20% 选留。基础群的优劣是选育的关键，在组建选育基础群的过程中，要以下列标准对个体进行选择。

（1）生产性能：具有完成育种目标的遗传潜能，即应选择性能高或某一性状优异的个体。

（2）亲缘关系：为避免群体近交系数增长过快，要求公牛个体间、公牛和母牛间无亲缘关系，母牛个体间尽量避免有亲缘关系，使遗传基础广泛。

（3）外貌特征：符合品种特征，体形外貌良好、四肢健壮、体长、体高、后躯发育良好，健康无病，外生殖器发育正常。

（4）无遗传疾病：凡有遗传疾病或隐性有害基因携带者，均不能选入基础群。各场根据基础群数量要求按上述条件选出场内优秀个体，组成联合育种选育的零世代选育基础群。

（5）育种值（BV）：种畜的种用价值。估计育种值用（EBV）表示；

（6）BCS：肉牛体况评估，又称营养指数=体重/体高×100%。新品种培育实施流程，见图 13-8 "华牛"

新品种培育实施流程图。

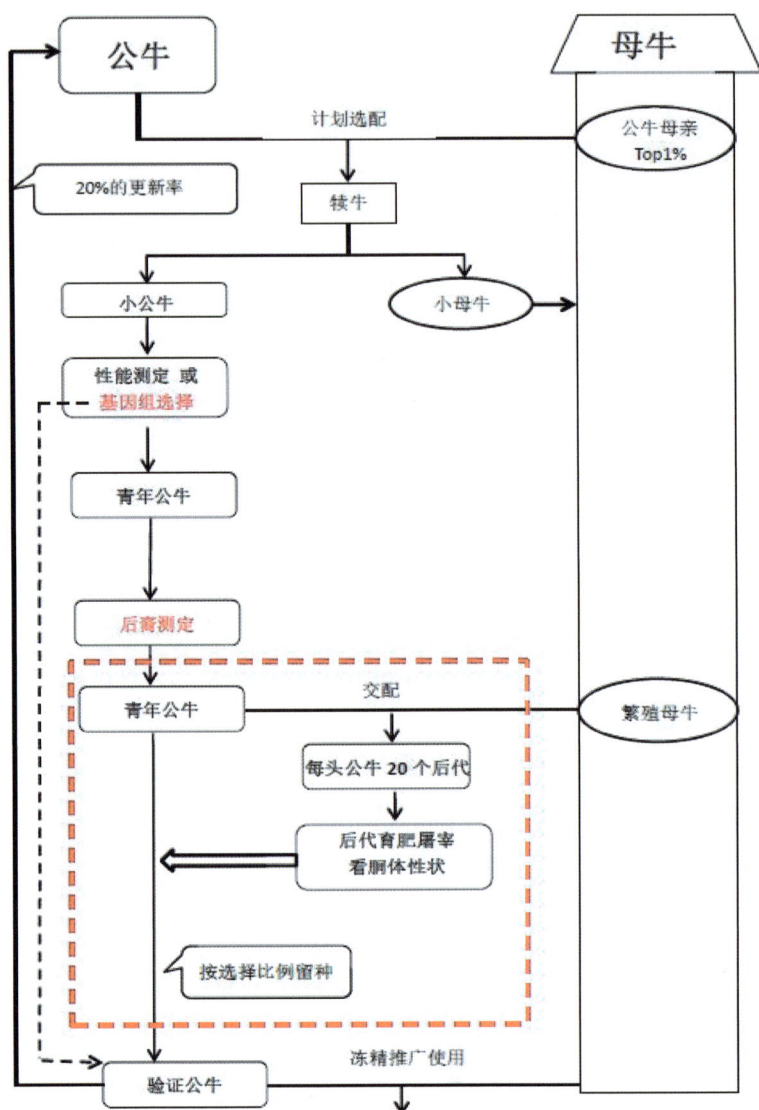

图 13-8　"华牛"新品种培育实施流程图

13.4.5.4 开展后裔测定

（1）改良母牛性能测定。生长发育性能的性状测定指标：初生重、断奶重、周岁重、育肥期日增重、成年体重、饲料转化效率和疾病抵抗力。还将活牛等级评定和超声波活体测量 12、13 肋骨间的背膘厚和眼肌面积纳入在华牛生长发育性状选择中。①胴体性状和胴体等级的划分。测定指标有肌内脂肪含量、眼肌面积、背膘厚、大理石花纹、系水力、pH、肉色、嫩度和风味等指标进行综合评价。②繁殖性状。肉牛的繁殖力是公母牛繁殖的能力。产犊间隔是母牛受胎率、公牛受精力、胚胎活力和产犊难易度的综合表现指标。初产年龄则是一个母畜早期生产年限中的一个重要性状。产犊间隔和初产年龄及泌乳力纳入育种目标性状中。

（2）后备牛生长发育测定。生长发育性能的性状测定指标，同改良母牛的性能测定指标相同。

（3）育肥牛性能测定。生长发育性能的性状测定指标，同改良母牛的性能测定指标相同。

13.4.5.5 胴体和肉质性状测定

（1）屠宰测定。①测定肥育牛，体重达 400kg 时屠宰，测定其胴体性状。②每头公牛后裔的屠宰数不少于 2 头。③屠宰测定内容和方法，按《肉牛生产性能测定技术规范》（NY/T2660-2014）执行。

（2）肉质性状测定。凡屠宰牛只，均进行肌肉常规肉质测定，测定的项目和方法如下：① 肌肉颜色（肉色）A.采样部位：牛背最长肌 12～13 肋间眼肌。B.评定条件：用屠宰后 1h 内的新鲜肉样，在室内正常光照下进行目测评定。C.评定标准：按肉色评分标准图，参照元盛企业的 5 等 12 个雪花牛肉级别标准进行评定。② 肌肉大理石纹：是评定肌肉中脂肪含量和分布情况的指标。A.取样部位：牛背最长肌 12～13 肋间眼肌。B.评定条件：将肉样在 4℃ 条件下冷藏 24h 后切出断面进行目测评定。C.评分标准：大理石花纹按其丰富程度分级。③ 肌肉 pH。A.取样部位：牛背最长肌 12～13 肋间眼肌。B.测定时间：宰杀停止呼吸后 45min 内测定的 pH，记作 pH1；在 0～4℃ 条件下冷却保存 24h 后测定的 pH，记作 pH2。C.测定方法：a.酸度计直接测定：将电极直接插入背最长肌中心部位测定。在测定前酸度计应严格按仪器使用说明正确调试，测定中注意保持电极清洁。测定后用 pH 为 7 的蒸馏水冲洗电极。b.间接测定：取中心部位肉样 10g 捣碎，加入配 pH 为 7 的蒸馏水 100 毫升，浸泡 30 分钟，用 pH 为 5～7 范围的试纸（分度值为 0.2）测试浸泡液的 pH。④ 肌肉保水力（系水力）：是指肌肉受到外力作用时，保持其原有水分的能力。现场可通过测定贮存损失（与保水力呈强烈负相关）来间接反映保水力。A.取样部位：牛背最长肌 12～13 肋间眼肌。B.测定时间：在宰后 2h 内测定。C.贮存损失测定方法：牛背最长肌 12～13 肋间眼肌，修整呈长 5cm，宽 3cm，厚 2cm 的长方形肉条，在感应量为 0.01g 的天秤上称贮存前重（W1），然后用铁丝钩住肉样一端，使肌纤维垂直向下，装入充气的塑料袋中（肉样不与袋壁接触），扎紧袋口，挂于冰箱中，在 2～4℃ 条件下贮存 24h 后取出称贮存后重（W2）。⑤肌内脂肪含量。A.采样部位：牛背最长肌 12～13 肋间眼肌中心部采样 100～200g。B.采样时间：宰后 2h 以内。如不能立即分析，应将样品装入塑料袋内，置于冰箱中冰冻备用。C.测定方法：索氏抽提法。

13.4.5.6 评定方法

（1）单项评定

①生长肥育性能评定。根据平均日增重、饲料利用效率和活体眼肌面积进行评分。各项评分比值分别为 60、20 和 20，见表 13-1 育肥牛生产性能测定。

表 13-1　育肥牛生产性能测定

项目	一级		二级		三级	
	测定值	分数	测定值	分数	测定值	分数
平均日增重（g）	900	54.0	850	46.0	800	38.0
饲料利用效率（%）	3.2	18.0	3.4	15.0	3.6	12.0
活体眼肌面积（cm²）	72	18.0	68	15.0	64	12.0
得分	90		76		62	

注：日增重每上下浮动 50g，加、减 1.6 分；饲料利用效率每上下浮动 0.1，加、减 1.5 分；活体背膘厚每上下浮动 4cm²，加、减 0.75 分。

② 产肉性能评定。根据胴体净肉率、眼肌面积和肌肉脂肪含量进行评分。各项评分比值分别为 40、40 和 20，见表 13-2 育肥牛生产性能测定。

表 13-2　育肥牛生产性能测定

项目	一级		二级		三级	
	测定值	分数	测定值	分数	测定值	分数
净肉率/%	50	36	48	30	46	24

续表

项目	一级		二级		三级	
	测定值	分数	测定值	分数	测定值	分数
眼肌面积/cm²	72	36	68	30	64	24
肌内脂肪含量/%	36	18	34	16	32	14
得分	90		76		62	

注：胴体净肉率每上下浮动2%，加、减3分眼肌面积每上下浮动4cm²，加、减3分；内脂含量每上下浮动2%，加、减2分。

③繁殖性能评定（略）。

（2）综合评定

根据受测牛的生长肥育性能、产肉性能和母本牛的繁殖性能进行种牛综合评分。各项评分比值分别为40、30和30。最后得出受测牛的总评分，见表13-3生长发育性能测定。

表13-3　生长发育性能测定

项目	一级		二级		三级	
	测定值	分数	测定值	分数	测定值	分数
生长育肥性能	36		30.4		24.8	
产肉性能	27		22.8		18.6	
繁殖性能	27		22.8		18.6	
得分	90		76		62	

注：表1～表3分值均为低限值，种牛特优个体评分可达100以上。

13.4.5.7 资料收集与总结

（1）记录表格。①种公牛登记卡；②种母牛登记卡；③配种记录；④公牛配种成绩表；⑤以上记录表格，使用育种公司制定的统一表式；⑥生长发育测定记录；⑦饲料消耗记录；⑧屠宰和胴体分离记录；⑨肉质测定记录。

（2）资料记录、保存与整理。①数据资料应由专人负责收集、保管与整理，并按排一名协理员；②所有数据资料，均需准确地进行记录。记录表一式两份，一份归档保存，一份现场使用；③所有数据资料，除用表格记录外，均及时准确地输入电脑贮存并备份，以便整理资料；④每一世代选育结束后，分析整理资料，并写出总结报告。数据资料处理时，不可任意挑选或舍弃，以便能客观地反映群体性能水平。

（3）健康与抗病力。控制和消灭口蹄疫、结核病、布鲁氏病、瘤胃积食、牛体表寄生虫病、腐蹄病和肺炎等疾病。

13.4.5.8 遗传评估的基本性状

遗传评估性状的主要性状应包括下列13项：A.达350kg体重的月龄；B.屠宰率；C.净肉率；D.饲料转化率；E.产犊间隔；F.初产年龄；G.眼肌面积；H.后腿比例；I.肌肉pH值；J.肉色；K.滴水损失；L.剪切力；M.大理石纹。

13.4.6 育种的保障措施

13.4.6.1 建立"华牛"育种项目资金筹措机制

（1）申请国家、省种业政策、项目支持；

（2）企业自筹；

（3）申请种业专项扶持资金；

（4）申请地方政府资金支持。原则是：育种经费以国家投资为主；各级育种机构工作经费分级承担，育种基地补助经费，纳入省级和属地两级财政预算。不给育种企业增加负担，企业育种经费采取自筹为主、政府定额补助的办法解决。

13.4.6.2 行政保障措施

纳入国家中长期发展战略规划，首先要纳入国家行业发展计划和地方政府农业产业发展战略规划，具备优势和潜力的地区要优先启动，纳入政府和育种单位的议事日程，坚持不懈、专班抓推进落实。

（1）加强业务领导、精心组织成立"华牛"育种委员会、项目领导小组；

（2）加强项目区建设，至少安排 2～3 个育种重点县；

（3）做好宣传引导工作，在生产中推进育种，在育种中发展产业，推广"育繁推"一体化发展模式。

13.4.6.3 技术保障措施 （见文后附件 1～2）

（1）组建国家级育种专家委员会。对育种关键核心技术实行联合攻关。国家、省、市、县要制定目标责任制。

（2）项目各单位开展联合协作育种攻关，并确保育种科技人员相对稳定。

（3）加强知识产权保护。采取育种、生产、研究同步进行的方式开展育种培育工作。

（4）支持育种企业成立专业育种机构。对主要育种企业（单位），可以划拨事业科研编制，核定事业经费，成立组建混合所有制"华牛"产业发展研究院，专司"华牛"育种及产业发展工作。

13.4.6.4 制定种业产业政策

大力支持育种事业，制定专项政策，长期坚持不懈地扶持育种企业和育种基地、单位业务发展，制定出台促进肉牛种业持续健康发展的优惠政策。一以贯之，持之以恒。必将在不久的未来，在中国大地上，培育出一个优秀的雪花肉牛新品种。可喜的是黑龙江省政府 2022 年 3 月 24 日印发了《关于加快畜牧业高质量发展的意见》和《黑龙江省加快畜牧业高质量发展若干政策措施》（黑政办规[2022]14 号）文件，将"华牛"新品种培育工作正式列入"全省畜禽遗传改良计划"，标识着"华牛"育种工作开始启动实施。

附件 1

育种场（肉牛）管理开发技术方案

第一章 技术开发的目的

一、种牛育种

测定出华牛种牛自有的遗传参数，制定出种牛综合选择指数，制定选种选配方案，这些参数和指数根据实际需要可修正、可调整。培育出华牛种牛在世界具有先进水平，在国内保持第一流，每年有 5‰~10‰遗传进展。

二、生产管理

有利于生产单位养牛现场管理，通过网络实现远程管理，实现养牛生产管理全电脑操作，全数据信息化管理，实现最佳管理模式，在生产经营上实现最好的经济效益。

三、育种成效评估

每年遗传进展。利用每年大群生产数据，摸索出一种能正确评估遗传育种方法，遗传进展除用产犊数、净肉率、屠宰率、饲养日龄、增重料肉比这些单项技术指标表达外，要有一个用综合经济效益表达的方式，每年每头商品牛遗传进展实现多少效益。

四、原始数据一贯制

用于育种、生产管理、育种成效评估的原始数据来源相同，建立出完整的数据库，保证数据采用真实性。

第二章 系统的设置

系统有五大部分：包括数据录入与处理系统（数据库的建立）、育种技术系统、养牛生产管理系统、遗传进展评估系统、种牛营销管理系统。

一、数据录入与处理系统

要求与育种、生产、管理有关，每天发生的数据及时录入系统，每天输入的原始数据是育种、生产、管理处理系统基础数据，在基层单位数据一经提交不得更改，若确有错误，系统应设置错误提示，需要更改错误应按程序审批在系统数据中心更改。在数据分析处理单位有采用数据分析处理权，但不能修改，数据错误需要修改应由基层单位提出。

二、育种技术系统

（一）通过测定确立本系统遗传参数指标。这些指标在日后的运用过程中经过大群大量数据统计分析有不断完善、不断修正更接近于遗传实际的功能。

（二）依据遗传参数运用 BLUP（最佳线性无偏预测法）估计育种值或计算出综合选择指数，根据这个育种综合选择指数选种。

（三）在选种基础上，根据华牛种牛育种目标制定出种牛选配方案，合理利用近交系数和杂交优势。

（四）在选种选配基础上建立家系或品系，保持合适的家系或品系数量。

三、养牛生产管理系统

（一）牛场现场管理

在牛场各车间设置电脑宽带网无线网，场长、车间主任、技术员、饲养员可通过网络查询每天的工作，包括配种、产犊、转栏、打预防针、预防投药等现场工作，提高生产效率。

（二）远程管理

1.主管部门：总部对数据处理、分析、计算出生产人员工资、奖金，制定出生产技术报表。

2.育种公司：通过对数据处理，得出遗传统计分析，制定选种、选配方案和计划，得出遗传进展，通过每年遗传进展分析，评价育种工作和改进育种工作。

3.畜牧系统监管：调用、查询相关报表、数据，了解育种、生产情况，提高决策能力。

四、遗传进展评估系统

（一）建立单项指标年度进展比较系统。这些指标在遗传育种上是重要性状，例如：产犊数、成活率、净肉率、胴体屠宰率、增重料肉比、饲养日龄等。

（二）用经济效益表达遗传进展。在遗传改良技术指标基础上消除市场因素，分析出栏一头商品牛因遗传改良每年提高经济效益部分，单位是每头商品牛每年遗传进展效益。

五、种牛销售管理系统

建立种牛销售系统目的是管理好种牛销售工作。了解种牛市场分布，种牛价格运行规律，检验种牛育种工作是否适应市场需要，对种牛育种工作的市场评价。

第三章　联合育种技术方案基本原则

一、基本种牛繁育体系规模

在建设好基本种牛繁育体系基础上，今后扩大规模按这个比例向前复制。

二、种牛选育建立在种牛测定的基础

（一）牛场测定。断奶阶段留种牛在牛场测定，其中送测定站种牛在 50 天断奶时选择，种牛在 12 月龄选种一次和 18 月龄选种一次，12 月龄阶段主要是根据个体表现和父母选择指数，18 月龄则根据个体测定育种指数和亲属育种指数。

（二）公牛测定站测定。所在计划选种公牛必须进公牛测定站测定，根据个体性状测定指数和亲属育种指数，计算综合育种指数。

以上测定数据传输到育种中心，育种中心每周处理数据一次，根据综合育种指数排序。根据指数排序优秀公牛送到公牛站，最优秀公牛用在 GGP、GP 种牛群。

三、育种中心制定 GGP、GP 种牛群选配计划

GGP、GP 牛场不饲养公牛，精液来源于公牛站，GGP、GP 牛场严格按照育种中心配种计划实施。

四、创造适合牛遗传潜力发挥的环境因素

（一）营养因素。拟建一个种牛专用饲料厂研究育种营养需要和饲料配方，确保营养供给。

（二）牛群健康。整个育种计划必须保持种牛高健康状态，对非高健康状态种牛场采取降级式退出种牛育种体系。

（三）牛舍建筑、饲养面积、饲养方式。为了保持最适合的温度、湿度、密度，在牛栏建筑方面，设备设施方面，要研究创新，提供最合适的饲养环境。

附件 2

肉牛种牛性状测定技术规程

本规程适用于种牛遗传评估，以及采用该评估系统进行场内测定的种牛测定站、核心育种场、原种牛场和繁殖场的种牛、后备种牛的性能测定，测定的性状和方法只限于与遗传评估有关的部分，不作为全面的种牛测定规程使用。

一.测定条件和要求

（一）参与华牛种牛遗传评估的各牛场的种公牛、种母牛和繁殖群公牛、母牛、后备种牛都必须按本规程进行性能测定。

（二）饲养管理条件

①测定牛的营养水平和饲料种类应相对稳定，并注意饲料卫生条件。

②同一牛场内测定牛的圈舍、运动场、光照、饮水和卫生等管理条件应基本一致。

③测定单位应具备相应的测定设备和用具，并经过省级以上主管部门培训并达到合格条件的技术人员专门负责测定和数据记录。

④测定牛必须由技术熟练的工人进行饲养，并有具备基本育种知识和饲养管理经验的技术人员进行指导。

（三）严格按照有关规程的要求，建立严格的测定制度和完整的记录资料档案。

二、测定牛的条件

（一）测定牛的个体号（ID）和父、母亲个体号必须正确无误。

（二）测定牛必须是健康、生长发育正常、无外形缺陷和遗传疾患。

（三）测定前应接受负责测定工作的专职人员检查。

三、性状测定方法

（一）产犊间隔：母牛前、后两胎产犊日期间隔的天数。

（二）初产月龄：母牛头胎产仔时的月龄数。

（三）饲料转化率：牛重 300~400kg 期间，每单位增重所消耗的饲料量，其计算公式为：

饲料转化率 = 饲料总消耗量/总增重×100%

（四）眼肌面积：利用 B 超扫描测定牛背最长肌 12~13 肋间眼肌面积，用平方厘米（m^2）表示。在屠宰测定时，将左侧胴体（以下需屠宰测定的都是指左侧胴体）牛背最长肌 12~13 肋间眼肌垂直切断，用硫酸纸描绘出横断面的轮廓，用求积仪计算面积。

（五）肌肉 pH：在屠宰后 45~60min 内测定。采用 pH 计，将探头插入牛背最长肌 12~13 肋间眼肌内，待读数稳定 5s 以上，记录 pH。

（六）肉色：肉色是肌肉颜色的简称。在屠宰后 45~60min 内测定，以牛背最长肌 12~13 肋间眼肌横切面用五分制目测对比法评定。

（七）滴水损失：在屠宰后 45~60min 内取样，切取牛背最长肌 12~13 肋间眼肌，将肉样切成 2cm 厚的肉片，修成长 5cm、宽 3cm 的长条，称重，用细铁丝钩住肉条的一端，使肌纤维垂直向下，悬挂于塑料袋中（肉样不得与塑料袋壁接触），扎紧袋口后吊挂于冰箱内，在 4℃条件下保持 24h，取出肉条称重，按下式计算结果：

滴水损失率=（吊挂前肉条重 - 吊挂后肉条重）/吊持前肉条重×100%

（八）大理石纹：大理石纹是指一块肌肉范围内，肌肉脂肪即可见脂肪的分布情况，以牛背最长肌 12~13 肋间眼肌为代表，用五分制目测对比法评定。

13.5 雪花牛肉产业发展战略

13.5.1 实施产业化战略

一个产业的发展，一是得益于市场的需求；二是得益于有明确的宏观的产业化发展战略作为指导；三是结合各地实际，创造性推进落实。

我国消费者对牛肉，特别是高端牛肉的需求与日俱增。发达国家的经济发展规律表明，当人均国民收入达1000美元时，牛肉消费就会日渐兴旺。2021年我国人均国民总收入已经突12550美元，高端牛肉消费已经在我国的大城市风靡起来，在高档餐饮场所，成为招待宾客的高档食材。随着国人对美味的需求及健康意识的提升，中国的高端牛肉市场迅速扩大。雪花牛肉以其肉质细嫩、香味醇厚、营养丰富的特点，受到消费者青睐。雪花牛肉的价格，终端市场3000~4800元/kg。高端牛肉，越来越引人瞩目。吃高档牛肉，眼下正成为高端人士餐饮活动的奢华时尚。随着中等收入人群的增加，中国的雪花牛肉市场需求巨大，销售必然火爆，发展前景广阔。

深度剖析我国雪花牛肉产业发展现状、面临的机遇和挑战，必须有一个清醒的认识。在雪花牛肉产业发展的起步阶段，制定一个全国性的正确的有长远目标任务的产业发展战略，以此推动中国高端肉牛产业发展，是十分必要的。因此，要做好三个方面的产业发展规划：

（1）国家宏观方面的雪花牛肉产业发展规划。政府部门就雪花牛肉产业发展应该有一个更加具体的指导性的行业发展规划，就目标、任务、重点、政策、方针和重大举措等，要有原则性的指导意见，并加大鼓励和扶持力度。

（2）全国雪花牛肉行业方面的产业发展规划。主要是根据市场需求、行业布局、行业特点、生产产能、新技术、新工艺、新经验等，制定一个全国性的行业发展规划，广泛进行交流与推介、引导，携手向更高层次发展。

（3）雪花牛肉龙头企业发展方面的战略规划或行动方案。企业根据本地情况和自身实力，制定全局性、有品牌特点的雪花牛肉产业发展计划。主要是宏观与微观结合性行动方案，目标明确，举措具体，数据准确，责任明晰，人员分工到位，扎扎实实地抓好企业的发展。

13.5.2 明确产业发展方向

农业农村部制定出台的《"十四五"全国畜牧兽医行业发展规划》和《全国畜禽遗传改良计划2021—2035》，为今后一个时期畜牧产业的发展指明了方向。到2025年，全国牛羊肉自给率保持在85%左右，实现核心种源自给率达到78%，牛肉产量达到680万t，构建现代畜牧业产业"2+4"体系，着力打造生猪、家禽两个万亿级产业和奶牛、肉牛肉羊、特色养殖、饲草产业四个千亿级产业。

在肉牛新品种培育上，培育专门化肉牛新品种，加快培育一批性能水平高、综合性状优良、重点性状突出的新品种配套系，不断提高优质种源供种能力。建设一批国家级和省级保种场、保护区。

在政策上，实施牧区畜牧良种补贴项目，对农牧民购买优良肉牛冻精、良种公羊和公牦牛适当补贴。推动北方农牧交错带基础母牛扩繁提质，支持地方扩大基础母牛饲养量。支持肉牛肉羊为主导产业，创建国家现代农业产业园，建设一批肉牛、肉羊产业集群、产业强镇。

在产业化建设上，支持种养加全链条发展，引导农牧民发展肉牛肉羊舍饲半舍饲养殖，延长养殖、屠宰、加工、配送、销售一体化产业链。

（1）在品种资源开发利用上，大力支持以地方畜禽遗传资源为基础的新品种和配套系培育。坚持"以我为主，自主创新，引育结合"，构建以市场为导向，企业为主体，产学研深度融合的现代畜禽种业创新体系。

开展畜禽良种联合攻关，加快发展表型组智能化精准测定、基因组选择等育种技术应用，逐步建立基于全产业链的新型育种体系，打造一批国家级育繁推一体化种业企业，引导种业企业与规模养殖场户建立紧密的利益联结机制。

（2）在疫病防控上，加强种畜禽场重点疫病净化、畜禽产品致病微生物及生物毒素等风险监测与评估。

（3）在科技推广上，通过营养调控，提高育肥牛生产性能和改善肉质，大力推广实用创新型的产业化项目。因此，应抓好6个方面的工作：

①实施种业振兴行动，在品种选择上下功夫。必须选择确定理想的雪花牛肉生产品种，没有好的品种，是不可能生产出优质的雪花牛肉产品的。品种、品牌，是产业发展的前提和命脉。作为产业化龙头企业，要把品种培育工作纳入重要日程。育种是根本，育肥是目标，产品是核心。"得牛源者得天下"，如果企业拥有品牌价值的优质肉牛新品种（系），那么企业也必将赢得未来。

②加强龙头和基地建设，走"龙头企业+政府+基地+牧场"的全产业链发展路线（模式）。建设基地的方式、规模、模式，可以多种多样。但牛源不能百分百地依赖基地，必须有自己的现代化牧场，创品牌，并作为调剂、补充或示范基地。作为一个产业化的龙头企业，没有基地是坚决不行的。a.没有基地，产业规模做不大。b.雪花牛肉产业属高投入、风险高的行业，有基地能减少企业固定资产投资。c.众筹抗风险能力强，实现"风险共担、利益均沾"。d.既解决了牛源的问题，又可降低成本，还带动地方经济、乡村振兴。有利于企业长远融合发展，走可持续的产业化发展之路。

③注重创品牌，闯市场。提升消费者对品牌的认知度和可信度，研发新产品，运用线上线下全媒体融合营销等模式，开展品牌宣传，拓宽营销渠道。要改变传统的营销模式，开发利用好互联网平台直播销售的新业态，将创品牌与促营销、拓市场与抓生产同步谋划实施。

④高起点定位，立足"两种资源、两个市场"。谋划雪花肉牛产业的发展，同样离不开"两种资源、两个市场"全球化发展战略思想，强化国际化市场观念。一方面，要培育打造自己的肉牛品牌。另一方面，通过进口高品质雪花牛肉，弥补加工原料不足和市场商品缺口调剂，实现两种资源、两个市场统筹考虑。

⑤延长产业链，实行反哺"补偿"式发展。雪花牛肉产业利润呈生产、加工、销售逐步递增的分配格局，要建立有效机制，将终端利润合理反哺"补偿"给养殖端。真正实现优势互补，利益分享，合作共赢，利益切割黄金比例化。

⑥实现产学研联合科技攻关，关键核心技术自主可控。建立起一系列完整的雪花肉牛产业生产体系和技术体系，提高雪花牛肉的产品等级，扩大产能，短时期内尽快形成产业规模。

13.5.3 组建雪花牛肉产业发展行业联盟

为了更好地规范中国雪花牛肉产业生产，2011年8月我国第一届"中国雪花牛肉产业联盟"在大连组建，标识着我国高品质肉牛产业朝着自主化、标准化、规模化、科学化和市场化的发展方向迈出了重要一步。随着产业联盟的成立，相关品牌企业将进一步发挥在行业中的模范带头作用，共同推动中国高品质雪花牛肉产业快速向前发展，对规范行业未来的发展具有十分积极的意义。

组建雪花牛肉产业联盟，其宗旨是：培育生产雪花牛肉的肉牛品种；规范生产加工的行业标准；共同倡导行业自律；维护市场秩序；实现中国高档肉牛产业的品牌化和中国品牌牛肉的产业化。

截止到2021年年末，产业联盟已经走过了10个年头。由于受市场波动等多种因素影响，产业联盟的牵头作用发挥得不甚理想。鉴于新的产业发展形势，有必要重新组建"中国雪花牛肉产业发展联盟"，引入大数据管理概念，充分发挥行业协会的协调与指导作用，促进行业内企业间的学习、交流、技术研究、产品开发与合作，构筑起企业之间完善紧密的产业链协同体系，努力扩大上下游的影响力与带动作用，形成"集群"效应，共同做大中国高端雪花牛肉产业。

经专家鉴定，中国国内生产的雪花牛肉达到了日本和牛肉 A3 级以上的水平：屠宰率、胴体净肉率、成品肉率及高档肉率、肉质嫩度、脂肪沉积丰富度、肉色和脂肪颜色，均达到了雪花牛肉标准。2020 年 12 月，由国家畜牧科技创新联盟主办的"首届中国牛优质牛肉品鉴大会"在北京召开。会议以"品华夏牛肉、兴民族品牌、丰百姓餐桌"为主题，通过牛肉品鉴和良种推广，为加快推动肉牛地方优良种质资源的利用和品种选育，实现高质量发展，丰富雪花牛肉文化，进行了全新的有益的探索。

鉴于中国人口众多，市场广大，食品行业永远是朝阳产业。从事雪花牛肉产业的生产者、加工者，要充满自信心，中国的雪花牛肉产业明天一定会更美好。

13.5.4 政策建议

（1）完善政策体系支持力度。雪花牛肉生产周期长，品种要求高、投资成本大，资金周转慢，企业面临的问题要比其他养殖产业多。因此，应加大对雪花牛肉产业项目的支持力度，增加国家资金投入，增强政府对肉牛产业的宏观调控能力。并制定有利于肉牛产业发展的优惠政策，以扶持和促进肉牛产业持续稳定发展。针对雪花牛肉生产的犊牛、母牛、育肥牛和加工企业 4 个关键环节，出台相应扶持政策。

（2）促进雪花牛肉产业标准化体系建设。国家与相关行业组织要加速推进国家肉牛产业生产体系、技术质量标准体系、管理体系、认证体系、加工体系和检测检验体系的研究与创立。重点要对雪花牛肉专用精饲料配方、技术规程、雪花牛肉分级标准、新品种培育等项目实行联合攻关；加强雪花肉牛企业之间的种质资源、技术资源、产品资源、信息资源的交流与合作，进一步推动国内雪花牛肉产业市场良性发展。努力开展国际合作，开拓国际市场，使雪花肉牛产业，走出国门，提升产品的国际竞争力。

（3）制定完善的质量追溯体系。要建立高档肉牛追溯体系是保证食品安全的有效途径，也是树立牛肉国际品牌战略技术手段。制定雪花牛肉产品质量安全相关的追溯体系和认证制度，确保餐桌的雪花牛肉都有从出生到育肥、屠宰及加工、产品与部位肉整个生产过程的原始追溯体系。对雪花牛肉实行认证标识制度，让消费者放心食用。大力提升国内雪花牛肉的自给能力，加强市场的规范和监管，确保推进企业品牌战略实施。通过加大对违法者的处罚力度，实施好品牌发展战略，扎扎实实地树立起品种品牌、产品品牌和企业品牌。

（4）大力扶持雪花牛肉产业化龙头企业建设。支持龙头企业以市场为导向，以科技为手段，实行生产、加工、销售一体化产业经营，提高肉牛产业的综合效益。要将扶持龙头企业与产业扶贫、扶持农民、扶持农业、改善人民生活等民生工程结合起来。只有强大的"龙头"，才能拉动产业、带动基地快速发展起来。只有龙头企业发展起来了，雪花肉牛产业才能是完整的产业化链条。

（5）加大对雪花肉牛杂交种群扶持力度。扩大雪花肉牛杂交种群规模，是产业发展的需要，也是市场的需要。应建立雪花牛肉生产能力激励机制，将向社会提供雪花牛肉产品作为一项考核指标。可以尝试利用 F1、F2、F3 横交方式，扩大生产雪花牛肉杂交种群，既使不育种，也要保留杂交母牛，以解决雪花肉牛数量严重短缺的局面。坚持"在生产中育种，在育种中推进生产"；充分调动地方、企业及科技人员的育种工作积极性；适当放宽新品种审定政策；激发肉牛育种市场活力。

（6）加强市场监管和知识产权保护。市场决定企业生存和发展，企业要在竞争中取胜，必须向市场提供能够满足消费者需求的优质产品和服务。雪花牛肉作为高端食材，与其他食品相比，在很多方面有明显差异性，既涉及生产企业，又涉及食品消费领域。因此，围绕食品企业和畜牧生产企业的具体情况开展市场监管，促进营销，增强市场竞争力。要加强企业知识产权的保护，包括品种、商标、产品、技术、图案、包装、宣传等，不得侵害合法企业生产经营行为，打击假冒伪劣、走私贩私等不法经营行为。坚决清理打擦边球的"侵权行为"；坚决执行食品追溯体系和认证制度。学习先进国家经验，从犊牛生产、市场交易，到商品监管、产品研发，都有一套完整的政策支持体系和监管机制，努力为产业发展营造宽松的发展环境，让中国的雪花牛肉产业尽快的发展起来。

附　录

1.英文概念缩略表

表 1　常用专业词语英文缩略词对照表

中文	英文缩略	中文	英文缩略
促黄体素	LH	前列腺素	PG
抗缪勒管激素	AMH	雌激素	E_2
马绒毛膜促性腺激素	eCG	孕马血清促性腺激素	PMSG
人绝经期促性腺激素	hMG	孕酮阴道栓	CIDR
聚乙醇	PEG	聚乙烯吡咯烷酮	PVP
透明质酸	HA	家畜胚胎移植技术	ET
促卵泡素	FSH	促性腺激素释放激素	GnRH
人绒毛膜促性腺激素	hCG	雪花牛肉	SnowflakeBeef
必需氨基酸	EAA	总氨基酸	TAA
国民生产总值	GNP	和牛	Wagyu
大理石花纹	Marbling	不饱和脂肪酸	UFA
饱和脂肪酸	SFA	单不饱和脂肪酸	MUFA
多饱和脂肪酸	PUFA	二十碳五烯酸	EPA
肌内脂	IMF	脂肪酸	EFA
联合国粮农组织	FAO	世界卫生组织	WHO
遗传评估	RFI	育种值	PBV
育种估计法	BLUP	动物模型实验室	LUP
肉用指数	BPI	非必需氨基酸	NEAA
肌苷酸	IMP	淡白色肉	PSE
暗红色肉	DFD	危害分析关键点控制	HACCP
农业规范认证	GAP	美拉德反应	Mailard
共轭亚油酸	CLA	二十二碳六烯酸	DHA
干扰素	TAU	谷氨酸钠	MSG
系水力	WHC	极限值	PHu
营养价值	NV	脂肪杂交标准	BMS
流代巴比妥酸反应	TBARS	生长激素基因	GHI
激素受体基因	GHR	数量性状基因座	QTL

续表

中文	英文缩略	中文	英文缩略
基因纯和单核苷酸多态性	SNP	美国农业部	USDA
美国动物研究中心	MARC	相对湿度	RH
联合国欧洲经济委员会	UN/ECE	免疫球蛋白	lgG
饲料不含水分的干物质	DM	干物质采食量	DMI
消化能	DE	代谢能	ME
饲料总能	GE	净能	NE
维持生命净能	NEm	增重净能	NEg
能量单位焦尔	J	可消化总养分量	TDN
消化能量单位兆卡	Mcal	单位代谢体重	W
代谢能利用率	K	能量单位卡	（1Cal =4.18J）Cal
千卡单位	Kcal	能量代谢率（ME/GE）	Q
美国国家科学研究委员会	NRC	美国国家科学院	NAS
英国农业研究委员会	ARC	非蛋白氮	NPN

表-2　常用专业词语英文缩略词对照表

中文	英文缩略	中文	英文缩略
供给能量蛋白质	MP	蛋白质需要量	AP
代谢蛋白质	MPR	粗蛋白	CP
可消化蛋白质	DCP	日增重	DGs
可溶性蛋白质	CPs	瘤胃可降解蛋白质	CPd
过瘤胃蛋白质	CPu	微生物粗蛋白	MCP
线粒体基因	MT	数量性状基因	QTG
全基因组关联研究	GWAS	基因组选择	GS
国际标准化机构	ISO	估计育种值	EBV
二酰甘油	DG	谷物类	NFC
淀粉	NSC	游离脂肪酸	FFA
干物质含量	DM%	粗蛋白含量	CP%
粗脂肪含量	CEE%	粗纤维含量	CF%
中性纤维含量	NDF%	酸性纤维含量	ADF%
钙含量	CA%	国际计量单位	IU
基因突变点	QTN	生长激素受体基因	GHR
标记辅助选择	MAS	牛肉肉色标准	BCS
全混日粮	TMR	挥发性脂肪酸	VFA
总可消化养分	TDN	酸性洗涤纤维	NDF
总性能指数	TPI	基因组选择指数	GCBI
科技前沿研究	RFI	脂肪氧化水平	TBARS
剪切力值	WBSF	食用品质保证关键控制点	PACCP
天门冬氨酸	Asp	体重	BW
苏氨酸*	Thr	肉牛选择指数	CBI

续表

中文	英文缩略	中文	英文缩略
丝氨酸	Ser	谷氨酸	Glu
脯氨酸	Pro	甘氨酸	Gly
丙氨酸	Ala	胱氨酸	Cys
缬氨酸*	Val	蛋氨酸*	Met
异亮氨酸*	Ile	酪氨酸	Tyr
亮氨酸*	Leu	组氨酸**	His
赖氨酸*	Lys	精氨酸	Arg
苯丙氨酸*	Phe	色氨酸*	Trp
天门冬酰胺	Asn	谷氨酰胺	Glu
总和氨基酸	TAA	成年必需氨基酸	AEAA
鲜味氨基酸	DAA（包括 UAA）	天门冬氨酸和谷氨酸	
婴儿必需氨基酸	BEAA	必需氨基酸+组氨酸	

注: * 为成年必需氨基酸，** 为婴儿必需氨基酸；血液中尿素氮浓度（肾脏代谢指标）BUN

表-3 牛遗传学和基因组网络资源网站

网络资源	网址
牛品种	http://www.ansi.okstate.edu/breeds/cattle/
泌乳性状	htttp://www-interbull.slu.se/national_ges_info2/framesida_ges.htm
性状适应性	http:// www- interbull.slu.se/conform/framesida- conf.htm
亚健康	http:// www- interbull.slu.se/udder/framesida- udder.htm
连锁图谱	http://www.marc.usda.gov/
乳牛 QTL 图谱	http://www.vetsci.usyd.edu.au/reprogen/QTL_MAP
COMRAD RH 图谱	htttp://www.projects.roslin.ac.uk/comrad/mapsmarkers.html
TX/IL RH 图谱	http://www.bcgsc.ca/lab/mapping/bovine
BAC 文库和图谱	http://www.ncbi.nlm.nih.gov/genome/guide/cow/
牛基因组	http://www.usda.gov/news/releases/2003/12/0420.htm
变异单基因性状	http://www.angis.org.au/Databases/BIRX/omia/mdmd.html#_CATTLE
瘦蛋白 L	http://us.igenity.com/index.asp
嫩度基因	http://www.geneseek.com/index.sp
亲本配合力	http://www.bovigensolutions.com/
大理石纹基因	http://www.boviquest.com/Index.asp
黑色和公牛	http://www.nbcc.org/nbcec/
神户牛肉	http://www.kobe-niku.jp/chinesetop. Html?key=start

2.《龙江和牛牛肉等级标准》

Q/LJYS

龙江元盛食品有限公司企业标准

Q/LJYS 0002-2019

代替 Q/LJYS 0002-2018

龙江和牛牛肉等级标准

2018 -12-20 发布 　　　　　　　　　　2019-0 1-15 实施

龙江元盛食品有限公司 　发 布

Q/LJYS 0002—2019

前　言

本标准依据 GB/T 1.1-2009 编写规则起草。

本标准由龙江元盛食品有限公司提出并起草。

本标准主要起草人：朱贵、林庭盛、林紫柏、胡志定、孔文莉、陈传友

本标准为第三次发布，代替Q/LJYS 0002-2018标准

本标准适用于以下企业：龙江元盛食品有限公司(地址：黑龙江省齐齐哈尔市龙江县景星镇永发村)、元盛食品制造(上海)有限公司(地址：上海市松江区九亭镇沪亭路268号)。

Q/LJYS 0002—2019

龙江和牛牛肉等级标准

1 范围

本标准规定了龙江和牛牛肉的术语和定义、技术要求和评定方法。

本标准适用于龙江和牛的品质分级。

2 规范性引用文件

下列文件对于本文件的应用是必不可少的。凡是注日期的引用文件，仅所注日期的版本适用于本文件。凡是不注日期的引用文件，其最新版本（包括所有的修改单）适用于本文件。

NY/T 676-2010 《牛肉等级规格》

澳洲标准：《AUS-MEAT 牛肉等级系统》

日本标准：农林水产省63畜A第646号批准《牛胴体交易标准》

3 术语与定义

下列术语和定义适用于本标准。

3.1

龙江和牛 Longjiang wagyu

龙江和牛是龙江元盛食品有限公司于2012年经国家农业部和国家出入境检验检疫总局批准，从澳大利亚引入的纯种和牛，经过饲养繁殖，适应本地环境，以及以纯种和牛为父本，以本地黄牛为母本，进行杂交而形成的高档肉牛群体。毛色均以黑色为主，其肉大理石花纹明显，又称"雪花肉"。和牛肉多汁细嫩、肌肉脂肪中饱和脂肪酸含量极低、风味独特，肉用价值极高。

3.2

胴体 beef carcas

牛宰杀放血后，除去皮、头、蹄、尾、内脏及生殖器（母牛去除乳房）的躯体部分。

3.3

分割和牛肉 cut wagyu

鲜带骨和牛肉经剔骨后按部位分割而成的肉块。

3.4

脂肪杂交度 Beef marbling Standard（简称 B.M.S）

又称大理石纹或霜降等级，反应背最长肌内脂肪的含量和分布状态。分为S12、S11、S10、S9、S8、S7、S6、S5、S4、S3、S2、S1十二个等级，详见附录A、B图。

3.5

西冷 striploin

从倒数第1腰椎至第12~13胸椎切下的净肉。主要为背最长肌。

3.6

Q/LJYS 0002—2019

眼肉 ribeye

后端与外脊相连，前端至第 5～6 胸椎间。沿胸椎的棘突与横突之间取出的净肉，主要包括背阔肌、背最长肌、肋间肌。

3.7

"S"

取 Star"星"及 Snow"雪花"的英文第一个字母，分为 S1 至 S12 十二个级别。

3.8

"A5"

符合大理石纹等级图谱 S12 霜降等级。附录 A《龙江和牛与国际牛肉等级划分参考》。

3.9

"A4"

符合大理石纹等级图谱 S10、S11 霜降等级。附录 A《龙江和牛与国际牛肉等级划分参考》。

3.10

PRIME

特级和牛肉，符合大理石纹等级图谱 S8、S9 霜降等级。

3.11

CHOICE

优级和牛肉，符合大理石纹等级图谱 S5、S6、S7 霜降等级。

3.12

SELECT

良好级和牛肉，符合大理石纹等级图谱 S1、S2、S3、S4 霜降等级。

4 技术要求

和牛牛肉品质等级主要由脂肪杂交度（即大理石纹等级或霜降等级）来评定。分为 A5、A4、PRIME、CHOICE、SELECT 五个等级。

5 评定方法

对和牛胴体分割后，在 540Lux 以上照明亮度的条件下进行评定。

5.1 和牛胴体等级

按照大理石纹等级图谱评定和牛眼肉与西冷分切部位横切面处的等级。共分为 A5、A4、PRIME、CHOICE、SELECT 五个等级。附图大理纹等级图是每个级别中纹理的最低标准

5.2 分割和牛肉等级

按照大理石纹等级图谱评定分割和牛部位肉横切面处等级。共分为 A5、A4、PRIME、CHOICE、SELECT 五个等级等级。附图大理纹等级图是每级中纹理的最低标准。

5.3 脂肪交杂度的等级划分如下图：

Q/LJYS 0002—2019

等级		B. M. S
A5	非常多	S12
A4	较多	S11、S10
PRIME	较多	S9、S8
CHOICE	标准	S7、S6、S5
SELECT	有点少	S4、S3、S2、S1

5.4 脂肪杂交度与等级划分之间的关系如下图：

B.M.S	S1	S2	S3	S4	S5	S6	S7	S8	S9	S10	S11	S12
等级		SELECT				CHOICE			PRIME		A4	A5

Q/LJYS 0002—2019

附录A
（规范性附录）
龙江和牛与国际牛肉等级划分参考

序号	日本和牛	澳洲和牛	龙江和牛		极星和牛	美国牛肉	澳洲牛肉	新西兰牛肉	中国牛肉	南美牛肉
No. 12			A5	S12						
No. 11		M12								
No. 10			A4	S11						
No. 9		M11								
No. 8										
No. 7				S10						
No. 6	A4	M11								
No. 5										
No. 4	A3	M10	PRIME	S9	GOLD					
No. 3		M9		S8						
No. 2	A2	M8	CHOICE	S7	BLACK	USDA PRIME	GRAIN FED >200days			
		M7		S6						
		M6		S5						
No. 1	A1	M5		S4	SILVER	USDA CHOICE	GRAIN FED >100days			
		M4		S3						
		M3	SELECT	S2		USDA SELECT	GRASS FED	GRASS FED PS	GRASS FED	GRASS FED
		M2		S1				GRASS FED YOUNG BULL		
		M1						GRASS FED COW		

Q/LJYS 0002—2019

附录B
（规范性附录）
和牛牛肉大理石纹评级图谱
本附录给出的大理石纹图谱是纹理的最低标准。

大理石脂肪纹条交度	S1	S2	S3	S4	S5	S6
对照图片						
产品级别	SELECT	SELECT	SELECT	SELECT	CHOICE	CHOICE

大理石脂肪纹条交度	S7	S8	S9	S10	S11	S12
对照图片						
产品级别	CHOICE	PRIME	PRIME	A4	A4	A5

3.日本胴体分级标准（译文）

动物肉类分级由"日本肉类分级协会"在肉类批发市场和日本主要肉类产区设立的肉类中心进行管理。

介绍

根据协会制定的牛肉和猪肉胴体分级标准进行分级，并经农业、林业和渔业部动物工业局局长批准。胴体分级在制定适当生产价格和合理化销售渠道方面起着重要作用。

1.产量评分

产量评分以多元回归方程估计百分比来确定，其中包括四个胴体测量值。大多数测量是在第 6 至第 7 肋截面上获得的，如带肋胴体图所示。肋眼面积用网格测量，其他采用比例法测量。方程式的另一个测量值，左侧重量，从常规记录中获得，见表 4 产量估算公式。

表 4　产量估算公式

估计百分比（%）=67.37	+ （0.130 × 肋眼面积 cm²）
	+ （0.667 × 肋厚度 cm）
	- （0.025 × 左侧重量 kg）
	- （0.896 × 皮下脂肪厚度 cm）

注：和牛胴体添加 2.049。

如果肌肉间脂肪厚度与左侧重量和肋眼区域相比较厚，或者如果圆形太薄，前后躯的比例明显不理想，则产量评分可能降低一个等级，见表 5 产量评分分类。

表 5　产量评分分类

等级	产量估计百分比	规格
A	72%及以上	总切割量高于平均范围
B	69%~72%	平均
C	69%及以下	低于平均范围

确定产量平均值，使其在 B 级附近正态分布。
第 6 至第 7 肋部的胴体测量
肋厚度（cm）（不含皮下脂肪）

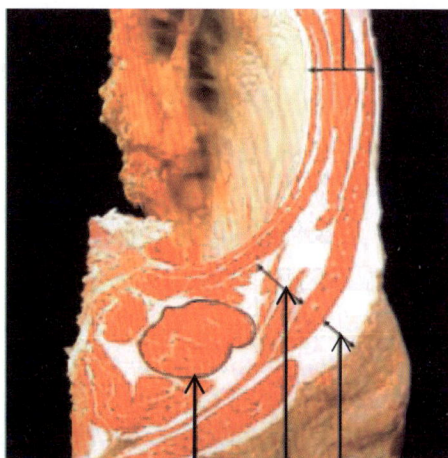

按网格划分的肋眼面积/cm²

肌间脂肪厚度/cm

皮下脂肪厚度/cm

2.肉质评分

肉质评分根据牛肉大理石花纹、肉的颜色和亮度、肉的硬度和质地、脂肪的颜色、光泽和质量确定。

（1）牛肉大理石花纹

根据一项按大理石花纹程度对胴体分布进行的市场调查结果显示，大多数被归类为"1-到1"范围。这一范围被视为"3级"，约40%的市售胴体被列入这一级别。牛肉大理石花纹被分为5个等级，以"3级"为中心。此次修订后，每个等级的牛肉大理石花纹的最低要求将比以前的等级制度更合理。在新的分级标准中，采用了12个牛肉大理石花纹标准（BMS），显示大理石花纹程度的持续变化。

平均牛肉大理石花纹（3级）

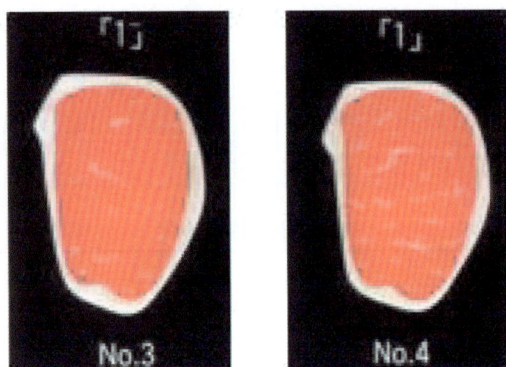

表6　牛肉颜色和亮度等级的分类

等级	评价标准		BMS No.
5	极好	2+及以上	8~12
4	好	1到2	5~7
3	平均	1-到2	3~4
2	低于平均水平	0+	2
1	差	0	1

大理石花纹评价与等级划分的关系，见表7。

表-7　大理石花纹评价与等级划分的关系

BMS No.		No.1	No.2	No.3	No.4	No.5	No.6	No.7	No.8	No.9	No.10	No.11	No.12
评价声明		0	0+	1-	1	1+	2-	2	2+	3-	3	4	5
分级	新	1	2	3			4				5		
	旧		Nami				Chu			Jo		Tokusen	Tokusen

注：旧年级的名词在英语中表示相近意为：Nami - Forth，Chu - Third，Jo - Second，Gokujo - First，Tokusen - Prime。在新的职系中，这些术语已简化为阿拉伯数字。（旧分级以人名命名，故这里未翻译）

（2）肉的色泽和亮度

在本项目中，肉的颜色通过牛肉颜色标准（BCS）进行评估，该标准为七个连续标准。平均颜色范围为BCS第1号至第6号，该颜色范围内的胴体可分为"3级"或更高等级。肉类的亮度通过视觉评估来评估。在最终决定该项目的等级时，将考虑这两个因素。见下图及表8颜色和亮度等级的分类。

平均肉色范围（3级及以上）

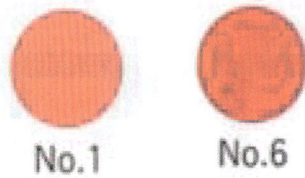

No.1 No.6

表8 颜色和亮度等级的分类

等级	颜色 BCS No.	亮度
5 极好	No.3-No.5	非常好
4 好	No.2-No.6	好
3 平均	No.1-No.6	平均
2 低于平均水平	No.1-No.7	低于平均水平
1 差	A级，5-2级除外	

（3）肉的硬度和质地

对于该项目，通过目视评估对两个因素进行评估，并将其分为五个等级。在决定该项目的最终等级时，将考虑这两个因素，见下图及表9硬度和质地等级的分类。

肉类的平均硬度和质地（3级）

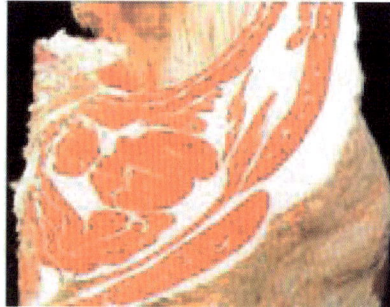

表9 硬度和质地等级的分类

等级	硬度	质地
5	非常好	很好
4	好	好
3	平均	平均
2	低于平均水平	低于平均水平
	差	差

（4）脂肪的颜色、光泽和质量

本项目中的一个因素是脂肪颜色，通过作为七个连续标准制备的牛肉脂肪标准（BFS）进行评估。平均颜色范围为1号至6号，该颜色范围内的胴体可分级为"3级"或更高等级。其余两个因素，即光泽和质量，通过目视评估同时进行评估。在决定该项目的最终等级时，考虑三个因素，见下图及表10脂肪颜色、光泽和质量等级的分类。

平均脂肪颜色范围（3级及以上）

表10　脂肪颜色、光泽和质量等级的分类

等级	脂肪的颜色	BFS No.	光泽和质量
5	极好	No.1-No.4	很好
4	好	No.1-No.5	好
3	平均	No.1-No.6	平均
2	低于平均水平	No.1-No.7	低于平均水平
	差	A级，5-2级除外	

3.肉质综合评分的确定

表11　整体肉类质量得分取四个项目中的最低等级

整体肉类质量评分	3
牛肉大理石花纹	4
色彩与亮度	4
硬度与质地	3
脂肪的颜色、光泽和质量	4

4.在酮体上盖印产量和肉质评分

最终产量和胴体质量分数以15个组合中的一个类别在胴体上表示。

表12　级别划分

产量评分	肉质评分				
	5	4	3	2	1
A	A5	A4	A3	A2	A1
B	B5	B4	B3	B2	B1
C	C5	C4	C3	C2	C1

类别戳记示例

5.上标图章损坏指示

被认定有任何损坏的胴体上印要有根据损坏类型分类的上标标记，见下图及表 13。

损坏指示示例

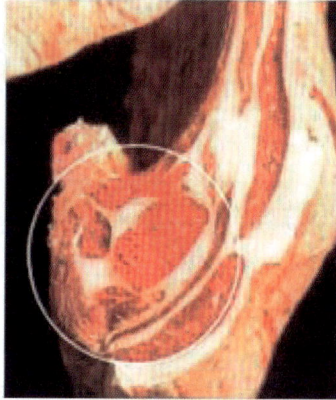

表 13　损害类型的分类

损坏类型	符号
肌肉出血（色斑）	（A）
肌肉水肿	（I）
肌肉炎症	（U）
外伤	（E）
缺件	（O）
其他	（KA）

6.新牛肉胴体分级系统的预期效果

通过引入产量评分，可以对高产胴体进行适当估价。多余的脂肪也将在生产阶段得到控制；肉质评分是牛肉大理石花纹和其他相关项目最重要的价值标准。因此，过度考虑大理石花纹的程度将得到控制；通过引入产量评分和适度的肉质评分，应促进经济型牛肉的生产，并根据每个品种的能力进行调整；全国统一的标准将引起更客观胴体分类，更合理的胴体和优质肉块的营销，更准确地反映每个地区的不同需求。

在旧的分级系统中，牛肉颜色和脂肪颜色的标准没有得到客观的定义。新推出的牛肉大理石花纹标准（BMS）、牛肉颜色标准（BCS）和牛肉脂肪标准（BFS）为分级提供了额外的客观性。

改良后的标准将胴体的产量和质量分为 15 个等级，有助于根据不同的需求选择胴体。

牛肉大理石花纹标准（BMS）

硅树脂模型是最新推出的牛肉大理石花纹、肉色和脂肪色的评价。这些模型是由美国国家动物工业研究所开发的，目的是根据大理石花纹、肉色和脂肪色的物理特性，对它们的等级范围进行标准化。

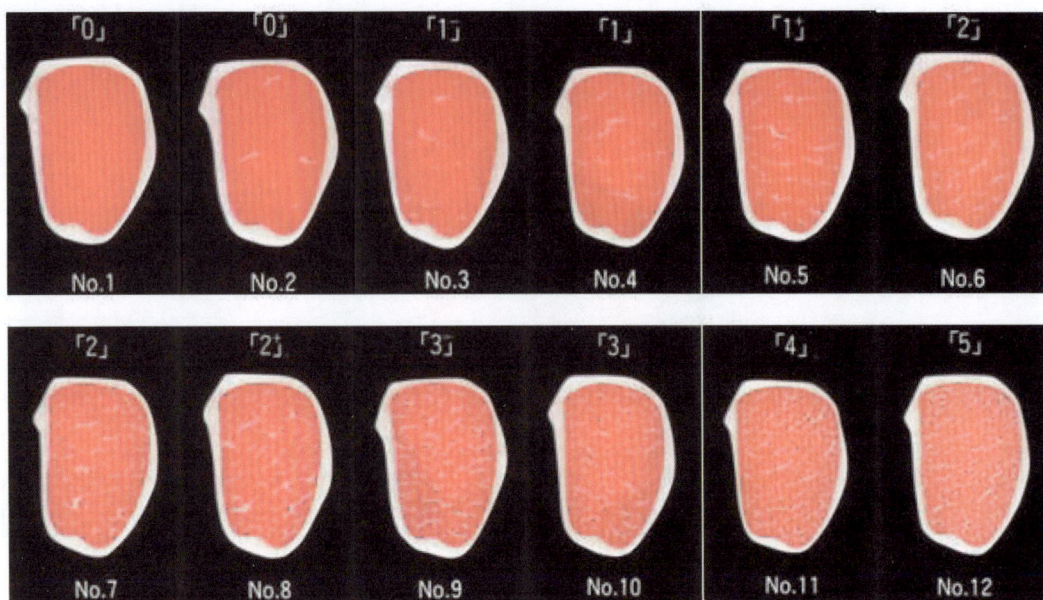

牛肉颜色标准（BCS）

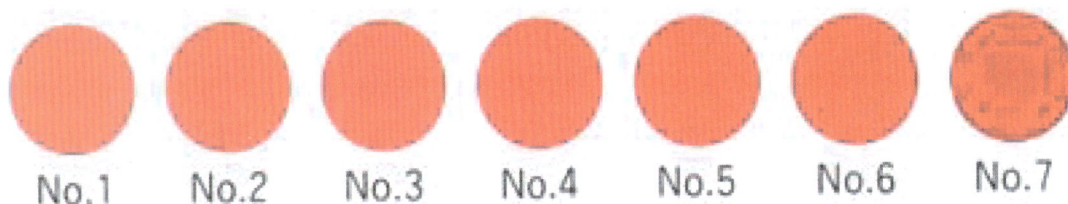

牛肉脂肪标准（BFS）

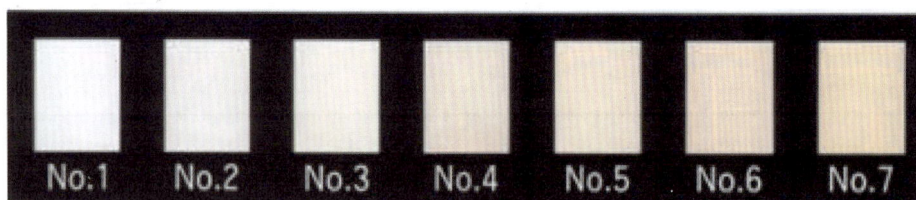

2008 年牛肉大理石花纹新标准-JMGA

新标准：在 2008 年版牛胴体分级标准基础上，进行补充修订，增加脂肪含量指标。根据牛肉出品率和大理石花纹的脂肪含量确定雪花牛肉的等级，NO.3 ~ NO.12 的 IMF 百分比为 21.4% ~ 56.3%，即 NO.1 ~ NO.2≤21%；NO.3=21.4%；NO.4=29.2%；NO.5=35.7%；NO.6=40.6%；NO.7=42.5%；NO.8=43.8%；NO.9=50.7%；NO.10=52.9%；NO.11=53.0%；NO.12=56.3%。A5=NO.8 ~ NO.12；A4=NO.5 ~ NO.7；A3=NO.3 ~ NO.4；A2=NO.2；A1=NO.1。

每个大理石花纹片显示了每个 BMS 编号所需的最小肌内脂肪（IMF）百分比。

4.有关和牛产业文件资料

黑龙江省畜牧兽医局
关于印发黑龙江省 2018 年畜牧业主导品种及主推技术的通知

各市（地）、县（市）畜牧兽医局：

为进一步加强畜牧科技推广工作，引导农民养殖户选择畜禽优良品种、应用先进养殖、繁殖技术，充分发挥科技对畜牧业高效、快速发展、农民持续增收的支撑作用，对转变畜牧业发展方式的引导作用，按照农业部要求，结合我省实际，我局组织遴选了黑龙江省畜牧业主导品种 44 个和主推技术 36 项，现予推介发布，请登陆黑龙江省畜牧兽医局政务网（http：//www.hljxm.gov.cn）、黑龙江省畜牧业协会网（http：//www.hljaaa.com）、黑龙江奶业协会网（http：//www.dahlj.com）和黑龙江畜牧兽医杂志网（http：//www.dbxmsy.com）浏览。

请各地结合实际，推介发布本地区（市、县）畜牧主导品种和主推技术，并通过广播、电视、报刊、网络等媒体及时广泛宣传。各地在技术推广过程中，有好的典型、经验与建议请直接与黑龙江省畜牧总站联系。

二〇一八年八月十五日

国家畜禽遗传资源委员会办公室将和牛纳入《国家畜禽遗传资源品种名录》有关事项的复函

国家畜禽遗传资源委员会办公室

畜资委办〔2020〕3 号

国家畜禽遗传资源委员会办公室关于将和牛纳入《国家畜禽遗传资源品种名录》有关事项的复函

黑龙江省农业农村厅：

你厅《关于将引入品种和牛纳入＜国家畜禽遗传资源品种名录＞》的来函收悉。受农业农村部种业管理司委托，经研究，答复如下。

一、经核实，龙江元盛食品有限公司于 2012 年至 2013 年期间分别从新西兰和澳大利亚引入和牛的申请事项，确经农业农村部从境外引进畜禽遗传资源审批通过，情况属实，为《国家畜禽遗传资源目录》家畜家禽范畴的畜种。

二、我办将根据《中华人民共和国畜牧法》和《中华人民共和国畜禽遗传资源进出境和对外合作研究利用审批办法》有关规定，对引进的和牛和已在我国养殖的其他国外品种进行综合评估后，依程序一并研究补充编入《国家畜禽遗传资源品种名录》事项。

国家畜禽遗传资源委员会办公室
2020 年 6 月 18 日

国家畜禽遗传资源委员会办公室　　2020 年 6 月 18 日印发

5.雪花牛肉生产的 130 个问答题

问题

1.雪花牛肉的概念?

2.高档牛肉与雪花牛肉的区别?

3.雪花牛肉与普通牛肉的区别?

4.什么样的品种牛可以生产雪花牛肉?

5.影响雪花牛肉品质都有哪些因素?

6.影响雪花牛肉产业发展的主要因素是什么?

7.中国自主培育的牛的品种有哪些?

8.中国五大地方优良肉牛品种都是什么?

9.为什么说雪花牛肉生产必须要实行产业化经营?

10.冰鲜牛肉的优点是什么?

11.品质好的牛肉是什么样的颜色?

12.我国首次引入活体和牛是什么时间?

13.我国雪花牛肉产业化链条比较健全的是哪个省?

14.雪花牛肉形成有什么规律?

15.牛体组织发育的规律顺序是什么?

16.雪花牛肉的特点是什么?

17.当前雪花牛肉产业发展存在的问题是什么?

18.雪花牛肉市场发展前景如何?

19.饲养普通肉牛与饲养雪花肉牛有什么不同?

20.日本和牛胴体肉划分几个等级?

21.日本雪花牛肉质量分级等级对应关系?

22.新生犊牛第一次接种混合疫苗的日龄是什么时间?

23.在防止犊牛腹泻措施中,添加于牛奶中具有效果的是什么添加剂?

24.犊牛应在几月龄去角去势?

25.用于形成肌肉且对肉牛增高增重起重要作用的是什么物质?

26.在幼龄牛饲养过程中,脂肪分化(积累)从什么时间开始?

27.在形成眼肉、胸肋肉最重要的时期是什么时候?

28.肉牛发育过程中胸肋肉不肥大是什么原因造成的?

29.肉牛从肌肉增重转移到脂肪增重的时期是从什么时候开始的?

30.肉牛从什么时期摄取干物质量最大、日增重(DG)最快?

31.在育肥期,肉牛体内缺乏维生素 A 时将从肾脏、脂肪中转移出维生素 A 后,这时应采取什么措施?

32.肌间脂肪增加最快的时期是什么时候?

33.牛肉红肉存放多长时间味道好?

34.牛肉风味物质主要是哪种物质?

35.在粗饲料中，牛最喜欢吃的是什么牧草？

36.日本最出名的神户牛肉是"神户牛"产的吗？

37.日本三大牛肉品牌是什么？

38.犊牛最开始获得的免疫抗体主要从哪里来？

39.从育成牛到育肥前期，多饲喂浓缩料，生长脂肪较多的是肾脏脂肪，肾脏脂肪有什么特殊用途？

40.动物脂肪多以什么状态存在（储藏）？

41.使牛睡姿舒适的牛床呈什么样状态比较好？

42.牛在分娩时，什么样的饲养环境应激减少？

43.肉牛骨骼发育最旺盛的时期是什么时间？

44.第一胃发育最旺盛的时期是什么时间？

45.颈部发育最旺盛的时间是什么时期？

46.牛肩部发育最旺盛的时期是什么时间？

47.眼肌发育最旺盛的时期是什么时间？

48.肋肉发育最旺盛的时期是什么时间？

49.脂肪发育最旺盛的时期是什么时间？

50.雪花沉积最旺盛的时期是什么时候？

51.脂肪细胞生长发育最快的时期是什么时间？

52.改良和牛的育肥牛销售方式有哪些？

53.雪花肉牛育肥牛的生产成本是普通肉牛的多少倍？

54.雪花肉牛的育肥期是多久？

55.用于生产雪花牛肉的牛源通过什么途径可以获得？

56.雪花肉牛育肥牛占栏面积最低需要多少平方米？

57.精饲料的加工形态与消化率和营养利用率是什么关系？

58.改良和牛犊牛可以进入市场自由销售吗？

59.农牧户自繁自育雪花肉牛是否有市场前景？

60.农牧户实施和牛改良为什么要与龙头企业签订合同？

61.普通肉牛可生产出 A3 等级以上的雪花牛肉吗？

62.雪花肉牛一头可以产多少千克雪花牛肉？

63.雪花肉牛所产的肉都是雪花牛肉吗？

64.雪花肉牛品种都可以生产出 A5 等级雪花牛肉吗？

65.雪花牛肉加工以什么处理方式为主？

66.我国目前可以从日本引进和牛品种吗？

67.日本产的雪花牛肉可以进口到中国吗？

68.世界上产雪花牛肉最著名的肉牛品种是什么品种？

69.国产雪花牛肉通过什么渠道可以买到？

70.我国有全国统一的雪花牛肉分级标准吗？

71.牛身上产雪花牛肉的部位主要有哪些？

72.最受消费者喜爱的雪花牛肉部位肉名称是什么？

73.我国目前牛肉销售的主要形式是什么？

74.如何识别进口牛肉？

75.牛肉产品说明书或商品标识（签）应注明哪些内容？

76.进口和牛品种资源都需要哪些手续？

77.进口雪花牛肉产品（和牛肉）需要具备哪些资质？

78.牛肉原切产品和调理产品的区别是什么？

79.什么是肉牛生产性能测定？

80.雪花牛肉的脂肪含量如何测定？

81.在肉牛育肥过程中，什么时期进行维生素 A 调控比较合适？

82.肉牛育肥什么时期投放多少维生素 A 比较合适？

83.血液中的维生素 A 含量是如何测定的？

84.在使用维生素 A 控制的育肥生产中，出栏前什么时间再次添加维生素 A 对肉牛胴体有好处？

85.根据季节以及气温的不同，动物体内维生素 A 的需求量有什么变化？

86.缺乏维生素 A 会产生什么症状？

87.如何早期发现维生素 A 缺乏症？

88.如何治疗维生素 A 缺乏症？

89.肉牛是如何利用饲料中的维生素 A 的？

90.什么时期测量肉牛血液中的维生素 A 比较好？

91.雪花牛肉生产中的育肥期是如何划分的（分几个阶段）？

92.提高肉牛胴体重的饲养技术要点是什么？

93.犊牛期饲养管理都需要注意哪些问题？

94.母牛饲养管理都需要注意哪些问题？

95.育肥期饲养管理都需要注意什么事项？

96.精饲料调控的要点是什么？

97.肉牛生产中的无机盐主要指哪些元素？

98.肉牛缺乏无机盐表现的症状是什么？

99.育肥的关键技术是什么？

100.雪花牛肉脂肪分化机理是什么？

101.通常雪花牛肉销售市场的定位是低端、中端、还是高端？

102.从国外引种应注意的问题是什么？

103.开展后裔测定的意义是什么？

104.DNA 基因检测在改良工作中的作用是什么？

105.雪花牛肉产业化重点事项是什么？

106.什么是人造牛肉？

107.培育雪花肉牛专门化品种的意义是什么？

108.雪花牛肉的风味特征是什么？

109.雪花牛肉的脂肪主要化学成分是什么？

110.评定雪花牛肉品质的主要指标有哪些？

111.日本新修订的牛肉质量分级标准中 A3～A5 等级牛肉脂肪含量各是多少？

112.雪花牛肉美食方法与普通牛肉有什么不同？

113.牛肉呈味物质都是什么成分？

114.雪花牛肉产业化发展的方向是什么？

115.人体必需氨基酸有哪些？

116.在肉牛生产中，赖氨酸和蛋氨酸的生理作用是什么？

117.高能量玉米饲料的作用是什么？

118.饱和脂肪酸和不饱和脂肪酸的生理作用是什么？

119.雪花肉牛增重的关键时期是什么时候？

120.牛肉煮熟过程中的鲜味是什么氨基酸在起作用？

121.为什么在育肥中后期提倡添加油脂类饲料？

122.在初乳哺乳方面，安全性最高的是什么？

123.和牛与荷斯坦、和牛与安格斯哪个杂交组合产肉的品质等级好？

124.牛有多少条染色体基因？

125.中国现行的牛肉等级标准是什么？

126.必需脂肪酸的功能是什么？

127.必需氨基酸的功能是什么？

128.除日本之外，还有哪个国家雪花牛肉生产能力较高？

129.中国畜牧业协会 2020 年评选的 TOP20 牧场集团中是哪家企业在养和牛？

130.哪个省的雪花肉牛种群是全国规模最大的雪花肉牛生产种群？

雪花牛肉生产 130 问答题参考答案

1."雪花牛肉"是指牛肉中肌内脂肪沉积到肌纤维之间，形成明显的红白相间、雪花状分布的大理石纹牛肉，其特点是肌内含有脂肪、呈大理石花纹状、不饱脂肪酸含量高、营养丰富，且香、鲜、嫩，是中西餐均宜的高档牛肉。

2.高档牛肉是人们对高品质牛肉的统称，不是特定概念；雪花牛肉是商业用语，是特定概念。雪花牛肉属于高档牛肉的范畴，是高档牛肉中的高品质牛肉；而高档牛肉不一定是雪花牛肉。一般必须达到 A3 级别以上的牛肉，才能称为雪花牛肉。

3.①外观方面，雪花牛肉具有红白相间的丰富的大理石花纹，普通牛肉没有；②营养方面，雪花牛肉肌内含有脂肪、且不饱和脂肪酸含量高；③口感方面，雪花牛肉口感软嫩滑，入口即化；④风味方面，雪花牛肉香气浓厚，鲜、香、嫩，风味独特，而普通牛肉的这些指标差。

4.不是所有的牛种，都适合生产雪花牛肉。生产雪花牛肉的品种具有生产雪花牛肉的潜质。由于雪花牛肉是有一定脂肪含量标准的，不同的国家雪花牛肉的脂肪含量标准也不相同。雪花牛肉脂肪含量标准最高的国家是日本，$NO_3=A3$，脂肪含量21.4%。肉牛所产的牛肉不全是雪花牛肉，只有达到雪花牛肉标准才能称为雪花牛肉。

5.影响雪花牛肉产品品质的因素主要是：①遗传因素，即品种因素；②饲养管理因素，分饲养方式、能量饲料、无机盐、维生素、育肥年龄、饲养技术等；③产品及加工因素；④疫病控制因素。

6.影响雪花牛肉产业发展的因素很多，其中主要的因素有 6 个：①品种因素，即要有产业主导肉牛品种；②饲养管理因素，分饲养和管理两个方面，必须规范、标准、高效；③龙头企业带动因素，拉动作用强；④环境资源条件因素，当地资源丰富；⑤基地建设因素，形成产业规模，产业效益；⑥产业政策因素，政策宽松、政府扶持。

7.中国自主培育的肉牛品种有 11 个，分别是：①中国荷斯坦牛，主产地中国北方省区；②中国西门塔尔，主产地内蒙古、山东；③三河牛，主产地呼伦贝尔；④新疆褐牛，主产地新疆；⑤中国草原红牛，主产地吉林省；⑥夏南牛，主产地河南泌阳；⑦延黄牛，主产地吉林延边；⑧辽育白牛，主产地辽宁抚顺；⑨蜀宣花牛，主产地四川宣汉县；⑩云岭牛，主产地云南；⑪华西牛，主产地内蒙古乌拉盖管理区。

8.是指南阳牛、秦川牛、鲁西黄牛、延边牛、晋南牛。

9.这是由 5 个主要原因是决定的：①雪花牛肉生产的特殊性。雪花肉牛生产的主要目的是生产高品质的雪花牛肉为主，技术含量和技术标准要求高。②生产质量标准的统一性。与普通肉牛生产相比，雪花肉牛投入大、回报期长；要有产业规模，进行前市场培育；要整合资金，联合技术攻关，实行生产标准化；③产品品牌的影响力。高端产品要有品牌，需要分等分级分部位销售，实行优质优价。④生产、加工、销售环节必须实现紧密型的"一体化"经营。必须统筹考虑，实行信息共享、质量追溯、饲养调控，以此保证雪花牛肉品质。⑤产品必须实现深加工增值。基地、龙头企业、终端销售"风险共担、利益均沾"，实行补偿式反哺养殖环节。只有实行产业化经营，才能很好解决以上 5 个方面的问题。

10.①冰鲜牛肉是一种鲜肉销售业态。冰鲜肉没有破坏牛肉的组织结构，牛肉的系水性好，即营养物质没有流失。②品质要好于热鲜肉。经过排酸、杀菌、后熟过程，排除了多余的血水。③保质期长，一般可达 90 天以上。④口感好，全程冷链运输，终端消费者欢迎。

11.健康的鲜牛肉的色泽为樱桃红色；脂肪颜色以白色到淡奶油色、质地以较硬为最佳。

12.是 2012 年 12 月 16 日，由黑龙江省元盛食品有限公司首次从新西兰引入纯种和牛；2013 年 9 月 13 日再次从澳大利亚引入全血和牛，两批次共引入和牛 1755 头。此前，我国没有引入日本和牛活体的报道。

13.是黑龙江省龙江县。主要标识有 4 点：①雪花牛肉全产业化生产格局已经形成，初具规模。②形成了批量生产雪花牛肉的生产能力，年产雪花牛肉 600t 左右。③2014 年建成了国家级和牛种公牛站。④2017 年建成了国家级和牛核心育种场。

14.脂肪沉积规律因肉牛年龄、性别和育肥阶段不同而有变化，一般脂肪沉积规律是：①犊牛脂肪沉积首先在肌纤维和肌束之间沉积脂肪，皮下和腹腔的脂肪较少；②成年牛主要在皮下沉积脂肪，而肌间脂肪沉积较少；③育肥牛将脂肪沉积于肌间而形成大理石花纹。④按照月龄大理石花纹牛肉形成的规律为：12 月龄以前花纹少，12 ~ 24 月龄之间，花纹迅速增加，30 月龄以后花纹变化慢。

15.①体组织的发育顺序是：头→脚→胸→腰；②内部组织的发育顺序是：大脑→胃→肌肉→脂肪；③脂肪组织的发育顺序是：内脏脂肪→皮下脂肪→肌间脂肪→肌肉内脂肪。

16.雪花牛肉营养丰富，主要表现：①大理石花纹明显；②肌内沉积脂肪；③不饱和脂肪酸含量高；④必需氨基酸含量占比高。

17.①没有形成雪花牛肉生产主导品种；②产业化生产体系不健全；③饲养技术有待提高；④产业投资大、回报周期长；⑤雪花牛肉市场不完善；⑥产业化龙头企业尚需要培育做大做强。

18.中国人口众多，中高端收入人群增加，雪花牛肉市场将长期处于供不应求的状况，尤其是高品质雪花牛肉处于非常紧俏的"缺货"局面。有竞争，但不激烈；有进口，但不影响国内企业发展；成本上升，利润空间仍很大。雪花牛肉产业发展前景极为广阔，形势看好。

19.①品种不同；②饲养方式不同。雪花肉牛始终处于散栏饲养，普通肉牛育肥时多栓系饲养；③育肥期不同。雪花肉牛育肥期长，达 12 ~ 24 个月；④精细化程度不同。雪花肉牛饲养管理比较严格、精准；⑤投资成本不同。雪花肉牛投资成本相对要高；⑥精饲料配方不同。雪花牛肉突出肉的品质，肌内脂肪沉积量多丰富为主要评价指标，因而精饲料添加剂品种多；⑦精饲料与粗饲料配比不同。雪花肉牛精饲料占肉牛日粮 50%以上，育肥后期达 70%以上，每头日喂量 8kg，普通肉牛日粮精饲料 2.5 ~ 4kg；⑧环境标准要求高。饲养环境像对待人那样，精细、安静、舒适。

20.分为 A、B、C 三级，A 级胴体出肉率 72%以上；B 级胴体出肉率 69% ~ 72%；C 级胴体出肉率 69%以下。

21.雪花牛肉按肉质划分为 1 ~ 5 个等级；按脂肪沉积程度划分为 1 ~ 12 个等级。1 等级=NO.1；2 等级=NO.2；3 等级=NO.3 ~ NO.4；4 等级=NO.5 ~ NO.7；5 等级=NO.8 ~ NO.12。

22.是 3 周龄。

23.乳酸菌等。

24.犊牛出生后 7 ~ 10 日龄开始去角 ；出生 10 日龄后开始去势，3 ~ 4 月龄前完成。

25.是蛋白质，因此，在犊牛期和育肥前期饲料中蛋白质含量要高。

26.10 月龄开始。

27.10 月龄以后。

28.是肉牛在育成牛期间缺乏粗饲料导致的。即粗饲料给喂不充足，影响了肉牛前期的生长发育。后期无法补偿，造成胸肋肉薄。胸肋肉越厚越好。

29.体重 550kg 时期开始的，大约 18 月龄后。

30.肉牛体重在 400～500kg 时，摄取干物质量最多，日增重最快。大约从 14 月龄开始。

31.①停止限制维生素 A 的饲喂；②开始补充维生素 A，提升血液中维生素 A 的含量。

32. 24 月龄。

33.生牛肉冰鲜处理一个月后味道最好。

34.是脂肪酸发挥作用，脂肪酸中，风味物质成分是不饱和脂肪酸，主要是油酸。

35.最爱吃的是燕麦草，其次是猫尾草、苜蓿草。

36.神户牛不是一个牛的品种，而是一种牛肉的品牌，产神户牛肉的，是但马和牛，主要产自日本兵库县。

37.神户牛肉、松坂牛肉、近江牛。

38.从初乳中获取。新生犊牛哺乳初乳非常重要。

39.牛的肾脏周围附着的厚脂肪，具有独特的"鲜、香"风味，多用于各种调料。

40.长链脂肪酸。

41.牛床前高后低、有垫料，牛睡得舒服。

42.母牛在集体饲养状态下，分娩时应激减少。

43.从出生到 10.7 月之间，生长最快的是出生后 5.1 月。

44.发育生长期是出生后 3.3～12.6 月，发育最快的时间是出生后 8 月龄。

45.发育生长期 4～14 月，发育最旺盛的时间是出生后的 12 个月。

46.出生后第 14 个月，发育生长期 8～16 月。

47.出生后第 9.6 个月，发育生长期是出生到 18.5 个月。

48.是出生后 9.6 个月，发育生长期是出生到 18.5 个月。

49.是出生后 17.9 个月，发育期是 12.4～23.8 月。

50.是出生后 18.6 个月，生长发育期是 13.4～23.8 月。

51.是 12～15 月。

52.主要有 2 种：一是一体化经营，定向销售屠宰；二是与龙头企业合作，按合同收购。

53.雪花牛肉的生产成本要高于普通牛肉，是其 2～3 倍。除品种因素外，周期长、精料量大、饲养环境标准高是生产成本高的主要原因。

54.是 12～24 个月，普通肉牛 3～5 个月。

55.在我国雪花肉牛市场发展还不健全的情况下，通过两种途径可以获得雪花肉牛实现育肥生产：一是自产改良牛。采购和牛冻精，实施改良。目前，和牛冻精可以买到。二是协议代养。与生产雪花牛肉的龙头企业合作，通过"定向代养"的方式可以得到，牛源由龙头企业提供。

56.雪花肉牛散栏饲养，每头占栏面积最低 6～8m²。

57.精饲料以"原粮"的形态饲喂肉牛，比"加工"后饲料效果差。以玉米、大麦为例，经过粉碎加工后的饲料，比不加工的饲料消化率高，其营养利用率也高；经过蒸煮熟化后的饲料，比不蒸煮的饲料消化率、营养利用率高。平均消化率递增 10% 以上，营养利用率递增 5% 以上。

58.暂时还不能。犊牛销售政府没有限制，问题是在市场机制还不健全的情况下，没有龙头企业收购，改良和牛销路不畅，不能实现优质优价。改良和牛与大型肉牛品种相比，牛肉品质好，但产肉量没有优势。

59.有市场前景，但必须与龙头企业合作，实现产业化生产。不建议农牧户以市场自由人的身份自繁自育高档肉牛生产。

60.改良和牛，以生产雪花牛肉为主要目标，属特殊的肉牛品种，签订合同，犊牛销售（回收）有保障，收入稳定。

61.不能。原因：一是品种因素，不是雪花肉牛，很难生产出雪花牛肉；二是饲养技术和条件达不到要求。

62.一头雪花肉牛产 A3 级以上的雪花牛肉占净肉率 12%～16%左右。以牛活体重 800kg 为例，可产 40kg。

63.不是。不是所有品种的牛都可以生产雪花牛肉，也不是所有产雪花牛肉的肉牛所产的牛肉都是雪花牛肉。行业上只有雪花达到 A1 级以上的牛肉，才能称为等级牛肉，达到 A3 级以上的雪花牛肉才能称为高品质的雪花牛肉。

64.不能。A5 等级牛肉是雪花牛肉的最高等级，属顶级雪花牛肉产品。影响雪花牛肉等级的因素很多，一是品种个体之间性能有差异；二是饲养水平有差异。饲养雪花肉牛能达到 70%以上的比例肉牛能产 A5 等级雪花牛肉，就是很好的水平了。

65.一是急速冷冻。屠宰后将胴体移入急速冷冻库 18s 内达-50～-60℃，保质期可长达 2 年；二是冰鲜储藏。胴体经 72h 排酸，分割真空包装，85℃以上热水 2～3s 热收缩后，转入 0～4℃保鲜库冷藏，保质期可达 3 个月，0～4℃冷链运输。

66.不可以。日本严禁和牛品种遗传资源出口。

67.以前不可以，双边没有贸易协定。2001 年国家出入境检验检疫总局、农业部发布 2001 年 143 公告：因口蹄疫、疯牛病疫情风险影响，我国禁止从日本进口日本产牛肉。2010 年又发布第 45 号公告：禁止进口日本偶蹄动物（猪、牛、羊等）及其产品。经两国共同努力，2019 年 12 月 19 日，海关总署、农业农村部发布 2019 年第 202 号公告《关于解除日本疯牛病禁令的公告》，日本 30 月龄以下剔骨牛肉输华检验检疫要求另行制定。国家质量监督检验检疫总局（海关总署）《进出口肉类产品检验检疫监督管理办法》规定，进口肉类产品应当符合中国法律、行政法规、食品安全国家标准的要求，以及中国与输出国家或者地区签订的相关协议、议定书、备忘录等规定的检验检疫要求以及贸易合同注明的检疫要求。这说明，和牛及其产品进口中国的禁止令已经解除，中国与日本还需要签订检验检疫协定，规定检疫要求和相关证书，真正实现进口的目标还有待进一步的磋商当中。

68.和牛。和牛是世界上公认的产顶级雪花牛肉的专门化肉牛品种。

69.一是产雪花牛肉的龙头企业自营业店、加盟店或网店；二是正规代理专营店或较大城市的大型商超代理"销售专柜"。

70.目前没有。雪花牛肉全国统一的分级标准尚未出台。现行的 GB/T29392—2012《普通肉牛上脑、眼肉、外脊、里脊等级划分》和 NY/T676—2010《牛肉等级规格》不适用于雪花牛肉产品。大型龙头企业有自定的企业标准。

71.主要有脊背肉、里脊肉、腰肉、臀部肉、肩甲骨肉、胸肋肉。

72.主要是上脑、眼肉、西冷（外脊）、菲力。

73.①生鲜肉，以农贸市场销售为主的方式；②冷冻牛肉，又分急速冷冻、冷冻两种。③冰鲜牛肉，正处于起步阶段，以大型商超和高级酒店为主要销售对象。④深加工熟食产品及休闲食品。按处理方式分 3 种：调理产品、原切产品、修理产品；按生熟程度分 3 种：生牛肉、半熟牛肉、熟牛肉。雪花牛肉多以冰鲜牛肉形式销售为主。

74.进口牛肉应当具有产品标识，内容包括：①是否有进口检疫标识；②产地、加工地、进口商、加工商（分销公司）等信息（电话）齐全；③肉的部位、名称；④生产日期、保质日期、售价；⑤产品品牌。

75.①动物产品检疫、检验合格证明标识；②品种、品牌标识；③企业信息，包括产地、加工地、生产商、分销商的名称、地址、联系方式等信息；④商品信息，包括商品名称、部位、重量、等级等；⑤产品溯源信息；⑥产品主要成分、食用方法、贮存方式等。

76.①取得农业农村部的进口种牛指标免税备案审批手续；②海关总署（出入境检验检疫局）进口种牛审批手续；③进出口（代理）商品经营资质手续；④隔离检疫合格证明。

77.①出口商具有产品出口相关资质证明文件；②进出口商品经营权资质（代理）；③海关进口商品检验检疫证明；④销售企业具有进口商品经营权资质（如仓储、食品安全、加工、检验等）。不具上述条件的，则涉嫌走私犯罪。

78.原切牛肉是牛胴体分割出来的肉块，稍加修理而成的产品；调理牛肉是经过加工的牛肉产品，主要成分是牛肉，其中还添加一些人工产品的成分，如调味剂、添加剂、调和剂等。

79.是指对肉牛个体经济性状的表型值进行评定的过程，从而得出该经济性状的数值，分生产性测定和屠宰生产性能测定。

80.雪花牛肉的脂肪含量通常是指肌内脂肪含量，肌肉脂肪含量=眼肌肌肉内脂肪含量百分比，按GD/T9695.7-2008《肉与肉制品总脂肪含量测定》方法执行。

81.在肉牛生产过程中，不同的生产时期维生素A生理需求是不一样的。具体按3个时间段来掌握：①在育肥前期，以骨头以及牛骨肉生长为主，脂肪发育组织还未开始。此时，不限制维生素A。血液中的维生素A含量应为$1.04 \sim 1.25 \mu mol$之间。②育肥中期，脂肪前驱细胞分化为脂肪细胞，属于油滴沉淀的时期。维生素A与脂肪前驱细胞的分化和脂肪细胞的油滴沉淀成反比关系。血液中的维生素A的含量最低要保持在$0.3 \sim 0.52 \mu mol$之间。③育肥牛后期，即$22 \sim 23$月龄之后，维生素A对脂肪杂交度的影响小，可以不加以限制。

82.维生素A正确使用量，还与品种之间、育肥各阶段、饲料品类及生长不同时期以及温湿度等育肥因素有关，具体维生素A的添加剂投入量要根据实际情况确定。总的原则是：育肥前期添加、中期控制或直至不添加、后期育肥可以添加。提供两种操作方法：①$9 \sim 15$月龄育肥前期，添加饲料投入维生素A量$6000 \mu g/d$；$15 \sim 24$月龄育肥中期，饲料添加剂维生素A投入量$900 \sim 1500 \mu g/d$；25月龄至出栏为育肥后期，饲料添加剂维生素A的投入量为$1500 \sim 2400 \mu g/d$。②$9 \sim 15$月龄育肥前期，添加饲料投入维生素A量$900 \sim 2100 \mu g/d$，血液中维生素A的含量$0.83 \sim 1.25 \mu mol/L$；$16 \sim 19$月龄育肥中期，投入量由$2100 \mu g/d$逐渐减少至零，直至不投放，血液中维生素A的含量$1.25 \sim 0.41 \sim 0.52 \mu mol/L$；$20 \sim 27$月龄育肥后期，定量投放维生素$A52.35 \mu mol/L$，血液中维生素A的含量上升至$0.52 \mu mol/L$以上。

83.维生素A的测量是通过特殊的试剂，运用高速液体层析法（HPLC）来测定的。实际上现场无法完成，只能通过实验室来完成。脂溶性维生素A容易受热、氧气、光等因素影响。所以，采血后应立即放入铝箔等遮光效果好的低温保存箱中，运转到化验室化验。

84.试验表明，出栏前6个月添加小剂量的维生素A，可以避免维生素A缺乏的发生。屠宰后胴体表现正常。如果缺乏维生素A时屠宰或育肥后不添加维生素A，胴体容易发生肌肉水肿，里脊肉周围的肉筋及腿部比较常见水肿。总之，育肥后期添加维生素A比不添加维生素A胴体效果要好。

85.相对而言，肉牛夏季比冬季需求的维生素A投入量要多，温度高比温度低需要量要多。原因：①暑期热应激反应大，需要维生素A量高些。②饲料添加中的维生素A由于夏季高温高湿，使维生素A活性被破坏，效价降低。③夏季天气热导致育肥牛摄取的饲料中的维生素A量受到影响，达不到设计的营养水平。

86.(1)主要症状：初期表现食欲下降，之后发展成为视觉障碍、痢疾、便血、尿结石、四肢关节（上下连接部位）水肿、无法站立等症状。这些症状是上皮组织和筋膜组织发生异常导致的。(2)具体明显症状：①视觉障碍。视力受损、眼球突出、泪眼、结膜炎以及角膜混浊与肥厚症状。如果失明后，角膜可以穿透看见毛细血管。②尿结石症状。在阴毛处可以看到白色或灰白色的颗粒状的结石。③四肢关节及腿部连接处的水肿或肿胀。蹄上连接部分出现凹陷。

87.①失明症状。角膜发生白浊、眼球对突然的刺激反应比较迟钝。眼球突出。捉住牛，在眼球前挥手确认眨眼反应。牛没有反应的，属于重度失明。②关节水肿。在手根部骨关节及连接部肿胀。检查发现左右手根部骨关节、连接处及球关节的粗细不同。③尿结石。阴毛附近可见白色或灰白色的颗粒附着物，是尿中的钙盐失去水分形成的固化盐类。

88.①饲料中添加维生素 A，主要是添加含 β-胡萝卜素高的饲草饲料；②肌肉注射维生素 A 注射液。

89.饲料中没有天然的维生素 A，但饲料中含有 β-胡萝卜素。在动物体内，β-胡萝卜素与维生素 A 的效价是相当的。1IU 维生素 A = 0.6μgβ-胡萝卜素。β-胡萝卜素被动物体吸收后，通过小肠黏膜转换（化）为视黄醇（维生素 A）。

90.测量肉牛血液中的维生素 A 含量是一项技术含量较高的工作。但在雪花牛肉生产中，准确掌握肉牛血液中的维生素 A 含量，是十分重要的饲养技术。育肥前期到育肥后期，牛血液中维生素 A 的含量为 0.83μmol/L 左右。如果这时不给饲喂含维生素 A 的饲料，经过 3 个月将降低到较低的水平（0.31μmol/L）。再过 3 个月牛将会发病。因此，测量维生素 A 有 3 个时间关键点：①在开始投喂不含维生素 A 饲料之前测量；②3 个月之后测一次；③考虑维生素 A 含量可能降至最低点、需要添加的小剂量含维生素 A 饲料之前或再过 3 个月的时间节点。这里要考虑两个因素：确认肉牛血液中维生素 A 含量是不低于 0.31μmol/L；是否处于育肥后期。如有情况之一者，则适当添加维生素 A。

91.一般雪花肉牛育肥期按 3 个阶段划分：7~12 个月为育肥前期；13~21 个月为育肥中期；22~24 个月为育肥后期，直至 26~30 个月出栏。

92.①出生重与胴体重呈正相关，要适当增加出生犊牛体重；②出栏前期饲喂高蛋白质饲料，添加赖氨酸，有利于生长发育和胴体质量的提高；③育肥牛活重 400~500kg 时，是肉牛增重的关键时期。大量摄取谷物类，有利于雪花牛肉沉积；④碱性物质为阳离子，酸性物质为阴离子。弱碱饲料在育成期，有利于肉牛生长；弱酸饲料，在育肥期有利于肉牛生长；⑤形成雪花牛肉的物质是葡萄糖、甘油酯、游离脂肪酸（FFA）、牛胰岛素、生长调节素。通过葡萄糖（谷物）转变为胰岛素、游离脂肪酸，这些物质被注入至脂肪分化的细胞中，有利于雪花肉的生成；⑥雪花肉牛育肥期为 12~24 个月；脂肪增加重要阶段为 12~14 个月，雪花沉积较快时期为 14~18 个月。

93.主要应注意以下几个问题：①新生犊牛要保证及时吃上初乳；②犊牛要坚持早断奶，及时补充替代乳或人工乳，训练吃开胃料和粗饲料；③注意饮水质量，训练犊牛早饮水。从犊牛生后第 2 周开始，每天要单独饮 36~37℃ 的温开水；④犊牛必须做好 6 联苗防疫，确保犊牛健康；⑤犊牛早期不能生长较多的脂肪，这样不利于后期育肥；⑥6~8 月龄决定牛的胃的最大值，尽量让犊牛吃饱，将胃撑大，有利后期育肥。

94.①母牛初产月龄 24.4 个月；母牛分娩 50~60d 恢复发情；母牛的日粮饲喂量 3kg/头。②牛胎儿及附属器官会在妊娠末期 2~3 个月内，快速发育形成。这时要保证母牛的营养需要，健康的母牛才能产下健康的犊牛。③选择有后裔测定的公牛冻精，防止近亲繁殖，实现优选优配；④母牛体况要保持在中等偏上，过瘦不发情，过胖繁殖障碍，营养达到 70~80%。⑤舍饲母牛群中应放入试情牛，让公牛来回跑动，促进母牛发情。⑥以舍饲为主的母牛应加强运动，以保持机体健康，正常发育。

95.①分阶段调制肉牛饲料配方。育肥前期，精饲料占 30%~40%；育肥中期精饲料占 45%~55%；育肥后期精饲料占 70% 以上。②育肥牛体重 400~500kg 时，是肉牛增重的关键时期。大量摄取谷物类，有利于雪花牛肉沉积。③饲料加工：大麦、玉米应压碎蒸煮。④育成牛入栏时，必须健胃、驱虫、净化，坚决淘汰不增重或有病牛。⑤应坚持四定原则：定时、定量、定料、定人员。⑥牛舍垫料。垫料 20~30d 清一次；⑦确保育肥牛睡得舒服、安静，减少应激。⑧饲养员对育肥牛及时五查，看是否有异常：看采食、看饮水、看粪尿、看反刍、看精神状态。⑨牛舍清空后要进行彻底终末消毒。

96.谷物饲料粉碎、辗碎、加热、压扁、加压、膨化、造粒等各种处理，能改善饲料利用率和消化率，提高增重效果。在精饲料中玉米占 30%~50%；纤维含量（NDF）：育肥前期 30%、育肥中期 25%、育肥后期 25%。

97.无机盐元素：Ca、P、Mg、K、Na、Cl、S、Fe、Cu、Co、Zn、Mn、I、Mo、Se。

98.主要表现食欲减退，体重减轻：缺铁，贫血，食欲减退，体重减轻；缺铜，脱毛、贫血，骨髓肥大、易骨折；缺钴，食欲减退，毛粗乱，繁殖障碍；缺锌，发育不良，脱毛，皮肤病变，关节肥大；缺锰，犊牛运动失调，母牛繁殖力下降；缺碘，甲状腺肥大，发育不良，繁殖障碍；缺硒，步行困难、突然猝死、胎盘停滞。

99.①育肥期的划分，一般育肥期为 10～12 个月，分为增重期和肉质改善期。前期为增重期（6～8 个月），体重应达到 550 kg 以上，不能低于 450 kg；后期为肉质改善期（4～6 个月），体重达到 600 kg 以上 。②饲料的调控。育肥前期，精粗饲料质量比 3：7 左右，然后过渡到 5.5：4.5 左右。育肥后期 6：4～7：3。精料要以大麦、小麦为主，添加无机盐；提高能量饲料，降低饲料中粗蛋白质。③掌控饲料配方及饲喂量。④注意要在临出栏前 2～4 周禁止饲喂青贮和酒糟类粗饲料，防止肉质变暗，⑤谷物饲料处理：彭化、蒸煮、颗粒料效果好。

100.雪花牛肉中的脂肪主要是肌内脂肪，肌内脂肪由脂肪细胞变多、变肥大，积聚而成；而脂肪细胞是由脂肪前驱细胞分化而来。

101.雪花牛肉属高端肉食品。销售的定位应该是针对中高档酒店和大型餐饮集团；消费者主要是中高端收入群体。

102.①资质审核，是否具有种牛生产资质、出口资质；②签订引种供货协议，明确种牛数量、耳标号、系谱、照片、单价、总价、检疫、付款方式、交货地点等，要尽量详细；③提供真实有效的种牛系谱档案；④可供选择的种牛群体，不得少于 120%；⑤严把隔离检疫检验关。

103.①验证种公牛的遗传力稳定性；②促进正确优选种牛；③为产业发展提供科学数据支撑；④确定生产群的生产性能；⑤有利于开展新品种培育。

104.鉴别真假改良和牛，建立基因检测制度，防范道德风险。

105.①全产业链生产；②养殖和加工规模化经营；③强化基地建设；④龙头企业建设；⑤产业支持政策。

106.就是根据牛肉的营养成分人工合成牛肉的过程，人造牛肉必须是符合国家肉类产品食用标准，不得添加对人身体健康有害的物质和违禁物质。

107.我国没有用于生产雪花牛肉的专门化肉牛主导品种，这是我国高档肉牛产业发展的一个短板。加快雪花肉牛新品种的培育，可以改变国内高档牛肉生产落后的局面，增强国际市场竞争力，提高肉牛产业整体水平和经济效益。

108.雪花牛肉风味性好、高蛋白、低胆固醇，营养丰富，具有特殊浓厚的芳香味和鲜、香、软、嫩、滑、甜的特点。

109.脂肪主要成分是脂肪酸，脂肪酸分饱和脂肪酸（SFA）和不饱和脂肪酸（UFA）。饱和脂肪酸（SFA）主要由棕榈酸和硬脂酸组成；单不饱和脂肪酸（MUFA）主要由油酸、亚油酸组成；多不饱和脂肪酸（PUFA）主要成分是亚油酸。

110.牛肉的色泽、大理石花纹等级、肌内脂肪含量、嫩度、系水力和微生物数量等指标，最重要和常用的判断指标是雪花牛肉的色泽、大理石花纹等级和肌内脂肪含量 3 个指标。

111.在 2008 年版牛胴体分级标准基础上，进行补充修订，增加脂肪含量指标。根据牛肉出品率和大理石花纹的脂肪含量确定雪花牛肉的等级，NO.3～NO.12 的 IMF 百分比为 21.4%～56.3%，即 A3：NO.3=21.4%、NO.4=29.2%；A4：NO.5=35.7%、NO.6=40.6%、NO.7=42.5%；A5：NO.8=43.8%；NO.9=50.7%、NO.10=52.9%、NO.11=53.0%、NO.12=56.3%。A5 等级雪花肉的脂肪最低含量为 43.8%。

112.雪花牛肉与普通牛肉的制作方法有很多不同之处。雪花肉牛具有独特的肌间脂肪、嫩度和奶香味，香而不腻、入口即化，多以碳烤、刺身、铁板烧、寿司、牛排、火锅为主要食法；普通牛肉脂肪含量少，多以火锅、碳烤、牛排、炖煮为主要食法。雪花牛肉咀嚼满口香气、汁液，回味无穷，与普通牛肉有天壤之别。

113.呈味物质主要由三类成分产生：①脂类物质 – 羰基化合物；②含氮化合物 – 氨和胺类；③含硫化合物 – 硫醇、有机硫化物和 H_2S。

114.①选择理想的生产雪花牛肉的肉牛品种，品种是产业发展的前提和命脉。②强龙头、建基地，实行全产业链发展。③塑造品牌，闯市场。④高起点定位，面向"两种资源、两个市场"。⑤延长产业链，实行反哺

"补偿"式发展，实现利益最大化。

115.成人必需氨基酸有8种，婴幼儿需要再增加一种组氨酸，分别是赖氨酸、色氨酸、苯丙氨酸、甲硫氨酸、苏氨酸、异亮氨酸、亮氨酸、缬氨酸、组氨酸。

116.赖氨酸（Lys）又称生长氨基酸，是谷类蛋白质的第一限制氨基酸，与动物的生长密切相关。甲硫氨酸又名蛋氨酸，是食物中主要的限制氨基酸，是大多数非谷类植物蛋白质的第一限制氨基酸。赖氨酸和蛋氨酸缺乏，发育不良，会引起蛋白质代谢障碍，生长受阻。

117.饲喂高能量的高油玉米日粮可以增加牛肉背最长肌脂肪中亚油酸、花生四烯酸和多不饱和脂肪酸的含量，降低饱和脂肪酸的含量，使肉牛生长加快，蛋白质合成加速，有利于雪花肉形成。

118.饱和脂肪酸摄入量过多会导致胆固醇升高，造成动脉粥样硬化。单不饱脂肪酸可以降低血胆固醇和低密度脂蛋白的作用；多不饱和脂肪酸有降低血脂、改善血液循环，抑制动脉硬化斑块和血栓形成的功效。因此，不饱和脂肪酸对人体健康大有益处。

119.育肥前期到育肥中期，体重400～500kg，月龄是10～18月龄。

120.是天门冬氨酸和谷氨酸两种酸性氨基酸对肉鲜味起主导作用。

121.必需脂肪酸（EFA）是指动物体自身不能合成、维持机体正常代谢又不可缺少的脂肪酸。必需脂肪酸的主要成分是ω-3系列的α-亚麻酸和ω-6系列的亚油酸、花生四烯酸等。在日粮中添加必需脂肪酸对反刍动物生长发育有积极的作用。豆油、玉米油、菜籽油等植物油类的常用饲料中亚油酸含量比较高。

122.初乳制剂。

123.和牛与安格斯杂交组合产的肉品质等级好，一般和牛与荷斯坦牛杂交，可产A3～A1等级牛肉，极少部分牛可产A4等级牛肉；和牛与安格斯杂交，可产A5～A4等级牛肉。

124.牛有31条染色体，常染色体29条，性染色体2条，X和Y染色体。

125.中国现有的牛肉等级标准有两个，分别是中国国家标准GB/T 29392—2012《普通肉牛上脑、眼肉、外脊、里脊等级》和中国行业标准NY/T 676—2010《牛肉等级规格》。都对大理石花纹进行等级划分，但不适用于小牛肉、小白牛肉和雪花牛肉的分级。中国标准还规定了与大理石花纹等级相对应的肌内脂肪含量。标准主要分为4级，即1、2、3、4级，用S、A、B、C来表示，最高S级（4级）脂肪含量15%以上；A级脂肪含量10%～15%；B级脂肪含量5%～10%；C级脂肪含量5%以下。

126.必需脂肪酸是在维持动物体正常代谢中不可缺少的营养物质，在代谢中起关键作用，对血液循环系统及免疫系统十分重要。其中，共轭亚油酸（CLA）具有抗氧化、降低胆固醇和三酰甘油及低密度脂蛋白、减轻动脉粥样硬化、提高免疫力、提高骨质密度、调节血糖等重要生理功能。必需脂肪酸可以促进前列腺素合成，从而保证牛正常发情；提高动物的生产性能，调节生殖机能、免疫功能及瘤胃发酵等生理作用。

127.必需氨基酸是人体内需要又无法自身合成，必须由食物提供的氨基酸。成人8种、幼儿9种（增加组氨酸）必需氨基酸。其生理功能：赖氨酸（Lys）与动物的生长密切相关，又称为生长氨基酸。能加速骨骼生长、增进食欲；促进大脑发育和脂肪代谢；促进幼儿生长发育。蛋氨酸有促进脾脏、胰脏及淋巴代谢的功能。赖氨酸和蛋氨酸又是食物中主要的限制氨基酸。赖氨酸和蛋氨酸缺乏，发育不良，会引起蛋白质代谢障碍，生长受阻。

128.澳大利亚。澳洲全血和牛、改良和牛是全球除日本外，存栏量最大的国家，有和牛生产者协会，生产的M9～M12等级雪花牛肉可以与日本A3～A5等级和牛肉相媲美。澳大利亚出口和牛及和牛肉产品。

129.全国雪花牛肉生产大型龙头企业占两家，分别是位列第9名的龙江元盛食品有限公司和位列第17名的长春皓月清真肉业股份有限公司，这两家企业均养殖和牛品种。

130.黑龙江的雪花肉牛种群是全国生产雪花牛肉规模最大的雪花肉牛生产种群。现有改良和牛10万头，纯种和牛0.85万头，有和牛种公牛站、和牛核心育种场，产业链条完整。

6.龙江和牛产业发展掠影

赴日本、新西兰考察和牛

从左至右：朱贵、王宝清、松冈、李福清、林庭盛、谢文、周立东

国内和牛种公牛

和牛种公牛站

和牛种公牛舍内景

和牛核心育种场

和牛核心育种场种母牛

和牛核心育种场种牛群

国产和牛育肥牛

改良和牛育肥牛

国产 A4 眼肉

国产 A4 西冷

国产 A4 西冷

国产 A5 眼肉

日本种公牛

日本和牛育肥场

日本和牛育肥牛

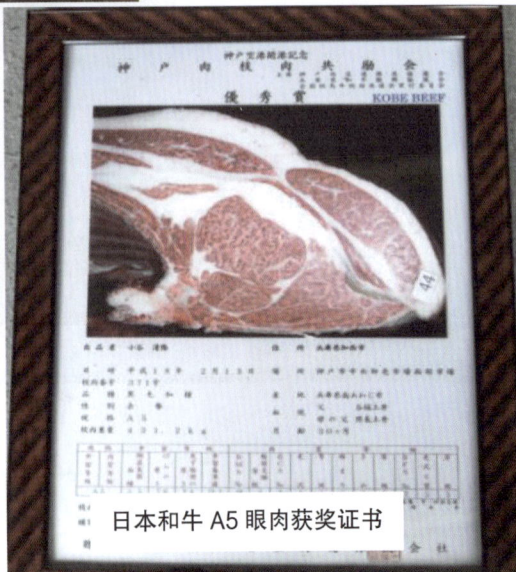

日本和牛 A5 眼肉获奖证书

日本产眼肉　澳洲产眼肉　美国产眼肉

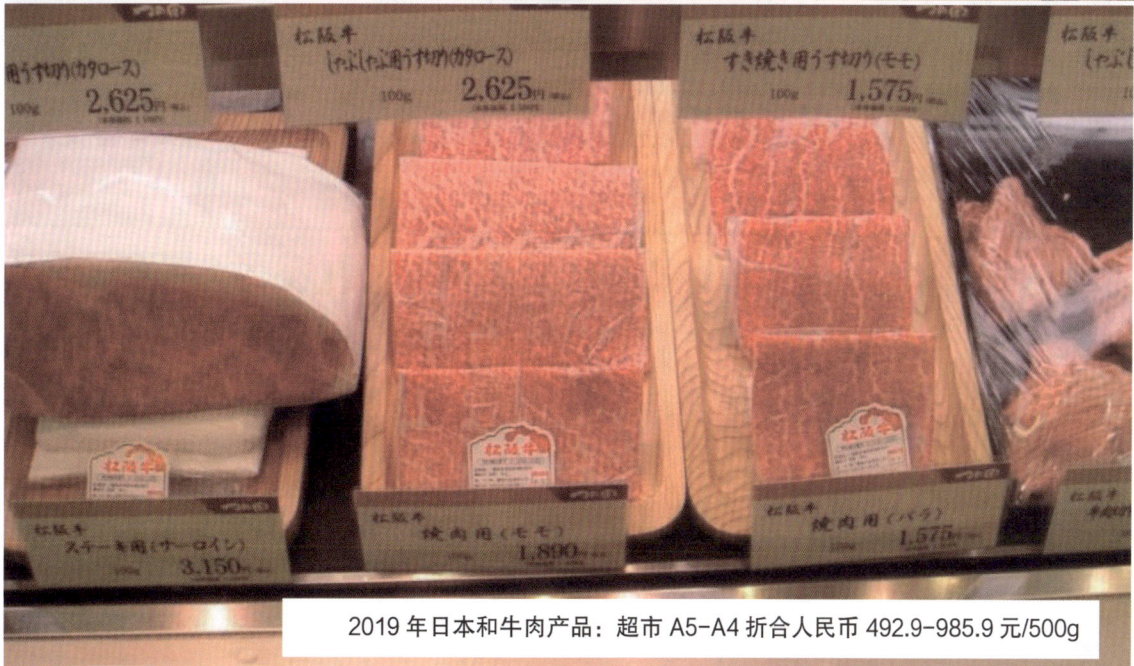

2019 年日本和牛肉产品：超市 A5-A4 折合人民币 492.9-985.9 元/500g

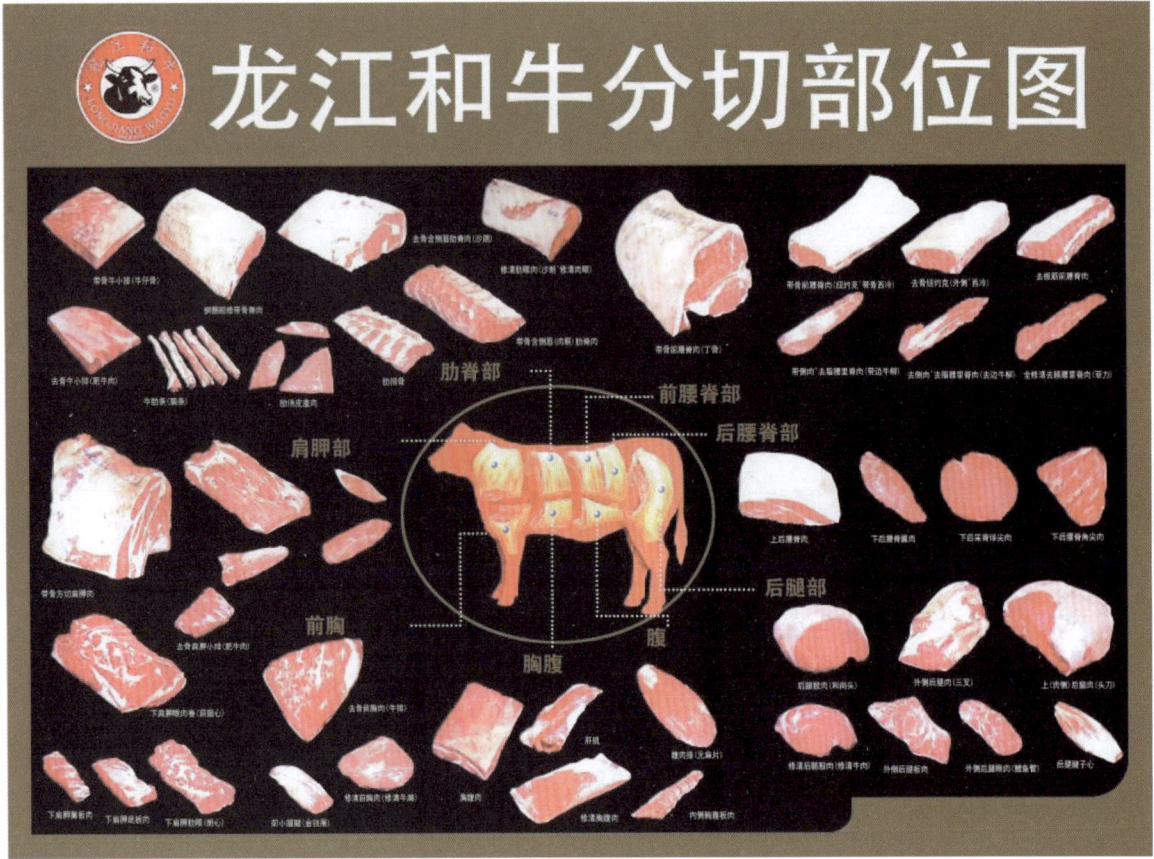

龙江和牛分切部位图

新西兰和牛

澳洲放牧和牛

澳洲待选和牛

澳洲航空公司空运澳洲和牛

新加坡航空公司空运新西兰和牛

机仓待卸和牛箱

海关人员查验和牛

出入境检验检疫人员检验和牛

和牛"走下"飞机

警车护送运和牛车队

澳洲公司代表与检疫人员现场查验隔离和牛

"华牛"新品种培育方案论证会

与新西兰公司洽谈和牛进口业务

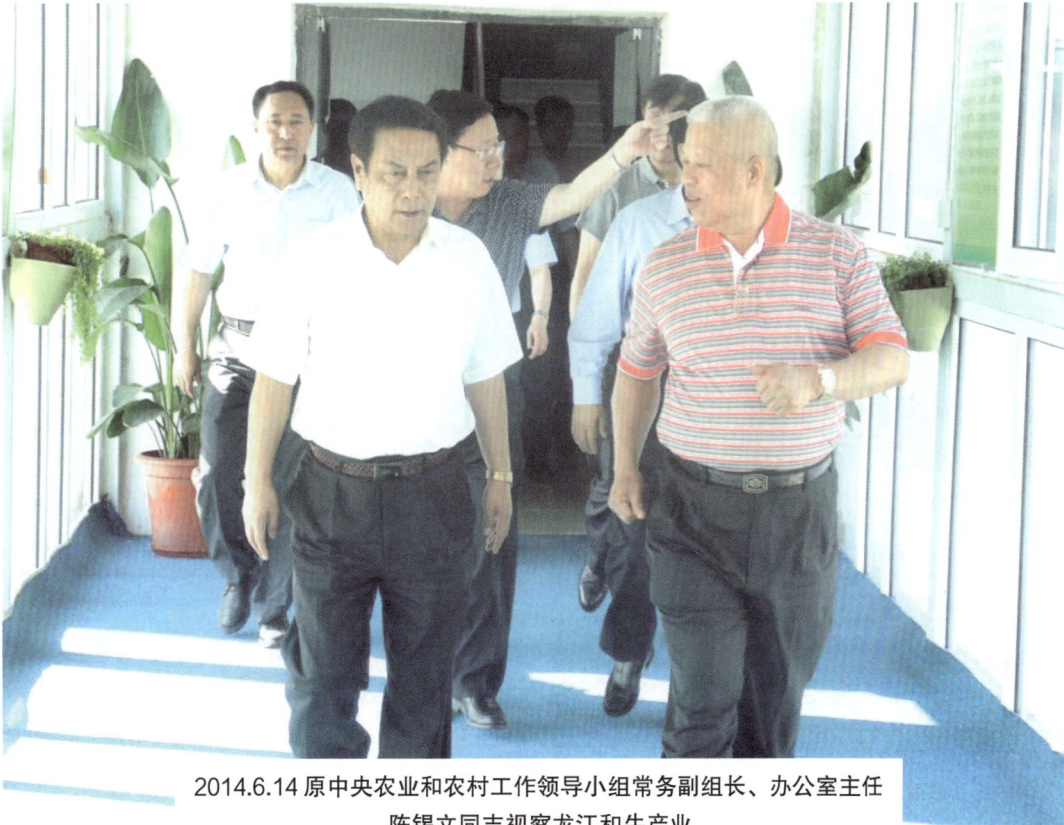

2014.6.14 原中央农业和农村工作领导小组常务副组长、办公室主任
陈锡文同志视察龙江和牛产业

2016 年中国畜牧业协会牛业分会会长许尚忠研究员
到和牛核心育种场指导

2017 年 8 月国家肉牛牦牛产业技术体系
首席科学家曹兵海教授到和牛企业指导

黑龙江省科学技术奖
证 书

为表彰黑龙江省科学技术奖获得者，
特颁发此证书。

项目名称：龙江和牛产业化关键技术研究与应
用

奖励等级：三等（进步）

获奖者：朱贵

2021 年 12 月

证书号：2021-J-089-3-R01

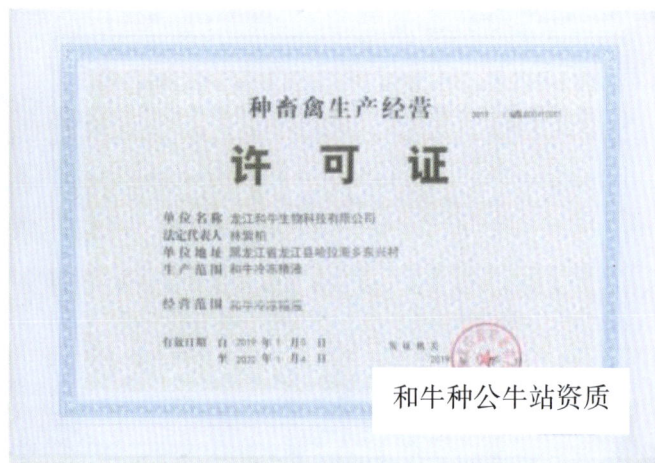

种畜禽生产经营
许 可 证

和牛种公牛站资质

成果证书

在促进科技进步，加快创
新型省份建设中做出贡献，特
发此证。

成果名称 龙江和牛产业化关
键技术研究与应用

组织评价单位：中科合创（北京）科技成果评价中心

完成人单位：黑龙江省农业科学畜牧兽医分院

评价时间：2020.11.07

完成人：朱

证书号：9232021Y0200-01

2021 年 03 月 22 日

参考文献

[1] 祝贺,罗欣,梁荣蓉,候旭,李可,董鹏程.不同等级高档牛肉中挥发性风味物质分析[J].肉类研究,2012,26(02):31-33

[2] 武书庚,齐广海.肉品风味的形成及其影响因素[J].中国畜牧杂志,2001(03):53-55.

[3] 王莉梅,王德宝,王晓冬,康连和,郭天龙,特木勤,赛音巴雅尔,翟琇.纯种日本和牛与西门塔尔杂交牛与西门塔尔牛肉品质对比分析[J].中国牛业科学,2019,45(05):17-20+57.

[4] 郑伟,王勇,王慧媛,刘艳丰,侯广田.反刍动物必需脂肪酸营养的研究进展[J].饲料博览,2015(09):18-22.

[5] 黄春华,小亮,呼格吉勒图,乌日金,韩松,侯荣伦,哈斯苏荣.和牛、安格斯牛杂交改良蒙古牛效果研究[J].黑龙江畜牧兽医,2017(21):104-106.DOI:10.13881/j.cnki.hljxmsy.2017.1988.

[6] 苏光华.牛基因组学新进展[J].现代畜牧兽医,2005(12):44-46.

[7] 苏扬.牛肉的风味化学及风味物质的探讨[J].四川轻化工学院学报,2000(02):68-72.

[8] 余梅,毛华明,黄必志.牛肉品质的评定指标及影响牛肉品质的因素[J].中国畜牧兽医,2007(02):33-35.

[9] 王鑫,李光鹏.牛肉质性状及其影响因素[J].动物营养学报,2019,31(11):4949-4958.

[10] 曹兵海,孟庆翔,陈幼春,刘强德.日本肉牛胴体品质分级标准及其制定与修订背景[J].中国畜牧杂志,2006(03):2-8.

[11] 张路培,袁峥嵘.中国高档牛肉市场现状及发展趋势展望[J].中国畜牧杂志,2012,48(04):34-37+40.

[12] 桑国俊,程强.我国雪花牛肉生产现状与分析[J].中国牛业科学,2013,39(02):1-5.

[13] 刘镜,何光中,徐龙鑫,龚俞.雪花牛肉生产技术的研究进展[J].贵州畜牧兽医,2016,40(01):29-32.

[14] 薛永杰,闫金玲,赵慧峰,郑海晶.新冠肺炎疫情下的日本肉牛产业及支持政策[J].世界农业,2021(01):28-37+129.DOI:10.13856/j.cn11-1097/s.2021.01.004.

[15] 李冰玲,马贵平,浦静,王宇,史喜菊,刘全国,李炎鑫.日本和牛肉真实性鉴别技术研究[J].检验检疫学刊,2012,22(04):53-56.

[16] 贾哲,罗阳光,敖其尔.中日牛肉标准指标比对浅析[J].中国标准化,2020(11):260-267.

[17] 汤晓艳,王敏,钱永忠,毛雪飞,孙宝忠,周光宏.牛肉分级标准及分级技术发展概况综述[J].食品科学,2011,32(19):288-293.

[18] 张英汉.黑毛和牛地方类群培育成国际品种的经验分析[J].中国牛业科学,2014,40(04):1-7.

[19] 郭瑞芬.美国对"日本和牛"的探索[J].河北畜牧兽医,2001(05):39-40.

[20] 包音都古荣·金花,HESHUOTE Mailisi,呼格吉勒图,黄春华,侯荣伦,乌日金,韩松,钟罡,郭铁龙,莫仁,小亮,徐迎春.乌珠穆沁草原饲养黑安格斯牛肌肉氨基酸组成及营养价值分析[J].中国畜牧兽医,2016,43(03):676-682.DOI:10.16431/j.cnki.1671-7236.2016.03.017.

[21] 日本丸红株式会社[J].国际贸易,1984(10):18.DOI:10.14114/j.cnki.itrade.1984.10.006.

[22] 周洁,王立,周惠明.肉品风味的研究综述[J].肉类研究,2003(02):16-18.

[23] 吴登俊,马丁·费尔斯特.牛基因组研究进展(下)[J].草食家畜,1999(03):1-4+9.DOI:10.16863/j.cnki.1003-6377.1999.03.001.

[24] 吴登俊,马丁·费尔斯特.牛基因组研究进展(上)[J].草食家畜,1999(02):4-8.DOI:10.16863/j.cnki.1003-6377.1999.02.003.

龙江和牛简介

品种来源：原产于日本。经过努力，齐齐哈尔市龙江县从新西兰、澳大利亚假道第三国于 2012 年引进纯种和牛 2000 头，是国内唯一一家经农业部和质检总局批准引入黑龙江的超千头活体纯种和牛，是国内乃至世界上单体最大的纯种和牛种群，也是目前国内真正意义上的纯种"和牛"，元盛"龙江和牛"具备出产 A5 等级牛肉的能力。

特征特性：龙江和牛特点是，生长快、成熟早、肉质好。第 7~8 肋间眼肌面积达 52cm²。龙江和牛肉以肉质鲜嫩、营养丰富、适口性好驰名于世。以黑色为主毛色，在乳房和腹壁有白斑。成年母牛体重约 620kg、公牛约 950kg，犊牛经 27 月龄育肥，体重达 700kg 以上，平均日增重 1.2kg 以上。其肉大理石花纹明显，又称"雪花肉"。由于和牛的肉多汁细嫩、肌肉脂肪中饱和脂肪酸含量很低，风味独特，肉用价值极高。

养殖要点：（1）根据当地生产实际，参照元盛公司企业标准——饲养管理规程进行饲养管理。（2）适时进行配种，要求达到成年体重的 70% 时开始配种。（3）积极做好防疫和驱虫工作，按照免疫程序进行接种。（4）搞好卫生保健工作。

杂交利用：龙江和牛可与中低产奶牛杂交，提升肉的品质，提高养殖综合效益。

适宜区域：中国北方地区。

技术依托单位：1.黑龙江省农科院畜牧兽医分院。联系地址：齐齐哈尔市龙沙区合意大街 2 号，邮政编码：161005。技术依托单位 2：黑龙江省龙江县畜牧兽医局，联系地址：龙江县龙江镇长横街 198 号，邮政编码：161100。技术依托单位 3：龙江和牛生物科技有限公司，联系地址：龙江县哈拉海乡东兴村，邮政编码：161103。